건설업 안전보건 및 재해보상 실무

건설업 안전보건 및 재해보상 실무

초 판 인 쇄 | 2020년 5월 18일
초 판 발 행 | 2020년 5월 25일

지 은 이 | 최 정 일
펴 낸 이 | 김 남 진
펴 낸 곳 | (주)중앙경제
편집 · 디자인 | 한 지 희

주 소 | 서울시 중구 다산로 11길 19(신당2동 355-8)
백석빌딩 신관 4층
전 화 | 02-2231-7293
팩 스 | 02-2235-5344
홈 페 이 지 | www.elabor.co.kr
출 판 등 록 | 80.6.21 제2-66호

I S B N | 978-89-7017-447-1 (93330)
정 가 | 25,000원

건설업 안전보건 및 재해보상 실무

최 정 일 저

㈜중앙경제

머리말

건설업은 산업활동의 기초가 되는 사회기반시설을 구축하고, 도시환경의 개선 및 인간의 쾌적하고 안락한 생활을 위한 시설을 구축하는 등의 공익적 역할을 수행하여 왔다. 최근 건설업은 기업규모의 확대와 더불어 토목 및 건축 등의 공사규모가 대형화 되고 있는 상황이고 건설기계화 시공의 추진으로 시공기술도 향상되어 왔다.

그러나 건설업의 기술향상에도 불구하고 건설시공 작업에는 많은 위험이 수반되고 있으며 타 산업에 비하여 건설업은 재해율도 높은 실정이다. 우리나라는 전반적으로 산업재해가 점진적으로 감소하는 추세임에도 매년 산업재해 사고로 사망하는 재해자 수가 1,000여명에 이르고 그 중 절반이 건설업에서 발생하고 있다. 건설현장의 안전은 근로자의 생명과 밀접히 연관되어 있으므로 사회적으로 관심이 높아지고 있으나 여전히 건설현장에서의 대형 인명사고는 반복적으로 발생하고 있어 근로자의 불안감이 큰 상황이다.

산업안전보건법은 사업장에서 발생할 수 있는 산업재해로부터 노무를 제공하는 자의 생명을 보호하기 위하여 사업주에게 산업재해 예방을 위한 안전보건조치 의무를 부여하고 있으며, 특히 건설현장과 같이 복잡한 도급구조와 고용방식으로 이루어지는 산업에서는 발주자와 도급인에게도 안전보건조치 의무를 부여하고 있다. 산업안전보건법의 준수는 근로자의 생명을 보호하는 사업주의 의무를 이행하는 것으로 보아야 함에도 복잡하고, 기술적인 사항이 많아 업무 담당자가 이해하는데 어려움이 있었다.

본 서에서는 건설현장의 안전보건업무담당자가 알아야 할 안전보건 및 재해보상의 실무에 대해서 법적근거 및 관련사례, 실무예시, 실무해설을 바탕으로 쉽게 이해할 수 있도록 정리하였으며, 최근 전면 개정되어 2020.1.16. 시행된 산업안전보건법(법률 제16272호)과 시행령, 시행규칙을 기준으로 해설 하였다.

본 서의 구성을 살펴보면,

제1장의 건설업 사고발생시 법률상 책임과 재해율 관리에서는 사고가 발생한 경우 도급인 및 사업주의 법적책임과 고용노동부에서 건설업의 산업재해 관리를 위하여 활용하고 있는 재해율 제도에 대해서 설명하였다.

제2장의 건설업 안전보건관리 실무에서는 개정된 산업안전보건법에 따른 사업주의 안전보건조치 의무를 전반적으로 설명하고 있으며, 특히 법의 보호대상 확대, 원청의 책임범위 확대, 특수형태근로자에 대한 안전보건조치 의무, 건설공사발주자 및 도급인의 안전보건조치 책임범위 확대 등에 대해서 상세히 설명하였다.

제3장 건설업 사고발생에 따른 손해배상 산정에서는 산업재해로 인하여 피해를 입은 근로자가 사업주를 상대로 손해배상을 청구하는 경우 또는 산재보험 이외의 손해배상을 청구하는 경우에 있어서 그 법적근거, 손해배상의 산정 방법, 손해배상의 소멸 등에 대해서 설명하였다.

제4장 건설업 산재보험의 업무상 재해 판단에서는 산업재해를 입은 근로자가 산재보험을 신청하는 경우 처리 절차와 건설업에서의 산재보험 적용사업주 판단기준 그리고 산업재해보상보험법에서의 업무상 재해 인정기준에 대해서 사례별로 설명하였다.

제5장 건설업 산재보험급여 산정기준 및 보상에서는 근로자의 산업재해에 대해 근로보지공단에서 산재보험급여를 지급하는 경우 평균임금 등의 보험급여의 산정기준과 근로자가 지급받게 되는 보험급여의 종류와 내용, 수급권, 대위청구, 제3자 구상권, 소멸시효, 이의제기 방법 등의 산재보험급여와 관련된 사항에 대해서 설명을 하였다.

본 서는 건설현장의 독특한 특성을 고려하여 산업안전보건법의 안전보건조치와 현장의 사고발생에 따른 재해보상에 대하여 실무적으로 활용할 수 있도록 작성한 것이므로, 산업안전보건업무담당자의 산업안전보건법령 등에 대한 이해를 높이고 업무수행에 도움이 되어 사업장의 산업재해를 예방할 수 있는 자원이 되기를 기대한다.

그 간 본 서가 출간될 수 있도록 많은 도움을 준 노무법인 명률의 구성원들과 자문 건설회사 그리고 언제나 곁에서 큰 응원을 아끼지 않는 사랑하는 아내에게 감사의 인사를 전한다.

2020년 5월

저자 노무법인 명률 대표 **최 정 일**

제1장 건설업 사고발생시 법률상 책임과 재해율 관리

제2장 건설업 안전보건관리 실무

제4장 건설업 산재보험의 업무상 재해 판단

제5장 건설업 산재보험급여 산정기준 및 보상

주요약어 표시

건산법(영, 규칙)	건설산업기본법(시행령, 시행규칙)
산안법(영, 규칙)	산업안전보건법(시행령, 시행규칙)
국가계약법(영, 규칙)	국가를 당사자로 하는 계약에 관한 법률(시행령, 시행규칙)
계상 및 사용기준	건설업 산업안전보건관리비 계상 및 사용기준
산재보험법(영, 규칙)	산업재해보상보험법(시행령, 시행규칙)

제1장

건설업 사고발생시 법률상 책임과 재해율 관리

제1절 건설업 사고발생시 법률상 책임

산업안전보건법에서는 산업재해 예방을 위해 사업주가 안전·보건 조치를 취하도록 규정하고 있다. 사업주가 법에서 규정하고 있는 안전·보건조치를 위반한 경우 5년 이하의 징역 또는 5천만원 이하의 벌금에 처해지고, 근로자가 사망한 경우에는 7년 이하의 징역 또는 1억원 이하의 벌금과 200시간 범위 내에서 수강명령이 부과되며 그 법인에 대해서는 10억원 이하의 벌금이 부과된다.

산업안전보건법에 대한 책임은 도급인에게도 적용이 되는데, 도급인은 관계수급인 근로자가 도급인의 사업장에서 작업을 하는 경우에 자신의 근로자와 관계수급인 근로자의 산업재해를 예방하기 위하여 안전 및 보건 시설을 설치하는 등의 필요한 안전보건 조치를 하여야 한다. 유해·위험 작업의 도급이 일반화 되고 산업재해 대부분이 수급인 근로자에게 발생하고 있고, 수급인 근로자의 산업재해 예방을 위해서는 작업장소, 시설 등에 대하여 실질적인 지배관리권을 가지고 있는 도급인의 역할이 중요하다.

개정 산업안전보건법(법률 제16272호, 2019.1.15, 전부개정, 시행 2020.1.16)에서는 도급인과 수급인이 수급인 근로자의 산업재해 예방을 위한 안전·보건 조치 의무를 동일하게 부담하도록 하고 그 위반에 따른 제재도 강화하였다.

사업주가 안전·보건 조치 의무를 이행하지 못하여 사고가 발생한 경우 산업안전보건법 이외에도 「건설산업기본법」상의 영업정지, 국가계약법상의 입찰참가자격 제한, 형법상의 과실치사 또는 과실치상에 따른 처벌이 있고, 민사상의 손해배상책임이 부과된다. 사업주 또는 도급인은 사고에 따른 처벌을 면하기 위해서는 사업장에서 사고를 예방하기 위한 모든 안전·보건 조치 의무를 이행하였다는 무혐의 주장을 적극적으로 하여야 할 것이다.

1 산업안전보건법상의 책임

가. 사업주의 안전 · 보건 책임

산업안전보건법은 산업재해 예방을 위해 사업주가 안전·보건상의 조치를 취해야 할 유해·위험요인의 범위를 정하여 이를 준수하도록 규정하고 있으며(산안법 제38조, 제39조), 이와 관련하여 사업주가 강구하여야 할 구체적인 안전·보건상의 필요한 조치사항은 「산업안전보건기준에관한규칙」으로 정하고 있다. 산업안전보건법 위반사건은 대부분 안전상 조치의무의 위반이며 그 중 추락, 낙하·비래, 협착, 감전, 붕괴·도괴 등으로 인해 발생하는 재해사건이 주종을 이루고 있다.

여기에서 산업안전보건법에서 정하고 있는 "산업재해"라 함은 노무를 제공하는 자가 업무에 관계되는 건설물·설비·원재료·가스·증기·분진 등에 의하거나 작업 또는 그 밖의 업무로 인하여 사망 또는 부상하거나 질병에 걸리는 것을 말하며, "사업주"란 근로자를 사용하여 사업을 하는 자이고, "근로자"란 '「근로기준법」 제2조제1항제1호에 따른 근로자를 말한다(산안법 제2조제1호, 제3호, 제4호).'

사업주에 대하여 안전상의 조치 의무를 다하지 않은 책임을 묻기 위하여는 사업주가 근로자를 안전상의 위험성이 있는 작업을 하도록 지시하거나, 그 안전조치가 취해지지 않은 상태에서 위 작업이 이루어지고 있다는 사실을 알면서도 이를 방치하는 등 그 위반행위가 사업주에 의하여 이루어졌다고 인정되는 경우에 한하여 성립하는 것이지, 단지 사업주의 사업장에서 위험성이 있는 작업이 필요한 안전조치가 취해지지 않고 이루어졌다는 사실만으로 성립하는 것은 아니다.[1] 또한 산업안전보건법의 책임을 묻기 위해서는 법 위반 행위자의 고의가 필요하며, 이때의 고의는 확정적 고의뿐만 아니라 미필적 고의도 포함된다.[2]

1) 대판 2006도8874, 2007.3.29
2) 대판 2009도12515, 2011.9.29

관련사례

□ 산업안전보건법 제67조제1호, 제23조제1항에 따라 사업주에 대하여 안전상의 조치의무를 다하지 않은 책임을 묻기 위한 요건(대판 2006도8874, 2007.3.29)

사업주에 대한 산업안전보건법 제67조제1호, 제23조제1항 위반죄는, 사업주가 자신이 운영하는 사업장에서 산업안전기준에 관한 규칙이 정하고 있는 바에 따른 안전조치를 취하지 않은 채 산업안전보건법 제23조제1항에 규정된 안전상의 위험성이 있는 작업을 하도록 지시하거나, 그 안전조치가 취해지지 않은 상태에서 위 작업이 이루어지고 있다는 사실을 알면서도 이를 방치하는 등 그 위반행위가 사업주에 의하여 이루어졌다고 인정되는 경우에 한하여 성립하는 것이지, 단지 사업주의 사업장에서 위와 같은 위험성이 있는 작업이 필요한 안전조치가 취해지지 않고 이루어졌다는 사실만으로 성립하는 것은 아니다. 사업주가 자리를 비운 사이에 자동차정비공장의 공장장이 연료탱크의 용접작업을 임의로 의뢰받아 필요한 안전조치를 취하지 아니한 채 실시한 사안에서, 사업주에게 산업안전보건법 제23조제1항에 규정된 안전상 조치의무를 다하지 아니한 책임을 물을 수 없다.

나. 사업주의 법 위반에 대한 책임

(1) 위반시의 처벌규정

고용노동부의 근로감독관은 사업장의 감독결과 안전상의 조치를 이행하지 아니한 경우 객관적으로 인정되는 이행에 필요한 적정기간을 부여하여 시정토록 행정조치를 하고, 불이행시는 범죄인지보고 후 수사에 착수하되 개별법 조항에 따른 조치기준이 있을 시는 해당 기준에 의거 처리한다.

산업안전보건법에서 규정한 안전상 조치 의무와 보건상 조치 의무를 위반한 사람에게는 5년 이하의 징역 또는 5천만원 이하의 벌금에 처해진다(산안법 제168조①). 그러나 산업안전보건법을 위반하여 근로자를 사망에 이르게 한 자는 7년 이하의 징역 또는 1억원 이하의 벌금에 처해지며(산안법 제167조①), 그 죄로 형을 선고받고 그 형이 확정된 후 5년 이내에 다시 산업안전보건법 위반으로 사망재해로 처벌을 받는 경우는 그 형의 2분의 1까지 가중된다(산안법 제167조②).

사업주의 안전·보건 조치 의무 위반으로 인하여 재해가 발생하고, 그 재해로 인하여 근로자가 사망한 경우 사업주는 산업안전보건법 제167조에 의하여 가중

처벌을 받게 된다. 가중처벌은 사업주의 안전·보건 조치 의무 위반과 근로자의 사망 결과 사이에 인과관계가 인정되는 경우에 한하여 성립하며, 만약 인과관계를 인정할 수 없는 경우에는 산업안전보건법 제168조의 안전·보건 조치 의무 위반죄만 성립하고, 사망에 대해서는 형법상 업무상 과실치사 성립 여부만을 검토하여야 할 것이다.[3)]

(2) 수강명령 병과

산업안전보건법 위반에 대한 처벌은 제재적 의미보다는 예방적 목적에 더 큰 의미가 있다. 그러나 제재조치를 받더라도 산업재해의 피해, 안전·보건 조치의 중요성 등에 대하여 인식하지 못하면 제재조치는 산업재해 방지라는 수단으로서 역할을 할 수 없게 되는데 제재조치가 산업재해 예방이라는 목적을 실질적으로 달성할 수 있도록 하기 위해서는 실형이나 벌금을 선고하는 경우에도 수강명령을 병과할 수 있도록 하였다.

산업안전보건법 위반으로 근로자를 사망에 이르게 한 사람에게 유죄의 판결(선고유예는 제외한다)을 선고하거나 약식명령을 고지하는 경우에는 200시간의 범위에서 산업재해 예방에 필요한 수강명령을 병과(併科)할 수 있다. 다만, 수강명령을 부과할 수 없는 특별한 사정이 있는 경우에는 그러하지 아니하다(산안법 제174조①).

수강명령은 형의 집행을 유예할 경우에는 그 집행유예기간 내에, 벌금형을 선고하거나 약식명령을 고지할 경우에는 형 확정일부터 6개월 이내에, 징역형 이상의 실형(實刑)을 선고할 경우에는 형기 내에 각각 집행하며(산안법 제174조②), 수강명령이 벌금형 또는 형의 집행유예와 병과된 경우에는 보호관찰소의 장이 집행하고(산안법 제174조③), 징역형 이상의 실형과 병과된 경우에는 교정시설의 장이 집행한다. 수강명령 내용은 안전 및 보건에 관한 교육, 그 밖에 산업재해 예방을 위하여 필요한 사항 등이다(산안법 제174조④).

3) 정진우, 「산업안전보건법」((주)중앙경제, 2016) 396면

(3) 양벌규정

현행법에서 의무규정을 이행해야 하는 자는 대부분 사업주인데 사업주가 법인인 경우 법인은 범죄행위능력과 수형능력이 없어 법인을 행위자로 처벌할 수 없으므로 법의 실효성 확보를 위해 양벌규정을 두어 행위자와 함께 법인 사업주를 처벌할 수 있는 근거를 두고 있다.

산업안전보건법은 법인의 대표자나 법인 또는 개인의 대리인, 사용인, 그 밖의 종업원이 그 법인 또는 개인의 업무에 관하여 법 제167조제1항 또는 법 제168조부터 법 제172조까지의 어느 하나에 해당하는 위반행위를 하면 그 행위자를 벌하는 외에 법인과 개인에게 해당조문의 벌금형이 부과되며, 근로자를 사망하게 하여 법 제167조제1항의 위반으로 처벌을 받은 경우 그 법인에 대해서는 10억원 이하의 벌금이 부과된다. 다만, 법인 또는 개인이 그 위반행위를 방지하기 위하여 해당 업무에 관하여 상당한 주의와 감독을 게을리하지 아니한 경우에는 그러하지 아니하다(산안법 제173조).

대법원에서는 양벌규정에 기하여 법인회사에 대하여 책임을 추궁하기 위해서는 회사의 직원수 등 그 규모와 직원들에 대한 지휘감독 관계, 평소 위험방지를 위하여 필요한 조치를 취하거나 시설을 설치하도록 관리, 감독하였는지 여부, 회사가 위반행위를 예상하여 이를 방지하기 위한 상당한 주의를 기울이거나 관리감독을 철저히 할 필요가 있었는지, 그러한 필요가 있다면 회사가 그와 같은 의무를 충실히 이행하였는지 여부 등을 심리·판단할 필요가 있다고 판시하였다.[4] 양벌규정에서 사업주의 의무는 상당한 주의와 감독의무이므로 안전교육, 또는 입사시 그 다짐을 받는 각서를 제출하게 하는 등의 일반적이고 추상적인 감독을 하는 것만으로 면책사유에 해당하지 않는다.[5]

4) 대판 2008도7834, 2010.9.9
5) 대판 92도1395, 1992.8.18

관련사례

□ 구 산업안전보건법 제71조의 '양벌규정'이 적용되기 위한 요건 및 구체적인 사안에서 '법인'이 상당한 주의 또는 관리감독 의무를 게을리하였는지 여부의 판단 기준(대판 2010.9.9, 2008도7834)

[1] 구 산업안전보건법(2007.5.17. 법률 제8475호로 개정되기 전의 것) 제68조제1호, 제29조제2항에 정하여진 벌칙규정의 적용 대상은 사업자임이 규정 자체에 의하여 명백하나, 한편 위 법 제71조는 법인의 대표자 또는 법인이나 개인의 대리인, 사용인(관리감독자를 포함한다) 기타 종업원이 그 법인 또는 개인의 업무에 관하여 제67조 내지 제70조의 위반행위를 한 때에는 그 행위자를 벌하는 외에 그 법인 또는 개인에 대하여도 각 본조의 벌칙규정을 적용하도록 양벌규정을 두고 있고, 이 규정의 취지는 각 본조의 위반행위를 사업자인 법인이나 개인이 직접 하지 아니하는 경우에는 그 행위자나 사업자 쌍방을 모두 처벌하려는 데에 있으므로, 이 양벌규정에 의하여 사업자가 아닌 행위자도 사업자에 대한 각 본조의 벌칙규정의 적용 대상이 된다.
[2] 형벌의 자기책임원칙에 비추어 보면, 위반행위가 발생한 그 업무와 관련하여 법인이 상당한 주의 또는 관리감독 의무를 게을리한 때에 한하여 구 산업안전보건법(2007.5.17. 법률 제8475호로 개정되기 전의 것) 제71조의 양벌규정이 적용된다고 보아야 하며, 구체적인 사안에서 법인이 상당한 주의 또는 관리감독 의무를 게을리하였는지 여부는 당해 위반행위와 관련된 모든 사정 즉, 당해 법률의 입법 취지, 처벌조항 위반으로 예상되는 법익 침해의 정도, 그 위반행위에 관하여 양벌규정을 마련한 취지 등은 물론 위반행위의 구체적인 모습과 그로 인하여 실제 야기된 피해 또는 결과의 정도, 법인의 영업 규모 및 행위자에 대한 감독가능성 또는 구체적인 지휘감독 관계, 법인이 위반행위 방지를 위하여 실제 행한 조치 등을 전체적으로 종합하여 판단하여야 한다.

(4) 처벌 대상자 선정기준

산업안전보건법 제173조의 규정에 따라 사업주가 아닌 법인의 대표자, 법인 또는 개인의 대리인, 사용인, 그 밖의 종업원이 피의자로 입건될 수 있다. 산업안전보건법 위반으로 입건 대상이 되는 자는 상급자의 지시에 따라 기계적으로 작업을 지시하는 중간관리자가 아니라 안전보건조치에 대한 실질적인 의사결정 권한을 가지는 자이다.

법 위반시 형벌이 부과되는 산업안전보건법 위반죄의 경우 고의범이므로 안전조치의무 위반에 대한 고의가 있어야 한다. 법인인 사업주는 법인으로서 행위능력이 없으므로 위반행위는 법인 대표자, 종업원에 의하여 이루어지게 된다. 이 경우 누가 위반행위의 현실적인 주체인지를 확정하는 문제는 사업주가 법인이든 개인이든 회사의 규모, 법인 대표자 또는 개인 경영자의 업무와 개별사업장의 업무 간 구체적인 업무분장 관계, 안전관리에 관한 업무의 실질적인 권한 위임여부, 당해 사안에서의 관리·감독 내역 등 여러 사정을 종합적으로 고려하여 개별 사안마다 구체적·개별적으로 판단한 다음, 대표자 또는 대리인 등 종업원 중에서 실질적으로 위반행위를 주관하거나 관리·감독의 위치에 있는 사람을 행위자로 입건하여야 할 것이다.[6)]

예컨대, 법인의 대표이사는 직책과 업무내용 등에 비추어 볼 때 소속 직원들에 대한 일반적, 추상적인 지휘·감독 책임은 있을지언정 공사현장에서의 사고를 방지하여야 할 구체적이고 직접적인 주의의무는 없으므로 처벌대상이 될 수 없고 현장의 안전보건 업무를 총괄관리하는 안전보건관리책임자로 현장소장이 선임되어 있었다면 그 행위자로 현장소장이 처벌된다.[7)]

관련사례

□ 대표이사는 직원들에 대한 일반적, 추상적인 지휘감독책임은 있을지언정 이 사건 공사현장에서의 사고를 방지하여야 할 구체적이고 직접적인 주의의무는 없다(대판 1994.5.24, 94도660)

원심판결 이유에 의하면, 원심은 거시증거에 의하여 판시와 같은 사실을 인정한 다음 피고인 4 회사의 대표이사인 피고인 1 및 피고인 4 회사 토목사업본부장인 피고인 5는 그 판시와 같은 피고인 4 회사 및 그 토목사업본부의 각 사업규모와 조직, 경영체제, 위 피고인들의 직책과 업무내용 등에 비추어 볼 때 소속 직원들에 대한 일반적, 추상적인 지휘감독책임은 있을지언정 이 사건 공사현장에서의 사고를 방지하여야 할 구체적이고 직접적인 주의의무는 없으며, 피고인 4 회사 토목사업본부 소속 토목지원담당이사인 피고인 6은 그 판시와 같은 피고인 4 회사의 지휘체제상 이른바 현장관리임원으로서 이 사건 공사현장에 대하여 행정적인 지원업무만을 처리하였을 뿐 시공업무에 관여한 것이 아니므로 이 사건 공사현장에서의 사고를 방지하여야 할 구체적이고 직접적인 주의의무는 없다는 이유로 피고인 1의 업무상과실치사, 업무상과실치상 및 업무상과실기차전복의 점에 대하여는 무죄를 선고한 제1심판결을 그대로 유지하고, 피고인 5, 6에 대하여는 각 무죄를 선고하였는바 관계증거를 기록과 대조하여 검토하면, 원심의 이와 같은 인정판단은 정당한 것으로 수긍이 가고, 원심판결에 소론과 같이 심리를 제대로 하지 아니한 채 채증법칙을 위반하여 사실을 잘못 인정한 위법이나 법리를 오해한 위법이 있다고 볼 수 없다.

---

6) 정진우, 「산업안전보건법」((주)중앙경제, 2016) 397~398면
7) 대판 94도660, 1994.5.24

□ 회사의 대표이사인 피고인을 산업안전보건법상의 사업주라고 볼 수 없고, 같은 법상의 추락방지의무를 이행하지 아니한 행위자라고 볼 수도 없다(의정부지법 2005.3.31, 2004노1726)

회사의 대표이사인 피고인을 산업안전보건법상의 사업주라고 볼 수 없고, 회사의 규모, 피고인의 업무와 회사의 개별현장에서 행하여지는 작업과의 관계, 소속 근로자의 안전사고 현장에서 이루어진 회사의 작업에 대한 안전관리책임은 회사의 현장소장이 담당하고 있었던 점, 피고인과 현장소장 사이의 업무분담관계 등을 고려하여 볼 때, 위 사고 현장에서 직접 근로자들을 지휘·감독하지 않았던 피고인을 위 사고 현장에서 작업 중 근로자가 추락할 위험을 방지하기 위하여 필요한 조치를 취하지 아니한 행위자라고 볼 수도 없다는 이유로 피고인이 같은 법 제71조 양벌규정에 의한 처벌대상이 되지 않는다.

다. 도급인의 안전·보건 책임

(1) 도급인의 안전·보건조치 의무

건설공사와 같이 도급에 의하여 작업이 이루어지는 경우에는 그 작업장소가 원도급업체의 사업장내라는 점에서 독자적인 노력만으로 충분한 재해예방조치의 효과를 거둘 수 없다는 점을 감안하여 건설업과 안전보건총괄책임자를 선임하여야 하는 사업장에 대해서는 도급사업주에게 당해 사업장내 모든 근로자의 산업재해를 예방하기 위한 조치사항을 규정하고 있다.

도급인은 관계수급인 근로자가 도급인의 사업장에서 작업을 하는 경우에 자신의 근로자와 관계수급인 근로자의 산업재해를 예방하기 위하여 안전 및 보건 시설의 설치 등 필요한 안전조치 및 보건조치를 하여야 한다. 다만, 보호구 착용의 지시 등 관계수급인 근로자의 작업행동에 관한 직접적인 조치는 제외한다(산안법 제63조). 여기에서 도급인의 사업장은 도급인이 제공하거나 지정한 경우로서 도급인이 지배·관리하는 대통령령으로 정하는 장소[8]를 포함한다(산안법 제10조②).

---

8) 산업안전보건법 시행령 제11조(도급인이 지배·관리하는 장소) 법 제10조제2항에서 "대통령령으로 정하는 장소"란 다음 각 호의 어느 하나에 해당하는 장소를 말한다.
1. 토사(土砂)·구축물·인공구조물 등이 붕괴될 우려가 있는 장소
2. 기계·기구 등이 넘어지거나 무너질 우려가 있는 장소
3. 안전난간의 설치가 필요한 장소

(2) 도급인의 법 위반에 대한 책임

고용노동부의 근로감독관은 도급인인 사업주가 관계수급인이 사용하는 근로자에 대한 산업재해예방조치를 불이행한 경우에는 객관적으로 인정되는 이행에 필요한 적정기간을 부여하여 시정토록 행정조치하고, 불이행시 범죄인지보고 후

---

4. 비계(飛階) 또는 거푸집을 설치하거나 해체하는 장소
5. 건설용 리프트를 운행하는 장소
6. 지반(地盤)을 굴착하거나 발파작업을 하는 장소
7. 엘리베이터홀 등 근로자가 추락할 위험이 있는 장소
8. 석면이 붙어 있는 물질을 파쇄하거나 해체하는 작업을 하는 장소
9. 공중 전선에 가까운 장소로서 시설물의 설치·해체·점검 및 수리 등의 작업을 할 때 감전의 위험이 있는 장소
10. 물체가 떨어지거나 날아올 위험이 있는 장소
11. 프레스 또는 전단기(剪斷機)를 사용하여 작업을 하는 장소
12. 차량계(車輛系) 하역운반기계 또는 차량계 건설기계를 사용하여 작업하는 장소
13. 전기 기계·기구를 사용하여 감전의 위험이 있는 작업을 하는 장소
14. 「철도산업발전기본법」 제3조제4호에 따른 철도차량(「도시철도법」에 따른 도시철도차량을 포함한다)에 의한 충돌 또는 협착의 위험이 있는 작업을 하는 장소
15. 그 밖에 화재·폭발 등 사고발생 위험이 높은 장소로서 고용노동부령으로 정하는 장소

산업안전보건법 시행규칙 제6조(도급인의 안전·보건 조치 장소) 「산업안전보건법 시행령」(이하 "영"이라 한다) 제11조제15호에서 "고용노동부령으로 정하는 장소"란 다음 각 호의 어느 하나에 해당하는 장소를 말한다.

1. 화재·폭발 우려가 있는 다음 각 목의 어느 하나에 해당하는 작업을 하는 장소
   가. 선박 내부에서의 용접·용단작업
   나. 안전보건규칙 제225조제4호에 따른 인화성 액체를 취급·저장하는 설비 및 용기에서의 용접·용단작업
   다. 안전보건규칙 제273조에 따른 특수화학설비에서의 용접·용단작업
   라. 가연물(可燃物)이 있는 곳에서의 용접·용단 및 금속의 가열 등 화기를 사용하는 작업이나 연삭숫돌에 의한 건식연마작업 등 불꽃이 발생할 우려가 있는 작업
2. 안전보건규칙 제132조에 따른 양중기(揚重機)에 의한 충돌 또는 협착(狹窄)의 위험이 있는 작업을 하는 장소
3. 안전보건규칙 제420조제7호에 따른 유기화합물 취급 특별장소
4. 안전보건규칙 제574조 각 호에 따른 방사선 업무를 하는 장소
5. 안전보건규칙 제618조제1호에 따른 밀폐공간
6. 안전보건규칙 별표 1에 따른 위험물질을 제조하거나 취급하는 장소
7. 안전보건규칙 별표 7에 따른 화학설비 및 그 부속설비에 대한 정비·보수 작업이 이루어지는 장소

수사하되 개별법 조항에 따른 조치기준이 있는 경우에는 해당기준에 의거 처리한다.

도급인이 산업안전보건법 상의 안전·보건상의 예방조치 의무를 위반한 경우에는 3년 이하의 징역 또는 3천만원 이하의 벌금에 처해진다(산안법 제169조제1호). 또한 도급인의 사업장에서 관계수급인의 근로자가 사망한 경우 도급인에게도 결과적 가중범 조항이 적용되어 행위자(법인의 대리인, 사용인 또는 종업원)의 경우 최대 7년 이하의 징역 또는 1억원 이하의 벌금이 처해지고(산안법 제167조①), 법인의 경우 10억원 이하의 벌금에 처해진다(산안법 제173조제1호).

2 건설산업기본법상의 책임

「건설산업기본법」에서는 산업안전보건법에 의한 중대재해를 발생하게 한 건설업자에 대하여 고용노동부장관으로부터 영업정지의 요청이 있는 경우 6월 이내의 기간을 정하여 당해 건설업자의 영업정지를 명하도록 규정하고 있다(건산법 제82조①제7호, 영별표6).

〈영업정지기준〉

위반행위	영업정지기간
10인이상 사망한 때	5월
6명이상 9명이하 사망한 때	4월
2명이상 5명이하 사망한 때	3월

3 국가계약법상의 책임

「국가계약법」에서는 계약의 이행에 있어서 안전대책을 소홀히 하여 공중에게 위해를 가한 자 또는 사업장에서 산업안전보건법에 의한 안전보건조치를 소홀히 하여 근로자등에게 사망 등 중대한 위해를 가한 자에 대하여 1월 이상 2년 이내의 범위 내에서 입찰참가자격을 제한하고 있다(국가계약법 제27조①제8호, 영제76조①제3호, 규칙별표2). 입찰참가자격을 제한받은 자는 당해 제한기간 내에는 해당 관서에서 집행하는 모든 입찰에 제한을 받게 되므로 참가가 불가능해진다(국가계약법 영제76조⑥).

다만, 공동계약자나 하수급인 등 관련 업체에도 위반행위와 관련한 공동의 책임이 있는 경우 등 건설사업자의 책임이 경미한 경우에는 입찰참가자격 제한에 갈음하여 위반행위와 관련된 계약의 계약금액에 해당하는 비율의 과징금을 부과할 수 있다(국가계약법 제27조의2①, 영제76조의2①, 규칙별표3).

〈입찰참가자격 제한기간〉

입찰참가자격 제한사유	제재기간	과징금
20. 영 제76조제1항제3호 가목에 해당하는 자		
가. 안전대책을 소홀히 하여 사업장 근로자 외의 공중에게 생명·신체상의 위해를 가한 자	1년	5%
나. 안전대책을 소홀히 하여 사업장 외의 공중에게 재산상의 위해를 가한 자	6월	3%
다. 사업장에서 「산업안전보건법」에 따른 안전·보건조치를 소홀히 하여 근로자가 사망하는 재해를 발생시킨 자		
(1) 동시에 사망한 근로자수가 10인 이상인 자	2년	7.5%
(2) 동시에 사망한 근로자수가 6인 이상 10인 미만인 자	1년 6월	5%
(3) 동시에 사망한 근로자수가 2인 이상 6인 미만인 자	1년	3%

4 형법상의 책임

가. 형법의 처벌기준 및 경합문제

업무상 과실 또는 중대한 과실로 인하여 사람을 사상에 이르게 한 자는 5년 이하의 금고 또는 2천만원 이하의 벌금에 처해진다(형법 제268조).

산업재해가 발생한 경우 산업안전보건법 위반과 형법상 업무상과실치사상죄가 동시에 문제가 된다. 근로자가 업무상 사고를 당한 경우 사업주는 산업안전보건법상 안전조치의무 위반과 업무상과실치사상죄로 처벌될 개연성이 높다. 이 경우 당해 산업재해가 「산업안전보건기준에관한규칙」에 규정되어 있는 안전조치의무를 위반하여 발생하였다면 산업안전보건법상의 처벌과 형법상의 처벌이 동시에 성립하게 된다. 이와 달리 「산업안전보건기준에관한규칙」에 규정되어 있지 않으나 사업주가 안전조치를 소홀히 하여 사고가 발생한 경우 사업주는 산업안전보건법 위반은 없으나 형법상의 업무상과실치사상죄의 처벌을 받을 가능성이 있다고 보아야 한다.[9)]

「형법」 제40조에 따르면 상상적 경합관계는 1개의 행위가 수개의 죄에 해당하는 경우에는 가장 중한 죄에 정한 형으로 처벌한다고 규정하고 있다. 따라서 산업재해가 발생하였다면 산업안전보건법상의 안전상의 조치 의무와 형법상 업무상주의의무가 일치하고, 이는 1개의 행위가 2개의 「형법」 제268조의 업무상 과실치사죄와 산업안전보건법 제38조를 위반하는 경우에 해당된다. 이 경우 피고인이 형법위반으로 약식명령이 확정되었다면 이후 공소 제기된 산업안전보건법 위반으로 제기된 약식명령은 「형사소송법」 제326조제1호 소정의 '확정판결이 있은 때' 에 해당하므로 면소의 선고를 하여야 한다.[10)]

나. 안전관리자의 형법에 의한 처벌여부

사업장에서 발생한 사망사고와 관련하여 「형법」 제268조 업무상 과실 치사 등에 의해 안전관리자를 행위자로서 처벌할 수 있지만, 사업장 안전 관리에 대해 특별법적인 성격을 가지고 있는 산업안전보건법을 우선 적용하여 가능하다면 안전관리자를 스텝(staff)으로서의 임무수행여부에 대한 책임만을 묻고, 근로자 보호에 대한 직접적인 책임은 사업주는 물론, 생산 공장의 관리감독자(공사과장, 직·반장)에게 묻도록 요청하고 있다.[11)] 그러나 법원의 판결 사례에서는 안전관리자에 대해 업무상 주의의무 위반으로 사망재해가 발생한 것으로 보고 형법상 업무상

9) 양성필, 「산업안전보건법 해설」((주)중앙경제, 2019) 221면
10) 대판 91도2642, 1991.12.10
11) 산안 68331-511, 1993.11.16

과실치사죄의 처벌을 한 사례들이 발생하고 있다.[12)]

다. 공사감리의 형법에 의한 처벌여부

「건축법」, 「건축사법」, 「건설기술진흥법」 등의 관련 법령에서 일정한 용도·규모 및 구조의 건축물을 건축하는 공사의 경우에 반드시 건축사 등의 일정한 자격을 갖춘 자에 의한 공사감리를 받도록 규정한 취지는 건축주나 공사 시공자로부터 독립한 전문가로 하여금 관계 법령과 설계도서 등에 따른 적합한 시공여부를 확인하고 안전관리 등에 대한 지도·감독을 하게 함으로써, 건축물 붕괴사고, 하자분쟁, 유지보수비의 급증, 건축물 수명단축에 따른 재건축 등의 후유증을 유발하는 부실공사를 예방하기 위한 것으로 볼 수 있으므로 공사감리자가 관계 법령과 계약에 따른 감리업무를 소홀히 하여 건축물 붕괴 등으로 인하여 사상의 결과가 발생한 경우에는 업무상과실치사상의 죄책을 면할 수 없다.[13)]

5 민법상의 손해배상책임

산업재해 사고로 피해를 입은 근로자는 근로복지공단으로부터 「산업재해보상보험법」에 따른 보험급여를 받을 수 있다. 그러나 실제 손해가 근로복지공단으로부터 받을 수 있는 보험급여를 초과하는 경우에는 가해자를 상대로 민사상 손해배상 청구를 하게 된다. 산업재해 사고로 민사상 손해배상을 청구하는 경우 불법행위책임으로 청구하는 것이 일반적이나, 채무불이행책임을 원인으로 청구하는 경우도 있다. 그리고 불법행위책임에도 일반불법행위, 사용자책임, 도급인의 책

12) 안전관리자에 대하여 건설현장의 근로자의 추락으로 발생한 산업재해와 관련하여 근로자의 추락위험에 대비하여 추가 난간이나 수직형 안전방망을 설치하는 등 추락할 위험을 방지하기 위하여 필요한 조치를 할 업무상 주의의무가 있었음에도 법을 위반하여 사망재해가 발생한 것으로 보고 형법상의 업무상과실치사죄의 처벌을 한 사례(수원지원 2017고약3375, 2017.5.26)

13) 대판 94도2513, 1994.12.27

임, 공작물책임 등이 있다. 이러한 불법행위 또는 채무불이행책임을 성립하기 위해서는 가해자에게 고의 또는 과실이 있어야한다.

〈민법관련 법 규정과 내용〉

법 규정	관련내용
일반불법행위책임 (제750조)	고의나 과실로 인한 위법행위로 타인에게 손해를 가한 자는 그 손해를 배상할 책임이 있다.
사용자배상책임 (제756조)	타인을 사용하여 어느 사무에 종사하게 한 자는 피용자가 그 사무집행에 관하여 제3자에게 가한 손해를 배상할 책임이 있다. 그러나 사용자가 피용자의 선임 및 그 사무감독에 상당한 주의를 하여도 손해가 있을 경우에는 그러하지 아니한다.
도급인의 책임 (제757조)	도급인은 수급인이 그 일에 관하여 제3자에게 가한 손해를 배상할 책임이 없다. 그러나 도급 또는 지시에 관하여 도급인에게 중대한 과실이 있는 때에는 그러하지 아니한다.
공작물등의 점유자, 소유자책임 (제758조)	공작물의 설치 또는 보존의 하자로 인하여 타인에게 손해를 가한 때에는 공작물 점유자가 손해 배상할 책임이 있다. 그러나 점유자가 손해의 방지에 필요한 주의를 해태하지 아니한 때에는 그 소유자가 손해를 배상할 책임이 있다.

제2절 건설업 재해율 관리와 산재은폐 PQ 감점적용

고용노동부는 건설현장의 사고발생에 대한 중점관리를 위하여 매년 1,000대 건설업체의 환산재해율을 조사하여 발표하고 있으며, 이러한 건설업체의 환산재해율은 관계행정기관 또는 공공기관에 통보됨으로써 국가발주공사의 입찰참가자격사전심사(PQ:Pre-Qualification)시 가점부여, 100억 이상 건설공사 종합심사낙찰자 결정시 사회적책임 점수(1점, 재해율 30~40% 반영) 반영, 건설업체 시공능력평가시 공사실적액 감액, 지도·감독 면제 등의 조치로 활용됨으로써 기업자율의 재해예방 활동을 유도하고 있다. 특히 재해율의 PQ점수(신인도평가)에 대한 반영은 건설업체가 국가발주공사에 대한 낙찰에 결정적인 요소로 작용하고 있으므로 재해율 산정방법에 대해서 이해할 필요가 있다.

또한 사업주는 중대재해가 발생한 사실을 알게 된 경우에는 전화·팩스 또는 그 밖에 적절한 방법으로 지체 없이 고용노동부장관에게 보고하여야 하며, 산업재해로 사망자가 발생하거나 3일 이상의 휴업이 필요한 부상을 입거나 질병에 걸린 사람이 발생한 경우에는 산업재해가 발생한 날부터 1개월 이내에 산업재해조사표를 작성하여 관할 지방고용노동관서의 장에게 제출하여야 한다. 이를 위반한 경우 과태료 처분을 받게 되고, 산업재해에 대한 과태료 처분이 확정된 경우에는 입찰참가자격사전심사(PQ)시 1건당 −0.2, 최대 −2.0의 감점이 부여된다. 따라서 산업재해 보고의무 위반의 처벌은 단순한 과태료 처분 이외에 건설공사 수주에 큰 영향을 미치게 되므로 산재보고 의무위반에 해당하는지 여부에 대한 이해가 필요할 것이다.

1 건설업체 환산재해율 활용

가. 개 요

고용노동부에서는 건설현장의 사고발생에 대한 중점적인 관리를 위하여 매년 1,000대 건설업체의 환산재해율을 조사하여 발표하고 있으며, 이러한 건설업체의 환산재해율은 관계행정기관 또는 공공기관에 통보됨으로써 국가발주공사의 입찰참가자격사전심사(P·Q:Pre-Qualification)시 가점부여, 100억이상 건설공사 종합심사낙찰자 결정시 사회적책임 점수(2점, 재해율 30~40% 반영) 반영, 건설업체 시공능력평가시 공사실적액 감액, 지도·감독 면제[14] 등의 조치로 활용됨으로써 기업자율의 재해예방 활동을 유도하고 있다(산안법 제8조①, 규칙제3조①제7호). 특히 재해율의 PQ점수(신인도평가)에 대한 반영은 건설업체가 국가발주공사에 대한 낙찰에 결정적인 요소로 작용하고 있다.

재해율의 PQ점수(신인도평가) 반영에 대하여 성지건설 등 277개 건설업체가 제기한 「건설업체 환산재해율 산정 제도」헌법소원 심판청구에 대하여 정부가 환산재해율을 산정하여 정부가 발주하는 공사의 입찰자격사전심사 등에 반영하는 것은 기본권과 영업의 자유 및 평등권을 침해하지 않는다는 취지의 결정을 내린바 있으며, 그 결정내용에서 건설업 재해율 산정 기준, 재해율에 따라 입찰참가자격사전심사시 제한, 고용노동부장관의 재해율 산정행위, 재해율에 따라 건설업체 시공능력평가시 공사실적액 감액요청에 대하여 각하결정을 하였다.[15]

14) 고용노동부는 시공능력평가액 순위 1,000대 건설업체의 평균 환산재해율을 산정하고, 시공능력 평가액 순위 1~100위 업체를 1군, 101~ 300위 업체를 2군, 301~600위 업체를 3군, 601~1,000위 업체를 4군으로 분류하여 각 군별로 재해율이 높은 하위 10%에 해당하는 101개 업체의 전국 시공 현장에 대해 정기감독을 실시하며, 각 군별로 재해율이 낮은 상위 10% 이내에 해당하는 업체에서 시공중인 건설현장은 1년간 지도·감독 대상 선정에서 제외하고 있다.

15) 헌재 2003헌마579, 2007.5.31

나. 입찰참가자격사전심사(PQ)에 사고사망망인율 활용

국가계약에서의 입찰방식은 일반경쟁입찰, 제한경쟁입찰, 지명경쟁입찰, 수의계약 등으로 구분하고 있다. 입찰참가자격사전심사제도는 일반경쟁입찰에 적용되는 제도로서 입찰에 참가하려는 자에 대해 입찰 전에 미리 계약조건 등의 내용대로 완성할 수 있는 능력이 있는지 여부를 판단하기 위하여 심사하는 제도이다.[16]

각 중앙관서의 장 또는 계약담당공무원은 경쟁입찰에 부치는 경우 계약이행의 난이도, 이행실적, 기술능력, 재무상태, 사회적 신인도 및 계약이행의 성실도 등 계약수행능력을 평가하고 입찰참가자격을 사전에 심사하여 적격자만을 입찰에 참가하게 할 수 있다(국가계약법 제7조). 조달청은 추정가격 300억원 이상인 공사에 대한 입찰참가자격사전심사를 의무적으로 시행하고 있다(국가계약법 영제13조 ①, 조달청입찰참가자격사전심사 제2조제1호).[17]

입찰참가자격사전심사는 경영상태부문과 기술적 공사이행능력부문으로 구분하여 심사하며, 경영상태부문의 적격요건을 충족한 자를 대상으로 기술적 공사이행능력부문을 심사한다. 여기에서 기술적 공사이행능력부문은 시공경험분야(40점), 기술능력분야(45점), 시공평가결과분야(10점), 지역업체참여도분야(5점), 신인도분야(+3 ~ −7점)를 종합적으로 심사하며, 이 중 신인도분야에 해당하는 건설재해의 사고사망망인율은 3년간을 가중평균하여 건설업종(종합건설 1위~1000위) 평균사고사망만인율의 가중평균[18] 이하인 건설업체에게는 +1점의 가점이 부여된다.

---

16) 법무법인(유한)태평양 건설부동산팀, 「주석 국가계약법」(박영사, 2017), 117면
17) 국가를 당사자로 하는 계약에 관한 법률 시행령[대통령령 제30078호, 2019.9.17, 일부개정, 시행 2019.12.18]
18) 사고사망만인율 및 평균사고사망만인율 가중평균: [최근년도 사고사망만인율×0.5+최근년도 1년전 사고사망만인율×0.3+최근년도 2년전 사고사망만인율×0.2(단, 최근년도 1년전 사고사망만인율 또는 최근년도 2년전 사고사망만인율을 산정하지 않은 경우에는 최근년도 사고사망만인율과 산정한 연도사고사망만인율의 평균값으로 한다)]

〈계약예규: 입찰참가자격사전심사요령 별표2, 별표3의 신인도 평가 항목〉

항목	배점	내용	점수
5. 신인도	+3 -7	다. 건설재해 및 제재처분사항	
		1) 최근 3년간 고용노동부장관이 산정한 사고사망만인율의 가중평균이 평균 사고사망만인율의 가중평균 이하인 자[19]	+1
		2) 최근 1년간 건설업체의 산업재해예방활동 실적을 고용노동부장관이 평가한 결과 그 실적이 우수한 자	+1
		3) 최근 1년동안 「산업안전보건법」 제30조제3항에 의한 산업안전보건관리비 사용의무를 위반하여 목적외 사용금액이 1,000만원을 초과하거나 사용내역서를 작성·보존하지 아니한 자	-1
		4) 최근 1년동안 「산업안전보건법 시행규칙」 별표1 제1호 및 제6호에 따른 산업재해발생 보고의무 위반건수가 배분된 자	-2
		5) 최근 1년동안 산업안전보건법령 위반으로 동일현장에서 벌금이상의 행정형벌을 2회 이상 받은 자 ·2회 받은 자 ·3회 이상 받은 자	 -0.5 -1
		6) 최근 1년동안 환경관련법령에 의한 벌금이상의 행정형벌, 영업정지·영업취소 처분 또는 과징금 부과를 받은 자[20] ·1회 받은 자 ·2회이상 받은 자	 -0.5 -1

다. 종합심사낙찰제에 사고사망만인율 활용

경쟁입찰에서 낙찰자를 결정하는 방법은 적격심사제도와 종합심사낙찰제도로 구분할 수 있다. 적격심사제도는 예정가격 이하로서 최저가격으로 입찰자의 순

19) 〈재해율에 신인도평가 반영 기준〉

: 「조달청 입찰참가자격사전심사기준[별표 3](조달청 시설총괄팀-9746호, 2019.12.9)

평가요소	배 점	등 급	평 점
12) 최근 3년간 고용노동부장관이 산정한 환산재해율의 가중평균이 평균환산재해율의 가중평균이하인 자	+1	A. 평균환산재해율 0.20배이하	+1.0
		B. 평균환산재해율 0.40배이하	+0.8
		C. 평균환산재해율 0.60배이하	+0.6
		D. 평균환산재해율 0.80배이하	+0.4
		E. 평균환산재해율 1.0배이하	+0.2
		F. 평균환산재해율 1.0배초과	0.0

20) 산업안전보건법령 위반에 따른 행정형벌에 대한 감점은 공공공사 현장에서 발생한 법령 위반사항에 한하며, 해당공사의 발주기관(「조달사업에 관한 법률」 제5조의2에 따라 조달청장에게 계약을 의뢰하는 공사에 대하여는 수요기관을 말한다)의 입찰에서 감점한다.

으로 당해 계약이행능력을 심사하여 낙찰자를 결정하는 방식이며, 종합심사낙찰제도는 입찰가격, 공사수행능력, 사회적 책임 등을 평가하여 합산점수가 가장 높은 자를 낙찰자로 결정하는 방식이다. 종합심사낙찰제도는 고난이도 공사와 추정가격 300억원 이상이면서 고난이도 공사에 해당하지 않는 일반공사, 추정가격 100억 이상~300억 미만의 간이형 공사로 구분하여 적용한다(계약예규 공사계약 종합심사낙찰제 심사기준 제3조).

종합심사낙찰제에 적용되는 분야별 심사항목 및 배점기준으로는 공사수행능력(40~50점), 입찰금액(50~60점), 사회적 책임(가점 2점), 계약신뢰도(감점) 등에 점수를 부여하고 있다. 여기에서 사회적 책임 분야에서는 건설안전에 30~40점[21]의 배점을 부여하고 있고, 건설안전은 입찰자의 산업안전보건법 시행규칙 별표1에 따라 사고사망만인율을 산출한다(계약예규 공사계약 종합심사낙찰제 심사기준 별표1-1, 별표1-2, 별표1-3, 별표2).

〈사고사망만인율 점수 심사산식〉

구 분	점수 심사산식	비 고
사망 만인율	점수 = 100 − 50 × (해당업체 가중평균 사고사망만인율/건설업 가중평균 사고사망만인율) * 해당업체 가중평균 사고사망만인율이 건설업 가중 평균 사고사망만인율의 2배 이상인 경우는 0점	점수는 소수첫자리에서 반올림하여 정수로 표시하고, 점수한도는 100

21) 간이형 공사의 경우 사회적 책임 분야에서 건설안전에 20~30% 반영함.

2 건설업체 재해율 산정방법

가. 환산재해율

산업재해발생률 및 산업재해발생 보고의무 위반에 따른 가감점 부여대상이 되는 건설업체는 매년 「건설산업기본법」 제23조에 따라 국토교통부장관이 시공능력을 고려하여 공시하는 건설업체 중 고용노동부장관이 정하는 업체(시공능력평가액 순위 1,000대 건설업체)로 한다(산안법 규칙별표1제1호).

건설업체의 산업재해발생률은 다음의 계산식에 따른 업무상 사고사망만인율(이하 "사고사망만인율"이라 한다)로 산출하되, 소수점 셋째 자리에서 반올림한다(산안법 규칙별표1제2호).

$$\text{사고사망만인율(‱)} = \frac{\text{사고사망자수}}{\text{상시근로자수}} \times 10{,}000$$

나. 상시근로자수

상시근로자수는 다음과 같이 산출한다(산안법 규칙별표1제4호). 여기에서 "연간 국내공사 실적액"은 「건설산업기본법」에 따라 설립된 건설업자의 단체, 「전기공사업법」에 따라 설립된 공사업자단체, 「정보통신공사업법」에 따라 설립된 정보통신공사협회, 「소방시설공사업법」에 따라 설립된 한국소방시설협회에서 산정한 업체별 실적액을 합산하여 산정하며, "노무비율"은 「고용보험 및 산업재해보상보험의 보험료징수법시행령」 제11조제1항에 따라 고용노동부장관이 고시하는 일반 건설공사의 노무비율(하도급 노무비율은 제외한다)을 적용하고, "건설업 월평균임금"은 「보험료징수법시행령」 제2조제1항제3호 가목에 따라 고용노동부장관이 고시하는 건설업 월평균임금을 적용한다.

$$\text{상시 근로자 수} = \frac{\text{연간 국내공사 실적액} \times \text{노무비율}}{\text{건설업 월평균임금} \times 12}$$

다. 사고사망자수

"사고사망자 수"는 사고사망만인율 산정 대상 연도의 1월 1일부터 12월 31일까지의 기간 동안 해당업체가 시공하는 국내의 건설현장(자체사업의 건설 현장은 포함한다)에서 사고사망재해를 입은 근로자수를 합산하여 산출한다. 다만, 산업안전보건법 시행규칙 별표 18 제2호마목에 따른 이상기온에 기인한 질병사망자는 포함한다(산안법 규칙별표1제3호가목).

따라서 민간인의 출입이 잦은 건설현장에서 민간인의 부상 및 재해가 발생하였더라도 근로자가 아닌 민간인의 재해는 재해자수 산정에서 제외되며,[22] 재해자수 산정은 국내 건설현장 재해자수를 합산하여 산정하는 것이므로 해외현장 파견근로자의 재해도 제외된다.

3 환산재해자수 산출의 기준과 방법

가. 일반원칙

(1) 수급인과 하수급인 재해자수 합산

「건설산업기본법」 제8조의 규정에 의한 종합공사를 시공하는 업체의 경우에는 해당 업체의 소속 사고사망자수에 그 업체가 시공하는 건설현장에서 그 업체로부터 도급을 받은 업체(그 도급을 받은 업체의 하수급인을 포함)의 사고사망자수를 합산하여 산출한다(산안법 규칙별표1제3호가1)).

산재보험 하수급인 인정승인을 받아 하도급업체에서 산재를 처리하였더라도 하도급업체가 전문건설업체인 경우라면 당해 사고사망자는 도급업체인 일반건설업체의 재해율에 산정되며,[23] 일반건설업 등록증을 보유하고 있지만 동 등록증이 아닌 전문건설업 등록자격으로 해당 전문건설공사를 발주자로부터 직접 도급을

22) 산안(건안) 68307-584, 1998.10.20
23) 산안(건안) 68307-10018, 2002.1.17

받아 공사를 시행하던 중에 발생한 사고사망자는 일반건설업체의 사고사망자로 볼 수 없으므로 당해 사고사망자는 건설업체 재해율 산정대상에서 제외된다.[24] 또한 발주처와 별도의 도급계약이 이루어진 감리회사의 단장의 재해도 건설업체의 지휘를 받지 않는다면 재해율 산정에서 제외된다.[25]

관련사례

□ 하도급사에서 산재처리시 재해율 산정방법(산안(건안) 68307-10018, 2002.1.17)

산재보험 하수급인 인정승인을 받아 하도급업체에서 산재를 처리하였더라도 하도급업체가 전문건설업체인 경우라면 당해 재해자는 위 기준(1)에 의하여 도급업체인 일반건설업체의 재해율에 산정되며, 노동부장관이 매년 조사하여 발표하는 건설업체의 평균환산재해율 미만이거나 초과여부에 따라 입찰참가자격사전심사(PQ)시 가점을 받게 됨.

□ 현장내에서 감리단장이 포장구간에서 감독 중 후진 중이던 로울러에 재해를 입은 경우 산재보험처리 및 재해율 산정(산안(건안) 68307-403, 1999.7.31)

사업이 수차의 도급에 의하여 행하여지는 경우에는 산재보험법 제9조제1항의 규정에 의하여 최초로 사업을 도급받아 행하는 원수급인이 이 법의 적용을 받는 사업주가 되어 그 원수급인이 산재보험처리를 해 주어야 할 것이나, 귀 문의 경우와 같이 발주처가 감리회사와 별도의 계약으로 전면책임감리용역계약을 체결한 때에는 시공사인 귀사와는 원·하수급인 관계에 해당하지 아니하여 감리원 소속사인 감리회사에서 산재보험처리를 해 주어야 할 것임. 귀 질의의 피재자가 발주처와 별도의 계약이 이루어진 감리회사 단장으로 귀 사의 지휘감독을 받지 않는다면 동 피재자는 귀 사의 재해율에 산정되지 아니 할 것이며, 동 재해에 대한 책임한계는 해당 지방관서의 구체적인 사실조사 결과에 따라 판단하여야 할 것임.

(2) 종합공사업체가 종합공사업체에게 도급을 한 경우

「건설산업기본법」 제29조제3항의 규정에 의하여 종합공사를 시공하는 업체(A)가 발주자의 승인을 받아 종합공사를 시공하는 업체(B)에게 도급을 준 경우에는 해당 도급을 받은 종합공사를 시공하는 업체(B)의 사고사망자수와 그 업체로부터 도급을 받은 업체(C)의 사고사망자수를 도급을 한 종합공사를 시공하는 업체(A)와 도급을 받은 종합공사를 시공하는 업체(B)에 반으로 나누어 각각 합산한

24) 산업안전과-4108, 2004.7.7
25) 산안(건안) 68307-403, 1999.7.31

다. 다만, 그 산업재해와 관련하여 법원의 판결이 있는 경우에는 산업재해에 책임이 있는 종합공사를 시공하는 업체의 사고사망재해자수에 합산한다(산안법 규칙 별표1제3호가2)).

관련사례

□ **일반건설업체가 일반면허 및 전문면허를 동시에 소유한 업체에게 하도급을 준 경우 재해자수 산정(산안(건안) 68307-496, 1998.9.7)**

산업안전보건법시행규칙 별표1「건설업체 산업재해발생률 산정기준」제3호 가목(2)에서 일반건설업체(A)가 발주자의 승인을 얻어 일반건설업체(B)에게 도급을 행한 경우라 하면 B사가 동 공사를 일반건설면허로 도급을 받은 경우에 해당하는 것으로 만약 B사가 전문건설면허로 동 공사를 도급을 받았을 경우에는 B사의 재해자수는 A사에 합산됨.

종합공사를 시공하는 업체가 종합공사면허와 전문건설면허를 동시에 소지한 업체에게 도급을 주었을 때 하수급인이 발주자의 승인 하에 종합공사면허로 도급을 받은 경우에는 사고사망자수는 수급인과 하수급인이 반분하며 하수급인이 전문건설면허로 하도급을 받았다면 사고사망자수는 수급인에게 합산된다.[26]

(3) 산업재해 발생연도 이후에 재해를 알게 된 경우

산업안전보건법 시행규칙 제73조제1항의 규정에 의한 산업재해조사표를 제출하지 않아 고용노동부장관이 산업재해 발생연도 이후에 산업재해가 발생한 사실을 알게 된 경우에는 그 알게 된 연도의 사고사망자수로 산정한다(산안법 시행규칙 별표1제3호가3)).

나. 공동이행방식으로 시공한 경우 재해자수 분배

둘 이상의 업체가「국가를 당사자로 하는 계약에 관한 법률」제25조에 따라 공동계약을 체결하여 공사를 공동이행방식으로 시행하는 경우 해당 현장에서 발생한 사고사망자수는 공동수급업체의 출자비율에 따라 분배한다(산안법 시행규칙별표

26) 산안(건안) 68307-496, 1998.9.7

1제3호나).

공동수급 운영지침 협약서로 사고발생시 지분율에 비례하여 각 사별로 정한 배분기준에 따라 산재처리를 할 경우에도 공동수급사의 운영지침협약서의 내용에 상관없이 참여업체 간의 지분율에 따라 재해자 수를 분배한다.[27)]

주계약자관리방식[28)]의 공동계약으로 공사를 수행하는 경우 안전사고 발생시 책임여부는 사고발생시의 구체적인 사실관계에 따라 판단되어야 할 것이나, 시공의 책임이 구성원 각자에게 있으므로 사고에 대한 책임 역시 구성원 각자에게 있을 것으로 사료되고 재해율 산정시에도 사고에 대한 책임이 있는 각 사별로 산정하여야 할 것이다.

관련사례

□ 건설공사의 지분율이 A사 50%, B사 35%, C사 15인 공동도급 공동이행 현장에서 재해가 발생하여 산재처리는 운영협약서에 따라 A사가 처리하였는데 어떻게 확인하여 지분율대로 분배하는지(산안(건안) 68307-10483, 2001.10.6)

산업안전보건법시행규칙 별표 1「건설업체 산업재해발생률 산정기준」제3호의 규정에 의하면 2이상의 업체가 공동계약을 체결하여 공사를 공동이행방식으로 수행하는 경우에 당해 현장에서 발생한 재해자수는 공동수급업체 출자비율에 따라 분배하도록 하고 있는 바, 이때 공동이행방식에 의한 재해자 확인은 지방노동관서의 재해조사결과 및 근로복지공단의 산재신청자료 등을 참조하여 파악한 사실과 이러한 경로로 파악되지 아니한 경우에는 재해율 조사시 산재처리한 업체에 재해현황을 우선통보(매년 5월경)하고 통보받은 업체에서 공동이행공사에서의 재해임을 이의신청하면 그 내용을 조사하여 확인된 사실 등에 따라 재해자수를 배분하게 됨.

다. 장비임대 및 설치·해체·물품납품업체 근로자의 재해발생의 경우

건설공사를 하는 자(도급인, 자체사업을 하는 자 및 그의 수급인을 포함한다)와 설치, 해체, 장비 임대 및 물품 납품 등에 관한 계약을 체결한 사업주의 소속 근로자가

27) 산안(건안) 68307-10379, 2001.6.4

28) 공동수급체의 구성원중 주계약자를 선정하여 주계약자가 전체 건설공사 계약의 수행에 관한 계획·관리 및 조정을 하고 계약상의 시공, 제조, 용역 의무이행의 책임에 대하여는 구성원 각자가 자신이 분담한 부분에 대해서만 책임을 지는 공동계약의 유형

그 건설공사와 관련된 업무를 수행하는 중 사고사망재해를 입은 경우에는 건설공사를 하는 자의 사고사망자수로 산정한다(산안법 규칙별표1제3호다).

하수급인 제조업체 제작장에서 제작 중 발생한 재해와 제조업체가 건설공사현장에서 설치작업 중 발생한 재해의 재해율 산정방법은 재해발생장소가 건설사업장인 경우에는 제조업체 산재보험 처리와는 상관없이 원수급인의 재해건수로 포함하여 산정하고, 재해발생장소가 건설현장과 분리된 제작장인 경우 제조업체의 사고사망자수로 산정한다.[29] 콘크리트 타설 중 펌프카의 붐대가 부러지면서 콘크리트 타설을 하던 하청업체 근로자가 맞아 사망한 재해의 경우에도 건설공사의 시공업체의 재해자로 산정하였다.[30]

관련사례

□ 하도급 업체인 제조업체 제작장에서 제작 중 발생한 재해의 산재보상 책임 및 재해율 산정여부와 제조업체가 폐사 공사현장에서 설치작업 중 발생한 재해의 산재보상 책임 및 재해율 산정방법(산안(건안) 68307-108, 1999.3.2)

산업안전보건법시행규칙 별표1의 재해율 적용건에 대하여 재해발생장소가 건설사업장인 경우에는 제조업체 산재보험 처리와는 상관없이 원수급인의 재해건수로 포함하여 산정하고, 재해발생장소가 건설현장과 분리된 제작장인 경우 제조업체의 재해건수로 산정됨.

□ 현장내에서 별도의 B.P(배차 플랜트)장이 있는 경우로서 B.P장내에서 관리감독중인 감독자, 장비기사, 근로자 등의 사고발생시 산재처리 및 산재건수와 토목현장에서 공사차량의 작업을 위해 가설한 도로상에서 레미콘차량이 운행도중 운전자의 과실로 계곡에 추락하여 사고가 발생했을 경우 산재처리 및 산재건수(산안(건안) 68307-604, 2000.7.1)

레미콘 제조작업이 시공사와 레미콘 공급계약에 의해 공사현장내 별도의 지역에서 독립적으로 이루어지고 별도의 산재가입을 하였다면, 레미콘제조회사의 소속 관리감독자 및 장비기사, 근로자 등의 사고는 레미콘제조회사의 산재로 처리되는 것임. 다만, 건설업 재해율 산정시 동 제조작업장이 시공회사가 제공한 부지내에서 시공사의 작업에 필요한 재료의 제공업무를 수행하고 있다면 위 사업장 내에서의 사고는 시공사의 재해에 반영될 것으로 사료됨. 공사현장내에서 발생한 사고의 산재처리는 레미콘차량 소속 회사에서 하여야 하나, 재해율 산정과 관련하여 동 사고는 시공사의 재해에 포함됨.

---

29) 산안(건안) 68307-108, 1999.3.2
30) 산안(건안) 68307-103, 2003.4.14

라. 사고사망자수 산정에서 제외되는 경우

사고사망자 중 ① 방화, 근로자 간 또는 타인 간의 폭행에 의한 경우 ②「도로교통법」에 따라 도로에서 발생한 교통사고에 의한 경우(해당 공사의 공사용 차량·장비에 의한 사고는 제외한다) ③ 태풍·홍수·지진·눈사태 등 천재지변에 의한 불가항력적인 재해의 경우 ④ 작업과 관련이 없는 제3자의 과실에 의한 경우(해당 목적물 완성을 위한 작업자간의 과실은 제외한다) ⑤ 그 밖에 야유회, 체육행사, 취침·휴식 중의 사고 등 건설작업과 직접 관련이 없는 경우 등으로 사업주의 법 위반에 기인한 것이 아니라고 인정되는 재해에 의한 사고사망자는 사고사망자수 산정에서 제외한다(산안법 규칙별표1제3호마).

공사현장 종료 후 남은 자재를 보관하기 위해 차량에 자재를 싣고 운반 중에 일반 지방도로상에서 재해가 발생한 경우에는 건설현장에서 발생된 재해에 해당하지 아니하므로 재해율 산정대상에서 제외되며,[31] 건설본사 소속의 근로자가 본사 본연의 업무로 인하여 출장 중 발생된 재해에 대하여 산재보험은 건설본사로 흡수 적용되며 건설현장의 근로자에 해당하지 아니하므로 건설업체 재해율 산정에서 제외된다.[32]

이러한 산업안전보건법 시행규칙 별표1 제3호 마목에서는 사업주의 지배관리 영역을 현저히 벗어나 발생된 재해에 대해서 예외적으로 재해자 수 산정에서 제외토록 한 것이므로 열거되지 않은 이외의 재해에 대해서는 모두 환산재해율 산정대상에 포함된다 할 것이다.[33]

---

31) 산업안전과-9, 2004.1.3
32) 산재6402-977, 2000.10.26
33) 안전보건지도과-4387, 2009.11.30

관련사례

□ 공사현장 종료 후 차량으로 자재를 운반하던 중 일반 지방도로상에서 발생한 재해가 건설업체 재해율 산정대상에 포함되는지 여부(산업안전과-9, 2004.1.3)

공사현장 종료 후 남은 자재를 보관하기 위해 차량에 자재를 싣고 운반 중에 일반 지방도로상에서 재해가 발생한 경우에는 건설현장에서 발생된 재해에 해당하지 아니하므로 재해율 산정대상에 포함되지 않을 것으로 보여지나, 당해 공사장의 현황, 예를 들어 도로공사의 경우 공사현장내인지 등의 구체적인 현장여건에 따라 공사장의 범위를 판단하여야 할 것으로 사료됨. 위의 이의신청은 매년 4월 말경 우리부에서 통보하는 재해자 현황 및 이의신청방법에 따라 사고발생장소가 명확히 기재된 교통사고사실 확인원 등 관련증빙자료를 제출하시면 됨.

마. 재해발생 시기와 사망시기의 연도가 다른 경우

재해발생 시기와 사망시기의 연도가 다른 경우에는 재해발생 연도의 다음연도 3월 31일 이전에 사망한 경우에만 산정대상 연도의 사고사망자수로 산정한다(산안법 규칙별표1제3호사).

4 재해발생 보고의무와 산재은폐의 PQ점수 감점적용

가. 산업재해발생 보고의무와 PQ점수 감점적용

(1) 산업재해발생 보고의무

사업주는 중대재해[34]가 발생한 사실을 알게 된 경우에는 전화·팩스 또는 그 밖에 적절한 방법으로 지체 없이 고용노동부장관에게 보고하여야 한다. 다만, 천재

34) 중대재해라 함은 사망자가 1명이상 발생한 재해, 3개월 이상의 요양이 필요한 부상자가 동시에 2명 이상 발생한 재해, 부상자 또는 직업성질병자가 동시에 10명 이상 발생한 재해를 말한다(산안법 제2조제2호, 규칙 제2조①).

지변 등 부득이한 사유가 발생한 경우에는 그 사유가 소멸되면 지체 없이 보고하여야 한다(산안법 제54조②).

또한 사업주는 산업재해로 사망자가 발생하거나 3일 이상의 휴업이 필요한 부상을 입거나 질병에 걸린 사람이 발생한 경우에는 산업재해가 발생한 날부터 1개월 이내에 산업재해조사표를 작성하여 관할 지방고용노동관서의 장에게 제출(전자문서에 의한 제출을 포함한다)하여야 한다(산안법 규칙제73조①).

사업주가 중대재해 발생 보고를 하지 아니하거나 거짓으로 보고한 자에게는 3천만원 이하의 과태료를 부과되며(산안법 제175조②), 3일 이상의 휴업재해를 보고하지 아니하거나 거짓으로 보고한 경우에는 1천 500만원 이하의 과태료가 부과된다(산안법 제175조③).

다만, 사업주가 2014년 7월 1일 처음 발생한 산업재해에 대하여 지방노동관서의 장으로부터 산업재해조사표를 작성하여 제출하도록 명령을 받은 경우 그 명령을 받은 날부터 15일 이내에 이를 이행한 때에는 보고를 한 것으로 보며, 보고기한이 지난 후에 자진하여 산업재해조사표를 작성·제출한 경우에도 보고한 것으로 본다. 그러나 안전관리자 또는 보건관리자를 두어야 하는 사업, 안전보건총괄책임자를 지정하여야 하는 도급인, 건설재해예방전문지도기관의 지도를 받아야 하는 사업주, 산업재해 발생사실을 은폐하려고 한 사업주는 제외한다(산안법 규칙 제73조②).

〈산업재해 발생 보고 시기에 대한 해석 지침〉[35)]

1. 보고대상 여부 판단을 위한 휴업기간 산정방법
   (1) 휴업일수에 재해발생일 포함 여부
   ⇒ 재해발생일은 포함되지 않음
   (2) 휴업일수에 법정 휴무일 및 공휴일 포함 여부
   ⇒ 포함됨
   (3) 휴업기간 판단 근거
   ⇒ 산업재해로 인한 휴업은 의사의 진단 소견 등 객관적 근거에 의해 행해져야 하므로 적법하게 보고되었는지 여부는 당해 휴업이 진단 소견 등 객관적 근거에 부합하는 방식으로 부여되었는지를 확인하여 판단해야 할 것임

35) 고용노동부, 「산업재해 발생 보고제도 변경 관련 해석 지침」, 일부 발췌(2014.7.1)

① 부분 휴업도 휴업일수에 포함되는지 여부

⇒ 부분 휴업한 날은 휴업일수에 포함되지 않으나 휴업의 양태(부분/전면)는 재해피해를 객관적으로 증명해 주는 의사의 진단 소견 등에 따라 결정되어야 할 것임. 만약 산재발생 보고를 회피할 목적으로 의사의 진단 소견과 달리 사업주가 임의로 부분 휴업을 부여한 것이라면 산재 미보고의 책임을 면키 어려울 것임

② 불연속으로 휴업한 경우에도 합산하여 3일 이상 휴업이면 보고대상이 되는지 여부

⇒ 연속적으로 3일 이상 휴업한 재해가 보고대상임. 다만, 산재발생 보고를 회피할 목적으로 의사의 진단 소견과 달리 사업주가 임의로 휴업을 불연속으로 부여하였다면 산재 미보고의 책임을 면키 어려울 것임

2. 재해원인에 따른 보고대상 여부 및 보고기한 판단기준

(1) 운동경기·체육행사, 출퇴근 사고 등 사업주의 안전보건조치와 관련이 없는 사고의 경우도 보고대상인지 여부

⇒ 산업안전보건법 제2조제1호에 따른 '산업재해'로서 휴업 3일 이상의 재해라면 운동경기·행사 중 사고, 사업장 내·외 교통사고 등 재해원인을 불문하고 산재발생 보고대상에 해당됨

(2) 근로자 귀책에 의한 사고의 경우도 보고대상인지 여부

⇒ 당해 사고가 근로자의 작업 또는 업무와 관련하여 발생한 것이라면 작업·업무과정에서 근로자 과실이 있었는지 여부에 관계없이 휴업 3일 이상의 재해에 해당하는 경우 보고대상 재해임. 만약 근로자는 산업재해라고 주장하는 반면 회사측은 근로자가 무단으로 개인적인 일을 보다가 발생한 사고라고 주장하는 경우는 근로복지공단의 요양승인/불승인 결정에 따라 산업재해 여부를 먼저 판단

(3) 산업재해 해당 여부가 불명확한 경우

⇒ 산업재해에 해당되는지 여부가 다툼이 있거나 불명확한 경우에는 근로복지공단의 요양승인/불승인 결정에 따르고, 근로복지공단의 요양승인을 받은 날로부터 1개월 이내에 산업재해조사표를 제출하면 됨

관련사례

□ 근골격계질환으로 사내 물리치료실에서 치료를 받고 30일이 경과하였으나 산업재해 발생보고를 하지 않은 경우 위법인지(안정 68302-72, 2003.1.30)

질병 또는 질환의 경우 장기간에 걸쳐 이환되는 경우가 많고 업무수행성과 기인성에 대한 정확한 판단이 어려워 산업재해 발생시점을 확정하기 곤란하므로 산업재해여부에 대한 판정권한이 있는 기관(근로복지공단)이 당해 질병에 대해 요양승인을 한 때에 비로소 산업재해로 확인되고 보고의무도 이때부터 발생한다고 봄이 타당함. 따라서 질의와 같이 근골격계질환으로 사내 물리치료실에서 치료를 받고 30일이 경과하였다 하더라도 권한 있는 기관에 의해 업무와 동 질환의 인과관계가 확인되기 전에는 보고 대상인 산업재해로 보기 어려움.

(2) 보고의무 위반과 PQ점수 감점적용

산업재해에 대한 산업재해발생 보고의무 위반(보고기한을 도과하여 보고의무를 위반한 경우 제외)으로 과태료 처분이 확정된 경우에 입찰참가자격사전심사(PQ)시 1건당 -0.2, 최대 -2.0의 감점이 부여된다. 산업재해 발생시 신고·고발, 관계기관 통보, 점검·감독 등에 의해 적발되어 보고의무 위반으로 과태료 처분이 확정된 경우에 적용된다.[36]

나. 산업재해발생 보고의무 위반건수 산정기준

(1) 적용원칙

건설업체의 산업재해발생 보고의무 위반건수는 국내의 건설현장에서 발생한 산업재해의 경우 법 제57조제3항에 따른 보고의무를 위반(제73조제1항에 따른 보고기한을 넘겨 보고의무를 위반한 경우는 제외한다)하여 과태료 처분을 받은 경우만 해당한다(산안법 규칙별표1제6호가).

(2) 수급인과 하수급인 보고의무 위반건수 합산

「건설산업기본법」 제8조에 따른 종합공사를 시공하는 업체의 산업재해발생 보고의무 위반건수에는 해당 업체로부터 도급받은 업체(그 도급을 받은 업체의 하수급인은 포함한다)의 산업재해발생 보고의무 위반건수를 합산한다(산안법 규칙별표1제6호나).

(3) 종합공사업체가 종합공사업체에게 도급을 한 경우

「건설산업기본법」 제29조제3항에 따라 종합공사를 시공하는 업체(A)가 발주자의 승인을 받아 종합공사를 시공하는 업체(B)에 도급을 준 경우에는 해당 도급을 받은 종합공사를 시공하는 업체(B)의 산업재해발생 보고의무 위반건수와 그 업체로부터 도급을 받은 업체(C)의 산업재해발생 보고의무 위반건수를 도급을

---

36) 고용노동부 산업안전국, 「송치사건 기소율 제고를 위한 지침」(2007.2.9)

준 종합공사를 시공하는 업체(A)와 도급을 받은 종합공사를 시공하는 업체(B)에 반으로 나누어 각각 합산한다(산안법 규칙별표1제6호다).

(4) 공동이행방식으로 시공한 경우 보고의무 위반건수 분배

둘 이상의 건설업체가 「국가를 당사자로 하는 계약에 관한 법률」 제25조에 따라 공동계약을 체결하여 공사를 공동이행 방식으로 시행하는 경우 산업재해발생 보고의무 위반건수는 공동수급업체의 출자비율에 따라 분배한다(산안법 규칙별표1 제6호라).

제2장

건설업 안전보건관리 실무

제1절 산업안전보건법의 이해

근로자를 고용한 사업주는 근로자가 사업장에서 사고와 질병이 발생되지 않도록 산업재해를 예방할 의무가 있으며, 근로자는 산업재해를 예방하기 위한 기준을 준수하여야 한다. 산업안전보건법은 산업재해예방 책임을 사업주에게 지우고, 근로자에게는 이에 협력하도록 하는 한편 산업재해예방을 위한 구체적인 임무는 사업장에 산업안전보건관리체제를 확립하도록 하여 안전보건관리의 실효를 기하고 있다.

산업안전보건법은 최근 변화하고 있는 산업환경을 반영하여 2019.1.15. 전면 개정이 되어 2020.1.16(일부조항 2021.1.16)부터 시행이 되었다. 개정 산업안전보건법에서는 법의 보호대상을 근로자에서 노무를 제공하는 자로 넓히고, 원청의 책임범위 및 처벌수준을 강화하였으며, 법 체계 전반의 정비가 이루어졌다.

산업안전보건법의 보호대상이 근로기준법에 의한 근로자에 한정하지 않고 노무를 제공하는 자로 확대됨에 따라 특수형태근로종사자(건설현장의 경우 「건설기계관리법」 제3조제1항에 따라 등록된 건설기계를 직접 운전하는 사람)도 산업안전보건법의 보호대상으로 편입이 되었다. 따라서 사업주는 근로자와 특수형태근로종사자에 대한 산업재해를 예방하기 위한 안전·보건 조치를 하여야 한다.

또한 고용노동부장관은 산업재해예방에 관한 기본계획을 효율적으로 시행하기 위하여 필요하다고 인정할 때에는 관계 행정기관의 장 또는 공공기관의 장에게 필요한 협조를 요청할 수 있는데, 건설업체의 경우 건설업체의 시공능력 평가시 산업재해발생률이 공사실적에 반영되고 있으며, 공공기관 입찰을 위한 입찰참가업체의 입찰참가자격사전심사시에 산업재해발생률 및 산업재해발생 보고의무 위반에 따른 가감점이 부여되고 산업재해 예방활동 실적이 반영되고 있다.

본 장에서는 산업안전보건법의 목적과 적용범위, 사업주의 산업안전보건법 준수의무, 공공기관의 협조요청 및 산업재해 발생건수 등의 공표 등에 대해서 설명하기로 한다.

1 산업안전보건법 전부개정[1)]

가. 개정 이유

산업안전보건법은 골프장 캐디 등 특수형태근로종사자, 플랫폼을 이용하는 배달종사자 등은 산업안전보건법의 보호영역 안에 포함되지 못하였으므로 사회적으로 특수형태근로종사자 등 최근의 노동력 사용실태를 반영한 안전보건 보호대상 확대의 필요성이 제기 되었다. 또한 구의역 스크린도어 협착사고(16.5.28), 삼성중공업 크레인전도사고(17.5.1) 등 원청이 유해 위험한 작업을 하청에 도급하고 안전·보건 책임은 회피함에 따라 하청근로자의 사망사고가 다수 발생하여 위험의 외주화 방지 및 원청의 책임강화 필요성 등이 꾸준히 제기 되었으며, 건설현장 추락사고(18, 대전-당진 고속도로 교각작업 중 추락), 유해화학물질 관리부실로 인한 화학물질 사고(16, 메탄올 중독사고) 등 건설업 및 화학물질에 대한 제도 개선도 필요하였다.

이러한 문제를 해소하고자, 최근의 산업환경 변화를 반영하여 법의 보호대상을 넓히고, 원청의 책임범위 및 처벌수준을 강화하며, 법 체계 전반을 정비하는 내용 등을 담은 산업안전보건법이 2019.1.15, 전면 개정되어 2020.1.16(일부조항 2021.1.16)부터 시행이 되었다.

나. 개정 주요내용

산업안전보건법 개정을 통하여 산업재해를 획기적으로 줄이고 안전하고 건강하게 일할 수 있는 여건을 조성하기 위하여 이 법의 보호대상을 다양한 고용형태의 노무제공자가 포함될 수 있도록 넓히고(제1조, 제77조부터 제79조까지 등), 근로자가 작업을 중지하고 긴급 대피할 수 있음을 명확히 규정(제52조)하여 근로자의 작업중지권 행사를 실효적으로 뒷받침하고자 하였다. 또한, 근로자의 산업안전 및 보건 증진을 위하여 도급작업 등 유해·위험성이 매우 높은 작업에 대해서는 원칙적으

---

1) 산업안전보건법 [법률 제16272호, 2019.1.15, 전부개정, 2020.1.16, 시행]

로 도급을 금지하고(제58조), 도급인의 관계수급인 근로자에 대한 산업재해 예방책임을 강화하며(제63조 및 제65조제4항), 근로자의 안전 및 건강에 유해하거나 위험한 화학물질을 국가가 직접 관리할 수 있도록 하고(제110조 및 제112조 등), 법 위반에 대한 제재를 강화하며(제167조), 그 밖에 법의 장·절을 새롭게 구분하며 법 조문을 체계적으로 재배열하여 법 문장을 이해하기 쉽도록 개정하였다.

〈산업안전보건법 개정 전, 후 비교표〉

개정 전	개정 후	
제1장 총칙	제1장 총칙	
제2장 안전보건관리체제	제2장 안전보건관리체제 등	제1절 안전보건관리체제
		제2절 안전보건관리규정
제3장 안전보건관리규정	제3장 안전보건관리교육	
제4장 유해위험예방조치의무	제4장 유해·위험 방지 조치	
제5장 근로자의 보건관리	제5장 도급시 산업재해 예방	제1절 도급의 제한
		제2절 도급인의 안전조치 및 보건조치
		제3절 건설업 등의 산업재해 예방
		제4절 그 밖의 고용형태에서의 산업재해 예방
제6장 감독과 명령	제6장 유해·위험 기계 등에 대한 조치	제1절 유해하거나 위험한 기계 등에 대한 방호조치 등
		제2절 안전인증
		제3절 자율안전확인의 신고
		제4절 안전검사
		제5절 유해·위험기계등의 조사 및 지원 등
제6장의2 산업안전지도사 및 산업보건지도사	제7장 유해·위험 물질에 대한 조치	제1절 유해·위험 물질의 분류 및 관리
제7장 삭제		제2절 석면에 대한 조치
	제8장 근로자의 보건관리	제1절 근로환경의 개선
제8장 보칙		제2절 건강진단 및 건강관리
	제9장 산업안전지도사 및 산업보건지도사	
제9장 벌칙	제10장 근로감독관 등	
	제11장 보칙	
	제12장 벌칙	

2 산업안전보건법 총칙

가. 목적과 적용범위

(1) 목 적

산업안전보건법은 산업안전 및 보건에 관한 기준을 확립하고 그 책임의 소재를 명확하게 하여 산업재해를 예방하고 쾌적한 작업환경을 조성함으로써 노무를 제공하는 자의 안전 및 보건을 유지·증진함을 목적으로 한다(산안법 제1조).

개정 전 산업안전보건법은 법의 보호대상을 「근로기준법」에 따른 근로자로 한정하였으나, 최근 변화된 노동력 사용실태에 맞게 근로계약관계에서 벗어나 다양한 고용형태의 노무제공자를 산업안전보건법의 보호대상으로 편입하기 위하여 법의 목적을 확대한 것이다.[2] 여기에서 노무를 제공하는 자는 용어 그대로 자신의 노동력을 타인에게 제공하는 자를 말한다.[3]

(2) 적용범위

산업안전보건법은 모든 사업에 적용한다. 다만, 유해·위험의 정도, 사업의 종류, 사업장의 상시근로자 수(건설공사의 경우에는 건설공사 금액을 말한다. 이하 같다) 등을 고려하여 대통령령으로 정하는 종류의 사업 또는 사업장에는 이 법의 전부 또는 일부를 적용하지 아니할 수 있다(산안법 제3조).

개정 전 산업안전보건법은 사업 또는 사업장의 개념이 혼용되어 사용되고 있었으나, 사업을 하는 경우 사업장은 당연히 따라오는 종속변수이므로 적용범위의 원칙을 "사업"단위로 통일하였다. 즉, 산업안전보건법은 "모든 사업"에 적용하되, "사업장"을 기준으로 적용 예외를 둘 필요가 있는 경우를 위해 적용제외 고려요소로 "사업장"을 포함하여, "사업장" 기준으로 규정을 적용할 때에는 각각의 해당조문에서 "사업장"을 명시하도록 법을 개정하였다. 또한 "사업의 규모"

---

2) 고용노동부, 「산업안전보건법 전부개정법률 주요내용 설명자료」(2019.1)
3) 고용노동부, 「산업안전보건법 전부개정법률 브리핑 주요질의 응답자료」(2019.1.2)

를 사업장의 상시근로자 및 건설공사의 금액으로 그 의미하는 바를 구체적으로 표현하였으며, 국가·지방자치단체 및 공기업도 일반 사업과 동일하게 산업안전보건법이 적용되므로 별도 규정을 삭제하였다.[4)]

〔산안법 영 별표1〕 법의 일부를 적용하지 아니하는 사업 및 규정(제2조제1항 관련)

대상 사업	적용 제외 규정
1. 다음 각 목의 어느 하나에 해당하는 사업 가. 「광산안전법」 적용 사업(광업 중 광물의 채광·채굴·선광 또는 제련 등의 공정으로 한정하며, 제조공정은 제외한다) 나. 「원자력안전법」 적용 사업(발전업 중 원자력 발전설비를 이용하여 전기를 생산하는 사업장으로 한정한다) 다. 「항공안전법」 적용 사업(항공기, 우주선 및 부품 제조업과 창고 및 운송관련 서비스업, 여행사 및 기타 여행보조 서비스업 중 항공 관련 사업은 각각 제외한다) 라. 「선박안전법」 적용 사업(선박 및 보트 건조업은 제외한다)	법 제15조, 제16조, 제17조, 제20조(제1호에 따른 안전관리자의 지도·조언에 한한다), 제21조, 제24조, 제2장제2절, 제29조(보건에 관한 사항은 제외한다), 제30조(보건에 관한 사항은 제외한다), 제31조, 제38조, 제51조(보건에 관한 사항은 제외한다), 제52조(보건에 관한 사항은 제외한다), 제53조(보건에 관한 사항은 제외한다), 제54조, 제55조, 제58조, 제59조, 제60조, 제62조, 제63조, 제64조(제1항제6호는 제외한다), 제65조, 제66조, 제72조, 제75조, 제88조, 제103조, 제104조, 제105조, 제106조, 제107조, 제160조(제21조제4항에 해당하는 과징금에 한한다),
2. 다음 각 목의 어느 하나에 해당하는 사업 가. 소프트웨어 개발 및 공급업 나. 컴퓨터 프로그래밍, 시스템 통합 및 관리업 다. 정보서비스업 라. 금융 및 보험업 마. 전문서비스업 바. 건축기술, 엔지니어링 및 기타 과학기술 서비스업 사. 기타 전문, 과학 및 기술 서비스업(사진 처리업은 제외한다) 아. 사업지원 서비스업 자. 사회복지 서비스업	법 제29조(제3항에 따른 추가교육은 제외한다), 제30조

4) 고용노동부, 「산업안전보건법 전부개정법률 주요내용 설명자료」(2019.1)

대상 사업	적용 제외 규정
3. 다음 각 목의 어느 하나에 해당하는 사업으로서 상시 근로자 50명 미만을 사용하는 사업장 가. 농업 나. 어업 다. 환경 정화 및 복원업 라. 소매업; 자동차 제외 마. 영화, 비디오물, 방송프로그램 제작 및 배급업 바. 녹음시설운영업 사. 방송업 아. 부동산업(부동산 관리업은 제외한다) 자. 임대업; 부동산 제외 차. 연구개발업 카. 보건업(병원은 제외한다) 타. 예술, 스포츠 및 여가관련 서비스업 파. 협회 및 단체 하. 기타 개인 서비스업(세탁업은 제외한다)	
4. 다음 각 목의 어느 하나에 해당하는 사업 가. 공공행정(행정사무 종사자에 한함), 국방 및 사회보장 행정 나. 교육 서비스업 중 초등·중등·고등 교육기관, 특수학교·외국인학교 및 대안학교(교원 및 행정사무 종사자에 한함)	법 제2장제1절, 제2장제2절, 제3장
5. 다음 각 목의 어느 하나에 해당하는 사업 가. 초등·중등·고등 교육기관, 특수학교·외국인학교 및 대안학교 외의 교육서비스업(청소년수련시설 운영업은 제외함) 나. 국제 및 외국기관 다. 사무직에 종사하는 근로자만을 사용하는 사업장(사업장이 분리된 경우로서 사무직에 종사하는 근로자만을 사용하는 사업장을 포함한다)	법 제2장제1절, 제2장제2절, 제3장, 제5장제2절(제64조제1항제6호는 제외한다)
6. 상시 근로자 5명 미만을 사용하는 사업장	법 제2장제1절, 제2장제2절, 제3장(제29조제3항에 따른 추가교육은 제외한다), 제47조, 제49조, 제50조, 제159조

비고: 제1호부터 제6호까지의 사업에 둘 이상 해당하는 사업의 경우에는 각각의 호에 따라 적용이 제외되는 규정은 모두 적용하지 아니한다.

나. 산업안전보건법 준수의무

(1) 사업주의 의무

사업주[5]는 ① 산업안전보건법과 산업안전보건법에 따른 명령으로 정하는 산업재해 예방을 위한 기준 ② 근로자의 신체적 피로와 정신적 스트레스 등을 줄일 수 있는 쾌적한 작업환경의 조성 및 근로조건 개선 ③ 해당 사업장의 안전 및 보건에 관한 정보를 근로자에게 제공 등의 사항을 이행함으로써 근로자(특수형태근로자 및 물건을 수거·배달하는 자 포함)[6]의 안전 및 건강을 유지·증진 시키고 국가의 산업재해 예방정책을 따라야 한다(산안법 제5조①).

〈특수형태근로종사자의 범위〉[7]
1. 보험을 모집하는 사람으로서 다음 각 목의 어느 하나에 해당하는 사람 가. 「보험업법」 제83조제1항제1호에 따른 보험설계사 나. 「우체국예금·보험에 관한 법률」에 따른 우체국보험의 모집을 전업(專業)으로 하는 사람 2. 「건설기계관리법」 제3조제1항에 따라 등록된 건설기계를 직접 운전하는 사람 3. 「통계법」 제22조에 따라 통계청장이 고시하는 직업에 관한 표준분류(이하 "한국표준직업분류표"라 한다)의 세세분류에 따른 학습지 교사 4. 「체육시설의 설치·이용에 관한 법률」 제7조에 따라 직장체육시설로 설치된 골프장 또는 같은 법 제19조에 따라 체육시설업의 등록을 한 골프장에서 골프경기를 보조하는 골프장 캐디 5. 한국표준직업분류표의 세분류에 따른 택배원으로서 택배사업(소화물을 집화·수송 과정을 거쳐 배송하는 사업을 말한다)에서 집화 또는 배송 업무를 하는 사람 6. 한국표준직업분류표의 세분류에 따른 택배원으로서 고용노동부장관이 정하는 기준에 따라 주로 하나의 퀵서비스업자로부터 업무를 의뢰받아 배송 업무를 하는 사람 7. 「대부업 등의 등록 및 금융이용자 보호에 관한 법률」 제3조제1항 단서에 따른 대출모집인 8. 「여신전문금융업법」 제14조의2제1항제2호에 따른 신용카드회원 모집인 9. 고용노동부장관이 정하는 기준에 따라 주로 하나의 대리운전업자로부터 업무를 의뢰받아 대리운전 업무를 하는 사람

---

5) 사업주는 산업안전보건법 제77조에 따른 특수형태근로종사자로부터 노무를 제공받는 자와 산업안전보건법 제78조에 따른 물건의 수거·배달 등을 중개하는 자를 포함한다(산안법 제5조①).
6) 근로자는 산업안전보건법 제77조에 따른 특수형태근로종사자와 산업안전보건법 제78조에 따른 물건의 수거·배달 등을 하는 자를 포함한다(산안법 제5조①).
7) 산업안전보건법 시행령 제67조

기계·기구와 그 밖의 설비를 설계·제조 또는 수입하는 자, 원재료 등을 제조·수입하는 자, 건설물을 발주·설계·건설하는 자 등은 발주·설계·제조·수입 또는 건설을 할 때 산업안전보건법과 산업안전보건법에 따른 명령으로 정하는 기준을 지켜야 하고, 발주·설계·제조·수입 또는 건설에 사용되는 물건으로 인하여 발생하는 산업재해를 방지하기 위하여 필요한 조치를 하여야 한다(산안법 제5조②).

(2) 근로자의 의무

근로자는 산업안전보건법과 산업안전보건법에 따른 명령으로 정한 기준 등 산업재해예방에 필요한 사항을 지켜야 하며, 사업주 또는 근로감독관, 공단 등 관계자가 실시하는 산업재해 방지에 관한 조치에 따라야 한다(산안법 제6조). 근로자의 구체적인 준수사항은 보호구의 착용, 출입금지 등이 있으며 「산업안전보건기준에관한규칙」에서 구체적으로 규정하고 있다.

다. 협조요청 및 산업재해 발생건수 등의 공표

(1) 고용노동부장관의 협조요청

고용노동부장관은 산업재해예방에 관한 기본계획을 효율적으로 시행하기 위하여 필요하다고 인정할 때에는 관계 행정기관의 장 또는 「공공기관의 운영에 관한 법률」 제4조에 따른 공공기관의 장에게 필요한 협조를 요청할 수 있다(산안법 제8조).

고용노동부장관의 협조요청에 따라 건설업체의 경우 「건설산업기본법」 제23조에 따른 건설업체의 시공능력 평가시 산업재해발생률이 공사실적에 반영되고 있으며, 공공기관 입찰을 위한 입찰참가업체의 입찰참가자격사전심사시에 산업재해발생률 및 산업재해발생 보고의무 위반에 따른 가감점이 부여되고 산업재해예방활동 실적이 반영되고 있다(산안법 규칙 제3조①).

〈고용노동부장관의 협조요청 사항〉

1. 안전·보건의식 정착을 위한 안전문화운동의 추진
2. 산업재해 예방을 위한 홍보 지원
3. 안전·보건과 관련된 중복규제의 정비
4. 안전·보건과 관련된 시설을 개선하는 사업장에 대한 자금융자 등 금융·세제상의 혜택 부여
5. 사업장에 대하여 관계 기관이 합동으로 하는 안전·보건점검의 실시
6. 「건설산업기본법」 제23조에 따른 건설업체의 시공능력 평가시 별표 1 제1호에서 정한 건설업체의 산업재해발생률에 따른 공사 실적액의 감액(이 경우 산업재해발생률의 산정기준 및 방법은 별표 1에 따른다)
7. 「국가를 당사자로 하는 계약에 관한 법률 시행령」 제13조에 따른 입찰참가업체의 입찰참가자격 사전심사시 다음 각 목의 사항
   가. 별표 1 제1호에서 정한 건설업체의 산업재해발생률 및 산업재해발생 보고의무 위반에 따른 가감점 부여(이 경우 건설업체의 산업재해발생률 및 산업재해발생 보고의무 위반건수의 산정기준과 방법은 별표 1에 따른다)
   나. 사업주가 안전·보건 교육을 이수하는 등 별표 1 제1호에서 정한 건설업체의 산업재해 예방활동에 대하여 고용노동부장관이 정하여 고시하는 바에 따라 그 실적을 평가한 결과에 따른 가점 부여
8. 산업재해 또는 건강진단관련 자료
9. 정부포상 수상업체 선정시 산업재해발생률이 같은 종류 업종에 비하여 높은 업체(소속 임원은 포함한다)에 대한 포상 제한에 관한 사항
10. 「건설기계관리법」 제3조 또는 「자동차관리법」 제5조에 따라 각각 등록한 건설기계 또는 자동차 중 법 제93조에 따라 안전검사를 받아야 하는 유해하거나 위험한 기계·기구·설비가 장착된 건설기계 또는 자동차에 관한 자료
11. 「119구조·구급에 관한 법률」 제22조 및 같은 법 시행규칙 제18조에 따른 구급활동일지와 「응급의료에 관한 법률」 제49조 및 같은 법 시행규칙 제40조에 따른 출동 및 처치기록지
12. 그 밖에 산업재해 예방계획을 효율적으로 시행하기 위하여 필요하다고 인정하는 사항

(2) 사업장의 산업재해 발생건수 등 공표

① 산업재해 발생건수 공표

고용노동부장관은 산업재해를 예방하기 위하여 사업장의 근로자 산업재해 발생건수, 재해율 또는 그 순위 등(이하 "산업재해발생건수 등"이라 한다)을 공표하여야 한다(산안법 제10조①). 또한 고용노동부장관은 도급인의 사업장(도급인이 제공하거나 지정한 경우로서 도급인이 지배·관리하는 대통령령으로 정하는 장소[8]를 포함한다) 중 대

8) 산업안전보건법 시행령 제11조(도급인이 지배·관리하는 장소) 법 제10조제2항에서 "대통령령으로 정하는 장소"란 다음 각 호의 어느 하나에 해당하는 장소를 말한다.
   1. 토사(土砂)·구축물·인공구조물 등이 붕괴될 우려가 있는 장소

통령령으로 정하는 사업장[9]에서 관계수급인 근로자가 작업을 하는 경우에 도급

---

2. 기계·기구 등이 넘어지거나 무너질 우려가 있는 장소
3. 안전난간의 설치가 필요한 장소
4. 비계(飛階) 또는 거푸집을 설치하거나 해체하는 장소
5. 건설용 리프트를 운행하는 장소
6. 지반(地盤)을 굴착하거나 발파작업을 하는 장소
7. 엘리베이터홀 등 근로자가 추락할 위험이 있는 장소
8. 석면이 붙어 있는 물질을 파쇄하거나 해체하는 작업을 하는 장소
9. 공중 전선에 가까운 장소로서 시설물의 설치·해체·점검 및 수리 등의 작업을 할 때 감전의 위험이 있는 장소
10. 물체가 떨어지거나 날아올 위험이 있는 장소
11. 프레스 또는 전단기(剪斷機)를 사용하여 작업을 하는 장소
12. 차량계(車輛系) 하역운반기계 또는 차량계 건설기계를 사용하여 작업하는 장소
13. 전기 기계·기구를 사용하여 감전의 위험이 있는 작업을 하는 장소
14. 「철도산업발전기본법」 제3조제4호에 따른 철도차량(「도시철도법」에 따른 도시철도차량을 포함한다)에 의한 충돌 또는 협착의 위험이 있는 작업을 하는 장소
15. 그 밖에 화재·폭발 등 사고발생 위험이 높은 장소로서 고용노동부령으로 정하는 장소

산업안전보건법 시행규칙 제6조(도급인의 안전·보건 조치 장소) 「산업안전보건법 시행령」(이하 "영"이라 한다) 제11조제15호에서 "고용노동부령으로 정하는 장소"란 다음 각 호의 어느 하나에 해당하는 장소를 말한다.

1. 화재·폭발 우려가 있는 다음 각 목의 어느 하나에 해당하는 작업을 하는 장소
   가. 선박 내부에서의 용접·용단작업
   나. 안전보건규칙 제225조제4호에 따른 인화성 액체를 취급·저장하는 설비 및 용기에서의 용접·용단작업
   다. 안전보건규칙 제273조에 따른 특수화학설비에서의 용접·용단작업
   라. 가연물(可燃物)이 있는 곳에서의 용접·용단 및 금속의 가열 등 화기를 사용하는 작업이나 연삭숫돌에 의한 건식연마작업 등 불꽃이 발생할 우려가 있는 작업
2. 안전보건규칙 제132조에 따른 양중기(揚重機)에 의한 충돌 또는 협착(狹窄)의 위험이 있는 작업을 하는 장소
3. 안전보건규칙 제420조제7호에 따른 유기화합물 취급 특별장소
4. 안전보건규칙 제574조 각 호에 따른 방사선 업무를 하는 장소
5. 안전보건규칙 제618조제1호에 따른 밀폐공간
6. 안전보건규칙 별표 1에 따른 위험물질을 제조하거나 취급하는 장소
7. 안전보건규칙 별표 7에 따른 화학설비 및 그 부속설비에 대한 정비·보수 작업이 이루어지는 장소

9) "대통령령으로 정하는 사업장"이란 도급인이 사용하는 상시근로자 수가 500명 이상인 제조업, 철도운송업, 도시철도운송업, 전기업이며 도급인 사업장의 사고사망만인율(질병사망자 제외)보다 관계수급인의 근로자를 포함하여 산출한 사고사망만인율이 높은 사업장이다(산안법 영 제10조②).

인의 산업재해발생건수 등에 관계수급인의 산업재해발생건수 등을 포함하여 공표하여야 한다(산안법 제10조②, 산안법 영제10조①).[10)]

<공표대상 사업장>

1. 산업재해로 인한 사망자(이하 "사망재해자"로 한다)가 연간 2명 이상 발생한 사업장
2. 사망만인율(사망재해자 수를 연간 상시근로자 1만명당 발생하는 사망재해자 수로 환산한 것을 말한다)이 규모별 같은 업종의 평균 사망만인율 이상인 사업장
3. 산안법 제57조제1항을 위반하여 산업재해 발생 사실을 은폐한 사업장
4. 산안법 제57조제3항에 따른 산업재해의 발생에 관한 보고를 최근 3년 이내 2회 이상 하지 않은 사업장
5. 법 제44조제1항에 따른 중대산업사고가 발생한 사업장
6. 산안법 제63조에 따른 도급인이 같은 조에 따른 관계수급인 근로자의 산업재해 예방을 위한 조치의무를 위반하여 관계수급인의 근로자가 산업재해를 입은 경우로서 관계수급인의 사업장이 제1항 각 호(제1호·제2호 및 제5호의 사업장을 말한다)의 어느 하나에 해당하는 사업장[이 경우 관계수급인 사업장의 산업재해 발생건수, 재해율 또는 그 순위 등을 공표하면서 해당 재해가 발생한 도급인의 사업장(도급인이 제공하거나 지정한 경우로서 도급인이 지배·관리하는 제11조 각 호에 해당하는 장소를 포함한다. 이하 같다)에 대한 산업재해 발생건수 등을 함께 공표하여야 한다.

② 건설업의 수급인에 대한 벌점 부과와 하도급 참여제한

국토교통부장관은 산업재해 발생건수 등이 공표된 건설공사의 수급인에 대하여는 벌점을 부과하고 이를 관리하여야 하며(건산법 제25조⑤), 수급인의 벌점이 대통령령으로 정한 기준을 초과한 경우 6개월 이내의 영업정지 또는 영업정지에 갈음하여 1억원 이하의 과징금이 부과할 수 있다(건산법 제82조①제5호).

또한 국토교통부장관은 산업재해 발생건수 등이 공표된 건설업자에 대해서는 2년의 범위내에서 공공건설공사의 하도급 참여를 제한하여야 한다(건산법 제29조의3①). 건설업자가 하도급 참여가 제한 처분을 받게 되면 하도급 참여 제한 중에는 건설공사를 하도급 받을 수 없으며(건산법 제29조의3⑤), 공공건설공사의 발주자는 해당 공사의 하수급인 중에 하도급 참여제한 중인 자가 있는 경우에는 즉시 수급인에게 하수급인의 변경을 요구하여야 하고, 변경요구를 받은 수급인은 정당한 사유가 있는 경우를 제외하고는 이를 이행하여야 한다(건산법 제29조의3⑥).

10) 산업안전보건법[법률 제16272호, 2019.1.15, 전부개정, 2020.1.16, 시행] 부칙 제2조 (산업재해 발생건수 등의 공표에 관한 적용례) 제10조제2항 및 제3항의 개정규정은 이 법 시행일이 속한 해의 다음해 1월 1일 이후 발생한 산업재해부터 적용한다.

제2절

건설업 안전보건 관리체제

산업안전보건법은 산업재해예방 책임을 사업주에게 지우고, 근로자에게는 이에 협력하도록 하는 한편 산업재해예방을 위한 구체적인 임무는 사업장에 산업안전보건관리체제를 확립하도록 하여 안전보건관리의 실효를 기하고 있다.

산업안전보건법은 안전보건관리체제로 안전보건관리책임자, 관리감독자, 안전관리자, 보건관리자, 산업보건의, 안전보건관리담당자를 정하고 있다.

사업주는 사업장에서 건설회사의 현장소장과 같이 사업을 실질적으로 총괄·관리하는 자를 안전보건관리책임자로 선임하여야 하며, 사업장내 부서단위에서의 산재예방활동을 촉진시키기 위해 경영조직에서 생산과 관련되는 당해 업무와 소속 직원을 직접 지휘·감독하는 직위에 있는 사람을 관리감독자로 선임하여야 한다. 또한 안전과 보건에 관한 기술적인 사항에 관하여 사업주 또는 관리책임자를 보좌하고 관리감독자에게 지도·조언하는 안전관리자(건설공사 50억원 이상)와 보건관리자(건설공사 800억원 이상) 선임하여야 한다. 산업안전보건법은 안전·보건관리자 선임의무가 없는 제조업 등의 50인 미만 사업장의 안전보건관리체제 강화를 위해 안전보건담당자 선임의무를 규정하고 있으며, 보건관리자의 업무 지도를 위하여 산업보건의를 자율적으로 선임할 수 있도록 하고 있다.

산업안전보건법에서는 근로자의 참여를 통해 사업주의 산업재해 예방을 위한 노력이 보다 효과적으로 수립·집행되도록 하기 위해 노사동수로 구성되는 산업안전보건위원회를 두도록 하고 있으며, 노·사가 협의하여 사업장의 특성에 맞는 산업안전보건에 관한 규정을 게시하거나 갖춰 두고 이를 노·사가 준수토록 하고 있다.

고용노동부장관은 산업재해 예방활동에 대한 참여와 지원을 촉진하기 위하여 근로자, 근로자단체, 사업주단체 및 산업재해 예방 관련 전문단체에 소속된 자 중에서 명예산업안전감독관을 위촉할 수 있다.

개정 산업안전보건법[법률 제16272호, 2019.1.15, 전부개정]에서는 기업의 안전 및 보건 중심의 경영시스템은 해당 기업의 대표이사 등 최고경영자의 안전보건에 관한 인식과 그에 바탕을 둔 안전보건경영정책에 크게 의존함에 따라 대표이사(상시근로자수 500인이상 회사, 토목건축공사실적 순위 1천위 이내의 건설회사)가 매년 회사 전체의 안전 및 보건에 관한 계획을 수립하여, 이를 이사회에 보고하고 승인을 얻도록 의무화 하였다.

1 개 요

산업안전보건법은 산업재해예방 책임을 사업주에게 지우고, 근로자에게는 이에 협력하도록 하는 한편 산업재해예방을 위한 구체적인 임무는 사업장에 산업안전보건 관리체제를 확립하도록 하여 안전보건관리의 실효를 기하고 있다. 즉, 사업장의 직급·직책에 따라 차별화된 안전보건관리 책임을 부여함으로써 산재예방활동을 체계적으로 수행할 수 있도록 하는 한편 안전·보건관리자로 하여금 안전보건관리책임자 등 관리감독 계층의 안전보건업무를 보좌하도록 하여 안전보건관리 업무가 효율적으로 추진되도록 하고 있다.

개정 산업안전보건법 [법률 제16272호, 2019.1.15, 전부개정]에서는 기업의 안전 및 보건 중심의 경영시스템은 해당 기업의 대표이사 등 최고경영자의 안전보건에 관한 인식과 그에 바탕을 둔 안전보건경영정책에 크게 의존함에 따라 대표이사가 매년 회사 전체의 안전 및 보건에 관한 계획을 수립하여 이를 이사회에 보고하고 승인을 얻도록 의무화 하였다. 한편, 개정 전 법률에서는 안전보건총괄책임자와 안전보건조정자 제도가 안전관리체제에 규정되어 있었으나 "제5항 도급시 산업재해예방" 부분으로 이동하였다.

2 안전보건 관리체제의 구성

〈사업장 안전보건관리 체제도〉

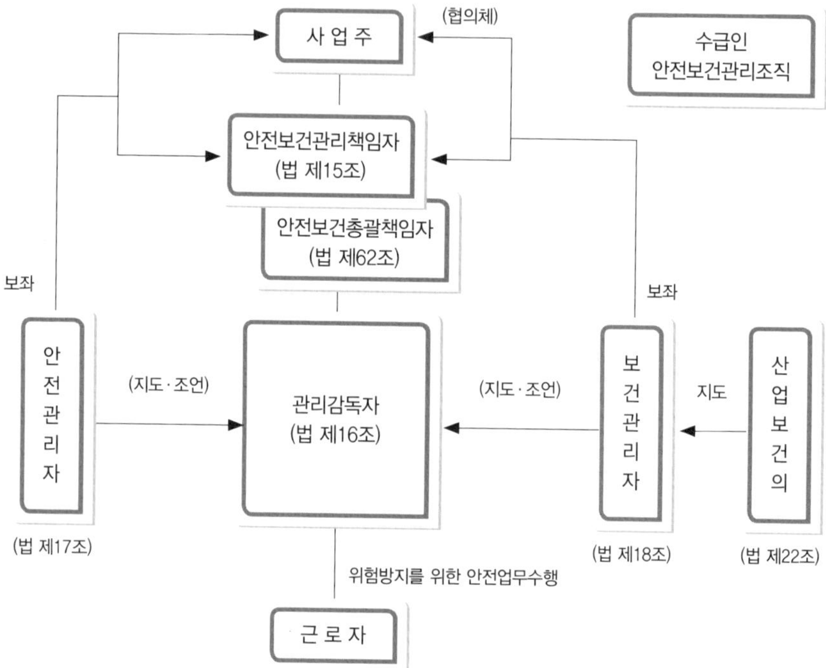

가. 대표이사의 안전보건에 관한 계획의 수립

(1) 대표이사의 이사회 보고·승인

회사의 대표이사는 매년 회사의 안전 및 보건에 관한 계획을 수립하여 이사회에 보고하고 승인을 받아야 하며(산안법 제14조①), 안전 및 보건에 관한 계획을 성실하게 이행하여야 한다(산안법 제14조②). 대표이사가 안전 및 보건에 관한 계획을 이사회에 보고하지 아니하거나 승인을 받지 아니한 경우 1천만원 이하의 과태료를 부과된다(산안법 제175조④제2호)[11]

11) 산업안전보건법[법률 제16272호, 2019.1.15, 전부개정] 제14조 및 제175조제4항제2호 개정규정은 공포 후 1년이 경과한 날이 속한 해의 다음해 1월 1일부터 시행: 2021.1.1 시행

기업은 대표자가 형사책임에서 회피될 수 있도록 공식적인 안전관리 업무에서 배제하는 등으로 안전에 관한 지휘체계를 설계하게 되고 이는 결과적으로 기업의 산업재해 예방에 부정적 영향을 끼치게 된다. 따라서 회사 차원에서 산업재해 예방과 관련된 비용 절감을 통한 이윤추구를 방지하기 위하여 영리 법인의 경우 법인 차원에서 산업재해 예방 계획을 수립·시행하도록 할 필요가 있고, 특히, 건설업 등 사업장이 여러 곳에 분산되어 있는 경우에도 법인의 대표이사 등 최고경영진이 산업재해 예방을 위한 일정한 의무를 부담하도록 할 필요가 있으므로, 산업안전보건법에서는 대표이사가 안전보건계획을 이사회에 보고하고 승인을 받은 후 성실하게 이행하도록 하였다.

(2) 이사회의 보고·승인 대상 회사

대표이사가 안전보건에 관한 계획을 수립하고 이사회에 보고·승인을 받아야 하는 대상 회사는 「상법」 제170조에 따른 주식회사 중 ① 상시근로자수 500 이상을 사용하는 회사 ② 「건설산업기본법」 제23조에 따라 평가하여 공시된 시공능력(토목건축공사업에 대한 평가 및 공시로 한정함)의 순위 상위 1천위 이내의 건설회사가 대상이 된다(산안법 제14조①, 영제13조①).

(3) 안전보건에 관한 계획에 포함되어야 하는 사항

회사의 대표이사[12]는 회사의 정관에서 정하는 바에 따라 ① 안전 및 보건에 관한 경영방침 ② 안전·보건관리 조직의 구성·인원 및 역할 ③ 안전·보건 관련 예산 및 시설 현황 ④ 안전 및 보건에 관한 전년도 활동실적 및 다음 연도 활동계획 등의 내용을 포함한 회사의 안전 및 보건에 관한 계획을 수립해야 한다(산안법 제14조③, 영제13조②).

12) 「상법」 제408조의2제1항 후단에 따라 대표이사를 두지 못하는 회사의 경우에는 같은 법 제408조의5에 따른 대표집행임원을 말한다.

나. 안전보건관리책임자

(1) 선임기준

안전보건관리책임자는 당해 사업장에서 사업을 실질적으로 총괄·관리하는 자이며 공장장·지점장·사업소 소장 또는 건설회사 현장소장 등이 이에 해당할 것이다(산안법 제15조①, 산안법 영제9조②). 사업주는 관리책임자에게 업무를 수행하는 데 필요한 권한을 주어야 한다(산안법 영제9조③).

안전보건관리책임자를 두어야 할 사업장은 원칙적으로 상시근로자 100인 이상을 사용하는 사업에 선임하여야 한다(산안법 제15조①, 영제14조①, 영〔별표2〕)[13)] 건설업은 상시근로자수 100인 미만을 사용하는 사업이라도 총공사금액(도급에 의한 공사로서 발주자가 재료를 제공하는 경우에는 그 재료의 시가환산액을 포함한다)이 20억원 이상인 공사를 시행하는 경우 안전보건관리책임자를 선임하여야 한다(산안법 영제14조①, 영〔별표2〕). 관리책임자를 선임했을 때에는 그 선임 사실 및 업무의 수행 내용을 증명할 수 있는 서류를 갖춰 두어야 한다(산안법 영제14조③).

사업주가 안전보건관리책임자를 선임하지 않거나 선임하였더라도 해당 업무를 수행하도록 하지 않은 경우 500만원 이하의 과태료가 부과된다(산안법 제175조⑤제1호).

---

13) 안전보건관리책임자를 두어야 하는 사업의 종류 및 사업장의 상시근로자 수(산안법 영〔별표2〕)

사업의 종류	사업장의 상시근로자 수
1. 토사석 광업, 2. 식료품 제조업, 음료 제조업, 3. 목재 및 나무제품 제조업; 가구 제외, 4. 펄프, 종이 및 종이제품 제조업, 5. 코크스, 연탄 및 석유정제품 제조업, 6. 화학물질 및 화학제품 제조업; 의약품 제외, 7. 의료용 물질 및 의약품 제조업, 8. 고무 및 플라스틱제품 제조업, 9. 비금속 광물제품 제조업, 10. 1차 금속 제조업, 11. 금속가공제품 제조업; 기계 및 가구 제외, 12. 전자부품, 컴퓨터, 영상, 음향 및 통신장비 제조업, 13. 의료, 정밀, 광학기기 및 시계 제조업, 14. 전기장비 제조업, 15. 기타 기계 및 장비 제조업, 16. 자동차 및 트레일러 제조업, 17. 기타 운송장비 제조업, 18. 가구 제조업, 19. 기타 제품 제조업, 20. 서적, 잡지 및 기타 인쇄물 출판업, 21. 해체, 선별 및 원료 재생업, 22. 자동차 종합 수리업, 자동차 전문 수리업	상시 근로자 50명 이상
23. 농업, 24. 어업, 25. 소프트웨어 개발 및 공급업, 26. 컴퓨터 프로그래밍, 시스템 통합 및 관리업, 27. 정보서비스업, 28. 금융 및 보험업, 29. 임대업; 부동산 제외, 30. 전문, 과학 및 기술 서비스업(연구개발업은 제외한다), 31. 사업지원 서비스업, 32. 사회복지 서비스업	상시 근로자 300명 이상
33. 건설업	공사금액 20억원 이상
34. 제1호부터 제33호까지의 사업을 제외한 사업	상시 근로자 100명 이상

관련사례

□ **총공사금액 325억원 공사를 시행하는 A건설현장에서 철골 및 골조부분에 대하여 각 B, C업체에 110억원, 200억원 하도급 공사를 체결하였다면 안전보건관리책임자 선임의무는 누구에게 있는지(산안(건안) 68307-10558, 2001.11.21)**

산업안전보건법 시행규칙 제12조의 규정에 의하여 건설업에 있어서 안전보건관리책임자 선임대상은 총공사금액(도급에 의한 공사로서 발주자가 재료를 제공하는 경우에는 그 재료의 시가 환산액을 포함한다)이 20억원 이상의 공사를 시행하는 경우로 규정하고 있음. 이 때 총 공사금액이라 함은 도급금액을 의미하는 것으로서 수급인 및 하수급인 여부와 관계없이 당해 사업주가 도급 받은 총공사금액이 20억원 이상을 의미함. 따라서 A, B, C사 모두 안전보건관리책임자를 선임하여야 할 것으로 사료됨.

□ **공사비증액으로 안전보건관리책임자를 선임하여야 할 경우 선임시기(산안(건안) 68307-57, 2003.3.4)**

안전보건관리책임자 선임은 차수별 공사시에는 총 부기금액(추정계약금액) 기준으로 20억원 이상일 경우에는 공사착공시 선임하여야 하고, 설계변경 등 공사의 추가증액에 의한 공사금액 변경시에는 20억원 이상되는 시점부터 변경된 공사금액에 따라 선임하여야 함.

□ **아파트 도급계약에 포함된 모델하우스 건립공사에도 안전보건관리책임자를 선임하여야 하는지 여부(산업안전과-6958, 2004.11.6)**

모델하우스 건립비용이 도급계약에 포함된 공사에서 모델하우스 공사가 하도급계약에 의하여 수행 중일 경우 본 공사와 시간적·장소적으로 분리된 경우에는 별도의 사업장으로 보고, 동일한 장소에서 시간적으로도 본 공사와 연결되는 경우에는 하나의 사업장으로 보아 당해 사업장의 공사금액에 따라 관리책임자 등 선임 여부를 판단하여야 함.

(2) 관리책임자의 업무

안전보건관리책임자는 산업재해예방과 관련한 전반적인 업무의 총괄·관리와 안전·보건관리자를 지휘·감독하여야 한다(산안법 제15조②). 사업장에 선임된 안전보건관리책임자가 수행하여야 할 업무는 아래의 내용과 같다(산안법 제15조①, 산안법 규칙제8조).

〈안전보건관리책임자의 업무〉

- 사업장의 산업재해 예방계획의 수립에 관한 사항
- 안전보건관리규정의 작성 및 변경에 관한 사항
- 근로자의 안전·보건교육에 관한 사항
- 작업환경 측정 등 작업환경의 점검 및 개선에 관한 사항
- 근로자의 건강진단 등 건강관리에 관한 사항
- 산업재해의 원인 조사 및 재발 방지대책 수립에 관한 사항
- 산업재해에 관한 통계의 기록 및 유지에 관한 사항
- 안전·보건과 관련된 안전장치 및 보호구 구입 시 적격품 여부 확인에 관한 사항
- 위험성평가의 실시에 관한 사항과 안전보건규칙에서 정하는 근로자의 위험 또는 건강장해의 방지에 관한 사항으로 근로자의 유해·위험 예방조치에 관한 사항

다. 관리감독자

(1) 선임기준

사업장내 부서단위에서의 산재예방활동을 촉진시키기 위해 경영조직에서 생산과 관련되는 당해 업무와 소속 직원을 직접 지휘·감독하는 직위에 있는 사람에게 산업안전 및 보건에 관한 업무로서 대통령령으로 정하는 업무를 수행하도록 하여야 한다(산안법 제16조①). 사업주는 관리감독자에게 그 업무 수행에 필요한 권한을 부여하고 시설·장비·예산, 그 밖의 업무수행에 필요한 지원을 하여야 한다(산안법 영제15조②).

한편, 관리감독자가 있는 경우에는「건설기술진흥법」제64조제1항제2호에 따른 안전관리책임자 및 제3호에 따른 안전관리담당자를 둔 것으로 간주함으로써 중복규제 문제를 해소하고 있다(산안법 제16조②).

사업주가 관리감독자를 선임하지 않거나 선임하였더라도 해당 업무를 수행하도록 하지 않은 경우 500만원 이하의 과태료가 부과된다(산안법 제175조⑤제1호).

(2) 관리감독자의 업무

관리감독자가 수행하여야 할 직무와 관련된 안전·보건에 관한 업무로서 안전·보건점검 등의 업무로는 아래의 내용과 같다(산안법 영제15조①).

〈관리감독자의 업무〉

- 사업장 내 관리감독자가 지휘·감독하는 작업과 관련된 기계·기구 또는 설비의 안전·보건 점검 및 이상 유무의 확인
- 관리감독자에게 소속된 근로자의 작업복·보호구 및 방호장치의 점검과 그 착용·사용에 관한 교육·지도
- 해당 작업에서 발생한 산업재해에 관한 보고 및 이에 대한 응급조치
- 해당 작업의 작업장 정리·정돈 및 통로확보에 대한 확인·감독
- 안전관리자, 보건관리자, 안전보건관리담당자(안전관리자, 보건관리자, 안전보건관리담당자의 업무를 전문기관에 위탁한 사업장의 경우 그 전문기관의 해당 사업장 담당자), 산업보건의에 해당하는 사람의 지도·조언에 관한 협조
- 산안법 제36조에 따른 위험성평가를 위한 업무에 기인하는 유해·위험요인의 파악 및 그 결과에 따른 개선조치의 시행에 대한 참여
- 그 밖에 해당 작업의 안전·보건에 관한 사항으로서 고용노동부령으로 정하는 사항

관련사례

□ 건설현장의 안전담당자 지정 등에 관하여 당해 작업을 직접 지휘감독하는 자(직·조·반장)로서 거푸집지보공 작업, 2m 이상의 굴착작업, 비계작업 등 법적으로 규정된 작업에만 안전담당자를 선임할 수 있는 지 아니면 현장내 모든 작업공종에 안전담당자를 지정할 수 있는지 여부 및 이때 안전담당자 업무수당을 산업안전보건관리비로 사용할 수 있는지 여부(산안(건안) 68307-10459, 2001.9.20)

건설업에 있어서 안전담당자 지정은 2000.8.5 산업안전보건법시행령 개정으로 폐지되었고, 기존에 안전담당자가 수행하던 업무는 동법 시행령 제11조제1항 [별표2]에서 정하는 작업에 대하여 관리감독자가 수행하도록 규정이 변경되었음.
위 규정에 의해 관리감독자가 기존의 안전담당자 업무를 의무적으로 수행하여야 할 작업의 종류는 동령 [별표2]에서 정하는 39종이고, 그 외의 건설작업에 대해서는 의무사항이 아니나 자율적으로 정할 수는 있을 것임.
그러나, 건설업산업안전보건관리비계상및사용기준(노동부고시 제2001-22호) 별표2 "안전관리비의 항목별 사용내역 및 기준"에 안전관리비로 업무수당을 지급할 수 있는 경우를 "직·조·반장의 지위에 있는 관리감독자가 영 제11조제3항 각호의 규정에 의한 업무를 수행하는 경우에 지급하는 업무수당"으로 규정하고 있는 바, 자율적으로 정한 '안전담당자'의 업무수당 등을 안전관리비로 사용할 수는 없음.

라. 안전관리자

(1) 선임기준

안전관리자는 안전에 관한 기술적인 사항에 관하여 사업주 또는 관리책임자를 보좌하고 관리감독자에게 지도·조언하는 자이다(산안법 제17조①).

사업주는 안전관리자를 선임하거나 안전관리자의 업무를 안전관리전문기관에 위탁한 경우에는 고용노동부령으로 정하는 바에 따라 선임하거나 위탁한 날부터 14일 이내에 고용노동부장관에게 증명할 수 있는 서류를 제출하여야 한다. 안전관리자를 늘리거나 교체한 경우에도 또한 같다(산안법 영제16조⑥).

사업주가 안전관리자를 선임하지 않거나 선임하였더라도 해당 업무를 수행하도록 하지 않은 경우 500만원 이하의 과태료가 부과된다(산안법 제175조⑤제1호).

① 안전관리자 수 및 선임방법

안전관리자를 두어야 할 사업의 종류, 사업장의 상시근로자수와 안전관리자의 수 및 선임방법은 산업안전보건법시행령 별표3에서 상세히 규정하고 있다(산안법 영제16조①~⑤).

〈건설현장 안전관리자의 수 및 선임방법〉

구 분	안전관리자 선임방법
안전관리자 선임원칙	최소 50인 이상 사업장 건설업은 50억원 이상(관계수급인 100억원 이상) 사업장[14) 15)]

14) 건설업 안전관리자 선임기준 적용시기: 산업안전보건법 시행령 부칙 〔대통령령 제30256호, 2019.12.24〕에 따라 산업안전보건법 시행령〔별표3〕의 건설업에 대한 안전관리자 선임기준은 다음 각 호의 구분에 따른 날부터 적용하며(산안법 영 부칙 제2조④), 다음 각 호 구분에 따른 날 이후 착공하는 공사부터 적용한다(산안법 영 부칙 제13조).

1. 공사금액 100억원 이상 공사의 경우: 2020년 7월 1일
2. 공사금액 80억원 이상 100억원 미만 공사의 경우: 2021년 7월 1일
3. 공사금액 60억원 이상 80억원 미만 공사의 경우: 2022년 7월 1일
4. 공사금액 50억원 이상 60억원 미만 공사의 경우: 2023년 7월 1일

15) 산업안전보건법 시행령(대통령령 제30256호, 2019.12.24. 전부개정, 2021.1.16. 시행)제16조제1항 및 별표 3 제46호: 개정 전에는 공사금액 50억원 이상 120억원 미만의 건설업의 경우 유해위험방지계획서 제출 대상인 공사만 안전관리자를 1명 이상 두도록 하던 것을 개정 후에는 유해위험방지계획서 제출 대상과 관계없이 안전관리자를 1명 두도록 하고, 공사금액별로 세분하여 안전관리자 수 및 선임방법을 정함으로써 건설현장에서의 안전관리체계 구축 및 활동 강화를 통해 산업재해 감소에 기여하도록 함.

구 분	안전관리자 선임방법
전담안전관리자 선임	상시근로자 300인 이상인 사업장과 공사금액 120억원(토목공사 150억원) 이상인 건설업
안전관리자 공동선임	동일 시·군·구 지역 소재, 사업장간 경계를 기준으로 15km 이내 소재한 경우 동일 사업주가 경영하는 2 이상의 사업장으로서 이들 사업장의 상시 근로자수의 합계가 300인[건설업의 경우에는 공사금액의 합계가 120억원(「건설산업기본법 시행령」 별표 1의 종합공사를 시공하는 업종의 건설업종란 제1호에 따른 토목공사업의 경우에는 150억원) 이내]을 초과하지 않는 경우에는 안전관리자 1인을 공동으로 선임 가능
도급사업의 안전관리자 선임	안전관리자를 두어야 하는 수급인인 사업주(관계수급인 포함)의 경우에도 도급인인 사업주가 도급인인 사업주 자신이 선임하여야 할 안전관리자를 두고, 안전관리자를 두어야 할 수급인인 사업주의 업종별로 상시근로자수(건설업의 경우 공사금액)를 합계하여 그 상시근로자수에 해당하는 안전관리자를 추가로 선임한 경우 안전관리자를 선임하지 아니할 수 있음
안전관리자의 증원·교체임명 명령	지방고용노동관서의 장은 ① 해당 사업장의 연간재해율이 같은 업종의 평균재해율의 2배 이상인 경우 ② 중대재해가 연간 2건 이상 발생한 경우. 다만, 해당 사업장의 전년도 사망만인율이 같은 업종의 평균 사망만인율 이하인 경우는 제외 ③ 관리자가 질병 기타의 사유로 3월 이상 직무를 수행할 수 없게 된 경우 ④ 산안법 시행규칙 별표 제 22 제1호에 따른 화학적 인자로 인한 직업성질병자가 연간 3명 이상 발생한 경우(이 경우 직업성질병자 발생일은 「산업재해보상보험법 시행규칙」 제21조제1항에 따른 요양급여의 결정일로 한다.) 등의 사유가 발생한 경우 안전관리자를 증원하거나 교체임명 할 것을 명할 수 있음. 다만, 직업성질병자 발생 당시 사업장에서 해당 화학적 인자를 사용하지 않은 경우에는 그러하지 아니함
안전관리대행기관	건설업을 제외한 상시근로자 300미만을 사용하는 사업에서는 안전관리자의 업무를 안전관리대행기관에 위탁할 수 있음

산안법 영 〔별표3〕

안전관리자를 두어야 하는 사업의 종류, 사업장의 상시근로자 수, 안전관리자의 수 및 선임방법(제16조제1항 관련)

사업의 종류	사업장의 상시근로자 수	안전관리자의 수	안전관리자의 선임방법
1. 토사석 광업 2. 식료품 제조업, 음료 제조업 3. 목재 및 나무제품 제조; 가구 제외 4. 펄프, 종이 및 종이제품 제조업 5. 코크스, 연탄 및 석유정제품 제조업	상시근로자 50명 이상 500명 미만	1명 이상	별표 4 각 호의 어느 하나에 해당하는 사람(같은 표 제3호·제7호·제9호 및 제10호에 해당하는 사람은 제외한다)을 선임해야 한다.

사업의 종류	사업장의 상시근로자 수	안전관리자의 수	안전관리자의 선임방법
6. 화학물질 및 화학제품 제조업; 의약품 제외 7. 의료용 물질 및 의약품 제조업 8. 고무 및 플라스틱제품 제조업 9. 비금속 광물제품 제조업 10. 1차 금속 제조업 11. 금속가공제품 제조업; 기계 및 가구 제외 12. 전자부품, 컴퓨터, 영상, 음향 및 통신장비 제조업 13. 의료, 정밀, 광학기기 및 시계 제조업 14. 전기장비 제조업 15. 기타 기계 및 장비제조업 16. 자동차 및 트레일러 제조업 17. 기타 운송장비 제조업 18. 가구 제조업 19. 기타 제품 제조업 20. 서적, 잡지 및 기타 인쇄물 출판업 21. 해체, 선별 및 원료 재생업 22. 자동차 종합 수리업, 자동차 전문 수리업 23. 발전업	상시근로자 500명 이상	2명 이상	별표 4 각 호의 어느 하나에 해당하는 사람(같은 표 제7호·제9호 및 제10호에 해당하는 사람은 제외한다)을 선임하되, 같은 표 제1호·제2호(「국가기술자격법」에 따른 산업안전산업기사의 자격을 취득한 사람은 제외한다) 또는 제4호에 해당하는 사람이 1명 이상 포함되어야 한다.
24. 농업, 임업 및 어업 25. 제2호부터 제19호까지의 사업을 제외한 제조업 26. 전기, 가스, 증기 및 공기조절 공급업(발전업은 제외한다) 27. 수도, 하수 및 폐기물 처리, 원료 재생업(제21호에 해당하는 사업은 제외한다) 28. 운수 및 창고업 29. 도매 및 소매업 30. 숙박 및 음식점업 31. 영상·오디오 기록물 제작 및 배급업 32. 방송업 33. 우편 및 통신업 34. 부동산업 35. 임대업; 부동산 제외	상시근로자 50명 이상 1천명 미만. 다만, 제34호의 부동산업(부동산 관리업은 제외한다)과 제37호의 사진처리업의 경우에는 상시근로자 100명 이상 1천명 미만으로 한다.	1명 이상	별표 4 각 호의 어느 하나에 해당하는 사람(같은 표 제3호·제9호 및 제10호에 해당하는 사람은 제외한다. 다만, 제24호·제26호·제27호 및 제29호부터 제43호까지의 사업의 경우 별표 4 제3호에 해당하는 사람에 대해서는 그렇지 않다)을 선임해야 한다.

사업의 종류	사업장의 상시근로자 수	안전관리자의 수	안전관리자의 선임방법
36. 연구개발업 37. 사진처리업 38. 사업시설 관리 및 조경 서비스업 39. 청소년 수련시설 운영업 40. 보건업 41. 예술, 스포츠 및 여가관련 서비스업 42. 개인 및 소비용품수리업(제22호에 해당하는 사업은 제외한다) 43. 기타 개인 서비스업 44. 공공행정(청소, 시설관리, 조리 등 현업업무에 종사하는 사람으로서 고용노동부장관이 정하여 고시하는 사람으로 한정한다) 45. 교육서비스업 중 초등·중등·고등 교육기관, 특수학교·외국인학교 및 대안학교(청소, 시설관리, 조리 등 현업업무에 종사하는 사람으로서 고용노동부장관이 정하여 고시하는 사람으로 한정한다)	상시근로자 1천명 이상	2명 이상	별표 4 각 호의 어느 하나에 해당하는 사람(같은 표 제7호에 해당하는 사람은 제외한다)을 선임하되, 같은 표 제1호·제2호·제4호 또는 제5호에 해당하는 사람이 1명 이상 포함되어야 한다.
46. 건설업	공사금액 50억원 이상(관계수급인은 100억원 이상) 120억원 미만 (「건설산업기본법 시행령」 별표 1의 종합공사를 시공하는 업종의 건설업종란 제1호에 따른 토목공사업의 경우에는 150억원 미만)	1명 이상	별표 4 제1호부터 제7호까지 또는 제10호에 해당하는 사람을 선임해야 한다.
	공사금액 120억원 이상 (「건설산업기본법 시행령」 별표 1의 종합공사를 시공하는 업종의 건설업종란 제1호에 따른 토목공사업의 경우에는 150억원 이상) 800억원 미만		

사업의 종류	사업장의 상시근로자 수	안전관리자의 수	안전관리자의 선임방법
	공사금액 800억원 이상 1,500억원 미만	2명 이상. 다만, 전체 공사기간을 100으로 할 때 공사 시작에서 15에 해당하는 기간과 공사 종료 전의 15에 해당하는 기간(이하 "전체 공사기간 중 전·후 15에 해당하는 기간"이라 한다) 동안은 1명 이상으로 한다.	별표 4 제1호부터 제7호까지 또는 제10호에 해당하는 사람을 선임하되, 같은 표 제1호부터 제3호까지의 어느 하나에 해당하는 사람이 1명 이상 포함되어야 한다.
	공사금액 1,500억원 이상 2,200억원 미만	3명 이상. 다만, 전체 공사기간 중 전·후 15에 해당하는 기간은 2명 이상으로 한다.	별표 4 제1호부터 제7호까지의 어느 하나에 해당하는 사람을 선임하되, 같은 표 제1호 또는 「국가기술자격법」에 따른 건설안전기술사(건설안전기사 또는 산업안전산업기사의 자격을 취득한 후 7년 이상 건설안전 업무를 수행한 사람이거나 건설안전산업기사 또는 산업안전산업기사의 자격을 취득한 후 10년 이상 건설안전 업무를 수행한 사람을 포함한다)자격을 취득한 사람(이하 "산업안전지도사등"이라 한다)이 1명 이상 포함되어야 한다.
	공사금액 2,200억원 이상 3천억원 미만	4명 이상. 다만, 전체 공사기간 중 전·후 15에 해당하는 기간은 2명 이상으로 한다.	별표 4 제1호부터 제7호까지의 어느 하나에 해당하는 사람을 선임하되, 같은 표 제1호 또는 「국가기술자격법」에 따른 건설안전기술사(건설안전기사 또는 산업안전산업기사의 자격을 취득한 후 7년 이상 건설안전 업무를 수행한 사람이거나 건설안전산업기사 또는 산업안전산업기사의 자격을 취득한 후 10년 이상 건설안전 업무를 수행한 사람을 포함한다)자격을 취득한 사람(이하 "산업안전지도사등"이라 한다)이 1명 이상 포함되어야 한다.
	공사금액 3천억원 이상 3,900억원 미만	5명 이상. 다만, 전체 공사기간 중 전·후 15에 해당하는 기간은 3명 이상으로 한다.	별표 4 제1호부터 제7호까지의 어느 하나에 해당하는 사람을 선임하되, 산업안전지도사등이 2명 이상 포함되어야 한다. 다만, 전체 공사기간 중 전·후 15에 해당하는 기간에는 산업안전지도사등이 1명 이상 포함되어야 한다.
	공사금액 3,900억원 이상 4,900억원 미만	6명 이상. 다만, 전체 공사기간 중 전·후 15에 해당하는 기간은 3명 이상으로 한다.	별표 4 제1호부터 제7호까지의 어느 하나에 해당하는 사람을 선임하되, 산업안전지도사등이 2명 이상 포함되어야 한다. 다만, 전체 공사기간 중 전·후 15에 해당하는 기간에는 산업안전지도사등이 1명 이상 포함되어야 한다.

사업의 종류	사업장의 상시근로자 수	안전관리자의 수	안전관리자의 선임방법
	공사금액 4,900억원 이상 6천억원 미만	7명 이상. 다만, 전체 공사기간 중 전·후 15에 해당하는 기간은 4명 이상으로 한다.	별표 4 제1호부터 제7호까지의 어느 하나에 해당하는 사람을 선임하되, 산업안전지도사등이 2명 이상 포함되어야 한다. 다만, 전체 공사기간 중 전·후 15에 해당하는 기간에는 산업안전지도사등이 2명 이상 포함되어야 한다.
	공사금액 6천억원 이상 7,200억원 미만	8명 이상. 다만, 전체 공사기간 중 전·후 15에 해당하는 기간은 4명 이상으로 한다.	
	공사금액 7,200억원 이상 8,500억원 미만	9명 이상. 다만, 전체 공사기간 중 전·후 15에 해당하는 기간은 5명 이상으로 한다.	별표 4 제1호부터 제7호까지의 어느 하나에 해당하는 사람을 선임하되, 산업안전지도사등이 3명 이상 포함되어야 한다. 다만, 전체 공사기간 중 전·후 15에 해당하는 기간에는 산업안전지도사등이 3명 이상 포함되어야 한다.
	공사금액 8,500억원 이상 1조원 미만	10명 이상. 다만, 전체 공사기간 중 전·후 15에 해당하는 기간은 5명 이상으로 한다.	
	1조원 이상	11명 이상[매 2천억원(2조원이상부터는 매 3천억원)마다 1명씩 추가한다]. 다만, 전체 공사기간 중 전·후 15에 해당하는 기간은 선임 대상 안전관리자 수의 2분의 1(소수점 이하는 올림한다) 이상으로 한다.	

비 고

1. 철거공사가 포함된 건설공사의 경우 철거공사만 이루어지는 기간은 전체 공사기간에는 산입되나 전체 공사기간 중 전·후 15에 해당하는 기간에는 산입되지 않는다. 이 경우 전체 공사기간 중 전·후 15에 해당하는 기간은 철거공사만 이루어지는 기간을 제외한 공사기간을 기준으로 산정한다.
2. 철거공사만 이루어지는 기간에는 공사금액별로 선임해야 하는 최소 안전관리자 수 이상으로 안전관리자를 선임해야 한다.

② 건설현장 안전관리자 선임방법

건설업 안전관리자 선임기준이 되는 공사금액은 도급계약상의 총 공사금액(발주자가 재료를 제공한 경우에는 그 재료의 시가 환산액, 부가세, 당해 공사의 시공과 관련되는 모든 비용을 포함함)을 말하는 것으로 발주자가 제공한 지급자재비를 포함한 공사금액이 120억원 이상인 경우에는 안전관리업무를 전담하는 자격이 있는 안전관리자를 선임하여야 한다.[16)]

안전관리자 미선임 대상 공사라 하더라도 자율적으로 안전관리 업무를 하는 자를 선임할 수는 있고 이 경우에는 자격의 제한을 받지 아니하나, 기술지도를 면제받거나 산업안전보건관리비로 그 인건비를 지급받기 위해서는 안전관리 업무를 전담하는 자로 산업안전보건법 시행령 별표4에서 정하는 자격을 소지한 자를 선임하여야 하며,[17)] 사업주 소속 근로자로서 안전관리업무를 수행하여야 함을 의미하는 것으로 소속 근로자가 아닌 용역업체 직원은 안전관리자로 선임될 수 없다.[18)]

관련사례

□ 안전관리자 및 안전보조원의 용역계약이 가능한지(산안(건안) 68307-10362, 2002.7.26)

산업안전보건법 제15조 및 동법 시행령 제12조에 의하면 일정규모 이상의 건설공사를 수행하는 사업주는 대통령령이 정하는 자격을 가진 안전관리자를 두어야 한다고 규정하고 있는 바, 이때 "두어야 한다"는 의미는 당해 사업주 소속 근로자로서 안전관리업무를 수행하여야 함을 의미하는 것으로 소속 근로자가 아닌 용역업체 직원은 안전관리자로 선임될 수 없다고 사료됨.

건설현장의 안전보조원이라 함은 건설업산업안전보건관리비계상및사용기준(노동부고시 제2002-15호, 2002.7.22) 별표 2 『안전관리비의 항목별 사용내역 및 기준』에 의거 안전관리자를 보조하여 안전순찰 등 안전관리업무만을 전담하는 자를 말하는 것으로 "파견근로자보호등에관한법률" 규정에 의하면 건설현장에서 용역계약에 의해 용역업체 소속 근로자를 안전보조원으로 사용하는 것은 금지되어 있는 바, 안전보조원의 고용과 관련하여 자세한 사항에 대해서는 우리부 고용관리과(503-9749)에 문의하시기 바람.

---

16) 산안(건안) 68307-10291, 2002.6.19; 안전보건지도과-412, 2008.10.24.
17) 산안(건안) 68307-10091, 2001.3.20.
18) 산안(건안) 68307-10362, 2002.7.26.

동일 공사현장내에 개별공사가 분리발주 되었으나 공사현장이 동일지역에 위치하여 각각의 공사가 동일한 현장관리조직체계 내에서 관리된다면 이를 하나의 사업장으로 보아 개별공사가 아닌 당해 공사현장 전체에 대하여 안전관리자를 선임하면 될 것이며,[19] 공동도급 분담이행방식에 의해 수행하는 공사의 경우 각 구성원이 공사를 미리 분할하여 각각의 분담공사에 대해 책임을 지고 시공하므로 안전관리자 선임에 대해서도 공사별로 각 분담내역의 공사규모에 따라 그 여부를 결정하여야 한다.[20]

관련사례

□ 당 현장은 정보통신공사현장으로 3개사가 '공동도급 분담이행방식'으로 총 공사금액은 140억원 정도임. 3개사 각각의 공사금액은 30~70억원 가량이 되며 안전보건관리책임자는 3개사 모두 선임신고를 했고, 안전관리자는 1개사에서 대표로 유자격자를 전담안전관리자로 선임을 하였음. 1개사가 유자격자를 전담안전관리자로 선임했다면 다른 2개사도 기술지도가 면제되는지, 면제가 되지 않는다면 어느 곳에서 기술지도를 받아야 하는지 여부(산안(건안) 68307-10637, 2001.12.29)

공동도급 분담이행방식에 의해 수행하는 공사라 함은 각 구성원이 공사를 미리 분할하여 각각의 분담공사에 대해 책임을 지고 시공하는 경우를 말하는 것으로, 안전관리자 선임에 대해서도 공사별로 각 분담내역의 공사규모에 따라 그 여부를 결정하여야 하는 바, 안전관리자를 선임하지 않은 다른 2개의 공사에 대해서는 개별 공사의 공사금액(귀 질의에서 밝힌대로 30억원~70억원이라면)에 따라 재해예방전문지도기관의 기술지도를 받아야 할 것으로 사료되며, 안전교육 및 점검 등도 각 공사별로 실시하여야 할 것으로 사료됨.

안전관리자는 선임규모에 해당하는 공사를 수행하는 사업주가 당해 사업장에 소속된 자로 선임하여야 하는 것으로 원도급업체가 선임하여야 함에도 불구하고 하도급업체로 선임토록 한 경우라면 원도급업체에서 법상 안전관리자 선임의무를 이행하지 않은 것이 된다.[21]

---

19) 산안(건안) 68307-10151, 2001.4.25.
20) 산안(건안) 68307-10637, 2001.12.29.
21) 산안(건안) 68307-10325, 2001.7.18.

관련사례

□ 하도급업체에서 안전관리자 선임시 적법여부(산안(건안) 68307-10224, 2002.5.20)

산업안전보건법 시행령 제12조의 규정에 의하면 공사금액이 120억원(토목공사는 150억원) 또는 상시근로자 300인 이상인 경우에는 안전관리업무만을 전담하는 유자격 안전관리자를 두어야 함. 따라서, 귀 질의와 같이 원도급업체가 도급받은 공사금액이 150억원인 공사현장에서 A하도급업체의 공사금액이 102억원, B하도급업체의 공사금액이 20억원일 경우, 원도급업체에게 안전관리자 선임의무가 있으며 A하도급업체는 선임의무가 없는바, 설령 A하도급업체에서 자율적으로 안전관리자를 선임하였다 하더라도 원도급업체는 위의 규정에 의한 안전관리자를 별도로 선임하여야 함.

(2) 안전관리자 자격 및 업무

안전관리자의 자격은 산업안전지도사·산업(건설)안전기사 이상의 자격을 취득한 자 등으로 산업안전보건법 시행령 별표4에서 구체적으로 규정하고 있다(산안법 영제17조).

안전관리자 자격 요건 중 산안법 영 별표4의 4, 5호의 "산업안전관련 학위"라 함은 사업장 근로자의 안전에 관한 기술적인 분야를 전공하는 학과로서 통상 산업안전공학과, 안전학과, 건설안전학과, 안전관리과 등 산업안전 관련 명칭을 사용하는 학과 등이 이에 해당된다.[22]

종합공사를 시공하는 업종의 건설현장에서 안전보건관리책임자로 10년 이상 재직하였을 경우 소속사의 원·하도급 여부와 관계없이 안전관리자로 선임이 가능하고, 안전관리자 선임보고를 하는 경우 증명은 안전보건관리책임자로서 근무한 사실을 확인할 수 있는 재직증명서로도 가능하다.[23]

---

22) 산업안전과-3762, 2005.7.14

23) 산안(건안) 68307-10065, 2001.3.8

산안법 영 〔별표4〕

안전관리자의 자격(제17조 관련)

안전관리자는 다음 각 호의 어느 하나에 해당하는 사람으로 한다.

1. 법 제143조제1항에 따른 산업안전지도사 자격을 가진 사람
2. 「국가기술자격법」에 따른 산업안전산업기사 이상의 자격을 취득한 사람
3. 「국가기술자격법」에 따른 건설안전산업기사 이상의 자격을 취득한 사람
4. 「고등교육법」에 따른 4년제 대학 이상의 학교에서 산업안전 관련 학위를 취득한 사람 또는 이와 같은 수준 이상의 학력을 가진 사람
5. 「고등교육법」에 따른 전문대학 또는 이와 같은 수준 이상의 학교에서 산업안전 관련 학위를 취득한 사람
6. 「고등교육법」에 따른 이공계 전문대학 또는 이와 같은 수준 이상의 학교에서 학위를 취득하고, 해당 사업의 관리감독자로서의 업무(건설업의 경우는 시공실무경력)를 3년(4년제 이공계 대학 학위 취득자는 1년) 이상 담당한 후 고용노동부장관이 지정하는 기관이 실시하는 교육(1998년 12월 31일까지의 교육만 해당한다)을 받고 정해진 시험에 합격한 사람. 다만, 관리감독자로 종사한 사업과 같은 업종(한국표준산업분류에 따른 대분류를 기준으로 한다)의 사업장이면서, 건설업의 경우를 제외하고는 상시근로자 300명 미만인 사업장에서만 안전관리자가 될 수 있다.
7. 「초·중등교육법」에 따른 공업계 고등학교 또는 이와 같은 수준 이상의 학교를 졸업하고, 해당 사업의 관리감독자로서의 업무(건설업의 경우는 시공실무경력)를 5년 이상 담당한 후 고용노동부장관이 지정하는 기관이 실시하는 교육(1998년 12월 31일까지의 교육만 해당한다)을 받고 정해진 시험에 합격한 사람. 다만, 관리감독자로 종사한 사업과 같은 종류인 업종(한국표준산업분류에 따른 대분류를 기준으로 한다)의 사업장이면서, 건설업의 경우를 제외하고는 별표 3 제28호 또는 제33호의 사업을 하는 사업장(상시근로자 50명 이상 1천명 미만인 경우만 해당한다)에서만 안전관리자가 될 수 있다.
8. 다음 각 목의 어느 하나에 해당하는 사람. 다만, 해당 법령을 적용받은 사업에서만 선임될 수 있다.
   가. 「고압가스 안전관리법」 제4조 및 같은 법 시행령 제3조제1항에 따른 허가를 받은 사업자 중 고압가스를 제조·저장 또는 판매하는 사업에서 같은 법 제15조 및 같은 법 시행령 제12조에 따라 선임하는 안전관리 책임자
   나. 「액화석유가스의 안전관리 및 사업법」 제5조 및 같은 법 시행령 제3조에 따른 허가를 받은 사업자 중 액화석유가스 충전사업·액화석유가스 집단공급사업 또는 액화석유가스 판매사업에서 같은 법 제34조 및 같은 법 시행령 제15조에 따라 선임하는 안전관리책임자
   다. 「도시가스사업법」 제29조 및 같은 법 시행령 제15조에 따라 선임하는 안전관리 책임자
   라. 「교통안전법」 제53조에 따라 교통안전관리자의 자격을 취득한 후 해당 분야에 채용된 교통안전관리자
   마. 「총포·도검·화약류 등의 안전관리에 관한 법률」 제2조제3항에 따른 화약류를 제조·판매 또는 저장하는 사업에서 같은 법 제27조 및 같은 법 시행령 제54조·제55조에 따라 선임하는 화약류 제조보안책임자 또는 화약류관리보안책임자
   바. 「전기사업법」 제73조에 따라 전기사업자가 선임하는 전기안전관리자
9. 제16조제2항에 따라 전담 안전관리자를 두어야 하는 사업장(건설업은 제외한다)에서 안전 관련 업무를 10년 이상 담당한 사람
10. 「건설산업기본법」 제8조에 따른 종합공사를 시공하는 업종의 건설현장에서 안전보건관리책임자로 10년 이상 재직한 사람

(3) 안전관리자의 업무

안전관리자가 수행하여야 할 업무는 아래의 내용과 같다(산안법 영제18조①).

〈안전관리자의 업무〉

- 산업안전보건위원회 또는 안전·보건에 관한 노사협의체에서 심의·의결한 업무와 당해 사업장의 안전보건관리규정 및 취업규칙에서 정한 직무
- 산안법 제36조에 따른 위험성평가에 관한 보좌 및 지도·조언
- 안전인증대상 기계·기구 등과 자율안전확인대상 기계·기구 등의 구입 시 적격품의 선정에 관한 지도·조언
- 해당 사업장 안전교육계획의 수립 및 안전교육 실시에 관한 보좌 및 지도·조언
- 사업장 순회점검·지도 및 조치의 건의
- 산업재해발생의 원인 조사·분석 및 재발방지를 위한 기술적 보좌 및 지도·조언
- 산업재해에 관한 통계의 유지·관리·분석을 위한 보좌 및 지도·조언
- 법 또는 법에 따른 명령으로 정한 안전에 관한 사항의 이행에 관한 보좌 및 지도·조언
- 업무수행내용의 기록·유지
- 그 밖에 안전에 관한 사항으로서 고용노동부장관이 정하는 사항

사업주가 안전관리자를 배치할 때에는 연장근로·야간근로 또는 휴일근로 등 해당 사업장의 작업 형태를 고려해야 하며(산안법 영제18조②), 사업주는 안전관리 업무의 원활한 수행을 위하여 외부전문가의 평가·지도를 받을 수 있다(산안법 영제18조③).

안전관리자는 업무를 수행할 때에는 보건관리자와 협력해야 한다(산안법 영제18조④).

마. 보건관리자

(1) 선임기준

보건관리자는 보건에 관한 기술적인 사항에 관하여 사업주 또는 안전보건관리책임자를 보좌하고 관리감독자에게 지도·조언하는 자이다(산안법 제18조①).

보건관리자를 두어야 할 사업의 종류, 사업장의 상시근로자수, 보건관리자의 수·자격·업무·선임방법은 산업안전보건법 시행령 별표5에서 상세히 규정하고

있으며(산안법 영제20조①), 보건관리자를 선임하여야 할 사업의 최소규모는 상시근로자 50인 이상 사업장이며 상시근로자 300인 미만을 사용하는 사업장에서의 보건관리자는 보건관리업무에 지장이 없는 범위 안에서 다른 업무를 겸할 수 있다(산안법 영제20조②).

건설업은 800억원 이상(「건설산업기본법 시행령」 별표1에 따른 토목공사업에 속하는 공사의 경우에는 1천억 이상) 또는 상시근로자 600명 이상의 사업장에 해당하는 경우 보건관리자를 1명이상 선임하여야 하며, 공사금액 800억원(토목공사업은 1,000억원)을 기준으로 1,400억원이 증가할 때마다 또는 상시근로자 600명을 기준으로 600명이 추가될 때마다 1명씩 보건관리자를 추가한다(산안법 영 별표5).

「기업활동규제완화에관한특별조치법」 제40조제1항제2호에서는 사업의 규모에 관계없이 보건관리자의 업무를 보건관리대행기관에 위탁할 수 있다고 규정하고 있으므로 상시근로자 300인 이상을 사용하는 사업의 경우에도 보건관리자의 업무를 외부기관에 위탁할 수 있다.[24)]

보건관리자의 증원 및 개임, 보건관리대행기관의 위탁사업의 종류 및 규모, 보건관리대행기관의 지정 요건 및 절차, 지정의 취소, 과징금부과에 대해서는 안전관리자의 규정을 준용하며(산안법 영제20조③), 또한 보건관리자의 공동선임, 도급사업에서의 보건관리자 선임 등에 대해서도 준용한다(산안법 영제20조③).

사업주가 보건관리자를 선임하지 않거나 선임하였더라도 해당 업무를 수행하도록 하지 않은 경우 500만원 이하의 과태료가 부과된다(산안법 제175조⑤제1호).

산안법 영〔별표 5〕

보건관리자를 두어야 하는 사업의 종류, 사업장의 상시근로자 수, 보건관리자의 수 및 선임방법(제20조제1항 관련)

사업의 종류	사업장의 상시근로자 수	보건관리자의 수	보건관리자의 선임방법
1. 광업(광업 지원 서비스업은 제외한다) 2. 섬유제품 염색, 정리 및 마무리 가공업	상시근로자 50명 이상 500명 미만	1명 이상	별표 6 각 호의 어느 하나에 해당하는 사람을 선임해야 한다.

24) 산보 68340-24, 2000.1.13

사업의 종류	사업장의 상시근로자 수	보건관리자의 수	보건관리자의 선임방법
3. 모피제품 제조업 4. 그 외 기타 의복액세서리 제조업(모피 액세서리에 한정한다) 5. 모피 및 가죽 제조업(원피가공 및 가죽 제조업은 제외한다) 6. 신발 및 신발부분품 제조업 7. 코크스, 연탄 및 석유정제품 제조업 8. 화학물질 및 화학제품 제조업; 의약품 제외 9. 의료용 물질 및 의약품 제조업 10. 고무 및 플라스틱제품 제조업 11. 비금속 광물제품 제조업 12. 1차 금속 제조업 13. 금속가공제품 제조업; 기계 및 가구 제외 14. 기타 기계 및 장비 제조업 15. 전자부품, 컴퓨터, 영상, 음향 및 통신장비 제조업 16. 전기장비 제조업 17. 자동차 및 트레일러 제조업 18. 기타 운송장비 제조업 19. 가구 제조업 20. 해체, 선별 및 원료 재생업 21. 자동차 종합 수리업, 자동차 전문 수리업 22. 제88조 각 호의 어느 하나에 해당하는 유해물질을 제조하는 사업과 그 유해물질을 사용하는 사업 중 고용노동부장관이 특히 보건관리를 할 필요가 있다고 인정하여 고시하는 사업	상시근로자 500명 이상 2천명 미만	2명 이상	별표 6 각 호의 어느 하나에 해당하는 사람을 선임해야 한다.
	상시근로자 2천명 이상	2명 이상	별표 6 각 호의 어느 하나에 해당하는 사람을 선임하되, 같은 표 제2호 또는 제3호에 해당하는 사람이 1명 이상 포함되어야 한다.
23. 제2호부터 제22호까지의 사업을 제외한 제조업	상시근로자 50명 이상 1천명 미만	1명 이상	별표 6 각 호의 어느 하나에 해당하는 사람을 선임해야 한다.
	상시근로자 1천명 이상 3천명 미만	2명 이상	별표 6 각 호의 어느 하나에 해당하는 사람을 선임해야 한다.
	상시근로자 3천명 미만	2명 이상	별표 6 각 호의 어느 하나에 해당하는 사람을 선임하되, 같은 표 제2호 또는 제3호에 해당하는 사람이 1명 이상 포함되어야 한다.

사업의 종류	사업장의 상시근로자 수	보건관리자의 수	보건관리자의 선임방법
24. 농업, 임업 및 어업 25. 전기, 가스, 증기 및 공기조절공급업 26. 수도, 하수 및 폐기물 처리, 원료 재생업(제20호에 해당하는 사업은 제외한다)	상시근로자 50명 이상 5천명 미만. 다만, 제35호의 경우에는 상시근로자 100명 이상 5천명 미만으로 한다.	1명 이상	별표 6 각 호의 어느 하나에 해당하는 사람을 선임해야 한다.
27. 운수 및 창고업 28. 도매 및 소매업 29. 숙박 및 음식점업 30. 서적, 잡지 및 기타 인쇄물 출판업 31. 방송업 32. 우편 및 통신업 33. 부동산업 34. 연구개발업 35. 사진 처리업 36. 사업시설 관리 및 조경 서비스업 37. 공공행정(청소, 시설관리, 조리 등 현업업무에 종사하는 사람으로서 고용노동부장관이 정하여 고시하는 사람으로 한정한다) 38. 교육서비스업 중 초등·중등·고등 교육기관, 특수학교·외국인학교 및 대안학교(청소, 시설관리, 조리 등 현업업무에 종사하는 사람으로서 고용노동부장관이 정하여 고시하는 사람으로 한정한다) 39. 청소년 수련시설 운영업 40. 보건업 41. 골프장 운영업 42. 개인 및 소비용품수리업(제21호에 해당하는 사업은 제외한다) 43. 세탁업	상시 근로자 5천명 이상	2명 이상	별표 6 각 호의 어느 하나에 해당하는 사람을 선임하되, 같은 표 제2호 또는 제3호에 해당하는 사람이 1명 이상 포함되어야 한다.

사업의 종류	사업장의 상시근로자 수	보건관리자의 수	보건관리자의 선임방법
44. 건설업	공사금액 800억원 이상(「건설산업기본법 시행령」 별표 1의 종합공사를 시공하는 업종의 건설업종란 제1호에 따른 토목공사업에 속하는 공사의 경우에는 1천억 이상) 또는 상시 근로자 600명 이상	1명 이상[공사금액 800억원(「건설산업기본법 시행령」 별표 1의 종합공사를 시공하는 업종의 건설업종란 제1호에 따른 토목공사업은 1천억원)을 기준으로 1,400억원이 증가할 때마다 또는 상시 근로자 600명을 기준으로 600명이 추가될 때마다 1명씩 추가한다]	별표 6 각 호의 어느 하나에 해당하는 사람을 선임해야 한다.

관련사례

□ 상시근로자 400인 사업장인데 보건관리자의 업무를 외부위탁이 가능한지(산보 68340-24, 2000.1.13)

산업안전보건법령은 법 제16조제3항 및 동법 시행령 제19조제2항에서 보건관리자의 업무를 보건관리대행기관에 위탁할 수 있는 사업으로서 상시근로자 300인 미만을 사용하는 사업 및 벽지로서 노동부장관이 정하는 지역에 소재하고 있는 사업으로 규정하고 있으나, 「기업활동규제완화에관한특별조치법」(이하 "특조법"이라 함)은 동법 제40조(안전관리 등의 외부외탁) 제1항제2호에서 사업의 규모에 관계없이 보건관리자의 업무를 보건관리대행기관에 위탁할 수 있다고 규정함으로써 두 개의 법이 외부위탁 가능 사업장에 대해 서로 다르게 규정하고 있음.
그런데 법의 효력에 있어서 특조법은 동법 제3조의 규정에 의하여 행정규제를 정하고 있는 다른 법령의 규정에 우선하여 적용하므로 동 규정(외부위탁 가능 사업장의 규모)과 관련해서도 특조법은 산업안전보건법에 우선적으로 적용됨. 따라서 귀 질의와 같이 상시근로자 수가 400인으로서 상시근로자 300인 이상을 사용하는 사업의 경우에도 보건관리자의 업무를 외부기관(노동부지정 보건관리대행기관)에 위탁할 수 있음.

(2) 보건관리자의 자격

보건관리자의 자격은 의사·간호사·산업보건지도사·산업위생관리기사 이상의 자격을 취득한 자 등으로 산업안전보건법시행령 별표6에서 구체적으로 규정하고 있으며(산안법 영제21조③) 산업안전보건법시행령 별표 6의 제6호에서 정한 "산업보건 또는 산업위생분야 학위를 취득한 사람"이라 함은 사업장 근로자의 건강유지·증진과 작업환경의 개선 등에 관련되는 분야를 전공하는 학과로서 산업보건학과, 환경보건학과, 산업위생학과, 보건학과 등이 포함되겠고 약학과 등의 경우에는 해당되지 않는다.[25)]

산안법 영 [별표 6]

보건관리자의 자격(제21조 관련)

보건관리자는 다음 각 호의 어느 하나에 해당하는 사람으로 한다. 1. 법 제143조제1항에 따른 산업보건지도사 자격을 가진 사람 2. 「의료법」에 따른 의사 3. 「의료법」에 따른 간호사 4. 「국가기술자격법」에 따른 산업위생관리산업기사 또는 대기환경산업기사 이상의 자격을 취득한 사람 5. 「국가기술자격법」에 따른 인간공학기사 이상의 자격을 취득한 사람 6. 「고등교육법」에 따른 전문대학 이상의 학교에서 산업보건 또는 산업위생 분야의 학위를 취득한 사람(법령에 따라 이와 같은 수준 이상의 학력이 있다고 인정되는 사람을 포함한다)

(3) 보건관리자의 업무

보건관리자가 수행하여야 할 업무는 아래의 내용과 같다(산안법 영제20조①). 보건관리자는 업무를 수행할 때에는 안전관리자와 협력하여야 한다(산안법 영제20조②).

보건관리자인 의사의 경우는 의료행위를 함에 있어서 전문의약품(주사제포함) 및 일반의약품을 구분없이 투여할 수 있고, 보건관리자인 간호사의 경우 사업장내 근로자의 보호를 위하여 외상 등 흔히 볼 수 있는 환자의 치료행위, 응급을 요하는 자에 대한 응급처치 행위, 상병의 악화방지를 위한 처치행위, 건강진단결과 발견된 질병자의 요양지도 및 관리행위 등에 따르는 일반의약품 투여를 할 수 있다.[26)]

---

25) 산보 32150-17903, 1991.12.11
26) 산보 68340-570, 2000.8.23

〈보건관리자의 업무〉

- 산업안전보건위원회에서 심의·의결한 업무와 안전보건관리규정 및 취업규칙에서 정한 업무
- 안전인증대상 기계·기구 등과 자율안전확인대상 기계·기구등 중 보건과 관련된 보호구 구입 시 적격품 선정에 관한 보좌 및 지도·조언
- 위험성평가에 관한 보좌 및 지도·조언
- 물질안전보건자료의 게시 또는 비치에 관한 보좌 및 지도·조언
- 산업보건의의 직무(보건관리자가 의료법에 의한 의사인 경우에 한함)
- 사업장 보건교육계획의 수립 및 보건교육 실시에 관한 보좌 및 지도·조언
- 해당 사업장의 근로자보호를 위한 외상 치료 및 응급처치 등 의료행위(보건관리자 중 의료법에 의한 의사 및 간호사인 경우에 한함)
- 작업장내에서 사용되는 전체 환기장치 및 국소 배기장치 등에 관한 설비의 점검과 작업방법의 공학적 개선에 관한 보좌 및 지도·조언
- 사업장 순회점검·지도 및 조치의 건의
- 산업재해 발생의 원인 조사·분석 및 재발방지를 위한 기술적 보좌 및 지도·조언
- 산업재해에 관한 통계의 유지·관리·분석을 위한 보좌 및 지도·조언
- 업무수행결과의 기록·유지
- 법 또는 법에 따른 명령으로 정한 보건에 관한 사항의 이행에 관한 보좌 및 지도·조언
- 업무수행 내용의 기록·유지
- 그 밖의 작업관리 및 작업환경관리에 관한 사항으로 고용노동부장관이 정하는 사항

바. 안전보건관리담당자

(1) 안전보건관리담당자 선임방법 등

사업주(안전관리자·보건관리자를 두어야 하는 사업주는 제외)는 사업장에 안전보건관리담당자를 두어 안전·보건에 관하여 사업주를 보좌하고 관리감독자에게 지도·조언하는 업무를 수행하게 하여야 한다(산안법 제19조①). 안전보건관리담당자 제도는 50인 미만 사업장의 안전보건관리체계 강화를 통해 자율안전보건관리 여건을 조성하고 산업재해를 예방하기 위하여 마련되었다.

제조업, 임업, 하수·폐수 및 분뇨 처리업, 폐기물 수집, 운반, 처리 및 원료 재생업, 환경 정화 및 복원업을 행하는 사업의 사업주는 상시근로자 20명 이상 50명 미만인 사업장에 안전보건관리담당자 1명 이상을 선임하여야 한다(산안법 영제24①). 안전보건관리담당자는 안전보건관리 업무에 지장이 없는 범위에서 다른 업무를 겸할 수 있으며(산안법 영제24조③), 사업주는 안전보건관리담당자를 선임

한 경우에는 그 선임 사실 및 업무를 수행하였음을 증명할 수 있는 서류를 갖추어 두어야 한다(산안법 영제24조④). 안전보건관리담당자를 선임하여야 하는 사업주는 안전보건관리담당자의 업무를 안전관리전문기관 또는 보건관리전문기관에 위탁할 수 있다(산안법 영제26조①).

사업주가 안전보건관리담당자를 선임하지 않거나 선임하였더라도 해당 업무를 수행하도록 하지 않은 경우 500만원 이하의 과태료가 부과된다(산안법 제175조⑤ 제1호).

관련사례

□ 상시근로자 400인 사업장인데 보건관리자의 업무를 외부위탁이 가능한지(산보 68340-24, 2000.1.13)

산업안전보건법령은 법 제16조제3항 및 동법 시행령 제19조제2항에서 보건관리자의 업무를 보건관리대행기관에 위탁할 수 있는 사업으로서 상시근로자 300인 미만을 사용하는 사업 및 벽지로서 노동부장관이 정하는 지역에 소재하고 있는 사업으로 규정하고 있으나, 「기업활동규제완화에관한특별조치법」(이하 "특조법"이라 함)은 동법 제40조(안전관리 등의 외부외탁) 제1항제2호에서 사업의 규모에 관계없이 보건관리자의 업무를 보건관리대행기관에 위탁할 수 있다고 규정함으로써 두 개의 법이 외부위탁 가능 사업장에 대해 서로 다르게 규정하고 있음.
그런데 법의 효력에 있어서 특조법은 동법 제3조의 규정에 의하여 행정규제를 정하고 있는 다른 법령의 규정에 우선하여 적용하므로 동 규정(외부위탁 가능 사업장의 규모)과 관련해서도 특조법은 산업안전보건법에 우선적으로 적용됨. 따라서 귀 질의와 같이 상시근로자 수가 400인으로서 상시근로자 300인 이상을 사용하는 사업의 경우에도 보건관리자의 업무를 외부기관(노동부지정 보건관리대행기관)에 위탁할 수 있음.

(2) 안전관리담당자 자격 및 업무

안전관리담당자는 해당 사업장 소속 근로자로서 안전관리자 또는 보건관리자의 자격을 갖추거나 안전·보건교육을 이수한 경우[27] 등 이 중 어느 하나의 자격

27) 산업안전보건법 시행규칙 제29조제1항에서는 안전보건관리담당자로 선임된 후 3개월 이내에 신규교육을 받아야 하며, 매2년이 되는 날을 기준으로 전후 3개월 사이에 고용노동부장관이 실시하는 안전·보건교육(8시간)을 이수 받아야 한다고 규정하고 있다.

요건을 갖추어야하며(산안법 영제19조의4②), 안전보건관리담당자의 업무는 아래와 같다(산안법 영제19조의5).

〈안전보건관리담당자의 업무〉

- 안전보건교육 실시에 관한 보좌 및 지도·조언
- 위험성평가에 관한 보좌 및 지도·조언
- 작업환경측정 및 개선에 관한 보좌 및 지도·조언
- 건강진단에 관한 보좌 및 지도·조언
- 산업재해 발생의 원인 조사, 산업재해 통계의 기록 및 유지를 위한 보좌 및 지도·조언
- 산업안전·보건과 관련된 안전장치 및 보호구 구입 시 적격품 선정에 관한 보좌 및 지도·조언

사. 산업보건의

산업보건의는 근로자의 건강관리 그 밖의 보건관리자의 업무를 지도하는 자를 말하며(산안법 제22조①), 산업보건의는 보건관리자를 두어야 하는 사업으로서 상시근로자수가 50명 이상인 사업장에 두도록 하고 있으나(산안법 영제29조①), 기업에서 반드시 선임할 의무는 없으며 자율적으로 선임할 수 있다(기업활동특별법 제28조①).

산업보건의를 선임한 경우에는 산업안전보건위원회 위원으로 위촉하여야 한다(산안법 영제35조②제4호).

산업보건의는 의료법에 의한 의사로서 직업환경의학과 전문의, 예방의학 전문의 또는 산업보건에 관한 학식과 경험이 있는 자로 한다(산안법 영제30조).

산업보건의의 직무는 건강진단 실시결과의 검토 및 그에 따른 작업배치, 작업전환, 근로시간단축 등의 근로자 건강보호조치와 근로자 건강장해 원인조사 및 재발 방지를 위한 의학적 조치, 그 밖에 근로자의 건강 유지 및 증진을 위하여 필요한 의학적 조치에 관하여 고용노동부장관이 정하는 사항 등이다(산안법 영제31조①).

아. 산업안전보건위원회

(1) 설치목적

산업안전보건위원회는 사업장에서 근로자의 위험 또는 건강장해를 예방하기 위해 산업안전보건에 관한 중요한 사항에 대하여 노사가 함께 심의·의결하기 위한 기구로서 산업재해예방에 대하여 근로자의 이해 및 협력을 구하는 한편 근로자의 의견을 반영하는 역할을 수행한다(산안법 제24조①,②).

〈산업안전보건위원회 심의·의결 사항〉

- 산업재해예방계획의 수립에 관한 사항
- 안전보건관리규정의 작성 및 그 변경에 관한 사항
- 근로자의 안전·보건 교육에 관한 사항
- 작업환경의 측정 등 작업환경의 점검 및 개선에 관한 사항
- 근로자의 건강진단 등 건강관리에 관한 사항
- 산업재해에 관한 통계의 기록·유지에 관한 사항
- 중대재해의 원인조사 및 재발방지대책의 수립에 관한 사항
- 유해·위험한 기계·기구 그 밖의 설비를 도입한 경우 안전보건조치에 관한 사항

※ 심의·의결 또는 결정은 산안법과 산안법에 의한 명령·단체협약·취업규칙·안전보건관리규정에 반하여서는 안됨

(2) 설치대상 사업장

상시근로자수 50인 이상의 유해·위험 업종[28]과 상시근로자수 100인 이상의 업종[29]에는 노사협의회와 별도로 산업안전보건위원회를 설치하여야 한다.

---

28) 유해·위험사업(산안법 영 제34조, 영 별표9): 토사석공업, 목재 및 나무제품제조업(가구는 제외한다), 화학물질 및 화학제품 제조업(의약품, 세제·화장품 및 광택제 제조업, 화학섬유 제조업은 제외한다), 비금속광물제품 제조업, 1차 금속 제조업, 금속가공제품 제조업(기계 및 기구는 제외한다), 자동차 및 트레일러 제조업, 기타 기계 및 장비제조업(사무용기기 및 장비 제조업은 제외한다), 기타 운송장비 제조업(전투용 차량 제조업은 제외한다)

29) 농업, 어업, 소프트웨어 개발 및 공급업, 컴퓨터 프로그래밍, 시스템 통합 및 관리업, 정보서비스업, 금융 및 보험업, 임대업; 부동산 제외, 전문, 과학 및 기술 서비스업(연구개발업은 제외한다), 사업지원 서비스업, 사회복지 서비스업 등은 상시근로자수 300인 이상 사업장에 설치(산안법 영 별표9)

건설업은 공사금액 120억원(토목공사 150억원) 공사를 수행하는 경우 산업안전보건위원회를 설치한다(산안법 영제25조). 다만, 건설공사도급인[30]이 안전·보건에 관한 사업주간 협의체를 구성한 경우에는 당해 협의체에 사용자위원으로서 도급인 대표자, 관계수급인의 각 대표자 및 안전관리자, 근로자위원으로서 도급 또는 하도급 사업을 포함한 전체 사업의 근로자대표, 명예산업안전감독관 및 근로자대표가 지명하는 해당 사업장의 근로자 등을 포함하여 산업안전보건위원회를 구성할 수 있다(산안법 영제35조③).

사업주가 이러한 노사협의체를 구성·운영하는 경우 산업안전보건위원회 및 안전·보건에 관한 협의체를 각각 설치·운영한 것으로 본다(산안법 제75조②).

사업주가 산업안전보건위원회를 구성·운영하지 않은 경우 500만원 이하의 과태료가 부과된다(산안법 제175조⑤제1호).

관련사례

□ 상시근로자수가 100인 이상인 건설현장에서 건설회사 본사에 노사협의회가 있는 경우 건설현장에 산업안전보건위원회를 설치하지 않아도 되는지 여부(산안(건안) 68307-10396, 2001.8.24)

산업안전보건법시행령 제25조의2제3항의 규정에 의하여 건설업의 사업주가 사업의 일부를 도급에 의하여 행할 때에 안전·보건에 관한 사업주간 협의체를 구성한 경우에는 사용자 위원으로서 안전관리자, 근로자 위원으로서 근로자대표·명예산업안전감독관(위촉된 사업장에 함함)·근로자대표가 지명하는 근로자를 포함하여 산업안전보건위원회를 구성·운영하는 것은 법적으로 타당하며, 상시 100인 이상을 사용하는 건설현장의 경우 본사에 노사협의회가 있더라도 건설현장에서도 산업안전보건위원회를 구성·운영하여야 함.

(3) 산업안전보건위원회의 구성

산업안전보건위원회는 근로자·사용자 같은 수로 구성하여야 하며(산안법 제24조②), 근로자위원 10인 이내, 사용자위원 10인 이내로 구성한다(산안법 영제35조①). 위원장은 위원 중에서 호선하며, 근로자위원과 사용자위원 중 각 1인을 공동

---

30) 건설공사도급인은 건설공사발주자로부터 해당 건설공사를 최초로 도급받은 수급인 또는 건설공사의 시공을 주도하여 총괄·관리하는 자를 말한다(산안법 제69조①).

위원장으로 선출 가능하다(산안법 영제36조).

근로자위원의 구성은 근로자대표,[31] 명예산업안전감독관(위촉되어 있는 경우), 근로자대표가 지명하는 9인 이내의 해당 사업장 근로자(명예산업안전감독관이 근로자위원으로 지명되어 있는 경우에는 그 수를 제외)로 하며(산안법 영제35조①), 사용자위원의 구성은 사업의 대표자,[32] 안전관리자 1인,[33] 보건관리자 1인,[34] 산업보건의(선임되어 있는 경우), 사업의 대표자가 지명하는 9인 이내의 당해 사업장의 부서장(상시근로자수 50명 이상 100명 미만을 사용하는 사업장에서는 제외할 수 있음)으로 구성한다(산안법 영제35조②).

근로자 과반수를 대표하는 자의 선임절차(방법)에 관해서는 산업안전보건법령에 규정하고 있지는 않으나 근로자 과반수가 그를 지지하고 있다고 인정되는 민주적 절차에 의하여 근로자를 자주적으로 선출하면 될 것이며 민주적 선임절차(방법)에 대한 입증은 자필서명 또는 날인된 근로자 명단, 입증사진 등으로 확인이 가능할 것이며, 근로자들이 자주적으로 자체 근로자대표 선임규정을 정하여 운영하는 것도 하나의 방법이 될 수 있을 것이다.[35]

---

31) 근로자의 과반수로 조직된 노동조합이 있는 경우에는 그 노동조합을, 근로자의 과반수로 조직된 노동조합이 없는 경우에는 근로자의 과반수를 대표하는 자를 말한다(산안법 제12조제5호).
32) 같은 사업으로서 다른 지역에 사업장이 있는 경우에는 그 사업장의 안전보건관리책임자를 말한다(산안법 영제35조②제1호).
33) 산안법 제16조제1항에 따라 안전관리자를 두어야 하는 사업장으로 한정하되, 안전관리자의 업무를 안전관리전문기관에 위탁한 사업장의 경우에는 그 안전관리전문기관의 해당 사업장 담당자를 말한다(산안법 영제35조②제2호).
34) 산안법 제20조제1항에 따라 보건관리자를 두어야 하는 사업장으로 한정하되, 보건관리자의 업무를 보건관리전문기관에 위탁한 사업장의 경우에는 그 보건관리전문기관의 해당 사업장 담당자를 말한다(산안법 영제35조②제3호).
35) 안전보건정책과-317, 2008.6.9

관련사례

□ A건설의 경우 공사비 120억원 이상의 단위공사에 3~4개 하도급사를 두고 있고, 동 하도급사(전부) 근로자 과반수 이상이 지역노조에 가입하고 있는바 지역노조지부장이 위 공사현장과 고용종속관계는 없으나, 노동단체의 대표이므로 산업안전보건위원회 근로자 대표가 될 수 있는지 여부(※ 현장근로자의 과반수가 노조에 가입하고 있으나, 동현장 노조가입 근로자만으로 지역지부 노조의 과반수를 이루는 것은 아님)(안전보건정책과-317, 2008.6.9)

산업안전보건법 제2조의 근로자는 근로기준법에 의한 근로자이며, 산업안전보건법 시행령 제25조의2 규정에 의한 산업안전보건위원회의 근로자위원이 될 수 있는 근로자 과반수로 조직된 노동조합의 대표자 역시 근로기준법상 근로자라야 할 것임. 따라서 당해 근로자의 대표자인 지역노조지부장이 질의내용과 같이 당해 공사현장과 고용종속관계가 없다면 당해 공사현장의 근로기준법상 근로자로 인정하기 어려워 근로자위원의 자격이 있다고는 볼 수 없을 것임.

(4) 산업안전보건위원회의 운영

산업안전보건위원회 회의는 정기회의와 임시회의로 구분, 정기회의는 분기마다 위원장이 소집하며, 임시회의는 위원장이 필요하다고 인정 할 때에 소집하며(산안법 영제37조①), 근로자위원 및 사용자 위원 각 과반수 출석으로 개의하며, 출석위원의 과반수 찬성으로 의결한다(산안법 영제37조②). 근로자 대표·명예산업안전감독관·해당 사업의 대표자·안전관리자 또는 보건관리자는 회의에 출석하지 못할 경우에는 당해 사업에 종사하는 자 중에서 1인을 지정하여 위원으로서의 직무를 대리하게 할 수 있다(산안법 영제37조③).

산업안전보건위원회는 개최일시 및 장소, 출석위원, 심의내용 및 의결 결정 사항, 그 밖의 토의사항을 기록한 회의록을 작성하여 갖추어 두어야 하고(산안법 영제37조④), 산업안전보건위원회의 위원장은 산업안전보건위원회에서 심의·의결된 내용 등 회의 결과와 중재 결정된 내용 등을 사내방송이나 사내보, 게시 또는 자체 정례조회, 그 밖의 적절한 방법으로 근로자에게 신속히 알려야 한다(산안법 영제25조의6).

사업주가 산업안전보건위원회를 심의·의결한 사항을 이행하지 않은 경우 500만원 이하의 과태료가 부과된다(산안법 제175조⑤제1호).

관련사례

□ 상시근로자 400인 사업장인데 보건관리자의 업무를 외부위탁이 가능한지(산보 68340-24, 2000.1.13)

산업안전보건법령은 법 제16조제3항 및 동법 시행령 제19조제2항에서 보건관리자의 업무를 보건관리대행기관에 위탁할 수 있는 사업으로서 상시근로자 300인 미만을 사용하는 사업 및 벽지로서 노동부장관이 정하는 지역에 소재하고 있는 사업으로 규정하고 있으나, 「기업활동규제완화에관한특별조치법」(이하 "특조법"이라 함)은 동법 제40조(안전관리 등의 외부외탁) 제1항제2호에서 사업의 규모에 관계없이 보건관리자의 업무를 보건관리대행기관에 위탁할 수 있다고 규정함으로써 두 개의 법이 외부위탁 가능 사업장에 대해 서로 다르게 규정하고 있음.
그런데 법의 효력에 있어서 특조법은 동법 제3조의 규정에 의하여 행정규제를 정하고 있는 다른 법령의 규정에 우선하여 적용하므로 동 규정(외부위탁 가능 사업장의 규모)과 관련해서도 특조법은 산업안전보건법에 우선적으로 적용됨. 따라서 귀 질의와 같이 상시근로자 수가 400인으로서 상시근로자 300인 이상을 사용하는 사업의 경우에도 보건관리자의 업무를 외부기관(노동부지정 보건관리대행기관)에 위탁할 수 있음.

3 안전보건관리규정

사업장의 자율적인 재해예방 활동을 촉진시키기 위해 노·사가 협의하여 사업장의 특성에 맞는 산업안전보건에 관한 규정을 게시하거나 갖춰 두고 이를 노·사가 준수토록 하고 있다. 사업주는 사업장의 안전·보건을 유지하기 위하여 ① 안전·보건관리조직과 그 직무에 관한 사항 ② 안전·보건교육에 관한 사항 ③ 작업장 안전관리, 보건관리에 관한 사항 ④ 사고조사 및 대책수립에 관한 사항 ⑤ 그 밖에 안전·보건에 관한 사항 등이 포함된 안전보건관리규정을 작성하여 게시 또는 비치하고 근로자에게 알려야 한다(산안법 제25조①).

안전보건관리규정의 작성의무대상 사업장은 상시근로자 100인 이상을 사용하는 사업의 사업주이며,[36] 사업주가 안전보건관리규정을 작성 또는 변경할 때에는

36) 농업, 어업, 소프트웨어 개발 및 공급업, 컴퓨터 프로그래밍, 시스템 통합 및 관리업, 정보서

산업안전보건위원회(미설치 사업장은 근로자대표)의 심의·의결(동의)을 거쳐야 한다(산안법 제26조).

안전보건관리규정은 작성할 사유가 발생한 날로부터 30일 이내에 작성하여야 하며(산안법 규칙제25조②, 별표3), 안전보건관리규정을 작성할 때에는 소방·가스·전기·교통 분야 등의 다른 법령에서 정하는 안전관리에 관한 규정과 통합하여 작성할 수 있다(산안법 규칙제25조③).

사업주가 안전보건관리규정을 작성하지 않거나, 안전보건관린규정을 작성·변경할 때 산업안전보건위원회의 심의·의결을 거치지 않거나 근로자대표의 동의를 받지 않은 경우 500만원 이하의 과태료가 부과된다(산안법 제175조⑤제1호).

안전보건관리규정에는 아래의 세부내용을 포함하여야 한다(산안법 규칙제25조②).

안전보건관리규정의 세부 내용(산안법 규칙 별표3)

1. 총 칙
   가. 안전보건관리규정 작성의 목적 및 적용 범위에 관한 사항
   나. 사업주 및 근로자의 재해 예방 책임 및 의무 등에 관한 사항
   다. 하도급 사업장에 대한 안전·보건관리에 관한 사항
2. 안전·보건 관리조직과 그 직무
   가. 안전·보건 관리조직의 구성방법, 소속, 업무 분장 등에 관한 사항
   나. 안전보건관리책임자(안전보건총괄책임자), 안전관리자, 보건관리자, 관리감독자의 직무 및 선임에 관한 사항
   다. 산업안전보건위원회의 설치·운영에 관한 사항
   라. 명예산업안전감독관의 직무 및 활동에 관한 사항
   마. 작업지휘자 배치 등에 관한 사항
3. 안전·보건교육
   가. 근로자 및 관리감독자의 안전·보건교육에 관한 사항
   나. 교육계획의 수립 및 기록 등에 관한 사항
4. 작업장 안전관리
   가. 안전·보건관리에 관한 계획의 수립 및 시행에 관한 사항
   나. 기계·기구 및 설비의 방호조치에 관한 사항
   다. 유해·위험기계등에 대한 자율검사프로그램에 의한 검사 또는 안전검사에 관한 사항

비스업, 금융 및 보험업, 임대업(부동산 제외), 전문, 과학 및 기술 서비스업(연구개발업 제외), 사업지원 서비스업, 사회복지 서비스업은 상시 근로자 300명 이상을 사용하는 사업장(산안법 규칙 별표2)

라. 근로자의 안전수칙 준수에 관한 사항
마. 위험물질의 보관 및 출입 제한에 관한 사항
바. 중대재해 및 중대산업사고 발생, 급박한 산업재해 발생의 위험이 있는 경우 작업중지에 관한 사항
사. 안전표지·안전수칙의 종류 및 게시에 관한 사항과 그 밖에 안전관리에 관한 사항

5. 작업장 보건관리

가. 근로자 건강진단, 작업환경측정의 실시 및 조치절차 등에 관한 사항
나. 유해물질의 취급에 관한 사항
다. 보호구의 지급 등에 관한 사항
라. 질병자의 근로 금지 및 취업 제한 등에 관한 사항
마. 보건표지·보건수칙의 종류 및 게시에 관한 사항과 그 밖에 보건관리에 관한 사항

6. 사고 조사 및 대책 수립

가. 산업재해 및 중대산업사고의 발생 시 처리 절차 및 긴급조치에 관한 사항
나. 산업재해 및 중대산업사고의 발생원인에 대한 조사 및 분석, 대책 수립에 관한 사항
다. 산업재해 및 중대산업사고 발생의 기록·관리 등에 관한 사항

7. 위험성평가에 관한 사항

가. 위험성평가의 실시 시기 및 방법, 절차에 관한 사항
나. 위험성 감소대책 수립 및 시행에 관한 사항

8. 보 칙

가. 무재해운동 참여, 안전·보건 관련 제안 및 포상·징계 등 산업재해 예방을 위하여 필요하다고 판단하는 사항
나. 안전·보건 관련 문서의 보존에 관한 사항
다. 그 밖의 사항
사업장의 규모·업종 등에 적합하게 작성하며, 필요한 사항을 추가하거나 그 사업장에 관련되지 않는 사항은 제외할 수 있다.

4 명예산업안전감독관

고용노동부장관은 산업재해 예방활동에 대한 참여와 지원을 촉진하기 위하여 근로자, 근로자단체, 사업주단체 및 산업재해 예방 관련 전문단체에 소속된 자 중에서 명예산업안전감독관을 위촉할 수 있다(산안법 제23조①).

명예산업안전감독관은 ① 산업안전보건위원회 또는 노사협의체 설치 대상 건설공사의 근로자 중에서 근로자대표가 사업주의 의견을 들어 추천하는 사람(사

내 명예감독관), ② 「노동조합 및 노동관계조정법」 제10조에 따른 연합단체인 노동조합 또는 그 지역 대표기구에 소속된 임직원 중에서 해당 연합단체인 노동조합 또는 그 지역대표기구가 추천하는 사람(사외 명예감독관), ③ 전국 규모의 사업주단체 또는 그 산하조직에 소속된 임직원 중에서 해당 단체 또는 그 산하조직이 추천하는 사람(사외 명예감독관), ④ 산업재해 예방 관련 업무를 하는 단체 또는 그 산하조직에 소속된 임직원(사외 명예감독관) 중에서 해당 단체 또는 그 산하조직이 추천하는 사람 중에서 고용노동부장관이 위촉한다(산안법 영제32조①).

명예산업안전감독관의 임기는 2년으로 하되 연임할 수 있으며(산안법 영제32조③), 사업주는 명예산업안전감독관으로서 정당한 활동을 한 것을 이유로 그 명예산업안전감독관에 대하여 불리한 처우를 하여서는 아니 된다(산안법 제23조②).

고용노동부장관이 위촉한 명예산업안전감관이 수행하여야 할 업무는 아래의 내용과 같다(산안법 영제32조②).

〈명예산업안전감독관의 업무〉

1. 사내 명예감독관

- 사업장에서 하는 자체점검 참여 및 근로감독관이 하는 사업장 감독 참여
- 사업장 산업재해 예방계획 수립 참여 및 사업장에서 하는 기계·기구 자체검사 참석
- 법령을 위반한 사실이 있는 경우 사업주에 대한 개선 요청 및 감독기관에의 신고
- 산업재해 발생의 급박한 위험이 있는 경우 사업주에 대한 작업중지 요청
- 작업환경측정, 근로자 건강진단시의 참석 및 그 결과에 대한 설명회 참여
- 직업성 질환의 증상이 있거나 질병에 걸린 근로자가 여러 명 발생한 경우 사업주에 대한 임시건강진단 실시 요청
- 근로자에 대한 안전수칙 준수 지도
- 안전·보건 의식을 북돋우기 위한 활동과 무재해운동 등에 대한 참여와 지원
- 그 밖에 산업재해 예방에 대한 홍보 등 산업재해 예방업무와 관련하여 고용노동부장관이 정하는 업무

2. 사외 명예감독관

- 법령 및 산업재해 예방정책 개선 건의
- 안전·보건 의식을 북돋우기 위한 활동 등에 대한 참여와 지원
- 그 밖에 산업재해 예방에 대한 홍보 등 산업재해 예방업무와 관련하여 고용노동부장관이 정하는 업무

관련사례

□ 산업안전보건법상 '명예산업안전감독관'이 위험하다고 판단하면 작업을 중지시킬 수 있는지, '산업재해 발생의 급박한 위험이 있는 경우'라 함은 구체적으로 어떤 내용이 포함되는지(안정 68320-905, 2000.8.24)

명예산업안전감독관은 산업안전보건법시행령 제45조의2제2항제4호에 의거 산업재해발생의 급박한 위험이 있는 경우 사업주에게 작업중지 요청을 할 수 있을 뿐이며 자신이 직접 작업을 중지시킬 권한은 없음. "산업재해발생의 급박한 위험이 있는 경우"라 함은 압력용기의 압력 급상승으로 폭발이 예상되는 경우 등 긴급 대피하지 않으면 즉시 근로자의 생명과 신체가 위험에 처하게 되는 상태를 뜻함.

□ 울산지역건설플랜트노동조합이 추천하는 자를 명예산업안전감독관으로 위촉이 가능한지 여부(안전정책과-750, 2005.2.5)

산업안전보건법 시행령 제45조의2제1항제2호의 규정에 의한 연합단체인 노동조합의 지역대표기구는 특정 지역에서 연합단체인 노동조합의 실질적인 활동을 위하여 연합단체의 조직상 지역본부 또는 지역지부 등으로 조직화된 기구를 말함. 따라서 귀 소에서 질의한 울산지역건설플랜트노동조합의 경우 단순히 연합단체인 전국건설산업노동조합연맹 소속 단위노동조합인지 연합단체인 전국건설산업노동조합연맹의 규약에 의해 울산지역 지부로 설립되어 동 연맹의 노동조합 활동을 위한 지역대표기구 인지 여부를 확인하여 명예산업안전감독관 위촉대상인지 여부를 판단하여야 함.

제3절

건설업 안전보건 교육

산업안전보건법에서는 근로자 스스로 자신을 보호하기 위한 주의를 기울이도록 하여 재해를 사전에 예방하기 위한 차원에서 사업주에게 안전보건교육을 실시하도록 의무화 하고 있다.

안전보건교육에 대해 법 개정 전에는 제4장 유해·위험 예방조치에 규정되어 있었으나, 개정된 산업안전보건법[법률 제16272호, 2019.1.15, 전부개정]에서는 안전보건교육을 별도의 장으로 규정함으로써 안전보건교육의 중요성을 강조하고 있으며, 복잡하게 규정하고 있었던 내용들을 보다 체계적이고 명확하게 규정하였다.

사업주가 사업장의 근로자에게 실시하여야 하는 산업안전보건교육은 정기교육, 채용시 및 작업내용 변경시 교육, 유해·위험 작업에 대한 특별교육이 있다. 사업주는 근로자에 대한 안전보건교육을 고용노동부장관에게 등록한 안전보건교육기관에 위탁할 수 있다. 또한 사업주는 또한 관리책임자·안전관리자·보건관리자·안전보건관리담당자에 대해 안전·보건에 관한 직무교육을 이수하도록 하여야 한다.

건설일용근로자에 대해서는 채용시 교육 1시간, 작업내용 변경시 교육 1시간, 특별교육 2시간, 정기교육 월 2시간의 교육을 하여야 한다. 다만, 건설업기초교육을 이수한 건설일용근로자는 2년간 채용시 교육이 면제된다. 또한 건설업 외국국적동포 특례고용허가제에 따른 외국인근로자가 건설업 취업교육을 이수하고 「건설업취업인정증」을 발급받은 경우 건설업 기초안전·보건교육을 이수한 것으로 본다.

1 안전보건 교육의 기준

가. 교육의 유형

근로자 스스로 자신을 보호하기 위한 주의를 기울이도록 하여 재해를 사전에 예방하기 위한 차원에서 사업주에게 당해 사업장의 근로자에 대하여 정기적으로 안전·보건교육을 하여야 하며(산안법 제29조①), 근로자를 채용(건설일용근로자 제외)하거나 작업내용을 변경할 때에도 안전·보건 교육을 하여야 하고(산안법 제29조②), 유해·위험작업에 근로자를 사용할 때에도 안전·보건에 관한 특별교육을 하여야 한다(산안법 제29조③). 또한 관리책임자·안전관리자·보건관리자·안전보건관리담당자에 대해 안전·보건에 관한 직무교육을 이수하도록 하여야 한다(산안법 제32조①).

사업주가 채용시 교육, 정기교육, 작업내용 변경시 교육, 직무교육 등의 안전·보건 교육을 실시하지 않은 경우 500만원 이하의 과태료가 부과되며(산안법 제175조⑤제1호), 유해·위험 작업에 대한 특별교육을 실시하지 않은 경우에는 3천만원 이하의 과태료가 부과된다(산안법 제175조②제1호).

나. 교육과정별 교육시간

사업주가 근로자에 대하여 실시하여야 하는 산업안전·보건 관련 교육과정별 교육시간은 산업안전보건법 시행규칙 〔별표4〕로 정하고 있다(산안법 규칙 제26조①).

산안법 규칙 [별표 4]

〈안전보건교육 교육과정별 교육시간(제26조제1항 등 관련)〉

1. 근로자 안전보건교육(제26조제1항, 제28조제1항 관련)

<table>
<tr><th>교육과정</th><th colspan="2">교육대상</th><th>교육시간</th></tr>
<tr><td rowspan="4">가. 정기교육</td><td colspan="2">사무직 종사 근로자</td><td>매분기 3시간 이상</td></tr>
<tr><td rowspan="2">사무직 종사 근로자 외의 근로자</td><td>판매업무에 직접 종사하는 근로자</td><td>매분기 3시간 이상</td></tr>
<tr><td>판매업무에 직접 종사하는 근로자 외의 근로자</td><td>매분기 6시간 이상</td></tr>
<tr><td colspan="2">관리감독자의 지위에 있는 사람</td><td>연간 16시간 이상</td></tr>
<tr><td rowspan="2">나. 채용시 교육</td><td colspan="2">일용근로자</td><td>1시간 이상</td></tr>
<tr><td colspan="2">일용근로자를 제외한 근로자</td><td>8시간 이상</td></tr>
<tr><td rowspan="2">다. 작업내용 변경시 교육</td><td colspan="2">일용근로자</td><td>1시간 이상</td></tr>
<tr><td colspan="2">일용근로자를 제외한 근로자</td><td>2시간 이상</td></tr>
<tr><td rowspan="3">라. 특별교육</td><td colspan="2">별표 5 제1호라목 각 호(제40호는 제외한다)의 어느 하나에 해당하는 작업에 종사하는 일용근로자</td><td>2시간 이상</td></tr>
<tr><td colspan="2">별표 5 제1호라목제40호의 타워크레인 신호작업에 종사하는 일용근로자</td><td>8시간 이상</td></tr>
<tr><td colspan="2">별표 5 제1호라목 각 호의 어느 하나에 해당하는 작업에 종사하는 일용근로자를 제외한 근로자</td><td>- 16시간 이상(최초 작업에 종사하기 전 4시간 이상 실시하고 12시간은 3개월 이내에서 분할하여 실시가능)
- 단기간 작업 또는 간헐적 작업인 경우에는 2시간 이상</td></tr>
<tr><td>마. 건설업 기초안전·보건교육</td><td colspan="2">건설 일용근로자</td><td>4시간 이상</td></tr>
</table>

비 고

1. 상시근로자 50명 미만의 도매업과 숙박 및 음식점업은 위 표의 가목부터 라목까지의 규정에도 불구하고 해당 교육과정별 교육시간의 2분의 1이상을 실시해야 한다.
2. 근로자(관리감독자의 지위에 있는 사람은 제외한다)가 「화학물질관리법 시행규칙」 제37조제4항에 따른 유해화학물질 안전교육을 받은 경우에는 그 시간만큼 가목에 따른 해당 분기의 정기교육을 받은 것으로 본다.
3. 방사선작업종사자가 「원자력안전법 시행령」 제148조제1항에 따라 방사선작업종사자 정기교육을 받은 때에는 그 해당 시간만큼 가목에 따른 해당 분기의 정기교육을 받은 것으로 본다.
4. 방사선 업무에 관계되는 작업에 종사하는 근로자가 「원자력안전법 시행령」 제148조제1항에 따라 방사선작업종사자 신규교육 중 직장교육을 받은 때에는 그 시간만큼 라목 중 별표 5 제1호라목 33에 따른 해당 근로자에 대한 특별교육을 받은 것으로 본다.

2. 안전보건관리책임자 등에 대한 교육(제29조제2항 관련)

교육대상	교육시간	
	신규교육	보수교육
가. 안전보건관리책임자	6시간 이상	6시간 이상
나. 안전관리자, 안전관리전문기관의 종사자	34시간 이상	24시간 이상
다. 보건관리자, 보건관리전문기관의 종사자	34시간 이상	24시간 이상
라. 건설재해예방전문지도기관의 종사자	34시간 이상	24시간 이상
마. 석면조사기관의 종사자	34시간 이상	24시간 이상
바. 안전보건관리담당자	–	8시간 이상
사. 안전검사기관, 자율안전검사기관의 종사자	34시간 이상	24시간 이상

3. 특수형태근로종사자에 대한 안전보건교육(제95조제1항 관련)

교육과정	교육시간
가. 최초 노무제공시 교육	2시간 이상(단기간 작업 또는 간헐적 작업에 노무를 제공하는 경우에는 1시간 이상 실시하고, 특별교육을 실시한 경우는 면제)
나. 특별교육	16시간 이상(최초 작업에 종사하기 전 4시간 이상 실시하고 12시간은 3개월 이내에서 분할하여 실시가능)
	단기간 작업 또는 간헐적 작업인 경우에는 2시간 이상

4. 검사원 성능검사 교육(제131조제2항 관련)

교육과정	교육대상	교육시간
성능검사 교육	–	28시간 이상

다. 교육대상별 교육내용

사업주가 근로자에 대하여 실시하여야 하는 산업안전·보건 관련 교육대상별 교육내용은 산업안전보건법 시행규칙 〔별표5〕로 정하고 있다(산안법 규칙 제26조 ①).

산안법 규칙 [별표 5]

〈안전보건교육 교육대상별 교육내용(제26조제1항 등 관련)〉

1. 근로자 안전보건교육(제26조제1항 관련)

가. 근로자 정기교육

교육내용
○ 산업안전 및 사고 예방에 관한 사항 ○ 산업보건 및 직업병 예방에 관한 사항 ○ 건강증진 및 질병 예방에 관한 사항 ○ 유해·위험 작업환경 관리에 관한 사항 ○ 산업안전보건법령 및 일반관리에 관한 사항 ○ 직무스트레스 예방 및 관리에 관한 사항 ○ 산업재해보상보험 제도에 관한 사항

나. 관리감독자 정기교육

교육내용
○ 작업공정의 유해·위험과 재해 예방대책에 관한 사항 ○ 표준안전작업방법 및 지도 요령에 관한 사항 ○ 관리감독자의 역할과 임무에 관한 사항 ○ 산업보건 및 직업병 예방에 관한 사항 ○ 유해·위험 작업환경 관리에 관한 사항 ○ 산업안전보건법령 및 일반관리에 관한 사항 ○ 직무스트레스 예방 및 관리에 관한 사항 ○ 산재보상보험제도에 관한 사항 ○ 안전보건교육 능력 배양에 관한 사항 – 현장근로자와의 의사소통능력 향상, 강의능력 향상, 기타 안전보건교육 능력 배양 등에 관한 사항 (※ 안전보건교육 능력 배양 내용은 전체 관리감독자 교육시간의 1/3이하에서 할 수 있다.)

다. 채용시 교육 및 작업내용 변경시 교육

교육내용
○ 기계·기구의 위험성과 작업의 순서 및 동선에 관한 사항 ○ 작업 개시 전 점검에 관한 사항 ○ 정리정돈 및 청소에 관한 사항 ○ 사고 발생 시 긴급조치에 관한 사항 ○ 산업보건 및 직업병 예방에 관한 사항 ○ 물질안전보건자료에 관한 사항 ○ 직무스트레스 예방 및 관리에 관한 사항 ○ 산업안전보건법령 및 일반관리에 관한 사항

라. 특별교육 대상 작업별 교육

작업명	교육내용
〈공통내용〉 제1호부터 제40호까지의 작업	다목과 같은 내용
〈개별내용〉 1. 고압실 내 작업(잠함공법이나 그 밖의 압기공법으로 대기압을 넘는 기압인 작업실 또는 수갱 내부에서 하는 작업만 해당한다)	○ 고기압 장해의 인체에 미치는 영향에 관한 사항 ○ 작업의 시간·작업 방법 및 절차에 관한 사항 ○ 압기공법에 관한 기초지식 및 보호구 착용에 관한 사항 ○ 이상 발생 시 응급조치에 관한 사항 ○ 그 밖에 안전·보건관리에 필요한 사항
2. 아세틸렌 용접장치 또는 가스집합 용접장치를 사용하는 금속의 용접·용단 또는 가열작업(발생기·도관 등에 의하여 구성되는 용접장치만 해당한다)	○ 용접 흄, 분진 및 유해광선 등의 유해성에 관한 사항 ○ 가스용접기, 압력조정기, 호스 및 취관두(불꽃이 나오는 용접기의 앞부분) 등의 기기점검에 관한 사항 ○ 작업방법·순서 및 응급처치에 관한 사항 ○ 안전기 및 보호구 취급에 관한 사항 ○ 화재예방 및 초기대응에 관한사항 ○ 그 밖에 안전·보건관리에 필요한 사항
3. 밀폐된 장소(탱크 내 또는 환기가 극히 불량한 좁은 장소를 말한다)에서 하는 용접작업 또는 습한 장소에서 하는 전기용접 작업	○ 작업순서, 안전작업방법 및 수칙에 관한 사항 ○ 환기설비에 관한 사항 ○ 전격 방지 및 보호구 착용에 관한 사항 ○ 질식 시 응급조치에 관한 사항 ○ 작업환경 점검에 관한 사항 ○ 그 밖에 안전·보건관리에 필요한 사항
4. 폭발성·물반응성·자기반응성·자기발열성 물질, 자연발화성 액체·고체 및 인화성 액체의 제조 또는 취급작업(시험연구를 위한 취급작업은 제외한다)	○ 폭발성·물반응성·자기반응성·자기발열성 물질, 자연발화성 액체·고체 및 인화성 액체의 성질이나 상태에 관한 사항 ○ 폭발 한계점, 발화점 및 인화점 등에 관한 사항 ○ 취급방법 및 안전수칙에 관한 사항 ○ 이상 발견 시의 응급처치 및 대피 요령에 관한 사항 ○ 화기·정전기·충격 및 자연발화 등의 위험방지에 관한 사항 ○ 작업순서, 취급주의사항 및 방호거리 등에 관한 사항 ○ 그 밖에 안전·보건관리에 필요한 사항
5. 액화석유가스·수소가스 등 인화성 가스 또는 폭발성 물질 중 가스의 발생장치 취급 작업	○ 취급가스의 상태 및 성질에 관한 사항 ○ 발생장치 등의 위험 방지에 관한 사항 ○ 고압가스 저장설비 및 안전취급방법에 관한 사항 ○ 설비 및 기구의 점검 요령 ○ 그 밖에 안전·보건관리에 필요한 사항
6. 화학설비 중 반응기, 교반기·추출기의 사용 및 세척작업	○ 각 계측장치의 취급 및 주의에 관한 사항 ○ 투시창·수위 및 유량계 등의 점검 및 밸브의 조작주의에 관한 사항 ○ 세척액의 유해성 및 인체에 미치는 영향에 관한 사항 ○ 작업 절차에 관한 사항 ○ 그 밖에 안전·보건관리에 필요한 사항

작업명	교육내용
7. 화학설비의 탱크 내 작업	○ 차단장치·정지장치 및 밸브 개폐장치의 점검에 관한 사항 ○ 탱크 내의 산소농도 측정 및 작업환경에 관한 사항 ○ 안전보호구 및 이상 발생 시 응급조치에 관한 사항 ○ 작업절차·방법 및 유해·위험에 관한 사항 ○ 그 밖에 안전·보건관리에 필요한 사항
8. 분말·원재료 등을 담은 호퍼(하부가 깔대기 모양으로 된 저장통)·저장창고 등 저장탱크의 내부작업	○ 분말·원재료의 인체에 미치는 영향에 관한 사항 ○ 저장탱크 내부작업 및 복장보호구 착용에 관한 사항 ○ 작업의 지정·방법·순서 및 작업환경 점검에 관한 사항 ○ 팬·풍기(風旗) 조작 및 취급에 관한 사항 ○ 분진 폭발에 관한 사항 ○ 그 밖에 안전·보건관리에 필요한 사항
9. 다음 각 목에 정하는 설비에 의한 물건의 가열·건조작업 가. 건조설비 중 위험물 등에 관계되는 설비로 속부피가 1세제곱미터 이상인 것 나. 건조설비 중 가목의 위험물 등 외의 물질에 관계되는 설비로서, 연료를 열원으로 사용하는 것(그 최대연소소비량이 매 시간당 10킬로그램 이상인 것만 해당한다) 또는 전력을 열원으로 사용하는 것(정격소비전력이 10킬로와트 이상인 경우만 해당한다)	○ 건조설비 내외면 및 기기기능의 점검에 관한 사항 ○ 복장보호구 착용에 관한 사항 ○ 건조 시 유해가스 및 고열 등이 인체에 미치는 영향에 관한 사항 ○ 건조설비에 의한 화재·폭발 예방에 관한 사항
10. 다음 각 목에 해당하는 집재장치(집재기·가선·운반기구·지주 및 이들에 부속하는 물건으로 구성되고, 동력을 사용하여 원목 또는 장작과 숯을 담아 올리거나 공중에서 운반하는 설비를 말한다)의 조립, 해체, 변경 또는 수리작업 및 이들 설비에 의한 집재 또는 운반 작업 가. 원동기의 정격출력이 7.5킬로와트를 넘는 것 나. 지간의 경사거리 합계가 350미터 이상인 것 다. 최대사용하중이 200킬로그램 이상인 것	○ 기계의 브레이크 비상정지장치 및 운반경로, 각종 기능 점검에 관한 사항 ○ 작업 시작 전 준비사항 및 작업방법에 관한 사항 ○ 취급물의 유해·위험에 관한 사항 ○ 구조상의 이상 시 응급처치에 관한 사항 ○ 그 밖에 안전·보건관리에 필요한 사항
11. 동력에 의하여 작동되는 프레스기계를 5대 이상 보유한 사업장에서 해당 기계로 하는 작업	○ 프레스의 특성과 위험성에 관한 사항 ○ 방호장치 종류와 취급에 관한 사항 ○ 안전작업방법에 관한 사항 ○ 프레스 안전기준에 관한 사항 ○ 그 밖에 안전·보건관리에 필요한 사항
12. 목재가공용 기계[둥근톱기계, 띠톱기계, 대패기계, 모떼기기계 및 라우터기(목재를 자르거나 홈을 파는 기계)만 해당하며, 휴대용은 제외한다]를 5대 이상 보유한 사업장에서 해당 기계로 하는 작업	○ 목재가공용 기계의 특성과 위험성에 관한 사항 ○ 방호장치의 종류와 구조 및 취급에 관한 사항 ○ 안전기준에 관한 사항 ○ 안전작업방법 및 목재 취급에 관한 사항 ○ 그 밖에 안전·보건관리에 필요한 사항

작업명	교육내용
13. 운반용 등 하역기계를 5대 이상 보유한 사업장에서의 해당 기계로 하는 작업	○ 운반하역기계 및 부속설비의 점검에 관한 사항 ○ 작업순서와 방법에 관한 사항 ○ 안전운전방법에 관한 사항 ○ 화물의 취급 및 작업신호에 관한 사항 ○ 그 밖에 안전·보건관리에 필요한 사항
14. 1톤 이상의 크레인을 사용하는 작업 또는 1톤 미만의 크레인 또는 호이스트를 5대 이상 보유한 사업장에서 해당 기계로 하는 작업(제40호의 작업은 제외한다)	○ 방호장치의 종류, 기능 및 취급에 관한 사항 ○ 걸고리·와이어로프 및 비상정지장치 등의 기계·기구 점검에 관한 사항 ○ 화물의 취급 및 안전작업방법에 관한 사항 ○ 신호방법 및 공동작업에 관한 사항 ○ 인양 물건의 위험성 및 낙하·비래(飛來)·충돌재해 예방에 관한 사항 ○ 인양물이 적재될 지반의 조건, 인양하중, 풍압 등이 인양물과 타워크레인에 미치는 영향 ○ 그 밖에 안전·보건관리에 필요한 사항
15. 건설용 리프트·곤돌라를 이용한 작업	○ 방호장치의 기능 및 사용에 관한 사항 ○ 기계, 기구, 달기체인 및 와이어 등의 점검에 관한 사항 ○ 화물의 권상·권하 작업방법 및 안전작업 지도에 관한 사항 ○ 기계·기구에 특성 및 동작원리에 관한 사항 ○ 신호방법 및 공동작업에 관한 사항 ○ 그 밖에 안전·보건관리에 필요한 사항
16. 주물 및 단조(금속을 두들기거나 눌러서 형체를 만드는 일) 작업	○ 고열물의 재료 및 작업환경에 관한 사항 ○ 출탕·주조 및 고열물의 취급과 안전작업방법에 관한 사항 ○ 고열작업의 유해·위험 및 보호구 착용에 관한 사항 ○ 안전기준 및 중량물 취급에 관한 사항 ○ 그 밖에 안전·보건관리에 필요한 사항
17. 전압이 75볼트 이상인 정전 및 활선작업	○ 전기의 위험성 및 전격 방지에 관한 사항 ○ 해당 설비의 보수 및 점검에 관한 사항 ○ 정전작업·활선작업 시의 안전작업방법 및 순서에 관한 사항 ○ 절연용 보호구, 절연용 보호구 및 활선작업용 기구 등의 사용에 관한 사항 ○ 그 밖에 안전·보건관리에 필요한 사항
18. 콘크리트 파쇄기를 사용하여 하는 파쇄작업(2미터 이상인 구축물의 파쇄작업만 해당한다)	○ 콘크리트 해체 요령과 방호거리에 관한 사항 ○ 작업안전조치 및 안전기준에 관한 사항 ○ 파쇄기의 조작 및 공통작업 신호에 관한 사항 ○ 보호구 및 방호장비 등에 관한 사항 ○ 그 밖에 안전·보건관리에 필요한 사항

작업명	교육내용
19. 굴착면의 높이가 2미터 이상이 되는 지반 굴착(터널 및 수직갱 외의 갱 굴착은 제외한다)작업	○ 지반의 형태·구조 및 굴착 요령에 관한 사항 ○ 지반의 붕괴재해 예방에 관한 사항 ○ 붕괴 방지용 구조물 설치 및 작업방법에 관한 사항 ○ 보호구의 종류 및 사용에 관한 사항 ○ 그 밖에 안전·보건관리에 필요한 사항
20. 흙막이 지보공의 보강 또는 동바리를 설치하거나 해체하는 작업	○ 작업안전 점검 요령과 방법에 관한 사항 ○ 동바리의 운반·취급 및 설치 시 안전작업에 관한 사항 ○ 해체작업 순서와 안전기준에 관한 사항 ○ 보호구 취급 및 사용에 관한 사항 ○ 그 밖에 안전·보건관리에 필요한 사항
21. 터널 안에서의 굴착작업(굴착용 기계를 사용하여 하는 굴착작업 중 근로자가 칼날 밑에 접근하지 않고 하는 작업은 제외한다) 또는 같은 작업에서의 터널 거푸집 지보공의 조립 또는 콘크리트 작업	○ 작업환경의 점검 요령과 방법에 관한 사항 ○ 붕괴 방지용 구조물 설치 및 안전작업 방법에 관한 사항 ○ 재료의 운반 및 취급·설치의 안전기준에 관한 사항 ○ 보호구의 종류 및 사용에 관한 사항 ○ 소화설비의 설치장소 및 사용방법에 관한 사항 ○ 그 밖에 안전·보건관리에 필요한 사항
22. 굴착면의 높이가 2미터 이상이 되는 암석의 굴착작업	○ 폭발물 취급 요령과 대피 요령에 관한 사항 ○ 안전거리 및 안전기준에 관한 사항 ○ 방호물의 설치 및 기준에 관한 사항 ○ 보호구 및 신호방법 등에 관한 사항 ○ 그 밖에 안전·보건관리에 필요한 사항
23. 높이가 2미터 이상인 물건을 쌓거나 무너뜨리는 작업(하역기계로만 하는 작업은 제외한다)	○ 원부재료의 취급 방법 및 요령에 관한 사항 ○ 물건의 위험성·낙하 및 붕괴재해 예방에 관한 사항 ○ 적재방법 및 전도 방지에 관한 사항 ○ 보호구 착용에 관한 사항 ○ 그 밖에 안전·보건관리에 필요한 사항
24. 선박에 짐을 쌓거나 부리거나 이동시키는 작업	○ 하역 기계·기구의 운전방법에 관한 사항 ○ 운반·이송경로의 안전작업방법 및 기준에 관한 사항 ○ 중량물 취급 요령과 신호 요령에 관한 사항 ○ 작업안전 점검과 보호구 취급에 관한 사항 ○ 그 밖에 안전·보건관리에 필요한 사항
25. 거푸집 동바리의 조립 또는 해체작업	○ 동바리의 조립방법 및 작업 절차에 관한 사항 ○ 조립재료의 취급방법 및 설치기준에 관한 사항 ○ 조립 해체 시의 사고 예방에 관한 사항 ○ 보호구 착용 및 점검에 관한 사항 ○ 그 밖에 안전·보건관리에 필요한 사항
26. 비계의 조립·해체 또는 변경작업	○ 비계의 조립순서 및 방법에 관한 사항 ○ 비계작업의 재료 취급 및 설치에 관한 사항 ○ 추락재해 방지에 관한 사항 ○ 보호구 착용에 관한 사항 ○ 비계상부 작업 시 최대 적재하중에 관한 사항 ○ 그 밖에 안전·보건관리에 필요한 사항

작업명	교육내용
27. 건축물의 골조, 다리의 상부구조 또는 탑의 금속제의 부재로 구성되는 것(5미터 이상인 것만 해당한다)의 조립· 해체 또는 변경작업	○ 건립 및 버팀대의 설치순서에 관한 사항 ○ 조립 해체 시의 추락재해 및 위험요인에 관한 사항 ○ 건립용 기계의 조작 및 작업신호 방법에 관한 사항 ○ 안전장비 착용 및 해체순서에 관한 사항 ○ 그 밖에 안전·보건관리에 필요한 사항
28. 처마 높이가 5미터 이상인 목조건축물의 구조 부재의 조립이나 건축물의 지붕 또는 외벽 밑에서의 설치작업	○ 붕괴·추락 및 재해 방지에 관한 사항 ○ 부재의 강도·재질 및 특성에 관한 사항 ○ 조립·설치 순서 및 안전작업방법에 관한 사항 ○ 보호구 착용 및 작업 점검에 관한 사항 ○ 그 밖에 안전·보건관리에 필요한 사항
29. 콘크리트 인공구조물(그 높이가 2미터 이상인 것만 해당한다)의 해체 또는 파괴작업	○ 콘크리트 해체기계의 점점에 관한 사항 ○ 파괴 시의 안전거리 및 대피 요령에 관한 사항 ○ 작업방법·순서 및 신호 방법 등에 관한 사항 ○ 해체·파괴 시의 작업안전기준 및 보호구에 관한 사항 ○ 그 밖에 안전·보건관리에 필요한 사항
30. 타워크레인을 설치(상승작업을 포함한다)·해체하는 작업	○ 붕괴·추락 및 재해 방지에 관한 사항 ○ 설치·해체 순서 및 안전작업방법에 관한 사항 ○ 부재의 구조·재질 및 특성에 관한 사항 ○ 신호방법 및 요령에 관한 사항 ○ 이상 발생 시 응급조치에 관한 사항 ○ 그 밖에 안전·보건관리에 필요한 사항
31. 보일러(소형 보일러 및 다음 각 목에서 정하는 보일러는 제외한다)의 설치 및 취급 작업 가. 몸통 반지름이 750밀리미터 이하이고 그 길이가 1,300밀리미터 이하인 증기보일러 나. 전열면적이 3제곱미터 이하인 증기보일러 다. 전열면적이 14제곱미터 이하인 온수보일러 라. 전열면적이 30제곱미터 이하인 관류보일러(물관을 사용하여 가열시키는 방식의 보일러)	○ 기계 및 기기 점화장치 계측기의 점검에 관한 사항 ○ 열관리 및 방호장치에 관한 사항 ○ 작업순서 및 방법에 관한 사항 ○ 그 밖에 안전·보건관리에 필요한 사항
32. 게이지 압력을 제곱센티미터당 1킬로그램 이상으로 사용하는 압력용기의 설치 및 취급작업	○ 안전시설 및 안전기준에 관한 사항 ○ 압력용기의 위험성에 관한 사항 ○ 용기 취급 및 설치기준에 관한 사항 ○ 작업안전 점검 방법 및 요령에 관한 사항 ○ 그 밖에 안전·보건관리에 필요한 사항
33. 방사선 업무에 관계되는 작업(의료 및 실험용은 제외한다)	○ 방사선의 유해·위험 및 인체에 미치는 영향 ○ 방사선의 측정기기 기능의 점검에 관한 사항 ○ 방호거리·방호벽 및 방사선물질의 취급 요령에 관한 사항 ○ 응급처치 및 보호구 착용에 관한 사항 ○ 그 밖에 안전·보건관리에 필요한 사항

작업명	교육내용
34. 맨홀작업	○ 장비·설비 및 시설 등의 안전점검에 관한 사항 ○ 산소농도 측정 및 작업환경에 관한 사항 ○ 작업내용·안전작업방법 및 절차에 관한 사항 ○ 보호구 착용 및 보호 장비 사용에 관한 사항 ○ 그 밖에 안전·보건관리에 필요한 사항
35. 밀폐공간에서의 작업	○ 산소농도 측정 및 작업환경에 관한 사항 ○ 사고 시의 응급처치 및 비상 시 구출에 관한 사항 ○ 보호구 착용 및 사용방법에 관한 사항 ○ 밀폐공간작업의 안전작업방법에 관한 사항 ○ 그 밖에 안전·보건관리에 필요한 사항
36. 허가 및 관리 대상 유해물질의 제조 또는 취급작업	○ 취급물질의 성질 및 상태에 관한 사항 ○ 유해물질이 인체에 미치는 영향 ○ 국소배기장치 및 안전설비에 관한 사항 ○ 안전작업방법 및 보호구 사용에 관한 사항 ○ 그 밖에 안전·보건관리에 필요한 사항
37. 로봇작업	○ 로봇의 기본원리·구조 및 작업방법에 관한 사항 ○ 이상 발생 시 응급조치에 관한 사항 ○ 안전시설 및 안전기준에 관한 사항 ○ 조작방법 및 작업순서에 관한 사항
38. 석면해체·제거작업	○ 석면의 특성과 위험성 ○ 석면해체·제거의 작업방법에 관한 사항 ○ 장비 및 보호구 사용에 관한 사항 ○ 그 밖에 안전·보건관리에 필요한 사항
39. 가연물이 있는 장소에서 하는 화재위험작업	○ 작업준비 및 작업절차에 관한 사항 ○ 작업장 내 위험물, 가연물의 사용·보관·설치 현황에 관한 사항 ○ 화재위험작업에 따른 인근 인화성 액체에 대한 방호조치에 관한 사항 ○ 화재위험작업으로 인한 불꽃, 불티 등의 흩날림 방지 조치에 관한 사항 ○ 인화성 액체의 증기가 남아 있지 않도록 환기 등의 조치에 관한 사항 ○ 화재감시자의 직무 및 피난교육 등 비상조치에 관한 사항 ○ 그 밖에 안전·보건관리에 필요한 사항
40. 타워크레인을 사용하는 작업시 신호업무를 하는 작업	○ 타워크레인의 기계적 특성 및 방호장치 등에 관한 사항 ○ 화물의 취급 및 안전작업방법에 관한 사항 ○ 신호방법 및 요령에 관한 사항 ○ 인양 물건의 위험성 및 낙하·비래·충돌재해 예방에 관한 사항 ○ 인양물이 적재될 지반의 조건, 인양하중, 풍압 등이 인양물과 타워크레인에 미치는 영향 ○ 그 밖에 안전·보건관리에 필요한 사항

2. 건설업 기초안전보건교육에 대한 내용 및 시간(제28조제1항 관련)

구 분	교육 내용	시 간
공 통	산업안전보건법령 주요 내용(건설 일용근로자 관련 부분)	1시간
	안전의식 제고에 관한 사항	1시간
교육 대상별	작업별 위험요인과 안전작업 방법(재해사례 및 예방대책)	2시간
	건설 직종별 건강장해 위험요인과 건강관리	1시간

3. 안전보건관리책임자 등에 대한 교육(제29조제2항 관련)

교육대상	교육내용	
	신규과정	보수과정
가. 안전보건관리책임자	1) 관리책임자의 책임과 직무에 관한 사항 2) 산업안전보건법령 및 안전·보건조치에 관한 사항	1) 산업안전·보건정책에 관한 사항 2) 자율안전·보건관리에 관한 사항
나. 안전관리자 및 안전관리전문기관 종사자	1) 산업안전보건법령에 관한 사항 2) 산업안전보건개론에 관한 사항 3) 인간공학 및 산업심리에 관한 사항 4) 안전보건교육방법에 관한 사항 5) 재해 발생 시 응급처치에 관한 사항 6) 안전점검·평가 및 재해 분석기법에 관한 사항 7) 안전기준 및 개인보호구 등 분야별 재해예방 실무에 관한 사항 8) 산업안전보건관리비 계상 및 사용기준에 관한 사항 9) 작업환경 개선 등 산업위생 분야에 관한 사항 10) 무재해운동 추진기법 및 실무에 관한 사항 11) 위험성평가에 관한 사항 12) 그 밖에 안전관리자의 직무 향상을 위하여 필요한 사항	1) 산업안전보건법령 및 정책에 관한 사항 2) 안전관리계획 및 안전보건개선계획의 수립·평가·실무에 관한 사항 3) 안전보건교육 및 무재해운동 추진실무에 관한 사항 4) 산업안전보건관리비 사용기준 및 사용방법에 관한 사항 5) 분야별 재해 사례 및 개선 사례에 관한 연구와 실무에 관한 사항 6) 사업장 안전 개선기법에 관한 사항 7) 위험성평가에 관한 사항 8) 그 밖에 안전관리자 직무 향상을 위하여 필요한 사항
다. 보건관리자 및 보건관리전문기관 종사자	1) 산업안전보건법령 및 작업환경측정에 관한 사항 2) 산업안전보건개론에 관한 사항 3) 안전보건교육방법에 관한 사항 4) 산업보건관리계획 수립·평가 및 산업역학에 관한 사항 5) 작업환경 및 직업병 예방에 관한 사항 6) 작업환경 개선에 관한 사항(소음·분진·관리대상 유해물질 및 유해광선 등) 7) 산업역학 및 통계에 관한 사항 8) 산업환기에 관한 사항 9) 안전보건관리의 체제·규정 및 보건관리자 역할에 관한 사항 10) 보건관리계획 및 운용에 관한 사항	1) 산업안전보건법령, 정책 및 작업환경 관리에 관한 사항 2) 산업보건관리계획 수립·평가 및 안전보건교육 추진 요령에 관한 사항 3) 근로자 건강 증진 및 구급환자 관리에 관한 사항 4) 산업위생 및 산업환기에 관한 사항 5) 직업병 사례 연구에 관한 사항 6) 유해물질별 작업환경 관리에 관한 사항 7) 위험성평가에 관한 사항 8) 그 밖에 보건관리자 직무 향상을 위하여 필요한 사항

	11) 근로자 건강관리 및 응급처치에 관한 사항 12) 위험성평가에 관한 사항 13) 그 밖에 보건관리자의 직무 향상을 위하여 필요한 사항	
라. 건설재해예방전문지도기관 종사자	1) 산업안전보건법령 및 정책에 관한 사항 2) 분야별 재해사례 연구에 관한 사항 3) 새로운 공법 소개에 관한 사항 4) 사업장 안전관리기법에 관한 사항 5) 위험성평가의 실시에 관한 사항 6) 그 밖에 직무 향상을 위하여 필요한 사항	1) 산업안전보건법령 및 정책에 관한 사항 2) 분야별 재해사례 연구에 관한 사항 3) 새로운 공법 소개에 관한 사항 4) 사업장 안전관리기법에 관한 사항 5) 위험성평가의 실시에 관한 사항 6) 그 밖에 직무 향상을 위하여 필요한 사항
마. 석면조사기관 종사자	1) 석면 제품의 종류 및 구별 방법에 관한 사항 2) 석면에 의한 건강유해성에 관한 사항 3) 석면 관련 법령 및 제도(법, 「석면안전관리법」 및 「건축법」 등)에 관한 사항 4) 법 및 산업안전보건 정책방향에 관한 사항 5) 석면 시료채취 및 분석 방법에 관한 사항 6) 보호구 착용 방법에 관한 사항 7) 석면조사결과서 및 석면지도 작성 방법에 관한 사항 8) 석면 조사 실습에 관한 사항	1) 석면 관련 법령 및 제도(법, 「석면안전관리법」 및 「건축법」 등)에 관한 사항 2) 실내공기오염 관리(또는 작업환경측정 및 관리)에 관한 사항 3) 산업안전보건 정책방향에 관한 사항 4) 건축물·설비 구조의 이해에 관한 사항 5) 건축물·설비 내 석면함유 자재 사용 및 시공·제거 방법에 관한 사항 6) 보호구 선택 및 관리방법에 관한 사항 7) 석면해체·제거작업 및 석면 흩날림 방지 계획 수립 및 평가에 관한 사항 8) 건축물 석면조사 시 위해도평가 및 석면지도 작성·관리 실무에 관한 사항 9) 건축 자재의 종류별 석면조사실무에 관한 사항
바. 안전보건관리담당자		1) 위험성평가에 관한 사항 2) 안전·보건교육방법에 관한 사항 3) 사업장 순회점검 및 지도에 관한 사항 4) 기계·기구의 적격품 선정에 관한 사항 5) 산업재해 통계의 유지·관리 및 조사에 관한 사항 6) 그 밖에 안전보건관리담당자 직무 향상을 위하여 필요한 사항
사. 안전검사기관 및 자율안전검사기관	1) 산업안전보건법령에 관한 사항 2) 기계, 장비의 주요장치에 관한 사항 3) 측정기기 작동 방법에 관한 사항 4) 공통점검 사항 및 주요 위험요인별 점검내용에 관한 사항 5) 기계, 장비의 주요안전장치에 관한 사항 6) 검사시 안전보건 유의사항 7) 기계·전기·화공 등 공학적 기초 지식에 관한 사항 8) 검사원의 직무윤리에 관한 사항 9) 그 밖에 종사자의 직무 향상을 위하여 필요한 사항	1) 산업안전보건법령 및 정책에 관한 사항 2) 주요 위험요인별 점검내용에 관한 사항 3) 기계, 장비의 주요장치와 안전장치에 관한 심화과정 4) 검사시 안전보건 유의 사항 5) 구조해석, 용접, 피로, 파괴, 피해예측, 작업환기, 위험성평가 등에 관한 사항 6) 검사대상 기계별 재해 사례 및 개선 사례에 관한 연구와 실무에 관한 사항 7) 검사원의 직무윤리에 관한 사항 8) 그 밖에 종사자의 직무 향상을 위하여 필요한 사항

4. 특수형태근로종사자에 대한 안전보건교육(제95조제1항 관련)

가. 최초 노무제공 시 교육

교육내용
아래의 내용 중 특수형태근로종사자의 직무에 적합한 내용을 교육해야 한다. ○ 교통안전 및 운전안전에 관한 사항 ○ 보호구 착용에 대한 사항 ○ 산업안전 및 사고 예방에 관한 사항 ○ 산업보건, 건강증진 및 질병 예방에 관한 사항 ○ 유해·위험 작업환경 관리에 관한 사항 ○ 기계·기구의 위험성과 작업의 순서 및 동선에 관한 사항 ○ 작업 개시 전 점검에 관한 사항 ○ 정리정돈 및 청소에 관한 사항 ○ 사고 발생 시 긴급조치에 관한 사항 ○ 물질안전보건자료에 관한 사항 ○ 직무스트레스 예방 및 관리에 관한 사항 ○ 「산업안전보건법」 및 산업재해보상보험 제도에 관한 사항

나. 특별교육 대상 작업별 교육: 제1호 라목과 같다.

5. 검사원 성능검사 교육(제131조제2항 관련)

설비명	교육과정	교육내용
가. 프레스 및 전단기	성능검사 교육	○ 관계 법령 ○ 프레스 및 전단기 개론 ○ 프레스 및 전단기 구조 및 특성 ○ 검사기준 ○ 방호장치 ○ 검사장비 용도 및 사용방법 ○ 검사실습 및 체크리스트 작성 요령 ○ 위험검출 훈련
나. 크레인	성능검사 교육	○ 관계 법령 ○ 크레인 개론 ○ 크레인 구조 및 특성 ○ 검사기준 ○ 방호장치 ○ 검사장비 용도 및 사용방법 ○ 검사실습 및 체크리스트 작성 요령 ○ 위험검출 훈련 ○ 검사원 직무

설비명	교육과정	교육내용
다. 리프트	성능검사 교육	○ 관계 법령 ○ 리프트 개론 ○ 리프트 구조 및 특성 ○ 검사기준 ○ 방호장치 ○ 검사장비 용도 및 사용방법 ○ 검사실습 및 체크리스트 작성 요령 ○ 위험검출 훈련 ○ 검사원 직무
라. 곤돌라	성능검사 교육	○ 관계 법령 ○ 곤돌라 개론 ○ 곤돌라 구조 및 특성 ○ 검사기준 ○ 방호장치 ○ 검사장비 용도 및 사용방법 ○ 검사실습 및 체크리스트 작성 요령 ○ 위험검출 훈련 ○ 검사원 직무
마. 국소배기장치	성능검사 교육	○ 관계 법령 ○ 산업보건 개요 ○ 산업환기의 기본원리 ○ 국소환기장치의 설계 및 실습 ○ 국소배기장치 및 제진장치 검사기준 ○ 검사실습 및 체크리스트 작성 요령 ○ 검사원 직무
바. 원심기	성능검사 교육	○ 관계 법령 ○ 원심기 개론 ○ 원심기 종류 및 구조 ○ 검사기준 ○ 방호장치 ○ 검사장비 용도 및 사용방법 ○ 검사실습 및 체크리스트 작성 요령
사. 롤러기	성능검사 교육	○ 관계 법령 ○ 롤러기 개론 ○ 롤러기 구조 및 특성 ○ 검사기준 ○ 방호장치 ○ 검사장비의 용도 및 사용방법 ○ 검사실습 및 체크리스트 작성 요령

설비명	교육과정	교육내용
아. 사출성형기	성능검사 교육	○ 관계 법령 ○ 사출성형기 개론 ○ 사출성형기 구조 및 특성 ○ 검사기준 ○ 방호장치 ○ 검사장비 용도 및 사용방법 ○ 검사실습 및 체크리스트 작성 요령
자. 고소작업대	성능검사 교육	○ 관계 법령 ○ 고소작업대 개론 ○ 고소작업대 구조 및 특성 ○ 검사기준 ○ 방호장치 ○ 검사장비의 용도 및 사용방법 ○ 검사실습 및 체크리스트 작성 요령
차. 컨베이어	성능검사 교육	○ 관계 법령 ○ 컨베이어 개론 ○ 컨베이어 구조 및 특성 ○ 검사기준 ○ 방호장치 ○ 검사장비의 용도 및 사용방법 ○ 검사실습 및 체크리스트 작성 요령
카. 산업용 로봇	성능검사 교육	○ 관계 법령 ○ 산업용 로봇 개론 ○ 산업용 로봇 구조 및 특성 ○ 검사기준 ○ 방호장치 ○ 검사장비 용도 및 사용방법 ○ 검사실습 및 체크리스트 작성 요령

6. 물질안전보건자료에 관한 교육(제169조제1항 관련)

교육내용
○ 대상화학물질의 명칭(또는 제품명) ○ 물리적 위험성 및 건강 유해성 ○ 취급상의 주의사항 ○ 적절한 보호구 ○ 응급조치 요령 및 사고시 대처방법 ○ 물질안전보건자료 및 경고표지를 이해하는 방법

2 안전보건 교육의 방법

사업주는 근로자에 대한 안전·보건에 관한 교육을 사업주가 자체적으로 실시하는 경우에 적합한 교육교재와 적절한 교육장비 등을 갖추고 집체교육, 현장교육, 인터넷 원격교육 중 어느 하나에 해당하는 교육을 실시할 수 있다. 다만, 인터넷 원격교육으로 실시하는 경우에는 관리감독자의 정기교육은 총 교육시간의 2분의 1이상, 특별교육은 총 교육시간의 3분의 1범위에서 실시하여야 한다(산업안전·보건교육규정 제3조①).

사업주가 현장교육을 실시할 때에는 안전보건관계자(안전보건관리책임자, 안전관리자, 보건관리자, 안전보건관리담당자) 또는 관리감독자, 산업보건의, 공단에서 실시하는 해당 분야의 강사요원 교육과정을 이수한 사람, 산업안전지도사 또는 산업보건지도사, 산업안전·보건에 관하여 학식과 경험이 있는 사람으로서 고용노동부장관이 정하는 기준에 해당하는 사람[37]이 실시할 수 있고(산안법 규칙 제26조③), 교육을 한 경우 교육실시 사실을 확인할 수 있는 보고서 또는 일지의 작성하여야 한다(산업안전·보건교육규정 제3조②). 또한 사업주가 실시하는 정기교육에 대해서

---

37) 산업안전·보건교육규정 별표1

〈근로자 안전·보건교육 강사기준(제6조 관련)〉

1. 안전보건교육위탁기관 및 직무교육위탁기관의 강사와 같은 등급 이상의 자격을 가진 사람
2. 사업장 내 관리감독자 또는 안전(보건)관리자 등 안전(보건)관계자의 지위에 있는 사람 또는 교육대상 작업에 3년 이상 근무한 경력이 있는 사람으로 사업주가 강사로서 적정하다고 인정하는 사람
3. 다음 각 목의 어느 하나에 해당하는 사람(강의는 유관분야에 한함)
   가. 안전관리전문기관·보건관리전문기관·재해예방전문지도기관·석면조사기관의 종사자로서 실무경력이 3년 이상인 사람
   나. 소방공무원 또는 응급구조사 국가자격 취득자로서 실무경력이 3년 이상인 사람
   다. 근골격계 질환 예방 전문가(물리치료사 또는 작업치료사 국가면허 취득자, 1급 생활스포츠지도사 국가자격 취득자) 또는 직무스트레스예방 전문가(임상심리사, 정신보건임상심리사 등 정신보건 관련 국가면허 또는 국가자격·학위 취득자)
   라. 「의료법」에 따른 의사·간호사
   마. 공인노무사, 변호사
   바. 한국교통안전관리공단에서 교통안전관리 실무경력이 3년 이상인 사람
   사. 보건복지부에서 실시하는 자살예방 생명지킴이(게이트키퍼) 강사양성교육 과정 이수자 또는 보고듣고말하기 강사양성교육 과정 이수자

는 사업장의 실정에 따라 적절히 분할하여 실시할 수 있다(산업안전·보건교육규정 제3조④).

사업주는 안전·보건에 관한 교육을 그에 필요한 인력·시설·장비 등의 요건을 갖추어 고용노동부장관에게 등록한 안전보건교육위탁기관에 위탁할 수 있다(산안법 제31조①).

관련사례

□ 매일 10분씩 실시하는 정기교육의 적정성 및 정기교육 실시시간(안정 68307-666, 2001.7.30)

산업안전보건교육규정(노동부 고시) 제3조제2항은 산업안전보건법 제31조 및 동법 시행규칙 제33조의 교육중 "정기교육에 대하여는 사업장의 실정에 따라 그 시간을 적절히 분할하여 실시할 수 있다"라고 규정하고 있으므로 분할하여 실시한 교육시간의 총합이 시행규칙 제33조제1항에서 정한 교육시간 이상이라면 당해 조항위반으로 볼 수 없음.

산업안전보건법 제31조제1항의 규정에 의한 정기교육은 사업주가 산업재해방지를 위해 사업주의 책임으로 실시해야 하는 교육이므로, 근로자가 이러한 교육에 참가한 경우에는 근로한 것으로 보아야 함. 따라서 작업시작전이나 작업종료후 기타 근무시간 이외에 정기교육을 실시한 경우가 근로기준법 제55조(연장, 야간 및 휴일근로)의 규정에 해당하면 동 규정에 따라 소정의 임금을 가산하여 지급하여야 할 것임.

□ 건설업에서의 관리감독자 교육 실시의무 주체(안전보건정책팀-1346, 2007.3.27)

산업안전보건법 제31조제1항의 규정에 의거 관리감독자의 지위에 있는 자에 대한 정기 안전보건교육의 실시의무는 당해 근로자를 사용하여 사업을 행하는 당해 사업의 사업주에게 있음. 따라서 원청업체의 소속 관리감독자에 대해서는 원청업체 사업주가 실시하고, 협력업체의 소속 관리감독자에 대해서는 협력업체 사업주가 실시하여야 하며, 당해 교육을 실시할 수 있는 자의 범위는 같은 법 시행규칙 제33조제3항에 구체적으로 정하고 있음.

아울러, 산업안전보건법 제29조제1항제3호의 규정에 의거 동일한 장소에서 행하여지는 사업의 일부를 도급에 의하여 행하는 사업의 사업주는 그가 사용하는 근로자와 그의 수급인이 사용하는 근로자가 동일한 장소에서 작업을 할 때 생기는 산업재해를 예방하기 위하여 수급인이 행하는 근로자의 안전보건교육에 대한 지도와 지원을 하여야 함.

3 안전보건 교육의 면제

가. 산업재해가 발생하지 않은 사업장의 정기교육 면제

고용노동부장관은 전년도에 산업재해가 발생하지 아니한 사업장에 대해서는 그 다음연도에 한정하여 사업주가 실시하여야 한는 정기교육 실시기준 시간의 100분의 50으로 실시할 수 있도록 일부 면제할 수 있다(산안법 규칙 제27조①).

나. 관리감독자의 정기교육 면제

사업주가 관리감독자에게 고용노동부장관이 정하는 교육을 이수하게 한 경우에는 해당 사업주가 실시하여야 하는 해당 연도의 정기적인 안전·보건교육이 면제된다(산안법 규칙 제27조③).

〈관리감독자의 정기교육이 면제되는 교육이수 내용〉

1. 산안법 제32조제1항 각 호 외의 부분 본문에 따라 산안법 영 제40조제3항에 따른 직무교육기관(이하 "직무교육기관"이라 한다)에서 실시한 전문화교육
2. 산안법 제32조제1항 각 호 외의 부분 본문에 따라 직무교육기관에서 실시한 인터넷 원격교육
3. 산안법 제32조제1항 각 호 외의 부분 본문에 따라 공단에서 실시한 안전보건관리담당자 양성교육
4. 산안법 제98조제1항제2호에 따른 검사원 성능검사 교육
5. 그 밖에 고용노동부장관이 근로자 정기교육 면제대상으로 인정하는 교육

다. 신규채용시 교육 또는 특별교육의 면제

사업주는 근로자가 채용되거나 변경된 작업에 경험이 있을 경우 채용시 교육 또는 특별교육 시간의 전부 또는 일부를 면제하여 실시할 수 있다(산안법 규칙 제27조③).

〈신규채용시 교육 또는 특별교육의 면제 대상〉

1. 「통계법」 제22조에 따라 통계청장이 고시한 한국표준산업분류의 세분류 중 같은 종류의 업종에 6개월 이상 근무한 경험이 있는 근로자를 이직 후 1년 이내에 채용하는 경우: 산안법 규칙 별표 4에서 정한 채용 시 교육시간의 100분의 50 이상
2. 산안법 규칙 별표 5의 특별교육 대상작업에 6개월 이상 근무한 경험이 있는 근로자가 다음 각 목의 어느 하나에 해당하는 경우: 산안법 규칙 별표 4에서 정한 특별교육 시간의 100분의 50 이상
   가. 근로자가 이직 후 1년 이내에 채용되어 이직 전과 동일한 특별교육 대상작업에 종사하는 경우
   나. 근로자가 같은 사업장 내 다른 작업에 배치된 후 1년 이내에 배치 전과 동일한 특별교육 대상작업에 종사하는 경우
3. 채용 시 교육 또는 특별교육을 이수한 근로자가 같은 도급인의 사업장 내에서 이전에 하던 업무와 동일한 업무에 종사하는 경우: 소속 사업장의 변경에도 불구하고 해당 근로자에 대한 채용시 교육 또는 특별교육 면제
4. 그 밖에 고용노동부장관이 채용시 교육 또는 특별교육 면제 대상으로 인정하는 교육

4 건설업 기초안전보건교육

건설일용근로자에 대해서는 채용시 교육 1시간, 작업내용 변경시 교육 1시간, 특별교육(산안법 규칙 별표5 라목 작업에 종사하는 자) 2시간, 정기교육 월 2시간의 교육을 하여야 한다(산안법 제29조). 다만, 건설사업주가 건설일용근로자를 채용할 때 고용노동부장관에게 등록한 기관이 실시하는 건설업기초교육을 이수토록 하고 있는데 건설일용근로자가 그 사업주에게 채용되기 전에 건설업기초교육 4시간을 이수하였다면 별도로 교육을 이수시킬 필요는 없고(산안법 제29조), 소속 사업장이 변경된 경우에도 해당 근로자에 대하여 그 교육이수일로부터 2년간 신규채용시 교육을 실시한 것으로 본다(산업안전·보건교육규정 제5조⑩).

건설업 외국국적동포 특례고용허가제(외고법 제12조①)에 따른 외국인근로자가 건설업 취업교육을 이수하고 「건설업취업인정증」을 발급받은 경우(인정증의 유효기간에 한함)와 「건설근로자의 고용개선 등에 관한 법률」 제7조제1항제1호에 따

른 훈련과정에서 건설업 기초교육을 이수한 경우에는 건설업 기초안전·보건교육을 이수한 것으로 본다(산업안전·보건교육규정 제13조의8).

관련사례

□ 건설업 기초안전·보건교육의 교육비용은 누가 부담하는지(국민신문고, 2012.5.2)

산업안전보건법 제29조제2항제3호에 규정한 "수급인이 근로자에게 하는 안전·보건교육에 대한 지도와 지원"은 같은 법 시행규칙 제30조제3항에 따라 "수급인인 사업주가 하는 근로자의 해당 안전·보건교육에 필요한 장소 및 자료의 제공 등 필요한 조치"를 말하는 것으로 이는 근로자에 대한 교육실시의 의무는 근로자를 채용하여 사용하는 사업주에게 있으므로 수급인 사업주 소속의 근로자에 대하여는 수급인 사업주의 책임 하에 교육을 실시하여야 하고 도급인 사업주는 수급인의 사업주와 교육장소, 교육장비 제공 등에 대하여 지원하여야 할 것임.

또한, 건설업 산업안전보건관리비 계상 및 사용기준(고용노동부 고시 제2012-23호, 2012.2.8) 제7조제1항제5호에 따라 건설업기초교육에 소요되는 비용을 안전관리비에서 사용이 가능하므로 안전관리비에서 교육에 소요되는 비용을 사용할 경우는 동 교육에 소요되는 교육비·출장비·수당(수당은 교육에 소요되는 시간의 임금을 초과할 수 없음)은 교육장까지의 이동거리, 소요시간 등을 고려하여 결정하고 수급인이 안전·보건교육에 사용하는 비용도 협의체(또는 산업안전보건위원회) 회의 등에서 협의하여 결정함이 타당한 것으로 사료됨.

제4절 건설업 유해·위험 예방조치 의무

산업안전보건법에서는 근로자의 재해를 예방하기 위한 유해·위험 예방조치 의무를 사업주에게 부여하고 있으며 그 규제기준을 정하고 있다.

산업안전보건법에서는 사업주가 산업재해를 예방하기 위한 안전상 조치의무 대상으로 설비, 물질, 에너지 등 위험요인(법 제38조①), 작업방법(법 제38조②), 작업장소(법 제38조③)로 구분하여 정하고 있으며, 각 종 유해인자, 작업의 특성, 작업환경 등에 의한 근로자의 건강장해를 예방하기 위한 사업주의 보건상 조치의무에 대해서는 건강장해를 유발할 수 있는 요인들에 대해 각 호 별로 열거하여 사업주의 보건조치 의무(법 제39조)를 정하고 있다. 또한 감정노동자로 불리는 고객응대근로자의 건강장해를 예방하기 위하여 사업주에게 필요한 조치를 하도록 의무화 하고 있다.

이외에도 사업주의 유해·위험 예방조치 의무로서 법령요지 및 안전보건관리규정 게시, 근로자대표의 통지 요청 이행, 위험성평가의 실시, 안전보건표지의 설치·부착, 유해위험방지계획서 작성·제출, 공정안전보고서의 작성·제출 등의 의무를 규정하고 있고, 사업주는 고용노동부의 안전보건진단 및 안전보건개선계획의 수립·시행 명령에 따라야 한다.

산업재해가 발생할 급박한 위험이 있을 때 사업주와 작업중지 의무와 근로자에게도 작업중지권이 있으며, 고용노동부장관은 안전 및 보건에 관하여 시정조치를 명할 수 있다. 또한 사업주는 중대재해가 발생하였을 때 지체 없이 고용노동부자관에게 보고하여야 하며, 고용노동부장관은 작업중지 명령 및 중대재해 원인조사를 할 수 있다. 사업주는 산업재해가 발생하였을 때 그 발생 사실을 은폐해서는 아니 된다.

1 법령 요지 등의 게시와 근로자대표의 통지 요청

가. 법령 요지 등의 게시

사업주는 산업안전보건법과 산업안전보건법에 따른 명령의 요지 및 안전보건관리규정을 각 사업장의 근로자가 쉽게 볼 수 있는 장소에 게시하거나 갖추어 두어 근로자에게 널리 알려야 한다(산안법 제34조).

사업주가 법령 요지 등의 게시 의무를 위반한 경우 500만원 이하의 과태료가 부과된다(산안법 제175조⑤제3호).

나. 근로자대표의 통지 요청

근로자대표는 사업주에게 ① 산업안전보건위원회(산안법 제75조에 따라 노사협의체를 구성·운영하는 경우에는 노사협의체를 말한다)가 의결한 사항 ② 산업안전보건법 제47조에 따른 안전보건진단 결과에 관한 사항 ④ 산업안전보건법 제49조에 따른 안전보건개선계획의 수립·시행에 관한 사항 ⑤ 산업안전보건법 제64조제1항 각 호에 따른 도급인의 이행 사항 ⑥ 산업안전보건법 제110조제1항에 따른 물질안전보건자료에 관한 사항 ⑦ 산업안전보건법 제125조제1항에 따른 작업환경측정에 관한 사항 ⑧ 그 밖에 고용노동부령으로 정하는 안전 및 보건에 관한 사항을 통지하여 줄 것을 요청할 수 있고, 사업주는 이에 성실히 따라야 한다(산안법 제35조).

근로자대표의 통지 요청에 대해 사업주가 통지하지 아니한 경우 300만원 이하의 과태료가 부과된다(산안법 제175조⑥제2호).

2 위험성평가의 실시

사업주는 건설물, 기계·기구, 설비, 원재료, 가스, 증기, 분진 등에 의하거나 작업행동, 그 밖에 업무에 인한 유해·위험요인을 찾아내어 부상 및 질병으로 이어질 수 있는 위험성의 크기가 허용 가능한 범위인지를 평가하여야 하고, 그 결과에 따라 산업안전보건법령에 따른 조치를 하여야 하며, 근로자에 대한 위험 또는 건강장해를 방지하기 위하여 필요한 경우에는 추가적인 조치를 하여야 한다(산안법 제36조①).

"위험성평가"란 유해·위험요인을 파악하고 해당 유해·위험요인에 의한 부상 또는 질병의 발생 가능성(빈도)과 중대성(강도)을 추정·결정하고 감소대책을 수립하여 실행하는 일련의 과정을 말한다(사업장 위험성평가에 관한 지침 제3조①).

사업주가 실시하는 위험성평가는 ① 평가대상의 선정 등 사전준비 ② 근로자의 작업과 관계되는 유해·위험요인의 파악 ③ 파악된 유해·위험요인별 위험성의 추정 ④ 추정한 위험성이 허용 가능한 위험성인지 여부의 결정 ⑤ 위험성 감소대책의 수립 및 실행 ⑥ 위험성평가 실시내용 및 결과에 관한 기록 등의 절차에 따라 실시하여야 한다(사업장 위험성평가에 관한 지침 제8조). 위험성평가시에는 해당 작업장의 근로자를 참여시켜야 한다(산안법 제36조②).

위험성평가는 최초평가 및 수시평가, 정기평가로 구분하여 실시하며 이 경우 최초평가와 정기평가는 전체 작업을 대상으로 하며, 정기평가는 최초평가 후 매년 정기적으로 실시한다(사업장 위험성평가에 관한 지침 제15조①,③).

사업주는 위험성평가를 실시한 경우에는 ① 위험성평가 대상의 유해·위험요인 ② 위험성 결정의 내용 ③ 위험성 결정에 따른 조치의 내용 ④ 그 밖에 위험성평가의 실시내용을 확인하기 위하여 필요한 사항으로서 고용노동부장관이 정하여 고시하는 사항 등을 포함하여 실시내용 및 결과 3년간 기록·보존하여야 한다(산안법 제36조③, 규칙제37조①,②).

3 안전보건표지의 설치·부착

사업주는 유해하거나 위험한 장소·시설·물질에 대한 경고, 비상시에 대처하기 위한 지시·안내 또는 그 밖에 근로자의 안전 및 보건 의식을 고취하기 위한 사항 등을 그림, 기호 및 글자 등으로 나타낸 표지(이하 이 조에서 "안전보건표지"라 한다)를 근로자가 쉽게 알아 볼 수 있도록 설치하거나 부착하여야 한다. 이 경우 「외국인근로자의 고용 등에 관한 법률」 제2조에 따른 외국인근로자(같은 조 단서에 따른 사람을 포함한다)를 사용하는 사업주는 안전보건표지를 고용노동부장관이 정하는 바에 따라 해당 외국인근로자의 모국어로 작성하여야 한다(산안법 제37조①).

사업주가 안전보건표지의 설치·부착 의무를 위반한 경우 500만원 이하의 과태료가 부과된다(산안법 제175조⑤제1호).

4 안전보건 조치

가. 안전상 조치

사업주는 사업을 할 때 있어 ① 기계·기구 그 밖에 설비에 의한 위험, 폭발성·인화성·발화성물질 등에 의한 위험, 전기·열 그 밖의 에너지에 의한 위험과 ② 굴착, 채석, 하역, 벌목, 운송, 조작, 운반, 해체, 중량물 취급, 그 밖의 작업을 할 때 불량한 작업방법 등으로 인하여 발생하는 위험을 방지하기 위하여 필요한 조치를 하여야 한다(산안법 제38조①,②). ③ 또한 사업주는 작업 중 근로자가 추락할 위험이 있는 장소, 토사·구축물 등이 붕괴할 우려가 있는 장소, 물체가 떨어지거나 날아올 위험이 있는 장소, 그 밖에 작업 시 천재지변으로 인한 위험이 발생할 우려가 있는 장소에는 그 위험을 방지하기 위하여 필요한 조치를 하여야 한다(산안법 제38조③). 이와 관련하여 사업주가 강구하여야 할 구체적인 안전상의 필요한 조치사항은 「산업안전보건기준에관한규칙」에 위임하여 정하고 있다(산안법 제

38조④).

안전·보건 조치 위반의 죄는 사업주가 자신이 운영하는 사업장에서 산업안전보건기준에관한규칙에 규정된 안전조치를 취하지 않은 채 작업을 지시하거나, 그와 같은 안전조치가 취해지지 않은 상태에서 위 작업이 이루어지고 있다는 사실을 알면서도 이를 방치하는 등 그 위반행위가 사업주에 의하여 이루어졌다고 인정되는 경우에 한하여 성립하는 것이고, 규칙에서 정한 안전조치 외의 다른 가능한 안전조치가 취해지지 않은 상태에서 위험성이 있는 작업이 이루어졌다는 사실만으로 위 죄가 성립하는 것은 아니라고 할 것이다.[38] 사업주가 위험 예방을 위하여 필요한 조치를 취하지 아니하는 경우에는 이로 인하여 실제로 재해가 발생하였는지 여부에 관계없이 산업안전보건법 위반죄가 성립한다.[39]

〈산업안전보건기준에 관한 규칙-안전상 조치〉

제1편 통칙	제2편 안전기준	
제1장 통칙 제2장 작업장 제3장 통로 제4장 보호구 제5장 관리감독자의 직무, 사용의 제한 등 제6장 추락 또는 붕괴에 의한 위험방지 제1절 추락에 의한 위험 방지 제2절 붕괴 등에 의한 위험 방지 제7장 비계 제1절 재료 및 구조 등 제2절 조립·해체 및 점검 등 제3절 강관비계 및 강관틀비계 제4절 달비계, 달대비계 및 걸침비계	제1장 기계·기구 및 그 밖의 설비에 의한 위험예방 제1절 기계 등의 일반기준 제2절 공작기계 제3절 프레스 및 전단기 제4절 목재가공용 기계 제5절 원심기 및 분쇄기 등 제6절 고속회전체 제7절 보일러 등 제8절 사출성형기 등 제9절 양중기 제1관 총칙 제2관 크레인 제3관 이동식 크레인 제4관 리프트 제5관 곤돌라 제6관 승강기 제10절 차량계 하역운반기계 등 제1관 총칙 제2관 지게차 제3관 구내운반차 제4관 고소작업대	제3장 전기로 인한 위험 방지 제1절 전기 기계·기구 등으로 인한 위험방지 제2절 배선 및 이동전선으로 인한 위험방지 제3절 전기작업에 대한 위험 방지 제4절 정전기 및 전자파로 인한 재해 예방 제4장 건설작업 등에 의한 위험 예방 제1절 거푸집 동바리 및 거푸집 제1관 재료 등 제2관 조립 등 제2절 굴착작업 등의 위험방지 제1관 노천굴착작업 제2관 발파작업의 위험방지 제3관 터널작업 제4관 교량작업 제5관 채석작업 제6관 잠함 내 작업 등 제7관 가설도로 제3절 철골작업 시의 위험방지

38) 대판 2014.8.28, 2013도3242
39) 대판 2014.5.29, 2014도3542

제5절 말비계 및 이동식비계 제6절 시스템비계 제7절 통나무비계 제8장 환기장치 제9장 휴게시설 등 제10장 잔재물 등의 조치기준	제5관 화물자동차 제11절 컨베이어 제12절 건설기계 등 제1관 차량계 건설기계 등 제2관 항타기 및 항발기 제13절 산업용 로봇 제2장 폭발·화재 및 위험물누출에 의한 위험방지 제1절 위험물 등의 취급 등 제2절 화기 등의 관리 제3절 용융고열물 등에 의한 위험예방 제4절 화학설비·압력용기 등 제5절 건조설비 제6절 아세틸렌 용접장치 및 가스집합 용접장치 제1관 아세틸렌 용접장치 제2관 가스집합 용접장치 제7절 폭발·화재 및 위험물 누출에 의한 위험방지	제4절 해체작업 시의 위험방지 제5장 중량물 취급 시의 위험방지 제6장 하역작업 등에 의한 위험방지 제1절 화물취급 작업 등 제2절 항만하역 작업 제7장 벌목작업에 의한 위험 방지 제8장 궤도 관련 작업 등에 의한 위험 방지 제1절 운행열차 등으로 인한 위험방지 제2절 궤도 보수·점검작업의 위험방지 제3절 입환작업 시의 위험 방지 제4절 터널·지하구간 및 교량 작업 시의 위험 방지

관련사례

□ 무비계공법에도 낙하물 방지망을 설치하여야 하는지 여부(산안(건안) 68307-10083, 2001.3.17)

산업안전보건법 산업안전기준에관한규칙 제456조(낙하·비래에 의한 위험방지) 규정에 의거 사업주는 작업으로 인하여 낙하 또는 비래의 위험이 있는 경우에는 낙하물방지망 설치 등의 조치를 하여야 하는 바, 낙하물방지망 설치여부는 측벽 등 장소나 갱폼 등 공법에 상관없이 당해 작업으로 인하여 낙하 또는 비래의 위험이 있는지를 판단하여 결정하여야 함.

□ 달비계 설치 작업시 안전망을 추가로 설치하여야 하는지 여부(산안(건안) 68307-10151, 2001.4.21)

작업내용이 기존 건물의 외벽을 도장하는 공사로 작업특성상 작업발판을 설치하거나 안전방망을 치는 것이 곤란하여 달비계를 설치하여 작업을 수행하는 경우 달비계의 구조가 동 규칙 제380조에서 정하는 기준을 만족하고 조립·해체 및 변경 등의 작업시에도 동 규칙에서 정하는 사항을 준수하는 등 당해 작업과 관련하여 추락 위험을 방지하기 위한 조치를 충분히 하였다면 안전방망을 설치하지 않아도 될 것으로 사료됨.

□ 낙하물방지망의 설치의무 주체 및 존치기한(산안(건안) 68307-10380, 2001.8.13)

산업안전보건법 산업안전기준에관한규칙 제456조에는 사업주로 하여금 작업으로 인하여 낙하·비래의 위험이 있는 경우 법에서 정하는 기준의 낙하물방지망을 설치토록 하고 있고, 산업안전보건법상 사업주라 함은 근로자를 사용하여 당해 작업을 수행하는 자를 말함. 따라서, 낙하물방지망은 낙하 및 비래의 위험이 있는 작업을 직접 수행하는 사업주가 설치하여야 함. 그러나, 위 작업이 도급에 의해 행해지고 도급자(원청)의 근로자와 수급자(하청)의 근로자가 동일한 장소에서 작업을 하는 경우에는 산업안전보건법 제29조제2항의 규정에 의하여 도급인(원청)인 사업주에게 낙하·비래에 의한 재해예방을 위한 조치를 해야할 의무가 있음. 이렇게 설치된 낙하물방지망은 당해 작업중 낙하·비래의 위험이 있는 작업이 진행되는 동안 존치하여야 함.

□ 설계도에 의한 작업수행중 재해발생시 책임한계 여부(산안(건안) 68307-10005, 2002.1.8)

산업안전보건법상 재해예방 책임은 근로자를 사용하여 사업을 행한 사업주(시공자)에게 있으며, 사업주는 산업안전기준에관한규칙 제3장 "굴착작업 등의 위험방지"에서 정한 토질에 따른 구배를 준수하거나 지반의 붕괴 또는 토석의 낙하에 의하여 근로자에게 위험을 미칠 우려가 있을 때에는 미리 흙막이 지보공의 설치, 방호망의 설치 및 근로자의 출입금지 등 당해 위험을 방지하기 위하여 필요한 안전상의 조치를 하여야 함.

□ 차량계 하역운반기계 및 차량계 건설기계 작업계획서 통합 작성 가능여부(안전보건지도과-774, 2008.5.8)

차량계 하역운반기계 및 차량계 건설기계에 대하여는 산업안전기준에 관한 규칙 제173조 및 제219조의 규정에 의하여 작업계획을 작성토록 하고 있는바, 양 작업계획의 통합작성은 사용하는 기계에 대하여 종류, 운행경로, 작업방법 등 상기 기준에서 규정한 작업계획 내용이 포함되어 있다면 통합작성이 가능하다고 사료됨.

〈사망재해 다발 작업공정 안전사고 예방대책〉[40)]

작업공정	재해원인	재해 예방 대책
철근콘크리트공사(떨어짐)	철근콘크리트 작업 중 떨어짐에 의한 사망재해는 ① 슬래브 및 보 거푸집 설치 작업 또는 상부 이동 중 안전대 미착용, ② 안전난간 등 안전시설 미설치로 인해서 주로 발생	① 슬래브 및 보 거푸집 상부로 이동 중에는 떨어질 위험이 높으므로 안전대 걸이시설을 설치하고 안전대를 걸고 이동 및 작업 실시 ② 떨어질 위험이 높은 구간에서 작업 중 하부에 안전방망 설치
철근콘크리트공사(무너짐)	철근콘크리트작업 중 거푸집동바리 무너짐에 의한 사망재해는 ① 거푸집동바리 구조검토 미실시, ② 단상(2단) 구조로 조립, ③ 콘크리트 타설방법 불량으로 인해 주로 발생	① 거푸집동바리 작업시 구조검토를 실시하고 조립도를 작성한 후 그에 따라 조립 ② 단상구조(서포트+각재+서포트 등)의 거푸집동바리는 설치 금지 ③ 콘크리트 타설 중 슬래브가 무너질 위험이 있으므로, 골고루 분산타설 하여야 하며, 하부에 감시자를 두어 이상이 발견되면 즉시 타설을 중지하고 보강조치 실시
건설기계 관련 작업(부딪힘, 끼임, 맞음)	건설기계 작업 중 부딪힘, 끼임, 맞음 및 떨어짐에 의한 사망재해는 ① 작업유도 및 신호 미실시, ② 기계장비의 결함, ③ 위험구간 근로자 접근으로 인해 주로 발생	① 자재하역, 자재 양중 및 운반 작업과 지반 천공, 굴착작업 및 토사 반출 작업 중 건설기계에 의한 작업 시에는 위험 작업구간에 근로자 접근방지를 위하여 작업유도자(신호수)를 배치 ② 작업유도자(신호수) 배치시 작업유도자(신호수)는 식별용 안전조끼를 착용하고 안전구역에서 작업을 유도, 신호 ③ 건설기계 작업 전 건설기계의 방호장치, 용접부위 및 이음부 등 자체결함여부 사전 점검 및 작업계획서 작성 등
비계 등 가설구조물 공사(떨어짐, 무너짐)	비계 등 가설구조물 작업 중 떨어짐 및 무너짐에 의한 사망재해는 ① 작업발판 설치불량, ② 작업발판 단부 안전난간 미설치, ③ 벽이음, 아웃트리거 등 무너짐 방지 조치 미흡으로 인해 주로 발생	① 비계 등 가설구조물에서 이동 및 작업시 떨어질 위험이 높으므로 작업발판을 밀실히 설치 ② 작업발판 단부에는 떨어짐 방지용 안전난간 및 안전대 걸이시설을 설치하고 근로자는 안전대를 걸고 작업 ③ 비계, 이동식 비계 등 가설구조물은 무너질 위험이 있으므로 전용철물로 벽이음(아웃트리거)을 기준에 따라 견고히 설치
철골 조립공사(떨어짐, 맞음)	철골구조물, 흙막이 가시설 등 철골 설치작업 중 떨어짐 및 맞음에 의한 사망재해는 ① 떨어짐 방지망 미설치, ② 근로자 안전대 미착용, ③ 인양방법 불량으로 인해 주로 발생	① 눈으로 봐도 가장 위험한 건설작업이 바로 철골 작업이므로 작업장 하부에는 떨어짐 방지용 안전방망을 설치 ② 철골 위에서 이동 및 작업시에는 반드시 안전대를 걸고 이동 및 작업 실시 ③ H-Beam 등 철골자재를 양중할 때에는 사전에 줄걸이 방법, 체결상태 확인 등 안전성을 확보하여야 하며, 물체가 떨어질 위험구간에는 근로자 출입을 금지

40) 2017년 안전보건 나침반(건설업); 안전보건공단, 2017.3.18

작업공정	재해원인	재해 예방 대책
조적, 미장, 방수공사(떨어짐, 산소결핍)	조적, 미장, 방수작업 중 떨어짐 및 질식(산소결핍)에 의한 사망재해는 ① 작업발판 설치불량, ② 정리정돈 불량, ③ 밀폐공간 작업전·중 계속 환기 미실시로 인해 주로 발생	① 미장 및 조적작업을 위한 작업발판은 튼튼하게 설치하고 이동식 비계 및 말비계 설치시 작업발판 폭은 40㎝ 이상으로 확보 ② 작업장 정리정돈 철저 ③ 밀폐공간에서 방수작업 시에는 환기설비를 설치하고 유해가스 농도를 수시로 체크하여 산소결핍 및 화재폭발 재해 예방
화물운반 작업(교통사고)	건설현장의 화물운반작업 중 도로 교통사고에 의한 사망재해는 ① 안전운전 의무위반(과속, 신호 미준수 등), ② 작업장 전방 안전표지판 설치 불량, ③ 신호작업 불량으로 인해 주로 발생	① 화물운반작업을 위한 도로 주행 시 규정속도 준수, 안전띠 착용 및 교통신호 준수 ② 차량이 통행하는 도로공사시 전방에 공사확인 안전표지판 설치 및 차량 유도물 설치 ③ 화물운반작업, 도로교통 신호 시 신호수는 신호봉, 식별용 조끼 착용하고 안전 구역에 위치
토공사(무너짐 및 부딪힘)	토공사 작업 중 무너짐 및 부딪힘에 의한 사망재해는 ① 건설장비에 부딪힘, ② 굴착작업 시 기울기 미준수에 의해 주로 발생	① 건설기계장비의 부딪힘 재해를 예방하기 위해 장비 유도자를 배치하고 운전원 및 근로자는 유도자의 신호를 준수 ② 지반 굴착작업 시 굴착경사가 급해 무너질 위험이 있으므로 굴착면 기울기를 준수하여야 하며 필요시 흙막이 가시설 설치
지붕공사(떨어짐, 물체에 맞음)	경사지붕 등 마감작업 중 떨어짐 및 맞음에 의한 사망재해는 ① 경사지붕 단부 안전난간 미설치, ② 안전대 미착용, ③ 자재 적치불량으로 인해 주로 발생	① 경사 지붕공사는 매우 위험한 작업이므로 작업 전 지붕 단부에 안전난간을 설치 ② 근로자는 안전대를 착용하여 작업 중 미끄러지거나 떨어짐 위험 방지 ③ 경사지붕에서 사용하던 공구, 도구나 쌓아 놓은 자재가 아래로 떨어질 위험이 있으므로 안전방망(그물코 2㎝ 이내)을 설치하거나 위험구간 출입을 통제
외부 도장공사(떨어짐)	외부 도장, 도색 작업 중 떨어짐에 의한 사망재해는 ① 달비계 로프가 풀리거나 끊어짐, ② 수직구명줄 미설치로 인해 주로 발생	① 달비계 지지로프가 풀리거나 끊어짐 위험이 있으므로 상부에 2개소 이상 로프를 풀리지 않도록 견고하게 묶어야 하며 지지로프는 22㎜ 이상 로프를 사용 ② 달비계 작업 시에는 수직구명줄을 별도로 설치하여 작업자가 수직구명줄에 추락(떨어짐) 방지대를 걸고 작업하여 떨어짐에 의한 재해 예방
상·하수도 공사(무너짐, 부딪힘, 맞음)	상·하수도 공사의 관로 부설작업 및 도로 포장작업 중 토사 무너짐, 건설장비 부딪힘, 인양화물 맞음 재해는 ① 굴착면 기울기 기준 미준수, ② 신호수 미배치, ③ 줄걸이 방법 불량으로 인해 주로 발생	① 관로 부설을 위한 지반 굴착시 굴착면 기울기 기준을 준수하여 토사 붕괴를 방지 ② 도로 포장을 위한 건설기계작업시에는 신호수를 배치하여 부딪힘 재해를 예방 ③ 관로 운반 시 2줄 걸이로 균형을 잡고 운반하여야 하며 양호한 상태의 로프를 사용(와이어로프, 슬링벨트 등)

나. 보건상 조치

사업주는 사업을 할 때에 있어 ① 원재료·가스·증기·분진·흄·미스트·산소결핍·병원체 등에 의해 건강장해, ② 방사선·유해광선·고온·저온·초음파·소음·진동·이상기압 등에 의한 건강장해 ③ 사업장에 배출되는 기체·액체 찌꺼기 등에 의한 건강장해 ④ 계측감시, 컴퓨터 단말기 조작, 정밀공작 등의 작업에 의한 건강장해 ⑤ 단순반복작업, 또는 인체에 과도한 부담을 주는 작업에 의한 건강장해 ⑥ 환기·채광·조명·보온·방습·청결 등의 적정기준을 유지하지 아니하여 발생하는 장해를 예방하여야 한다(산안법 제39조①). 이와 관련하여 사업주가 강구하여야 할 구체적인 보건상의 필요한 조치사항은 「산업안전보건기준에관한규칙」에 위임하여 정하고 있다(산안법 제39조②).

〈산업안전보건기준에 관한 규칙-보건상 조치〉

제3편 보건기준	제5장 이상기압에 의한 건강장해의 예방	제9장 분진에 의한 건강장해의 예방
제1장 관리대상 유해물질에 의한 건강장해의 예방 제1절 통칙 제2절 설비기준 등 제3절 국소배기장치의 성능 등 제4절 작업방법 등 제5절 관리 등 제6절 보호구 등	제1절 통칙 제2절 설비 등 제3절 작업방법 등 제4절 관리 등 제6장 온도·습도에 의한 건강장해의 예방 제1절 통칙 제2절 설비기준과 성능 등 제3절 작업관리 등 제4절 보호구 등	제1절 통칙 제2절 설비 등의 기준 제3절 관리 등 제4절 보호구 제10장 밀폐공간 작업으로 인한 건강장해의 예방 제1절 통칙 제2절 밀폐공간 내 작업 시의 조치 등 제4절 관리 등
제2장 허가대상 유해물질 및 석면에 의한 건강장해의 예방 제1절 통칙 제2절 설비기준 및 성능 등 제3절 작업관리 기준 등 제4절 방독마스크 등 제5절 베릴륨 제조·사용 작업의 특별 조치 제6절 석면의 제조·사용 작업, 해체·제거 작업 및유지·관리 등의 조치기준	제7장 방사선에 의한 건강장해의 예방 제1절 통칙 제2절 방사성물질 관리시설 등 제3절 시설 및 작업관리 제4절 보호구 등	제11장 사무실에서의 건강장해 예방 제1절 통칙 제2절 설비의 성능 등 제3절 사무실 공기관리와 작업기준 등 제4절 공기정화설비 등의 개·보수시조치

제3장 금지유해물질에 의한 건강장해의 예방 제1절 통칙 제2절 시설·설비기준 및 성능 등 제3절 관리 등 제4절 보호구 등 제4장 소음 및 진동에 의한 건강장해의 예방 제1절 통칙 제2절 강렬한 소음작업 등의관리기준 제3절 보호구 등 제4절 진동작업 관리	제8장 병원체에 의한 건강장해의 예방 제1절 통칙 제2절 일반적 관리기준 제3절 혈액매개 감염 노출 위험작업 시 조치기준 제4절 공기매개 감염 노출 위험작업 시 조치기준 제5절 곤충 및 동물매개 감염 노출 위험작업 시 조치기준	제12장 근골격계부담작업으로 인한 건강장해의 예방 제1절 통칙 제2절 유해요인 조사 및 개선등 제3절 중량물을 들어올리는 작업에 관한 특별조치 제13장 그 밖의 유해인자에 의한 건강장해의 예방

관련사례

□ 산업보건기준에관한규칙 제143조(유해요인조사)의 범위(산보 68070-629, 2003.7.29)

산업보건기준에관한규칙 제143조제2항제1호에 의하여 근로자가 근골격계질환으로 요양결정을 받은 경우 사업주가 실시하여야 하는 유해요인조사는 당해 근로자가 종사하는 작업을 대상으로 함.

□ 임의로 자료입력 시간을 조절할 수 있는 설계 및 사무직 근로자가 근골격계부담작업 범위에 포함되는지 여부(산업보건환경과-796, 2004.2.17)

근로자가 임의로 자료입력 시간을 조절할 수 있는 경우에는 근골격계부담작업의 범위(노동부장관 고시) 제1호에 의한 "집중적"으로 수행되는 작업으로 보지 아니하나 "임의로 자료입력 시간의 조절" 여부는 직종별로 판단할 것이 아니라 개별 근로자의 작업상황을 구체적으로 고려하여 판단하여야 함.

□ 근로자가 같은 중량물을 여러 장소로 이동하여 취급하는 경우 주 작업장소에만 안내표시를 해도 되는지 여부(산업보건환경과-796, 2004.2.17)

산업보건기준에관한규칙 제151조제1호에 의하여 "주로" 취급하는 물품에 대하여 "작업장 주변"에 안내표시를 하도록 규정되어 있는바 주로 취급하는지 여부는 개별 근로자가 아닌 당해 작업장에서 상당수의 근로자가 일상적으로 취급하는 물품인지에 따라 판단. 따라서, 상당수의 근로자가 작업장을 옮겨 다니면서 일상적으로 취급하는 물품인 경우에는 작업장마다 중량과 무게중심을 표시하여야 함.

□ 근골격계부담작업 유해요인조사 방법등에 대한 사전교육이 안전보건교육에 해당되는지 여부(산업보건환경과-3396, 2004.6.21)

1. 근로자 및 관리감독자를 대상으로 보건관리자가 실시하는 "근골격계부담작업 유해요인조사의 방법 및 부서별 협조사항"의 내용을 구체적으로 제시하지 아니하여 알 수 없으나 동 교육내용이 산업안전보건법(이하 "법"이라 함) 제31조, 같은 법 시행규칙 제33조 및 별표 8의2의 규정에서 정한 교육내용에 부합된다면 법률상의 안전보건교육에 해당될 수 있음.
2. 이와는 별도로 제31조의 규정에 의한 근로자의 안전보건교육에 관한 사항은 법 제19조제2항제1호의 규정에 의하여 산업안전보건위원회의 심의·의결을 거쳐야 함.

□ 정신분열증 병력자의 취업 시 질병자의 근로금지 및 제한 규정 적용 여부(산업보건환경팀-2843, 2006.6.7)

산업안전보건법 제45조 및 같은 법 시행규칙 제116조제2항에 의거 정신분열증 등 정신질환에 걸린 자는 의사의 소견을 들어 근로를 제한 할 수 있도록 하고 있는바, 질의한 정신분열증에 걸린 자의 경우도 위 규정에 근거하여 근로를 제한·금지할 필요가 있다는 의사의 진단이 있을 경우에는 근로의 제한이 가능함. 또한 같은 법에서 의사의 소견을 들어 근로를 제한한 경우라도 근로자가 건강을 회복하여 근로가 가능한 때에는 의사의 소견을 참고하여 지체 없이 복귀토록 규정하고 있음. 다만, 산업안전보건법은 근로자를 보호대상으로 하여 사업주가 업무와 관련하여 근로자의 건강을 보호하고 관리토록 하기 위한 법이므로 동 규정이 채용과정에서 입사 지원자의 채용 여부를 결정하는 기준으로 적용되지 않음.

5 고객의 폭언 등으로 인한 건강장해 예방조치

사업주는 주로 고객을 직접 대면하거나 「정보통신망 이용촉진 및 정보보호 등에 관한 법률」 제2조제1항제1호에 따른 정보통신망을 통하여 상대하면서 상품을 판매하거나 서비스를 제공하는 업무에 종사하는 근로자(이하 "고객응대근로자"라 한다)에 대하여 고객의 폭언, 폭행, 그 밖에 적정 범위를 벗어난 신체적·정신적 고통을 유발하는 행위(이하 "폭언등"이라 한다)로 인한 건강장해를 예방하기 위한 필요한 조치를 하여야 한다(산안법 제41조①).

사업주는 고객의 폭언 등으로 인하여 고객응대근로자에게 건강장해가 발생하거나 발생할 현저한 우려가 있는 경우에는 업무의 일시적 중단 또는 전환, 휴게시간 연장, 폭언 등으로 이난 건강장해 관련 치료 및 상담지원, 고소, 고발 또는 손해배상 청구 등을 하는데 필요한 지원 등의 필요한 조치를 하여야 하며(산안법 제41조②, 영제41조), 고객응대근로자는 사업주에게 필요한 조치를 요구할 수 있고 사업주는 고객응대근로자의 요구를 이유로 해고 또는 그 밖의 불리한 처우를 해서는 아니 된다(산안법 제41조③).

사업주가 고객응대근로자의 건강장해 발생 등에 대한 필요한 조치를 하지 아니한 경우에는 1천만원 이하의 과태료가 부과되며(산안법 제175조④제3호), 고객응대근로자의 필요한 조치 요구를 이유로 해고나 그 밖에 불리한 처우를 한 경우 1년 이하의 징역 또는 1천만원 이하의 벌금에 처해진다(산안법 제170조제1호).

6 유해·위험방지계획서

가. 개 요

재해위험이 높은 건설물·기계·기구·설비 등의 설치·이전·변경으로 인해 근로자의 안전과 보건을 해칠 우려가 있다는 점을 감안하여 유해·위험요인을 사전에 평가하기 위해 "유해·위험방지계획서" 제출제도를 도입하였다(산안법 제42조①). 즉, 사업주에게 미리 유해·위험방지계획을 수립·제출하도록 하여 정부가 이를 심사·확인함으로써 유해·위험요인으로부터 근로자를 보호하고사 하는 것이다.

유해·위험방지계획서 작성·제출의무를 위반한 자는 1천만원 이하의 과태료가 부과된다(산안법 제175조④제3호).

나. 대상 사업장

(1) 제조업 등의 대상 사업장

제조업 등의 대상 사업장으로는 ① 금속가공제품(기계 및 가구는 제외한다) 제조업, ② 비금속 광물제품 제조업, ③ 기타 기계 및 장비 제조업, ④ 자동차 및 트레일러 제조업, ⑤ 식료품 제조업, ⑥ 고무제품 및 플라스틱제품 제조업, ⑦목재 및 나무제품 제조업, ⑧ 기타 제품 제조업, ⑨ 1차 금속 제조업, ⑩ 가구 제조업, ⑪ 화학물질 및 화학제품 제조업, ⑫ 반도체 제조업, ⑬ 전자부품 제조업 등으로 전기 계약용량이 300킬로와트 이상인 사업으로 해당 제품의 생산 공정과 직접적으로 관련된 건설물·기계·기구 및 설비 등 일체를 설치·이전하거나 그 주요 구조부분을 변경하려는 경우에 유해·위험방지계획서를 제출하여야 한다(산안법 제42조①제1호, 영제42조①).

또한 기계·기구 및 설비 등으로서 ① 금속이나 그 밖의 광물의 용해로, ② 화학설비, ③ 건조설비, ④ 가스집합 용접장치, ⑤ 허가대상·관리대상 유해물질 및 분진작업 관련 설비 등을 설치·이전하거나 그 주요 구조부분을 변경하려는 사업주도 유해·위험방지계획서를 제출하여야 한다(산안법 제42조②제2호, 영제42조②).

(2) 건설업 중 대상 사업장

건설업 중 유해·위험방지계획서를 작성하여야 하는 대상 사업장으로는 ① 지상높이가 31미터 이상인 건축물 또는 공작물, 연면적 3만 제곱미터 이상인 건축물 또는 연면적 5천제곱미터 이상인 시설[41]의 건설·개조 또는 해체, ② 연면적 5천제곱미터 이상인 냉동·냉장 창고시설, ③ 최대지간길이(다리의 기둥과 기둥의 중심사이의 거리)가 50미터 이상인 다리의 건설 등 공사, ④ 터널건설 등의 공사, ⑤ 다목적댐·발전용댐 및 저수용량 2천만톤 이상의 용수전용댐·지방상수도 전용댐

41) 연면적 5천제곱미터 이상인 시설로서 문화 및 집회시설(전시장 및 동물원·식물원을 제외한다), 판매시설, 운수시설(고속철도 역사 및 집배송시설 제외), 종교시설, 의료시설 중 종합병원, 숙박시설 중 관광숙박시설, 지하도상가, 냉동·냉장 창고시설 등이 대상이다(산안법 영제42조③제1호다목).

건설 등의 공사, ⑥ 깊이 10미터 이상인 굴착공사 등을 말한다(산안법 제42조①제3호, 영제42조③).

다만, 산업재해발생률 등을 고려하여 고용노동부령으로 정하는 기준[42]에 해당하는 사업주(자체심사 및 확인업체)는 유해위험방지계획서를 스스로 심사하고, 그 심사결과서를 작성하여 고용노동부장관에게 제출하여야 한다(산안법 제42조①).

관련사례

□ 유해·위험방지계획서의 제출대상은 각각의 공사규모로 보아야 한다(산안(건안) 68307-661, 1995.11.29).

산업안전보건법 제48조제3항에서 건설업의 유해·위험방지계획서 제도를 도입한 취지는 일정규모 이상의 위험한 공사에 대해 사전안전성을 심사하여 근로자의 안전을 확보하기 위함이며, 동법 시행규칙 제120조제3항에서 노동부령이 정하는 규모의 사업을 깊이 10.5미터 이상의 굴착공사등 7종의 공사규모로 규정하였고, 고시 제95-38호(유해·위험방지계획서 제출·심사 및 확인등에 관한 규정) 제2조제1항제5호에서는 공사착공을 심사대상 구조물의 공사시작으로 정의하였음. 이와같은 관련 규정으로 볼 때 유해·위험방지계획서의 제출대상은 각각의 공사규모로 볼 수 있으며, 동 고시 제9조에서는 예를들어 도로공사시 교량공사와 터널공사, 빌딩공사시 굴착공사와 31미터이상의 구조물공사등의 공사시작이 서로 다를 경우에 분리제출토록 한 것은 위와같은 제출대상이 공사규모로서 각각의 심사대상구조물이기 때문이라 할 수 있음.

---

42) 〈자체심사 및 확인업체가 되기 위한 기준: 산안법 규칙 별표11〉
고용노동부장관이 정하는 규모 이상인 건설업체 중 산업안전보건법 시행규칙 별표 1에 따라 산정한 직전 3년간의 평균산업재해발생률(직전 3년간의 사고사망만인율 중 산정하지 않은 연도가 있을 경우 산정한 연도의 평균값을 말한다)이 고용노동부장관이 정하는 규모 이상인 건설업체 전체의 직전 3년간 평균산업재해발생률 이하이며, 산업안전보건법 시행령 제17조에 따른 안전관리자의 자격을 갖춘 사람(영 별표4 제10호와 제11호에 해당하는 사람은 제외한다) 1명 이상을 포함하여 3명 이상의 안전전담직원으로 구성된 안전만을 전담하는 과 또는 팀 이상의 별도조직이 있고, 산업안전보건법 시행규칙 제4조제1항제7호나목의 규정에 따른 직전년도 건설업체 산업재해예방활동 실적 평가 점수가 70점 이상인 건설업체로서 직전년도 8월 1일부터 해당 연도 7월 31일까지 기간 동안 동시에 2명 이상의 근로자가 사망한 재해(별표 1 제3호라목에 따른 재해는 제외한다. 이하 같다)가 없어야 한다. 다만, 동시에 2명 이상의 근로자가 사망한 재해가 발생한 경우에는 즉시 자체심사 및 확인업체에서 제외한다.

□ 지상높이 31m 이상에서 단순보수공사로 기존 건축물에 보강타일 부착과 외부 도장작업을 하는 경우 유해·위험방지계획서를 제출하여야 하는지 여부(산안(건안) 68307-10144, 2001.4.18)

산업안전보건법 제48조의 규정에 의하여 노동부령이 정하는 업종 및 규모에 해당하는 사업주가 제출하여야 하는 유해·위험방지계획서는 당해 사업과 관계있는 건설물·기계·기구 및 설비 등을 설치·이전하거나 그 주요부분을 변경하는 경우에 한하고 있음.
귀 질의의 경우 작업 수행내용이 제출대상 건축물의 설치 및 해체 또는 주요부분의 변경이 아닌 기존 건축물의 내부보호를 위한 보강타일 부착 및 외부도장작업에 해당하는 정도라면 위 규정에 의한 유해·위험방지계획서 제출대상은 아닌 것으로 사료됨.

□ 추가로 공사를 수주받은 경우 유해·위험방지계획서를 추가로 보완·제출하여야 한다(산안(건안) 68307-155, 1998.3.27)

귀 질의의 추가수주된 정거장 내 건축공사가 동법시행규칙 제120조제5항에서 정하고 있는 규모의 사업이 포함되어 있지 않다면 유해·위험방지계획서 제출대상이 아님. 다만, 추가수주에 의하여 기존 제출된 유해·위험방지계획서의 변경사유가 발생한 경우에는 이를 보완하여 사업장내 비치, 한국산업안전공단의 확인검사시 확인을 받아야 할 것임.

다. 제출절차 및 심사

(1) 제조업 등의 대상 사업장

제조업 등의 사업주가 유해·위험방지계획서를 제출하려면 사업장별로 제조업 등 유해·위험방지계획서에 ① 건축물 각 층의 평면도, ② 기계·설비의 배치도면, ③ 원재료 및 제품의 취급, 제조 등의 작업방법의 개요, ④ 그 밖에 고용노동부장관이 정하는 도면 및 서류 등을 첨부하여 해당 작업 시작 15일 전까지 한국산업안전보건공단에 2부를 제출하여야 하며(산안법 규칙제42조①), 설비 등을 설치·이전하거나 그 주요 구조부분을 변경하려는 사업주도 제조업 등 유해·위험방지계획서에 ① 설치장소의 개요를 나타내는 서류, ② 설비의 도면, ③ 그 밖에 고용노동부장관이 정하는 도면 및 서류 등을 작업 시작 15일 전까지 한국산업안전공단에 2부를 제출하여야 한다(산안법 규칙제42조②).

(2) 건설업 중 대상 사업장

건설업 중 유해·위험방지계획서 제출대상 공사를 착공하려는 사업주는 고용노동부령으로 정하는 자격을 갖춘 자[43]의 의견을 들은 후 사업장별로 건설공사 유해·위험방지계획서에 공사개요서, 안전보건관리계획, 작업공정별 유해위험방지계획 등을 첨부하여 당해 공사의 착공일[44] 전날까지 한국산업안전공단에 2부를 제출하여야 한다. 이 경우 해당 공사가 「건설기술진흥법」 제62조에 따른 안전관리계획을 수립해야 하는 건설공사에 해당하는 경우에는 유해위험방지계획서와 안전관리계획서를 통합하여 작성한 서류를 제출할 수 있다(산안법 규칙제42조③).

같은 사업장내에서 공사의 착공시기를 달리하여 행하는 사업의 사업주는 해당 공사별 또는 해당 공사의 단위작업공사 종류별로 유해위험방지계획서를 분리하여 각각 제출할 수 있다. 이 경우 이미 제출한 유해위험방지계획서의 첨부서류와 중복되는 서류는 제출하지 않을 수 있다(산안법 규칙제42조④).

한국산업안전공단은 유해·위험방지계획서 및 그 첨부서류를 접수한 때에는 접수일부터 15일 이내에 심사(자율안전관리업체 심사 제외)하여 사업주에게 그 결과를 통지하여야 한다(산안법 규칙제44조①). 고용노동부장관은 유해·위험방지계획서를 심사한 후 근로자의 안전과 보건을 위하여 필요하다고 인정할 때에는 공사를 중지하거나 계획을 변경할 것을 명할 수 있다(산안법 제42조④). 사업주가 고용노동부장관의 공사중지 또는 계획변경 명령을 위반한 경우 5년 이하 징역 또는 5천만원 이하의 벌금이 부과된다(산안법 제168조제2호).

---

43) 고용노동부령으로 정하는 자격을 갖춘자(산안법 규칙 제43조): ① 건설안전 분야 산업안전지도사, ② 건설안전기술사 또는 토목·건축 분야 기술사, ③ 건설안전산업기사 이상으로서 건설안전 관련 실무경력이 7년(기사는 5년) 이상인 사람 등

44) 공사의 착공이란 유해위험방지계획서 작성 대상 시설물 또는 구조물의 공사를 시작하는 것을 말하며, 대지 정리 및 가설사무소 설치 등의 공사 준비기간은 착공으로 보지 않는다(산안법 규칙제42조③).

산안법 규칙 [별표 10]

유해위험방지계획서 첨부서류(제42조제3항 관련)

1. 공사 개요 및 안전보건관리계획
   가. 공사 개요서(별지 제101호서식)
   나. 공사현장의 주변 현황 및 주변과의 관계를 나타내는 도면(매설물 현황을 포함한다)
   다. 건설물, 사용 기계설비 등의 배치를 나타내는 도면
   라. 전체 공정표
   마. 산업안전보건관리비 사용계획서(별지 제102호서식)
   바. 안전관리 조직표
   사. 재해발생위험시 연락 및 대피방법
2. 작업 공사 종류별 유해위험방지계획

대상 공사	작업 공사 종류	주요 작성대상	첨부 서류
영 제42조 제3항제1호에 따른 건축물 또는 시설 등의 건설·개조 또는 해체(이하 "건설등"이라 한다) 공사	1. 가설공사 2. 구조물공사 3. 마감공사 4. 기계 설비공사 5. 해체공사	가. 비계 조립 및 해체 작업(외부비계 및 높이 3미터 이상 내부비계만 해당한다) 나. 높이 4미터를 초과하는 거푸집동바리[동바리가 없는 공법(무지주공법으로 데크플레이트, 호리빔 등)과 옹벽 등 벽체를 포함한다] 조립 및 해체작업 또는 비탈면 슬래브(판 형상의 구조부재로서 구조물의 바닥이나 천장)의 거푸집동바리 조립 및 해체 작업 다. 작업발판 일체형 거푸집 조립 및 해체 작업 라. 철골 및 PC(Precast Concrete) 조립 작업 마. 양중기 설치·연장·해체 작업 및 천공·항타 작업 바. 밀폐공간 내 작업 사. 해체 작업 아. 우레탄폼 등 단열재 작업[취급장소와 인접한 장소에서 이루어지는 화기(火器) 작업을 포함한다] 자. 같은 장소(출입구를 공동으로 이용하는 장소를 말한다)에서 둘 이상의 공정이 동시에 진행되는 작업	1. 해당 작업공사 종류별 작업개요 및 재해예방 계획 2. 위험물질의 종류별 사용량과 저장·보관 및 사용시의 안전작업계획 비 고 1. 바목의 작업에 대한 유해위험방지계획에는 질식·화재 및 폭발 예방 계획이 포함되어야 한다. 2. 각 목의 작업과정에서 통풍이나 환기가 충분하지 않거나 가연성 물질이 있는 건축물 내부나 설비 내부에서 단열재 취급·용접·용단 등과 같은 화기작업이 포함되어 있는 경우에는 세부계획이 포함되어야 한다.

대상 공사	작업 공사 종류	주요 작성대상	첨부 서류
영 제42조 제3항제2호에 따른 냉동·냉장 창고시설의 설비공사 및 단열공사	1. 가설공사 2. 단열공사 3. 기계 설비공사	가. 밀폐공간 내 작업 나. 우레탄폼 등 단열재 작업(취급장소와 인접한 곳에서 이루어지는 화기 작업을 포함한다) 다. 설비 작업 라. 같은 장소(출입구를 공동으로 이용하는 장소를 말한다)에서 둘 이상의 공정이 동시에 진행되는 작업	1. 해당 작업공사 종류별 작업개요 및 재해예방 계획 2. 위험물질의 종류별 사용량과 저장·보관 및 사용시의 안전작업계획 비 고 1. 가목의 작업에 대한 유해위험방지계획에는 질식·화재 및 폭발 예방계획이 포함되어야 한다. 2. 각 목의 작업과정에서 통풍이나 환기가 충분하지 않거나 가연성 물질이 있는 건축물 내부나 설비 내부에서 단열재 취급·용접·용단 등과 같은 화기작업이 포함되어 있는 경우에는 세부계획이 포함되어야 한다.
영 제42조 제3항제3호에 따른 다리 건설 등의 공사	1. 가설공사 2. 다리 하부(하부공) 공사 3. 다리 상부(상부공) 공사	가. 하부공 작업 1) 작업발판 일체형 거푸집 조립 및 해체 작업 2) 양중기 설치·연장·해체 작업 및 천공·항타 작업 3) 교대·교각 기초 및 벽체 철근조립 작업 4) 해상·하상 굴착 및 기초 작업 나. 상부공 작업 1) 상부공 가설작업[압출공법(ILM), 캔틸레버공법(FCM), 동바리설치공법(FSM), 이동지보공법(MSS), 프리캐스트 세그먼트 가설공법(PSM) 등을 포함한다] 2) 양중기 설치·연장·해체 작업 3) 상부슬라브 거푸집동바리 조립 및 해체(특수작업대를 포함한다) 작업	1. 해당 작업공사 종류별 작업개요 및 재해예방 계획 2. 위험물질의 종류별 사용량과 저장·보관 및 사용시의 안전작업계획

대상 공사	작업 공사 종류	주요 작성대상	첨부 서류
영 제42조 제3항제4호에 따른 터널 건설 등의 공사	1. 가설공사 2. 굴착 및 발파 공사 3. 구조물공사	가. 터널굴진(掘進)공법(NATM) 1) 굴진(갱구부, 본선, 수직갱, 수직구 등을 말한다) 및 막장내 붕괴·낙석방지 계획 2) 화약 취급 및 발파 작업 3) 환기 작업 4) 작업대(굴진, 방수, 철근, 콘크리트 타설을 포함한다) 사용 작업 나. 기타 터널공법[(TBM)공법, 쉴드(Shield)공법, 추진(Front Jacking)공법, 침매공법 등을 포함한다] 1) 환기 작업 2) 막장내 기계·설비 유지·보수 작업	1. 해당 작업공사 종류별 작업개요 및 재해예방 계획 2. 위험물질의 종류별 사용량과 저장·보관 및 사용시의 안전작업계획 비 고 1. 나목의 작업에 대한 유해위험방지계획에는 굴진(갱구부, 본선, 수직갱, 수직구 등을 말한다) 및 막장내 붕괴·낙석 방지 계획이 포함되어야 한다.
영 제42조 제3항제5호에 따른 댐 건설등의 공사	1. 가설공사 2. 굴착 및 발파 공사 3. 댐 축조공사	가. 굴착 및 발파 작업 나. 댐 축조[가(假)체절 작업을 포함한다] 작업 1) 기초처리 작업 2) 둑 비탈면 처리 작업 3) 본체 축조 관련 장비 작업(흙쌓기 및 다짐만 해당한다) 4) 작업발판 일체형 거푸집 조립 및 해체 작업(콘크리트 댐만 해당한다)	1. 해당 작업공사 종류별 작업개요 및 재해예방 계획 2. 위험물질의 종류별 사용량과 저장·보관 및 사용시의 안전작업계획
영 제42조 제3항제6호에 따른 굴착공사	1. 가설공사 2. 굴착 및 발파 공사 3. 흙막이 지보공(支保工) 공사	가. 흙막이 가시설 조립 및 해체 작업(복공작업을 포함한다) 나. 굴착 및 발파 작업 다. 양중기 설치·연장·해체 작업 및 천공·항타 작업	1. 해당 작업공사 종류별 작업개요 및 재해예방 계획 2. 위험물질의 종류별 사용량과 저장·보관 및 사용시의 안전작업계획
비고: 작업 공사 종류란의 공사에서 이루어지는 작업으로서 주요 작성대상란에 포함되지 않은 작업에 대해서도 유해위험방지계획서를 작성하고, 첨부서류란의 해당 서류를 첨부해야 한다.			

관련사례

□ 유해위험방지계획서 제출 시기(산안(건안) 68307-15, 2001.1.6)

산업안전보건법시행규칙 제121조에 의하면 동법 제48조에 규정에 의하여 유해·위험방지계획서를 제출하고자 하는 사업주는 동 계획서를 공사의 착공 전일까지 제출토록 하고 있고, 동 규칙 제120조에서는 "착공"이라 함은 유해·위험방지계획서 작성대상 시설물 또는 구조물의 공사를 시작하는 것을 말함. 따라서, 유해·위험방지계획서 제출시기는 전체공사의 착공이 아닌 심사대상 시설물의 착공 전 (위 질의의 "병")임.

라. 이행확인 및 조치

건설업 중 유해·위험방지계획서 제출 대상 사업주는 건설공사 중 6개월 이내마다 ① 유해·위험방지계획서의 내용과 실제 공사내용과의 부합여부, ② 유해·위험방지계획서의 변경내용의 적정성, ③ 추가적인 유해·위험요인의 존재여부 등의 사항에 대해 한국산업안전공단으로부터 계획서의 이행실태를 확인을 받아야 한다(산안법 규칙제46조①). 한국산업안전공단은 확인실시결과 당해 사업장의 유해·위험의 방지상태가 적정하다고 판단되는 경우에는 5일 이내에 확인결과통지서를 사업주에게 교부하여야 한다(산안법 규칙제48①).

7 공정안전보고서 제출

화학업종 등 유해·위험설비를 보유한 사업장은 화재·폭발·유독성 물질 누출 등에 따른 중대산업사고의 발생우려가 높다는 점을 감안하여 중대산업사고를 야기할 가능성이 있는 공정·설비들을 체계적이고 지속적으로 관리하고, 사업장 특성에 맞는 사고예방체계를 구축하기위해 「공정안전관리(PSM:Process Safety Management)」 제도가 도입되었다.

유해·위험 설비를 보유한 사업장[45]의 사업주는 공정안전보고서를 작성하여 고용노동부장관에게 제출하고 심사를 받아야 한다. 이 경우 공정안전보고서의 내용이 중대산업사고를 예방하기 위하여 적합하다고 통보받기 전에는 관련 설비를 가동하여서는 아니 된다(산안법 제44조①, 영제43조①).

공정안전보고서 제출대상 설비를 보유한 사업주는 공정안전자료, 공정위험성평가, 안전운전계획, 비상조치계획 등의 내용이 포함된 공정안전보고서를 당해 설비의 설치·이전 또는 주요 구조부분의 변경공사의 착공일 30일전까지 2부 작성하여 산업안전공단에 제출하여야 한다(산안법 영 제44조, 영제45조, 규칙제51조).

사업주가 공정안전보고서 작성·제출 의무를 위반한 경우 1천만원 이하의 과태료가 부과되며(산안법 제175조④제3호), 공정안전보고서가 적합하다는 통보를 받기 전 설비를 가동한 경우 3년 이하의 징역 또는 3천만원 이하의 벌금이 부과된다(산안법 제169조제1호).

8 안전보건진단

가. 개 요

산업재해를 예방하기 위해 잠재적 위험요인을 발견하고 그 대책을 수립할 수 있도록 고용노동부장관이 추락·붕괴, 화재·폭발, 유해하거나 위험한 물질의 누출 등 산업재해 발생의 위험이 현저히 높은 사업장의 사업주에게 안전·보건진단기관의 안전·보건진단을 받도록 명령할 수 있는 제도이다(산안법 제47조①).

---

45) 공정안전보고서 제출 대상 사업장(산안법 영제43조①): ① 원유 정제처리업, ② 기타 석유정제물 재처리업, ③ 석유화학계 기초화학물질 제조업 또는 합성수지 및 기타 플라스틱물질 제조업. 다만, 합성수지 및 기타 플라스틱물질 제조업은 별표 13의 제1호 또는 제2호에 해당하는 경우로 한정한다. ④ 질소 화합물, 질소·인산 및 칼리질 화학비료 제조업 중 질소질 화학비료 제조업, ⑤ 복합비료 및 기타 화학비료 제조업 중 복합비료 제조업(단순혼합 또는 배합에 의한 경우는 제외한다), ⑥ 화학 살균·살충제 및 농업용 약제 제조업(농약 원제 제조만 해당한다), ⑦ 화약 및 불꽃제품 제조업

사업주가 고용노동부장관의 안전보건진단 명령을 위반한 경우에는 1천만원 이하의 과태료가 부과된다(산안법 제175조④제4호).

나. 진단절차 등

안전보건진단 명령을 받은 사업주는 15일 이내에 안전보건진단기관에 안전보건진단을 의뢰해야 한다(산안법 규칙제56조). 사업주는 안전·보건진단업무에 적극 협조하여야 하며, 정당한 사유없이 이를 거부하거나 방해 또는 기피하여서는 아니 되고, 이 경우 근로자대표의 요구가 있을 때에는 안전보건진단에 근로자대표를 입회시켜야 한다(산안법 제47조③).

안전보건 진단을 거부·방해 하거나 기피한 자 또는 근로자대표의 요구에도 안전보건 진단에 근로자대표를 입회시키지 않은 경우에는 1천 500만원 이하의 과태료가 부과된다(산안법 제175조③제1호).

안전·보건진단은 종합진단, 안전진단, 보건진단으로 구분이 되며(산안법 영제46조①), 안전보건진단 명령을 할 경우 기계·화공·전기·건설분야별로 한정하여 진단을 받을 것을 명령할 수 있다(산안법 영제46조②).

지방고용노동관서장의 명령에 의하여 진단을 실시한 경우, 안전·보건진단기관은 진단내용에 해당하는 사항에 대한 조사·평가 및 측정결과와 개선방법이 포함된 보고서를 진단실시일로부터 30일 이내에 당해 사업장의 사업주 및 관할 지방고용노동관서의 장에게 제출하여야 한다(산안법 규칙제57조).

산안법 영 [별표 14]

안전보건진단의 종류 및 내용(제46조제1항 관련)

종 류	진단내용
종합진단	1. 경영·관리적 사항에 대한 평가 가. 산업재해 예방계획의 적정성 나. 안전·보건 관리조직과 그 직무의 적정성 다. 산업안전보건위원회 설치·운영, 명예산업안전감독관의 역할 등 근로자의 참여 정도 라. 안전보건관리규정 내용의 적정성 2. 산업재해 또는 사고의 발생 원인(산업재해 또는 사고가 발생한 경우만 해당한다) 3. 작업조건 및 작업방법에 대한 평가

종 류	진단내용
	4. 유해·위험요인에 대한 측정 및 분석 가. 기계·기구 또는 그 밖의 설비에 의한 위험성 나. 폭발성·물반응성·자기반응성·자기발열성 물질, 자연발화성 액체·고체 및 인화성 액체 등에 의한 위험성 다. 전기·열 또는 그 밖의 에너지에 의한 위험성 라. 추락, 붕괴, 낙하, 비래(飛來) 등으로 인한 위험성 마. 그 밖에 기계·기구·설비·장치·구축물·시설물·원재료 및 공정 등에 의한 위험성 바. 법 제118조제1항에 따른 허가대상물질, 고용노동부령으로 정하는 관리대상 유해물질 및 온도·습도·환기·소음·진동·분진, 유해광선 등의 유해성 또는 위험성 5. 보호구, 안전·보건장비 및 작업환경 개선시설의 적정성 6. 유해물질의 사용·보관·저장, 물질안전보건자료의 작성, 근로자 교육 및 경고표시 부착의 적정성 7. 그 밖에 작업환경 및 근로자 건강 유지·증진 등 보건관리의 개선을 위하여 필요한 사항
안전진단	종합진단 내용 중 제2호·제3호, 제4호가목부터 마목까지 및 제5호 중 안전 관련 사항
보건진단	종합진단 내용 중 제2호·제3호, 제4호바목, 제5호 중 보건 관련 사항, 제6호 및 제7호

9 안전보건개선계획

가. 개 요

고용노동부장관은 산업재해 예방을 위하여 종합적인 개선조치를 할 필요가 있다고 인정되는 사업장의 사업주에게 고용노동부령으로 정하는 바에 따라 그 사업장, 시설, 그 밖의 사항에 관한 안전 및 보건에 관한 개선계획(이하 "안전보건개선계획"이라 한다)을 수립하여 시행할 것을 명할 수 있다(산안법 제49조①). 재해다발 또는 작업환경 불량 사업장에 대하여 고용노동부장관의 명령을 통해 산업재해 예방을 위한 종합적인 개선조치를 하게 함으로써 유해·위험요인으로부터 근로자를 보호하기 위한 제도이다.

나. 대상 사업장

안전보건개선계획을 명할 수 있는 사업장은 ① 산업재해율이 같은 업종의 규모별 평균 산업재해율보다 높은 사업장 ② 사업주가 필요한 안전조치 또는 보건조치를 이행하지 아니하여 중대재해가 발생한 사업장 ③ 연간 2명 이상의 직업성 질병자가 발생한 사업장 ④ 산안법 제106조에 따른 유해인자의 노출기준을 초과한 사업장이다(산안법 제49조①).

고용노동부장관은 안전보건개선계획을 명령하는 경우 필요하다고 인정할 때에는 해당 사업주에게 안전·보건진단을 받아 안전보건개선계획을 수립·제출할 것을 명할 수 있다(산안법 제49조①). 안전·보건진단을 받아 안전보건개선계획을 수립·제출하도록 명할 수 있는 사업장으로는 ① 산업재해율이 같은 업종 평균 산업재해율의 2배 이상인 사업장, ② 사업주가 필요한 안전조치 또는 보건조치를 이행하지 아니하여 중대재해가 발생한 사업장, ③ 직업병에 걸린 사람이 연간 2명 이상(상시 근로자 1천명 이상 사업장의 경우 3명 이상) 발생한 사업장, ④ 작업환경 불량, 화재·폭발 또는 누출사고 등으로 주변까지 피해가 확산된 사업장으로서 고용노동부령으로 정하는 사업장이 해당된다(산안법 영제49조).

사업주가 안전보건개선계획을 수립할 때에는 산업안전보건위원회의 심의를 거쳐야 하며 산업안전보건위원회가 설치되어 있지 아니한 사업장에서는 근로자대표의 의견을 들어야 한다(산안법 제49조②).

고용노동부장관의 안전보건개선계획 수립·시행 명령을 위반한 경우에는 1천만원 이하의 과태료가 부과되며(산안법 제175조④제4호), 안전보건개선계획 수립시 산업안전보건위원회 심의 또는 근로자대표의 의견을 듣지 않은 경우 500만원 이하의 과태료가 부과된다(산안법 제175조⑤제1호).

다. 계획의 수립 절차 등

안전보건개선계획의 수립·시행명령을 받은 사업주는 명령을 받은 날부터 60일 이내에 안전보건개선계획서를 작성하여 관할 지방고용노동관서의 장에게 제출하여야 하며(산안법 제50조①, 규칙제611조①), 안전보건개선계획서에는 ① 시설,

② 안전·보건관리체제, ③ 안전·보건교육, ④ 산업재해예방 및 작업환경의 개선을 위해 필요한 사항이 포함되어야 한다(산안법 규칙제61조②).

지방고용노동관서의 장은 안전보건개선계획서의 적정여부를 검토하여 그 결과를 사업주에게 서면으로 알려주어야 하며, 검토결과에 따라 필요하다고 인정하는 때에는 당해 계획서의 보완을 명할 수 있다(산안법 제50조②).

사업주 및 근로자는 안전보건개선계획을 준수하여야 한다(산안법 제50조③).

10 작업중지

가. 급박한 위험이 있는 경우 작업중지

사업주는 산업재해[46]가 발생할 급박한 위험이 있을 때에는 즉시 작업을 중지시키고 근로자를 작업장소에서 대피시키는 등 안전 및 보건에 관하여 필요한 조치를 하여야 한다(산안법 제51조). 사업주가 이를 위반한 경우에는 5년 이하의 징역 또는 5천만원 이하의 벌금에 처해진다(산안법 제168조제1호).

근로자는 산업재해가 발생할 급박한 위험이 있는 경우에는 작업을 중지하고 대피할 수 있고(산안법 제52조①), 작업을 중지하고 대피한 근로자는 지체 없이 그 사실을 관리감독자 또는 그 밖에 부서의 장(이하 "관리감독자등"이라 한다)에게 보고하여야 하며(산안법 제52조②), 관리감독자등은 근로자의 보고를 받으면 안전 및 보건에 관하여 필요한 조치를 하여야 한다(산안법 제52조③).

사업주는 산업재해가 발생할 급박한 위험이 있다고 근로자가 믿을 만한 합리적인 이유가 있을 때에는 작업을 중지하고 대피한 근로자에 대하여 해고나 그 밖의 불리한 처우를 해서는 아니 된다(산안법 제52조④).

46) "산업재해"란 노무를 제공하는 자가 업무에 관계되는 건설물·설비·원재료·가스·증기·분진 등에 의하거나 작업 또는 그 밖의 업무로 인하여 사망 또는 부상하거나 질병에 걸리는 것을 말한다(산안법 제2조제1호).

〈산업재해 발생의 급박한 위험이 있을때에 대한 예시〉

[사례1] 높이가 2m 이상인 장소에서의 작업으로서 작업발판, 안전난간 또는 안전방망이 전반적으로 설치되지 않아 추락사고의 우려가 현저히 높은 경우
[사례2] 비계, 거푸집 동바리, 흙막이 지보공 등 가시설물의 설치가 기준에 적합하지 않거나 부적합한 자재의 설치 또는 사용불량으로 붕괴사고의 우려가 높은 경우
[사례3] 토사, 구축물, 공작물 등의 변형 또는 변위가 발생하거나 예상되어 붕괴사고의 우려가 높은 경우
[사례4] 가연성 또는 인화성 물질 취급장소에서 동시에 화기작업을 실시하여 화재 및 폭발사고의 우려가 높은 경우
[사례5] 화학물질 취급공정에서 부속설비의 심각한 고장, 변형 등으로 중대산업사고 발생의 우려가 높은 경우
[사례6] 밀폐공간작업으로 작업전 산소농도 측정을 하지 않거나 적정 공기 기준을 준수하지 않아 산소결핍에 의한 질식사고의 우려가 높은 경우
[사례7] 관리대상 유해물질의 가스·증기 또는 분진의 발산원을 밀폐하는 설비 또는 국소배기장치를 설치하지 않아 취급근로자의 건강장해가 현저히 우려되는 경우

나. 고용노동부장관의 시정조치

고용노동부장관은 사업주가 사업장의 건설물 또는 그 부속건설물 및 기계·기구·설비·원재료(이하 "기계·설비등"이라 한다)에 대하여 안전 및 보건에 관하여 필요한 조치를 하지 아니하여 근로자에게 현저한 유해·위험이 초래될 우려가 있다고 판단될 때에는 해당 기계·설비등에 대하여 사용중지·대체·제거 또는 시설의 개선, 그 밖에 안전 및 보건에 관하여 시정조치를 명할 수 있다(산안법 제53조①).

시정조치 명령을 받은 사업주는 해당 기계·설비등에 대하여 시정조치를 완료할 때까지 시정조치 명령 사항을 사업장 내에 근로자가 쉽게 볼 수 있는 장소에 게시하여야 한다(산안법 제53조②).

고용노동부장관은 사업주가 해당 기계·설비등에 대한 시정조치 명령을 이행하지 아니하여 유해·위험 상태가 해소 또는 개선되지 아니하거나 근로자에 대한 유해·위험이 현저히 높아질 우려가 있는 경우에는 해당 기계·설비등과 관련된 작업의 전부 또는 일부의 중지를 명할 수 있다(산안법 제53조③).

사용중지 명령 또는 작업중지 명령을 받은 사업주는 그 시정조치를 완료한 경우에는 고용노동부장관에게 사용중지 또는 작업중지의 해제를 요청할 수 있으며

(산안법 제53조④), 고용노동부장관은 해제 요청에 대하여 시정조치가 완료되었다고 판단될 때에는 사용중지 또는 작업중지를 해제하여야 한다(산안법 제53조⑤).

사업주가 고용노동부장관이 시정조치 명령을 위반한 경우에는 3년 이하의 징역 또는 3천만원 이하의 벌금에 처해지며(산안법 제169조제2호), 작업의 전부 또는 일부의 중지 명령을 위반한 경우에는 5년 이하의 징역 또는 5천만원 이하의 벌금에 처해진다(산안법 제168조제2호).

다. 중대재해 발생시 작업중지와 원인조사

(1) 중대재해 발생시 사업주의 조치

사업주는 중대재해가 발생하였을 때에는 즉시 해당 작업을 중지시키고 근로자를 작업장소에서 대피시키는 등 안전 및 보건에 관하여 필요한 조치를 하여야 하며(산안법 제54조①), 사업주는 중대재해가 발생한 사실을 알게 된 경우에는 지방노동관서의 장에게 전화·팩스 또는 그 밖의 적절한 방법으로 발생개요 및 피해상황, 조치 및 전망, 그 밖의 중요한 상황을 지체없이 보고하여야 한다. 다만, 천재지변 등 부득이한 사유가 발생한 경우에는 그 사유가 소멸되면 지체 없이 보고하여야 한다(산안법 제54조②, 규칙제67조).

(2) 고용노동부장관의 작업중지

고용노동부장관은 중대재해가 발생하였을 때 중대재해가 발생한 해당 작업, 중대재해가 발생한 작업과 동일한 작업으로 인하여 해당 사업장에 산업재해가 다시 발생할 급박한 위험이 있다고 판단되는 경우에는 그 작업의 중지를 명할 수 있다(산안법 제55조①). 또한 고용노동부장관은 토사·구축물의 붕괴, 화재·폭발, 유해하거나 위험한 물질의 누출 등으로 인하여 중대재해가 발생하여 그 재해가 발생한 장소 주변으로 산업재해가 확산될 수 있다고 판단되는 등 불가피한 경우에는 해당 사업장의 작업을 중지할 수 있다(산안법 제55조②).

고용노동부장관의 작업중지 명령을 위반한 경우에는 5년 이하의 징역 또는 5천만원 이하의 벌금이 부과된다(산안법 제168조제2호).

(3) 작업중지의 해제

고용노동부장관은 사업주가 작업중지의 해제를 요청한 경우에는 작업중지 해제에 관한 전문가 등으로 구성된 심의위원회의 심의를 거쳐 작업중지를 해제하여야 한다(산안법 제55조③).

사업주가 작업중지의 해제를 요청할 경우에는 작업중지명령 해제신청서를 작성하여 사업장의 소재지를 관할하는 지방고용노동관서의 장에게 제출해야 한다(산안법 규칙제69조①). 사업주가 작업중지명령 해제신청서를 제출하는 경우에는 미리 유해·위험요인 개선내용에 대하여 중대재해가 발생한 해당작업 근로자의 의견을 들어야 한다(산안법 규칙제69조②).

지방고용노동관서의 장은 작업중지명령 해제를 요청받은 경우에는 근로감독관으로 하여금 안전·보건을 위하여 필요한 조치를 확인하도록 하고, 천재지변 등 불가피한 경우를 제외하고는 해제요청일 다음 날부터 4일 이내(토요일과 공휴일을 포함하되, 토요일과 공휴일이 연속하는 경우에는 3일까지만 포함한다)에 작업중지해제 심의위원회를 개최하여 심의한 후 해당조치가 완료되었다고 판단될 경우에는 즉시 작업중지명령을 해제해야 한다(산안법 규칙제69조③).

(4) 중대재해 원인조사

고용노동부장관은 중대재해가 발생하였을 때에는 그 원인 규명 또는 산업재해 예방대책 수립을 위하여 그 발생 원인을 조사할 수 있으며(산안법 제56조①), 사업주에게 안전보건개선계획의 수립·시행, 그 밖에 필요한 조치를 명할 수 있다(산안법 제56조②).

누구든지 중대재해 발생 현장을 훼손하거나 고용노동부장관의 원인조사를 방해해서는 아니 된다(산안법 제56조③). 이를 위반한 경우에는 1년 이하의 징역 또는 1천만원 이하의 벌금에 처해진다(산안법 제170조제2호).

11 산업재해 발생 은폐 금지 및 보고

사업주는 산업재해가 발생하였을 때에는 그 발생 사실을 은폐해서는 아니 되며(산안법 제57조①), 사업주는 산업재해의 발생원인 등을 기록하여 보존하여야 한다(산안법 제57조②).

또한 사업주는 산업재해로 사망자가 발생하거나 3일 이상의 휴업이 필요한 부상을 입거나 질병에 걸린 사람이 발생한 경우에는 산업재해가 발생한 날부터 1개월 이내에 산업재해조사표를 작성하여 관할 지방고용노동관서의 장에게 제출(전자문서에 의한 제출을 포함한다)하여야 한다(산안법 규칙제73조①).[47] 이 경우 사업주는 산업재해조사표에 근로자대표의 확인을 받아야 하며, 그 기재 내용에 대하여 근로자대표의 이견이 있는 경우에는 그 내용을 첨부하여야 한다. 다만, 근로자대표가 없는 경우에는 재해자 본인의 확인을 받아 제출할 수 있다(산안법 규칙제73조③).

사업주가 중대재해 발생 보고를 하지 아니하거나 거짓으로 보고한 자에게는 3천만원 이하의 과태료를 부과되며(산안법 제175조②제2호) 3일 이상의 휴업재해를 보고하지 아니하거나 거짓으로 보고한 경우에는 1천 500만원 이하의 과태료가 부과된다(산안법 제175조③제2호).

산업재해 발생 사실을 은폐한 자 또는 그 발생 사실을 은폐하도록 교사(敎唆)하거나 공모(共謀)한 자에 대해서는 1년 이하의 징역 또는 1천만원 이하의 벌금이 처벌된다(산안법 제170조제3호).

---

47) 다음 각 호의 모두에 해당하지 않는 사업주가 법률 제11882호 산업안전보건법 일부개정법률 제10조제2항의 개정규정의 시행일인 2014년 7월 1일 이후 해당 사업장에서 처음 발생한 산업재해에 대하여 지방고용노동관서의 장으로부터 별지 제30호서식의 산업재해조사표를 작성하여 제출하도록 명령을 받은 경우 그 명령을 받은 날부터 15일 이내에 이를 이행한 때에는 제1항에 따른 보고를 한 것으로 본다. 제1항에 따른 보고기한이 지난 후에 자진하여 별지 제30호서식의 산업재해조사표를 작성·제출한 경우에도 또한 같다(산안법 규칙 제73조②).
1. 안전관리자 또는 보건관리자를 두어야 하는 사업주
2. 법 제62조제1항에 따라 안전보건총괄책임자를 지정해야 하는 도급인
3. 법 제73조제1항에 따라 건설재해예방전문지도기관의 지도를 받아야 하는 사업주
4. 산업재해 발생사실을 은폐하려고 한 사업주

제5절 건설업 도급시 산업재해 예방

산업안전보건법에서 "도급"이란 명칭에 관계없이 물건의 제조·건설·수리 또는 서비스의 제공, 그 밖의 업무를 타인에게 맡기는 계약을 말한다. 도급의 의미를 민법상 개념인 '일의 완성' 에 국한하지 않고 '일을 맡기는 것' 으로 확장하여 도급·위임 등을 구분하지 않고 도급인에게 책임을 부과하고 있다.

도급시 안전보건조치 의무로서 근로자의 산업안전 및 보건 증진을 위하여 도금작업 등 유해·위험성이 매우 높은 작업에 대해서는 원칙적으로 도급이 금지되고 일시·간헐적으로 작업을 하는 등의 경우에만 도급할 수 있다. 또한 도급인에게 작업장소, 시설 등에 대한 지배권이 있다면 원·하청을 불문하고 해당 도급인의 사업장에서 일하는 근로자에 대한 안전·보건 조치를 하여야 하며, 도급인의 안전보건조치 책임의 범위는 도급인의 사업장 전체와 사업장 밖이지만 도급인이 제공·지정한 경우로서 지배·관리하는 추락, 붕괴, 감전 등의 22개 장소를 포함한다.

건설업은 산업재해가 빈발하고, 특히 사망자의 비중이 높은 점에서 타 업종에 비하여 산업재해 예방을 위한 적극적인 노력이 필요하다. 이러한 점에서 산업안전보건법에서는 '건설업 등의 산업재해 예방' 을 별도의 절로 분리하여 마련하였다. 건설업의 산업재해 예방조치로는 건설공사 발주자의 계획·설계·시공 단계별 산업재해 예방조치 의무, 발주자의 안전보건조정자 선임의무, 설계도에 따라 산정된 공사기간 단축 및 공법변경 금지, 산업재해 예방을 위한 공사기간 연장요청 및 설계변경 요청, 발주자의 산업안전보건관리비 계상, 건설공사 도급인의 안전보건협의체 구성·운영, 타워크레인 등의 기계·기구 작업에 대한 안전보건조치 의무 등을 규정하고 있다.

산업안전보건법에서는 새로운 형태의 고용형태가 급증하고 있는 현실을 반영하여 건설기계 운전자 등의 특수형태근로자에 대하여 노무를 제공받는 자에게 특수형태근로자에 대한 산업재해 예방을 위한 안전보건조치 의무를 부과하고 있다.

1 도급의[48] 제한

가. 유해한 작업의 도급금지

(1) 도급금지

사업주는 근로자의 안전 및 보건에 유해하거나 위험한 작업으로서 다음 각 호의 어느 하나에 해당하는 작업을 도급하여 자신의 사업장에서 수급인의 근로자가 그 작업을 하도록 해서는 아니 된다(산안법 제58조①).

유해·위험성이 높은 작업의 경우 단기간에 직업병 발견이 어렵고, 사내도급을 허용할 경우 수급인의 잦은 변경으로 해당 작업을 수행한 근로자에 대한 안전·보건관리에 한계가 있으므로 수급인 근로자의 산업재해 예방을 위해 사내도급을 원칙적으로 금지하게 된 것이다.[49]

사업주가 도급금지 의무를 위반하여 유해한 작업을 도급한 경우에는 10억원 이하의 과징금이 부과·징수 된다(산안법 제161조①제1호, 제2호).

① 도금작업

도금작업은 금속 표면에 다른 금속을 입히는 본 작업 뿐만 아니라 해당 작업의 부수 작업(전처리, 마무리 등)으로서 근로자가 사용·취급하는 화학물질 등에 노출되거나 노출될 가능성 있는 작업도 포함한다.

② 수은 · 납 · 카드뮴작업을 제련, 주입, 가공 및 가열하는 작업

작업 공정	내 용
제 련	채굴된 암석(광석)에서 목적하는 금속을 추출하여 괴 또는 가루로 만드는 공정
주 입	제련시 추출한 금속물질(괴 또는 가루)을 로(濾)에서 녹여 주형(틀) 등에 금속을 부어 넣는 공정
가 공	금속재료를 절단하거나 구멍 뚫기 등을 거친 후, 용접 및 리벳 등을 이용하여 접합하는 공정

48) "도급"이란 명칭에 관계없이 물건의 제조·건설·수리 또는 서비스의 제공, 그 밖의 업무를 타인에게 맡기는 계약을 말한다(산안법 제2조제6호).
49) 고용노동부, 「도급시 산업재해 예방 운영지침」 2020.2

작업 공정	내 용
가 열	금속 또는 합금에 요구되는 성질 즉 강도, 경도(변형률), 내마모성, 내충격성 및 가공성 등의 성능을 확보하기 위하여 열을 가하는 공정

③ 산안법 제118조제1항에 따른 허가대상물질을 제조하거나 사용하는 작업

"허가대상 유해물질"이란 고용노동부장관의 허가를 받지 않고는 제조·사용이 금지되는 물질로서 영 제88조에 따른 물질[50]을 말하며, "제조"란 화학물질 또는 그 구성요소에 물리적·화학적 작용을 가하여 허가대상 유해물질로 전환하는 과정이고, "사용"이란 새로운 제품 또는 물질을 만들기 위하여 허가대상 유해물질을 원재료로 이용하는 것을 말한다(안전보건규칙 제452조).

(2) 도급의 예외적 허용

상시 인력의 고용이 어려운 일시·간헐적 작업과 도급인의 사업운영에 필수 불가결한 경우로서 수급인이 보유한 전문적 기술활용 목적의 도급은 예외로 허용하되 기술활용 목적의 도급인 경우에는 고용노동부장관이 실시하는 안전 및 보건에 대한 평가를 받고 고용노동부장관의 승인을 받아야 한다(산안법 제58조②, ③).

승인기간은 3년으로 하며(산안법 제58조④), 유효기간이 만료되는 경우에 사업주가 유효기간의 연장을 신청하면 승인의 유효기간이 만료되는 날의 다음 날부터 3

50) 허가대상 유해물질: ① α -나프틸아민[134-32-7] 및 그 염(α -Naphthylamine and its salts) ② 디아니시딘[119-90-4] 및 그 염(Dianisidine and its salts) ③ 디클로로벤지딘[91-94-1] 및 그 염(Dichlorobenzidine and its salts) ④ 베릴륨(Beryllium; 7440-41-7) ⑤ 벤조트리클로라이드(Benzotrichloride; 98-07-7) ⑥ 비소[7440-38-2] 및 그 무기화합물(Arsenic and its inorganic compounds) ⑦ 염화비닐(Vinyl chloride; 75-01-4) ⑧ 콜타르피치[65996-93-2] 휘발물(Coal tar pitch volatiles) ⑨ 크롬광 가공(열을 가하여 소성 처리하는 경우만 해당한다)(Chromite ore processing) ⑩ 크롬산 아연(Zinc chromates; 13530-65-9 등) ⑪ o-톨리딘[119-93-7] 및 그 염(o-Tolidine and its salts) ⑫ 황화니켈류(Nickel sulfides; 12035-72-2, 16812-54-7) ⑬ 제1호부터 제4호까지 또는 제6호부터 제12호까지의 어느 하나에 해당하는 물질을 함유한 혼합물(함유된 중량의 비율이 1퍼센트 이하인 것은 제외한다) ⑭ 제5호의 물질을 함유한 혼합물(함유된 중량의 비율이 0.5퍼센트 이하인 것은 제외한다) ⑮ 그 밖에 보건상 해로운 물질로서 산업재해보상보험및예방심의위원회의 심의를 거쳐 고용노동부장관이 정하는 유해물질

년의 범위에서 그 기간의 연장을 승인할 수 있다. 이 경우 사업주는 안전 및 보건에 관한 평가를 받아야 한다(산안법 제58조⑤). 또한 사업주는 승인을 받은 사항 중 도급공정, 도급공정 사용 최대 유해화학물질, 도급기간(3년 미만으로 승인 받은 자가 승인일부터 3년 내에서 연장하는 경우만 해당함) 등을 변경하려는 경우에는 변경에 대한 승인을 받아야 한다(산안법 제58조⑥, 규칙제76조).

〈도급금지의 예외 판단〉[51]

○ 일시·간헐 작업 도급금지 예외의 기본원칙은 상시인력 고용이 어려운 사정이 객관적으로 인정되어야 한다는 것임 * 일시적 작업은 그 수요가 갑자기 발생하여 상시인력 고용이 불가능한 경우, 간헐적 작업은 작업의 수요는 예측이 되나, 오랜 기간의 간격을 두고 발생하여 상시인력 고용이 어려운 경우임 * 상시인력 고용이 어려운 사정이 인정되더라도 '일시적 작업'은 '30일 이내 종료되는 1회성 작업'으로 '간헐적 작업'은 연간 총 작업일수가 60일을 초과하지 않는 작업으로 제한 ○ '일시·간헐적 작업'은 「파견근로자 보호 등에 관한 법률」에서 갑작스런 주문증가, 생산계획 변경 등 예측이 불가능한 요인으로 발생한 업무로서 기존 인력 대처 한계인 경우로 봄 (연중 반복적으로 발생하지 않아야 함) * (간헐 작업 예) 허가대상물질 비소화합물 촉매 교체 작업으로 10개월마다 하는데, 특수장비가 필요하며, 통상 작업기간은 40일이 소요되어 해당 작업에 필요한 인력을 상시 고용하기 어려움이 인정됨(황화니켈 촉매 교체는 4년마다 함) ○ '전문적 기술'이란 도급인이 습득·보유하기 어려운 전문적인 기술임이 지정, 고시, 공고, 인증, 특허 등에 의해 객관적으로 확인 가능한 경우 ○ '필수 불가결 '이란 해당 기술이 없다면 도급인의 전체 사업 중 도급과 관련된 사업의 운영이 불가능한 경우

나. 도급의 승인과 하도급 금지

사업주는 자신의 사업장에서 안전 및 보건에 유해하거나 위험한 작업 중 급성 독성, 피부 부식성 등이 있는 물질의 취급 등 대통령령으로 정하는 작업[52]을 도

51) 고용노동부, 「도급시 산업재해 예방 운영지침」 2020.2

52) 도급승인 대상작업으로는 ① 중량비율 1% 이상의 황산, 불화수소, 질산 또는 염화수소를 취급하는 설비를 개조·분해·해체·철거하는 작업 또는 해당 설비의 내부에서 이루어지는 작업. 다만, 도급인이 해당 화학물질을 모두 제거한 후 증빙자료를 첨부하여 고용노동부장관에게 신고한 경우는 제외한다. ② 그 밖에 유해하거나 위험한 작업으로서 「산업재해보상보험법」 제8조제1항에 따른 산업재해보상보험및예방심의위원회의 심의를 거쳐 고용노동부장관이 정하는 작업이다(산안법 영제51조).

급하려는 경우에는 고용노동부장관의 승인을 받아야 한다. 이 경우 사업주는 안전 및 보건에 관한 평가를 받아야 한다(산안법 제59조①). 또한 고용노동부장관으로부터 승인을 받은 작업을 도급받은 수급인은 그 작업을 하도급 할 수 없다(산안법 제60조).

이를 위반하여 사업주가 고용노동부장관의 승인을 받지 않고 유해한 작업을 도급한 경우 또는 승인을 받아 도급받은 작업을 재하도급한 경우에는 10억원 이하의 과징금이 부과·징수 된다(산안법 제161조①제2호, 제3호).

다. 적격 수급인 선정 의무

사업주는 산업재해 예방을 위한 조치를 할 수 있는 능력을 갖춘 사업주에게 도급하여야 한다(산안법 제61조). 이는 사업주로 하여금 수급인 근로자의 산업재해 예방을 위해 안전 및 보건에 관하여 필요한 조치를 이행할 수 있는 능력이 있는 자와 도급계약을 체결하도록 의무를 부과한 것이다.

사업주는 입찰단계에서 '도급사업의 안전보건관리계획서' 및 '수급업체 선정 가이드라인' 내용을 명확히 제시하고, 계약단계에서 수급인의 안전수준을 평가하고 법규 준수 및 안전보건 조치이행 등에 대한 약정을 하는 등 수급인의 적격성을 평가하는 시스템 등을 마련해야 한다. 사업주가 적격수급인 선정 의무를 위반한 경우 직접적인 산업안전보건법상의 처벌규정은 없지만, 이러한 의무를 위반함으로 인해 제3자에게 인적·물적 손해가 발생하는 경우 민·형사 상 책임이 귀속될 수 있다.[53)]

53) 고용노동부, 「도급시 산업재해 예방 운영지침」 2020.2

2 도급인의 안전조치 및 보건조치

가. 도급의 정의와 판단기준[54)]

(1) 개 요

개정 전 산업안전보건법에서는 도급인의 안전조치 및 보건조치 의무와 건설공사발주자의 안전조치 및 보건조치 의무를 부여하고 있었으나, 도급인과 건설공사발주자에 대한 명확한 정의 규정이 없었다. 개정 산업안전보건법 [법률 제16272호, 2019.1.15, 전부개정]에서는 관계수급인 근로자 보호를 위해 도급인의 책임을 강화하고, 건설공사발주자에게 산재예방 조치의무를 추가함에 따라 각 주체별 명확한 산재예방 책임 부여를 위해 도급인과 건설공사발주자에 대한 정의 규정을 신설하였다.

산업안전보건법상 도급은 '일의 완성 또는 결과'에 대하여 '보수를 지급'할 것을 요건으로 하는 「민법」상 도급계약 뿐만 아니라 그 명칭이나 형식에 관계없이 자신의 업무를 타인에게 맡기는 계약을 의미하며 이 때 타인에게 맡기는 업무가 부수적이거나 보조적인 경우에도 적용된다. 또한 "도급인"은 자신의 업무를 타인에게 맡기는 사업주(건설공사발주자 제외)이며, "건설공사발주자"는 건설공사를 도급하는 자로서 건설공사의 시공을 주도하여 총괄·관리하지 아니하는 자(도급받은 건설공사를 다시 도급하는 자는 제외)를 말한다.

---

54) 고용노동부, 「도급시 산업재해 예방 운영지침」 2020.2

〈산업안전보건법 관련 규정〉

제2조【정의】이 법에서 사용하는 용어의 뜻은 다음과 같다.

6. "도급"이란 명칭에 관계없이 물건의 제조·건설·수리 또는 서비스의 제공, 그 밖의 업무를 타인에게 맡기는 계약을 말한다.
7. "도급인"이란 물건의 제조·건설·수리 또는 서비스의 제공, 그 밖의 업무를 도급하는 사업주를 말한다. 다만, 건설공사발주자는 제외한다.
8. "수급인"이란 도급인으로부터 물건의 제조·건설·수리 또는 서비스의 제공, 그 밖의 업무를 도급받은 사업주를 말한다.
9. "관계수급인"이란 도급이 여러 단계에 걸쳐 체결된 경우에 각 단계별로 도급받은 사업주 전부를 말한다.
10. "건설공사발주자"란 건설공사를 도급하는 자로서 건설공사의 시공을 주도하여 총괄·관리하지 아니하는 자를 말한다. 다만, 도급받은 건설공사를 다시 도급하는 자는 제외한다.
11. "건설공사"란 다음 각 목의 어느 하나에 해당하는 공사를 말한다.
    가. 「건설산업기본법」 제2조제4호에 따른 건설공사
    나. 「전기공사업법」 제2조제1호에 따른 전기공사
    다. 「정보통신공사업법」 제2조제2호에 따른 정보통신공사
    라. 「소방시설공사업법」에 따른 소방시설공사
    마. 「문화재수리 등에 관한 법률」에 따른 문화재수리공사

(2) 산업안전보건법상의 도급 판단기준

산업안전보건법에서는 관계수급인 근로자의 폭넓은 보호를 위해 도급의 정의를 일의 완성 또는 대가의 지급여부와 관계없이 '업무를 타인에게 맡기는 계약'으로 확대하고 있다. 따라서 도급인의 업무에 해당한다면 사업목적과 직접적 관련성이 있는 경우 뿐만 아니라 직접적으로 관련이 없는 경우에도 도급에 포함된다. 예를 들어 기계장치, 전기·전산설비 등 생산설비에 대한 정기적·일상적인 정비·유지·보수, 경비·조경·청소 등 용역서비스, 통근버스·구내식당 등 복리후생시설 운영 등도 도급으로 보고 있다.

한편, 산업안전보건법상 도급은 수급인(또는 도급인)이 근로자를 사용하여 사업을 하는 사업주임을 전제(도급인 및 수급인과 수급인이 사용하는 근로자의 3자 관계)로 한 것이므로 사업주가 근로자를 사용하지 않는 개인 사업자에게 자신의 업무를 맡기는 계약의 경우에는 산업안전보건법상 도급에 해당한다고 보기 어렵다. 예를 들어 법인 사업주가 근로자를 사용하지 않는 개인 변호사에게 소송대리를 위

임하는 경우 산업안전보건법상 도급으로 판단하기 어렵다.

실무해설

하수처리시설 운영의 위탁이 도급에 해당하는지 여부

지방자치단체 또는 환경공단이 하수처리시설의 운영을 민간업체에 위탁하는 것은 자신의 업무를 타인에게 맡기는 계약이므로 「산업안전보건법」상 도급으로 판단할 수 있음.

하자보수(A/S)가 도급에 해당하는지 여부

통상적인 제품이 갖추어야 할 상품 자체의 품질이나 성능결함으로 인한 하자를 보증기간 내에 수리하는 것은 제조물에 대한 하자보수(A/S)로서 제조자 자신의 업무이나, 보증기간이 지났거나 사용자 귀책으로 발생한 고장으로 인하여 보수를 맡기는 경우라면 산업안전보건법상 도급으로 볼 수 있음.

※ 제조물에 대한 하자보수 업무가 제조자의 업무라 하더라도, 제조자 소속 근로자 등이 제품 사용 사업장에서 하자보수 작업 중 해당 사업장의 유해·위험요인으로 인하여 사고가 발생할 경우 제품 사용 사업주는 안전조치 의무위반 등으로 책임을 질 수 있음.

(3) 산업안전보건법상 건설공사발주자와 도급인의 판단기준

산업안전보건법에서는 건설공사를 도급하는 경우 도급을 준 공사의 시공을 주도하여 총괄·관리한다면(자기공사자) 도급인 책임을, 그렇지 않다면 건설공사발주자 책임을 지게 된다. 이 때 공사의 시공을 주도하여 총괄·관리하는지 여부는 당해 건설공사가 사업의 유지 또는 운영에 필수적인 업무인지, 상시적으로 발생하거나 이를 관리하는 부서 등 조직을 갖췄는지, 예측 가능한 업무인지 등을 다양한 요인을 종합적으로 고려하여 판단한다.

제조업 등에서 기계·설비의 정비, 수리 및 유지관리 등을 도급하는 경우 도급인 책임을 지게 된다. 다만, 도급하는 업무가 건설공사인 경우 공사의 시공을 주도하여 총괄·관리하는지 여부를 판단하여 도급인 책임 또는 건설공사발주자 책임을 지게 된다.

실무해설

시설물의 유지·보수공사를 도급하는 경우

① 해당 공사가 상시적으로 발생하거나 사업수행에 필수적인 경우 또는 이를 관리하는 부서 등 조직이 있는 경우에는 그 시공을 주도하여 총괄·관리하는 것으로 볼 수 있으므로 도급인 책임을 지게 됨.

예1) 제조업체에서 공무팀 주관하에 보일러 교체공사 일부를 도급한 후 그 제조업체와 도급받은 업체가 공동으로 시공하는 경우

예2) 상시적으로 발생하는 컨베이어 부품 교체 등 장치를 수리·보수하는 경우

② 사업의 유지에 필수적이지 않은 건설공사 등 업무를 도급하는 경우에 도급하는 자가 그 공사를 총괄·관리하지 않는 것으로 볼 수 있다면 건설공사발주자 책임을 지게 됨.

예) 아파트 관리사무소에서 외벽의 도장공사를 전문업체에게 도급하는 경우

③ 대규모 장치산업(석유화학업종, 철강업종 등)에서 대정비·대보수 공사를 할 때, 건설공사를 도급하는 자가 공사의 시공을 주도하여 총괄·관리하는 특별한 경우가 아니라면 건설공사발주자 책임을 지게 됨.

예1) 발전소에서 전력 비수기에 발전을 중단하고 계획예방정비공사를 하는 경우

예2) 화학공장에서 휴가철에 전체 공정을 중단하고 대정비보수 공사하는 경우

기계설비 등의 설치·해체 또는 정비·수리공사를 도급하는 경우

① 발전소에서 컨베이어벨트 경상정비 및 기계 정비·수리를 기계설비 업체[55]에 도급을 주어 그 업체가 발전소에 상주하여 작업을 하는 경우에는 건설공사에 해당하지 않아 도급하는 사업주는 도급인 책임을 지게 됨. 도급하는 업무가 관련법상 건설공사에 해당하여 건설공사 계약을 체결한 경우라 하더라도, 계약의 명칭이나 형식이 아니라 계약의 내용 및 수행방법 등을 보아 도급하는 사업주가 실질적으로 그 공사의 시공을 주도하여 총괄·관리하는 경우 도급인 책임을 지게 됨.

② 사용하지 않는 보일러·플랜트 해체, 기존에 설치된 물탱크 교체 등 기계설비를 설치, 교체 또는 해체하는 경우 도급하는 자가 그 공사의 시공을 주도하여 총괄·관리하는 특별한 경우가 아니라면 건설공사발주자 책임을 지게 됨.

③ 제조업체에서 보일러에 대한 설치·해체와 정비·수리를 합하여 하나의 단가계약방식으로 도급하는 경우에는 단위작업의 성격*에 따라 건설공사발주자인지 도급인인지 판단함. 정비·수리 등 건설공사가 아니면 도급인 책임, 설치·해체 등 건설공사이면서 그 시공을 주도하여 총괄·관리하는 경우 도급인 책임, 건설공사에 해당하나 시공을 주도하여 총괄·관리하지 않는다면 건설공사발주자 책임을 지게 됨.

55) 산업용 기계·장비 및 용품을 전문적으로 수리·유지하는 산업활동에 해당하여 산업용 기계 및 장비 수리업(제조업)에 해당함

나. 도급인의 안전조치 및 보건조치

(1) 개 요

도급인은 관계수급인 근로자가 도급인의 사업장에서 작업을 하는 경우에 자신의 근로자와 관계수급인 근로자의 산업재해를 예방하기 위하여 안전 및 보건 시설의 설치 등 필요한 안전조치 및 보건조치를 하여야 한다. 다만, 보호구 착용의 지시 등 관계수급인 근로자의 작업행동에 관한 직접적인 조치는 제외한다(산안법 제63조). 여기에서 도급인의 사업장은 도급인이 제공하거나 지정한 경우로서 도급인이 지배·관리하는 대통령령으로 정하는 장소[56]를 포함한다(산안법 제10조②).

---

56) 산업안전보건법 시행령 제11조(도급인이 지배·관리하는 장소) 법 제10조제2항에서 "대통령령으로 정하는 장소"란 다음 각 호의 어느 하나에 해당하는 장소를 말한다.

1. 토사(土砂)·구축물·인공구조물 등이 붕괴될 우려가 있는 장소
2. 기계·기구 등이 넘어지거나 무너질 우려가 있는 장소
3. 안전난간의 설치가 필요한 장소
4. 비계(飛階) 또는 거푸집을 설치하거나 해체하는 장소
5. 건설용 리프트를 운행하는 장소
6. 지반(地盤)을 굴착하거나 발파작업을 하는 장소
7. 엘리베이터홀 등 근로자가 추락할 위험이 있는 장소
8. 석면이 붙어 있는 물질을 파쇄하거나 해체하는 작업을 하는 장소
9. 공중 전선에 가까운 장소로서 시설물의 설치·해체·점검 및 수리 등의 작업을 할 때 감전의 위험이 있는 장소
10. 물체가 떨어지거나 날아올 위험이 있는 장소
11. 프레스 또는 전단기(剪斷機)를 사용하여 작업을 하는 장소
12. 차량계(車輛系) 하역운반기계 또는 차량계 건설기계를 사용하여 작업하는 장소
13. 전기 기계·기구를 사용하여 감전의 위험이 있는 작업을 하는 장소
14. 「철도산업발전기본법」 제3조제4호에 따른 철도차량(「도시철도법」에 따른 도시철도차량을 포함한다)에 의한 충돌 또는 협착의 위험이 있는 작업을 하는 장소
15. 그 밖에 화재·폭발 등 사고발생 위험이 높은 장소로서 고용노동부령으로 정하는 장소

산업안전보건법 시행규칙 제6조(도급인의 안전·보건 조치 장소) 「산업안전보건법 시행령」(이하 "영"이라 한다) 제11조제15호에서 "고용노동부령으로 정하는 장소"란 다음 각 호의 어느 하나에 해당하는 장소를 말한다.

1. 화재·폭발 우려가 있는 다음 각 목의 어느 하나에 해당하는 작업을 하는 장소
   가. 선박 내부에서의 용접·용단작업
   나. 안전보건규칙 제225조제4호에 따른 인화성 액체를 취급·저장하는 설비 및 용기에서의 용접·용단작업

산업안전보건법에서는 도급인이 수급인 또는 수급인 근로자에 대한 안전 및 보건조치 책임을 부담하는 범위를 관계수급인 근로자가 도급인의 사업장과 도급인이 제공하거나 지정한 장소로서 도급인이 지배·관리하는 대통령령으로 정하는 장소에서 작업하는 경우로 규정하여 도급인이 관계수급인 근로자의 작업 장소, 시설 등의 위험에 대하여 지배 관리권이 있다면 도급의 유형, 위험장소, 사업의 목적 여부 등에 관계없이 수급인 근로자의 안전 및 보건조치에 대해 책임지도록 하였다. 다만, 불법파견 등의 분쟁 발생 가능성을 고려하여 관계수급인 근로자의 작업행동에 관한 직접적인 조치는 제외하였다.[57]

도급인이 안전·보건조치 의무를 위반한 경우 3년 이하의 징역 또는 3천만원 이하의 벌금에 처해지며(산안법 제169조①), 이를 위반하여 근로자를 사망에 이르게 한 자는 7년 이하의 징역 또는 1억원 이하의 벌금에 처해진다(산안법 제167조①).

다. 안전보건규칙 제273조에 따른 특수화학설비에서의 용접·용단작업
라. 가연물(可燃物)이 있는 곳에서의 용접·용단 및 금속의 가열 등 화기를 사용하는 작업이나 연삭숫돌에 의한 건식연마작업 등 불꽃이 발생할 우려가 있는 작업

2. 안전보건규칙 제132조에 따른 양중기(揚重機)에 의한 충돌 또는 협착(狹窄)의 위험이 있는 작업을 하는 장소
3. 안전보건규칙 제420조제7호에 따른 유기화합물 취급 특별장소
4. 안전보건규칙 제574조 각 호에 따른 방사선 업무를 하는 장소
5. 안전보건규칙 제618조제1호에 따른 밀폐공간
6. 안전보건규칙 별표 1에 따른 위험물질을 제조하거나 취급하는 장소
7. 안전보건규칙 별표 7에 따른 화학설비 및 그 부속설비에 대한 정비·보수 작업이 이루어지는 장소

57) 고용노동부, 「산업안전보건법 전부개정법률 주요내용 설명자료」(2019.1)

실무해설

〈도급인이 제공·지정한 장소로서 도급인이 지배·관리의 판단기준〉

〔예시 1〕

사업장 밖의 안전시설이나 주요설비의 경우에도 수급인이 임의로 설치·해체 및 변경할 수 없거나 도급인과 협의하여야 가능한 경우에는 도급인의 지배·관리 범주에 해당함. 이와 달리 ① 수급인 자신이 작업장소나 시설·설비 등을 소유하거나 도급인이 아닌 제3자로부터 임대하여 사용하는 경우 ② 시설·설비 및 장비에 대한 시설변경 및 안전장치 설치·해체를 수급인의 필요에 따라 임의로 행하는 경우 등은 도급인의 지배·관리 영역 밖임.

〔예시 2〕

도급인이 자신의 업무를 관계수급인에게 맡기기 위하여 작업장소나 설비를 임대계약의 형식으로 지정·제공하였다 하더라도, 계약의 실질이 지배·관리 요건(해당 장소의 유해·위험요인을 인지하고 파악하여 유해·위험요인 제거 등을 통제할 수 있는 정도)을 충족한다면 그 장소는 도급인의 책임장소로 볼 수 있음.

〔예시 3〕

도급인이 수급인에게 작업장소나 시설 등을 무상임대로 제공하고, 임대 작업장의 시설·설비를 도급인이 관리하는 경우에는 도급인의 지배·관리 범주에 해당함.

〔예시 4〕

도급인 사업장 밖의 제3자 소유의 작업장소(예: 에어컨 설치 및 수리작업, 인터넷 설치 및 수리작업, 방문요양 등)나 수급인 소유 시설의 경우 도급인의 지배·관리권이 미치지 못하므로 도급인의 책임범위로 보기 어려움. 다만 해당 작업장소에서도 산업재해 예방을 위한 조치 등이 필요하므로 수급인 소유 시설에서는 수급인에게 산재예방 책임이 존재하며, 제3자 소유의 작업장소일지라도 수급인 소속 근로자의 작업과 관련하여 수급인의 산재예방 책임 존재.

〔예시 5〕

지방자치단체 또는 환경공단이 하수처리시설 운영을 민간업체에 위탁하였고, 해당 사업장에서 민간업체의 근로자가 작업을 하다 안전난간 미설치 등으로 인한 추락사고가 발생한 경우 그 사고가 도급인의 사업장 밖이라 할지라도 도급인이 제공·지정하고 지배·관리하는 추락위험장소이므로 하수처리시설 운영을 위탁받은 민간업체는 제38조에 따른 사업주로서 책임을 지고, 지방자치단체 또는 환경공단은 제63조에 따른 도급인으로서 책임을 짐.

〔예시 6〕

택배원이 건설현장 내 배송업무(수령인이 건설공사 도급인의 근로자, 수급인 또는 수급인의 근로자 등)를 한 경우 건설공사도급인은 자신의 업무를 택배원에게 맡긴 것이 아니므로 도급으로 볼 수는 없음.

※ 건설현장의 위험요인에 의해 사고가 발생할 경우 건설사업자는 건설현장 내 기계·기구 및 설비, 시설물 등의 위험으로부터의 산업재해 예방 의무 위반에 대한 책임을 질 수 있음.

(2) 사업장 전체근로자의 산업재해 예방을 위한 조치

산업안전보건법에서는 도급인이 수급인과 공동책임을 부담하는 안전·보건조치 의무와 구분하여 도급에 따른 도급인 고유의 책임을 별도로 규정하는 한편 도급인의 관계수급인 근로자에 대한 안전보건조치 의무를 규정하고 있다.

도급인이 산업재해 예방조치 의무를 위반한 경우에는 500만원 이하의 벌금에 처해진다(산안법 제172조).

〈도급인의 산업재해 예방조치 의무〉

1. 도급인과 수급인을 구성원으로 하는 안전·보건에 관한 협의체의 구성 및 운영: 공사금액 120억원 이상(토목공사 150억원 이상)의 건설업, 노사 동수로 구성(공사금액 20억 이상 사업), 1개월마다 정기회의 실시
2. 작업장의 순회점검 등 안전·보건관리(건설업은 2일에 1회 이상)
3. 관계수급인 근로자에게 하는 안전·보건교육을 위한 장소 및 자료제공 등 지원과 특별안전교육 실시 확인
4. 관계수급인 또는 관계수급인 근로자가 작업하는 경우 도급인이 작업환경측정
5. 발파작업, 화재·폭발 및 토석·구축물 등의 붕괴 또는 지진에 대비한 경보운영과 대피방법 훈련
6. 수급인에게 위생시설 설치장소 제공 또는 도급인이 설치한 위생시설의 이용 협조
7. 도급인 및 도급인 근로자, 관계수급인 및 관계수급인 근로자와 정기적· 수시적 작업장에 대한 안전·보건점검(건설업은 2개월에 1회 이상)
8. 화학물질 또는 화학물질을 함유한 제제(製劑)를 제조·사용·운반 또는 저장하는 설비를 개조하는 등 안전·보건상 유해하거나 위험한 작업을 도급하는 자는 수급인의 근로자의 산업재해를 예방하기 위하여 안전·보건에 관한 정보를 제공

① 안전·보건에 관한 협의체의 구성 및 운영

도급인인 사업주는 도급인인 사업주 및 그의 수급인인 사업주 전원으로 구성하는 안전·보건에 관한 협의체를 구성·운영하여야 한다(산안법 제64조①제1호, 산안법 규칙 제79조①). 협의체 구성원은 도급인 및 도급계약을 직접 체결한 수급인이므로 수급인으로부터 재하도급 받은 관계수급인은 제외한다.

협의체는 작업의 시작 시간, 작업 또는 작업장 간의 연락 방법, 재해발생 위험 시의 대피 방법, 작업장에서의 위험성평가의 실시에 관한 사항, 사업주와 수급인 또는 수급인 상호 간의 연락 방법 및 작업공정의 조정 등의 사항을 협의한다(산안법 규칙 제79조②).

협의체는 매월 1회 이상 정기적으로 회의를 개최하고 그 결과를 기록·보존하여야 한다(산안법 규칙 제79조③). 협의체는 상시적·정기적 협의를 위한 것이므로 30일 이내에 종료되는 일시적 작업의 경우 안전·보건에 관한 협의체를 구성하지 않아도 된다.

관련사례

□ 사업주간 안전보건협의체 운영시 일부 수급인이 불참한 경우 벌금부과 등 처벌이 가능한지(산업안전팀-1628, 2006.4.7)

수개의 수급업체 중 일부가 불참한 상태에서 사업주간 협의체가 운영되었고, 도급사업의 합동 안전·보건점검이 이루어진 경우에는 불참한 수급업체의 공사종류, 소속 근로자 수, 불참이유, 협의체 및 합동점검 실태 등을 종합적으로 고려하여 처벌 여부를 판단하여야 할 것으로 사료되며, 사업주간 협의체 구성·운영 및 도급사업 합동 안전·보건점검 의무를 이행하지 않을 경우 각각 500만원 이하의 벌금에 처하게 됨.

② 작업장의 순회점검 등 안전·보건 관리

도급인인 사업주는 작업장을 순회점검 하여야 한다(산안법 제64조①제2호).

도급인인 사업주는 작업장 순회점검하는 경우 건설업, 제조업, 토사석 광업, 서적, 잡지 및 기타 인쇄물 출판업, 음악 및 기타 오디오물 출판업, 금속 및 비금속 원료 재생업은 2일에 1회 이상, 그 외 사업은 1주일에 1회 이상 실시한다(산안법 규칙 제80조①).

수급인인 사업주는 도급인인 사업주가 실시하는 순회점검을 거부·방해 또는 기피하여서는 안 되며 점검 결과 도급인인 사업주의 시정요구가 있으면 이에 따라야 한다(산안법 규칙 제80조②).

③ 관계수급인이 근로자에게 하는 안전·보건교육의 지원과 특별안전교육의 실시 확인

도급인은 관계수급인이 근로자에게 하는 안전보건교육을 위한 장소 및 자료의 제공 등 지원을 하여야 하고(산안법 제64조①제4호), 특별안전보건교육을 실시 확인하여야 한다(산안법 제64조①제4호).

도급인은 관계수급인이 실시하는 근로자의 안전·보건교육에 필요한 장소 및 자료의 제공 등을 요청받은 경우 협조해야 한다(산안법 규칙 제80조③).

건설현장의 경우 안전·보건교육 실시주체는 근로자를 고용한 수급인인 사업주가 되며, 도급인인 사업주는 산업재해를 예방하기 위하여 수급인이 행하는 근로자의 안전·보건교육에 대한 지도와 지원을 해야 할 의무가 있다.[58)]

관련사례

□ 도급업체와 수급업체간의 교육 및 건강진단 실시에 대한 법적 책임 여부(안정 68307-718, 2001.8.13)

산업안전보건법 제31조 및 제43조의 규정에 의하여 사업주는 소속 근로자에 대하여 안전·보건에 관한 교육, 근로자에 대한 정기적인 건강진단을 실시하도록 되어 있으므로 근로자에 대한 교육 및 건강진단의 실시주체는 소속 사업주임. 따라서 귀사와 같이 공정의 일부를 도급에 의하여 수행하는 건설현장의 경우 수급인이 사용하는 근로자라면 수급인인 사업주(협력 또는 하청회사)가 소속 근로자에 대한 산업안전보건법 제31조 및 제43조의 규정에 의한 교육 및 건강진단 등의 의무를 이행하여야 함. 다만, 산업안전보건법 제29조제1항제3호에 의하여 도급인인 사업주(원청회사)는 그가 사용하는 근로자와 그의 수급인이 사용하는 근로자가 동일한 장소에서 작업을 할 때에 생기는 산업재해를 예방하기 위하여 수급인이 행하는 근로자의 안전·보건교육에 대한 지도와 지원을 해야 할 의무가 있음.

④ 작업환경측정

도급인인 사업주는 근로자의 건강장해 예방을 위해 인체에 해로운 작업을 하는 작업장에 대해 작업환경측정을 실시한다(산안법 제125조②).

작업환경 측정을 할 때 근로자대표의 요구가 있으면 그를 참석시켜야 하며(산안법 제125조④), 산업안전보건위원회 또는 근로자대표의 요구가 있으면 직접 또는 작업환경측정을 실시한 기관이 측정결과에 대한 설명회를 가져야 한다(산안법 제125조⑦).

---

58) 안정 68307-718, 2001.8.13.

⑤ 경보운영과 통보

도급인인 사업주는 작업장소에서 발파작업을 하는 경우, 작업장소에서 화재·폭발, 토사구축물 등의 붕괴 또는 지진 등이 발생하는 경우에 대비한 경보의 운영과 대피방법 등 훈련을 이행하여야 한다(산안법 제64조①제5호).

(4) 도급사업의 합동 안전·보건점검

도급인은 자신의 근로자 및 관계수급인 근로자와 함께 정기적으로 또는 수시로 작업장의 안전 및 보건에 관한 점검을 하여야 한다(산안법 제64조②).

도급인이 안전·보건점검을 할 때에는 ① 도급인(같은 사업 내에 지역을 달리하는 사업장이 있는 경우에는 그 사업장의 안전보건관리책임자) ② 관계수급인(같은 사업 내에 지역을 달리하는 사업장이 있는 경우에는 그 사업장의 안전보건관리책임자) ③ 도급인 및 관계수급인의 근로자 각 1명(관계수급인의 근로자의 경우에는 해당 공정만 해당한다)으로 점검반을 구성하여야 한다(산안법 규칙 제82조①).

정기 안전·보건점검의 실시 횟수는 건설업, 선박 및 보트 건조업은 2개월에 1회 이상, 그 외 사업은 분기에 1회 이상을 실시한다(산안법 규칙 제82조②).

(5) 안전·보건에 관한 정보를 제공

다음 각 호의 작업을 도급하는 자는 그 작업을 수행하는 수급인 근로자의 산업재해를 예방하기 위하여 해당 작업 시작 전에 수급인에게 안전 및 보건에 관한 정보를 문서로 제공하여야 한다(산안법 제65①).

1. 폭발성·발화성·인화성·독성 등의 유해성·위험성이 있는 화학물질 중 고용노동부령으로 정하는 화학물질 또는 그 화학물질을 함유한 혼합물[59]을 제조·사용·운반 또는 저장하는 반응기·증류탑·배관 또는 저장탱크로서 고용노동부령으로 정하는 설비[60]를 개조·분해·해체 또는 철거하는 작업
2. 제1호에 따른 설비의 내부에서 이루어지는 작업

---

59) "고용노동부령으로 정하는 화학물질 또는 그 화학물질을 함유한 혼합물"이란 안전보건규칙 별표 1 및 별표 12에 따른 위험물질 및 관리대상 유해물질을 말한다(산안법 규칙 제84조①).
60) "고용노동부령으로 정하는 설비"란 안전보건규칙 별표 7에 따른 화학설비 및 그 부속설비를 말한다(산안법 규칙 제84조②).

3. 질식 또는 붕괴의 위험이 있는 작업으로서 대통령령으로 정하는 작업[61)]

(6) 수급인 또는 수급인의 근로자에 대한 시정요구

도급인은 관계수급인 근로자가 도급인의 사업장에서 작업을 하는 경우에 관계수급인 또는 관계수급인 근로자가 도급받은 작업과 관련하여 산업안전보건법 또는 산업안전보건법에 따른 명령을 위반하면 관계수급인에게 그 위반행위를 시정하도록 필요한 조치를 할 수 있다. 이 경우 관계수급인은 정당한 사유가 없으면 그 조치에 따라야 한다(산안법 제65①).

또한 도급인은 질식·붕괴 위험이 있는 작업 등 도급시 정보를 제공해야 하는 작업을 도급하는 경우(산안법 제65조①) 수급인 또는 수급인 근로자가 도급받은 작업과 관련하여 산업안전보건법 또는 산업안전보건법에 따른 명령을 위반하면 수급인에게 그 위반행위를 시정하도록 필요한 조치를 할 수 있다. 이 경우 수급인은 정당한 사유가 없으면 그 조치에 따라야 한다(산안법 제65②).

(7) 위생시설 설치장소 제공 또는 위생시설의 이용 협조

도급인은 관계수급인 근로자가 도급인의 사업장에서 작업을 하는 경우 휴게시설, 세면목욕시설, 세탁시설, 탈의시설, 수면시설 등의 위생시설 설치를 위하여 필요한 장소의 제공 또는 도급인이 설치한 위생시설 이용의 협조를 하여야 한다(산안법 제64조①제6호, 규칙 제81조①).

다. 안전보건총괄책임자

(1) 선임기준

도급인은 관계수급인 근로자가 도급인의 사업장에서 작업을 하는 경우에는 그 사업장의 안전보건관리책임자를 도급인의 근로자와 관계수급인 근로자의 산업재

61) "대통령령으로 정하는 작업"은 ① 산소결핍, 유해가스 등으로 인한 질식의 위험이 있는 장소로서 고용노동부령으로 정하는 장소(산안법 규칙 별표18에 따른 밀폐공간)에서 이루어지는 작업 ② 토사·구축물·인공구조물 등의 붕괴 우려가 있는 장소에서 이루어지는 작업을 말한다(산안법 영제54조)

해를 예방하기 위한 업무를 총괄하여 관리하는 안전보건총괄책임자로 지정하여야 한다. 이 경우 안전보건관리책임자를 두지 아니하여도 되는 사업장에서는 그 사업장에서 사업을 총괄하여 관리하는 사람을 안전보건총괄책임자로 지정하여야 하며(산안법 제62조①), 안전보건총괄책임자를 지정한 경우에는 「건설기술진흥법」 제64조제1항제1호에 따른 안전총괄책임자를 둔 것으로 본다(산안법 제62조②).

안전보건총괄책임자를 지정해야 하는 사업의 종류 및 사업장의 상시근로자 수는 관계수급인에게 고용된 근로자를 포함한 상시근로자가 100명(선박 및 보트 건조업, 1차 금속 제조업 및 토사석 광업의 경우에는 50명) 이상인 사업이나 관계수급인의 공사금액을 포함한 해당 공사의 총공사금액이 20억원 이상인 건설업이다(산안법 영제52조).

안전보건총괄책임자를 선임하지 않은 사업주에 대해서는 500만원 이하의 과태료가 부과된다(산안법 제175조⑤제1호).

(2) 안전보건총괄책임자의 직무

안전보건총괄책임자의 직무는 ① 위험성평가의 실시에 관한 사항(산안법 제36조), ② 산업재해 급박한 위험이 있는 경우 또는 중대재해가 발생하였을 때의 작업의 중지(산안법 제51조, 제54조), ③ 도급시 산업재해 예방조치(산안법 제64조), ④ 산업안전보건관리비의 관계수급인 간의 사용에 관한 협의·조정 및 그 집행의 감독(산안법 제72조①), ⑤ 안전인증대상기계등과 자율안전확인대상기계등의 사용 여부 확인 등이다(산안법 영제53조).

관련사례

□ 공사현장 착공시기에 A가 현장대리인 및 현장소장이었으나 작업수행중 B가 현장대리인, C가 현장소장으로 변경되었을 경우에 B, C중 누구를 안전보건총괄책임자로 선임하여야 할 것인지 여부(산안(건안) 68307-10370, 2001.8.4)

사업장에서 실질적으로 총괄관리하는 자를 안전보건관리책임자로 선임하여야 하며, 동법 제18조의 규정에 의하여 동일한 장소에서 사업의 일부를 도급에 의하여 행할 때에는 안전보건관리책임자를 안전보건총괄책임자로 지정하여야 함. 따라서, 현장대리인 또는 현장소장중 안전보건관리책임자로 선임된 자를 안전보건총괄책임자로 지정하여야 함.

3 건설업 등의 산업재해 예방

가. 건설공사발주자의 산업재해 예방 조치

(1) 개 요

총 공사금액이 50억원 이상인 건설공사의 건설공사발주자[62]는 건설공사[63]의 계획, 설계 및 시공 단계에서 산업재해 예방을 위한 조치를 하여야 한다(산안법 제67조①, 영제55조).

건설공사는 통상적으로 계획·설계·시공 등 건설공사 전 단계에서 발주자, 건설공사 도급인[64](시공자), 설계자 및 건설사업관리기술자(감리자)가 참여하는데 그 중 발주자는 공사계획, 설계, 시공 등 건설사업 전 과정에서 공사기간, 공사금액 등을 결정하게 된다. 따라서 효과적인 건설재해 예방을 위해 건설공사를 계획하고 설계하는 단계부터 발주자가 안전 및 보건 조치를 이행하도록 의무화 한 것이다.

건설공사발주자가 산업재해 예방조치 의무를 위반한 경우 1천만원 이하의 과태료가 부과된다(산안법 제175조④제3호).

---

62) "건설공사발주자"란 건설공사를 도급하는 자로서 건설공사의 시공을 주도하여 총괄·관리하지 아니하는 자(도급받은 건설공사를 다시 도급하는 자는 제외)를 말한다(산안법 제2조제10호).

63) "건설공사"란 ①「건설산업기본법」 제2조제4호에 따른 건설공사 ②「전기공사업법」 제2조제1호에 따른 전기공사 ③「정보통신공사업법」 제2조제2호에 따른 정보통신공사 ④「소방시설공사업법」에 따른 소방시설공사 ⑤「문화재수리 등에 관한 법률」에 따른 문화재수리공사를 말한다(산안법 제2조제11호).

64) "도급인"이란 물건의 제조·건설·수리 또는 서비스의 제공, 그 밖의 업무를 도급하는 사업주를 말한다. 다만, 건설공사발주자는 제외한다(산안법 제2조제7호).

〈건설사업 단계별 발주자의 역할〉[65)]

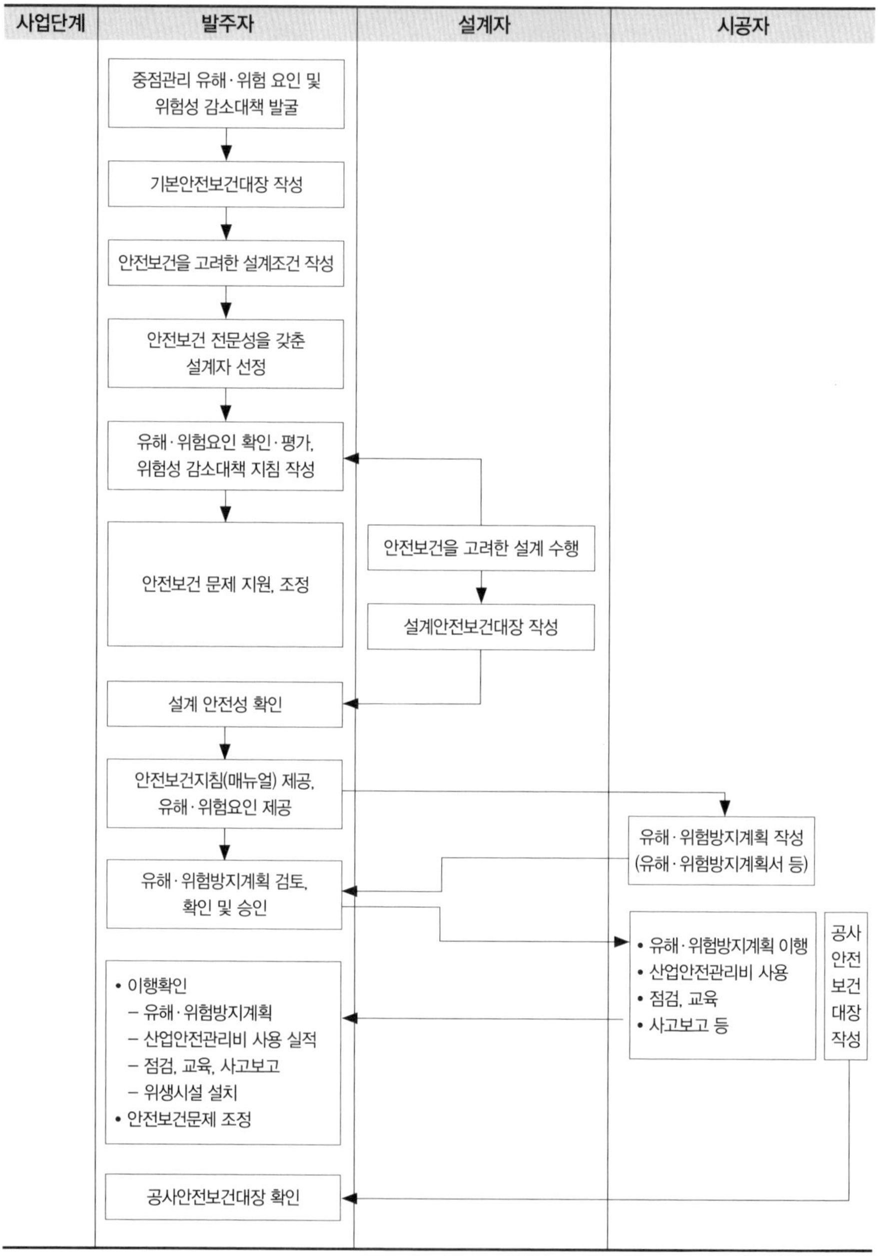

65) 고용노동부, 「발주자 안전보건관리 매뉴얼」(2019.4) p33

(2) 건설사업 단계별 안전보건대장 작성

건설공사 발주자는 건설공사 계획단계에서 기본안전보건대장을 작성하여야 하며, 설계단계에서 설계자가 설계안전보건대장을 작성하게 하고 이행을 확인하여야 하며, 시공단계에서 시공자가 공사안전보건대장을 작성하게 하고 이행을 확인하여야 한다(산안법 제67조①).

① 기본안전보건대장의 작성

기본안전보건대장은 건설공사 사업계획 단계에서 발주자가 작성하는 것으로, 설계자와 시공자가 근로자의 안전보건을 반영함에 있어 반드시 고려할 기본 사항과 발주자가 건설공사를 진행함에 있어 추구하는 안전보건의 방향이 포함되도록 작성되어야 한다.

기본안전보건대장에는 공사규모, 공사예산 및 공사기간 등 사업개요, 공사현장 제반 정보, 공사시 유해·위험요인과 감소대책 수립을 위한 설계조건 등이 포함되어야 한다(산안법 규칙제86조①).

〈기본안전보건대장 포함 내용〉[66]

구 분	내 용
1. 사업개요	• 공사명, 공사금액(추정), 공사기간(추정), 공사규모(연면적, 연장 등), 발주자(기관)
2. 현장 제반 정보	• 현장주소, 위치도, 인접도로 현황, 지하매설물 등 지장물 현황, 기타 특이사항
3. 안전보건 목표와참여조직	• 해당 건설공사의 안전·보건에 대한 목표 • 참여자(발주자, 설계자, 시공자, 안전보건 전문가 등)의 역할과 책임
4. 안전보건계획 수립시 고려할 주요사항	• 위험성 평가의 방법 및 절차 • 안전보건관리에 필요하 법규 및 내·외부의 기준 및 지침 • 설계 및 시공자의 안전보건관리 지원계획
5. 주요 유해·위험요인과 위험성 감소대책 수립을 위한 설계조건	• 발굴한 유해·위험요인 • 위험성 감소대책 수립 조건(참고한 문헌 및 해당 설계 내용과 관련된 주요 사고사례 분석 결과를 반영)
6. 과업지시서와 입찰설명서에 반영될 주요 안전보건 조건	• 설계발주시 과업지시서에 포함되어야 할 안전보건 조건(안전한 작업을 위한 적정 공사기간과 공사금액 산출, 반영할 지침, 매뉴얼 등) • 공사발주시 입찰내용(입찰설명서)에 포함되어야 할 안전보건 조건(반영할 지침, 매뉴얼 등)

66) 고용노동부, 「발주자 안전보건관리 매뉴얼」(2019.4) p43

구 분	내 용
7. 설계자와 시공자의 안전보건역량 평가 방법	• 설계자 입찰 및 낙찰시 반영할 설계자의 안전·보건 역량 평가 기준 • 시공자·입찰 및 낙찰시 반영할 시공자의 안전·보건 역량 평가 기준
8. 기본안전보건대장 작성 참여자	• 기본안전보건대장 작성에 관여한 조직 또는 개인, 안전보건전문가
9. 발주자 확인	• 발주자 확인일, 발주자 서명

② 설계안전보건대장의 작성

설계안전보건대장은 건설공사 설계단계에서 설계자가 작성하고 발주자가 확인하는 문서이다. 발주자는 설계안전보건대장을 통해 안전한 작업을 고려한 설계가 이루어졌음을 반드시 확인하여야 한다.

설계안전보건대장에 포함되어야 할 구체적인 내용으로는 ① 안전한 작업을 위한 적정 공사기간 및 공사금액 산출서 ② 공사 중 발생할 수 있는 주요 유해·위험요인 및 감소대책에 대한 위험성평가 내용 ③ 유해위험방지계획서의 작성계획 ④ 안전보건조정자의 배치계획 ⑤ 산업안전보건관리비의 산출내역서 ⑥ 건설공사의 산업재해 예방 지도의 실시계획 등이다. 다만, 「건설기술진흥법 시행령」 제75조의2에 따른 설계안전검토보고서를 작성한 경우에는 안전한 작업을 위한 적정 공사기간 및 공사금액 산출서, 공사 중 발생할 수 있는 주요 유해·위험요인 및 감소대책에 대한 위험성평가 내용는 포함하지 않을 수 있다(산안법 규칙제86조②).

〈설계안전보건대장 포함 내용〉[67)]

구 분	내 용
1. 사업개요	• 공사명, 공사금액, 공사기간, 공사규모, 발주자(기관), 설계자, 작성일, 작성자, 담당자, 현장주소, 위치도 등
2. 안전보건의 목표와 참여조직	• 해당 건설공사의 안전·보건의 목표 • 참여자(발주자, 설계자, 시공자, 안전보건 전문가 등)의 역할과 책임 • 발주자에게 받은 기본안전보건대장 문서번호와 날짜
3. 산업안전보건관리비 산출내역서	• 산업안전보건관리비 구체적 산출내역
4. 적정 공사기간 산정 요약표	• 공사기간 산정 근거(공종별 및 전체 결과)

67) 고용노동부, 「발주자 안전보건관리 매뉴얼」(2019.4) p52

구분	내용
5. 주요 유해·위험 요인 및 위험성 감소대책에 대한 위험성 평가	• 참고한 문헌 및 해당 설계 내용과 관련된 주요 사고사례 분석 결과 • 발주자가 제공한 유해·위험요인과 위험성 감소대책을 포함하여 설계단계의 위험성 평가 결과(반영한 설계도서 표시): 공종명, 유해·위험요인, 위험성(물적피해/인적피해/가능성/중대성/위험성)), 위험성 감소대책, 감소대책 적용 후 위험성, 작업 중 잔존 유해·위험요인 위험성 감소대책, 잔존 유해·위험요인 관리주체(DFS(국토교통부)를 시행한 경우, 위험성 평가 결과를 DFS 보고서 첨부로 대신할 수 있으며, 보건에 대한 위험성 평가 추가 제출)
6. 안전보건 회의 이력	• 발주자가 참여하여 진행한 설계단계의 안전보건 회의 이력 • 회의에 참여한 전문가
7. 유해·위험방지계획서 작성 대상 확인 및 재해예방 전문지도기관 기술지도 실시 계획	• 유해·위험방지계획서 작성 대상 여부 확인 • 재해예방 전문지도기관 기술지도 실시 대상 여부 확인 • (해당시) 재해예방 전문지도기관 기술지도 실시 계획
8. 발주자 확인	• 발주자 확인일, 발주자 서명, 설계안전보건대장 작성 책임자(설계자), 참여 안전보건 전문가, 발주자 담당자

③ 공사안전보건대장의 작성

공사안전보건대장은 건설공사 시공단계에서 시공자가 작성하고 발주자가 확인하는 대장으로 설계안전보건대장에서 반영한 내용의 확인, 적정 공사기간과 설계변경의 관리, 시공자의 안전보건조치 이행여부 확인, 관련법의 이행 확인 등의 내용이 포함되도록 작성되어야 한다.

설계안전보건대장에 포함되어야 할 구체적인 내용으로는 ① 설계안전보건대장의 위험성평가 내용이 반영된 공사 중 안전보건 조치 이행계획 ② 유해위험방지계획서의 심사 및 확인결과에 대한 조치내용 ③ 계상된 산업안전보건관리비의 사용계획 및 사용내역 ④ 건설공사의 산업재해 예방 지도를 위한 계약 여부, 지도결과 및 조치내용 등이다(산안법 규칙제86조③).

〈공사안전보건대장 포함 내용〉[68]

구 분	내 용
1. 사업개요	• 공사명, 공사금액, 공사기간, 공사규모, 발주자(기관), 설계자, 시공자, 담당자, 현장 주소, 위치도 등
2. 안전보건 목표와 참여 조직	• 해당 건설공사의 안전보건에 대한 목표 • 참여자(발주자, 설계자, 시공자, 안전보건전문가 등)의 역할과 책임 • 반영한 기본안전보건대장 문서번호와 설계자 받은 날짜 • 반영한 설계안전보건대장 문서번호와 설계자 받은 날짜 • 발주자가 제공한 안전보건 지침 문서번호, 명칭 등
3. 산업안전보건관리비 산출내역과 변경관리	• 산업안전보건관리비 산출내역(설계안전보건대장 내용) • 공사계약부터 준공까지 산업안전보건관리비 변경 주요 내용과 이력
4. 설계변경 및 공사기간 관리	• 적정공사기간 산정표(설계안전보건 대장 내용) • 공사계약~준공까지 공사기간 변경 주요 내용과 이력 • 설계변경 주요 내용과 이력(공법 변경 등 포함)
5. 주요 유해·위험 요소 관리 이행	• 설계단계에서 고려한 유해·위험요인 위험성 감소대책과 잔존 위험의 실행 확인 • 시공자가 발굴한 주요 유해·위험요인 및 위험작업 관리계획과 이행 확인(유해·위험방지계획서 작성대상 공사에서는 유해·위험방지계획서 이행 확인, 미대상 공사에서는 시공자가 작성한 유해·위험방지계획의 이행 확인) • 가설구조물의 구조적 안정성 확인 절차 이행 여부 확인
6. 안전보건관리 이행 확인	• 산업안전보건관리비 사용 내용 확인 이력 • 발주자가 참여한 현장 점검, 안전보건 회의 참여, 현장 안전보건프로그램 참여 이력(전문가도 포함) • 산임된 안전보건총괄(관리)책임자, 안전관리자, 보건관리자 이력(기간, 성명, 자격 등) • 위생시설(휴게실, 남녀탈의실, 화장실 등) 설치 확인 • 고용노동부와 안전보건공단 점검 및 감독 기록 • 산업안전보건위원회(노사협의체) 참여 또는 개최 확인 이력 • (해당시) 발주자의 근로자 상담 이력
7. 재해예방 전문지도기관 기술지도	• 재해예방 전문지도기관 기술지도 및 조치결과 확인 이력
8. 안전보건조정자 및 전문가	• 안전보건조정자 이력, 조정 내용 이력 • 발주자가 고용한 건설분야 안전보건 전문가 이력
9. 중대재해 관리	• 중대재해 발생 이력
10. 발주자 확인	• 공사안전보건대장 작성 관리 및 확인 • 작성 시공자, 준공 후 최종 발주자 확인일, 발주자 서명
별 첨	• 유해·위험방지계획(산업안전보건법에 명시된 작업에 대한 작업계획서 포함)

68) 고용노동부, 「발주자 안전보건관리 매뉴얼」(2019.4) p69

나. 안전보건조정자

(1) 안전보건조종자 선임 대상공사

2개 이상의 건설공사를 도급한 건설공사발주자는 그 2개 이상의 건설공사가 같은 장소에서 행해지는 경우에 작업의 혼재로 인하여 발생할 수 있는 산업재해를 예방하기 위하여 건설공사 현장에 안전보건조정자를 두어야 한다(산안법 제68조①). 안전보건조정자를 두어야 하는 건설공사는 총 공사금액이 50억원 이상인 건설공사다(산안법 영제56조①).

건설공사발주자가 안전보건조정자를 선임하지 않은 경우에는 500만원 이하의 과태료가 부과된다(산안법 제175⑤제1호).

(2) 안전보건조정자의 선임 기준

안전보건조정자를 두어야 하는 건설공사발주자는 제1호 또는 제4호부터 제7호까지에 해당하는 사람 중에서 안전보건조정자를 선임하거나 제2호 또는 제3호에 해당하는 사람 중에서 안전보건조정자를 지정해야 한다(산안법 영제56조②).

1. 법 제143조제1항에 따른 산업안전지도사 자격을 가진 사람
2. 「건설기술 진흥법」 제2조제6호에 따른 발주청이 발주하는 건설공사인 경우 발주청이 같은 법 제49조제1항에 따라 선임한 공사감독자
3. 다음 각 목의 어느 하나에 해당하는 사람으로서 해당 건설공사 중 주된 공사의 책임감리자
   가. 「건축법」 제25조에 따라 지정된 공사감리자
   나. 「건설기술 진흥법」 제2조제5호에 따른 감리 업무를 수행하는 자
   다. 「주택법」 제43조에 따라 지정된 감리자
   라. 「전력기술관리법」 제12조의2에 따라 배치된 감리원
   마. 「정보통신공사업법」 제8조제2항에 따라 해당 건설공사에 대하여 감리업무를 수행하는 자
4. 「건설산업기본법」 제8조에 따른 종합공사에 해당하는 건설현장에서 안전보건관리책임자로서 3년 이상 재직한 사람
5. 「국가기술자격법」에 따른 건설안전기술사
6. 「국가기술자격법」에 따른 건설안전기사 자격을 취득한 후 건설안전 분야에서 5년 이상의 실무경력이 있는 사람
7. 「국가기술자격법」에 따른 건설안전산업기사 자격을 취득한 후 건설안전 분야에서 7년 이상의 실무경력이 있는 사람

(3) 안전보건조정자의 업무

안전보건조정자의 업무로는 ① 같은 장소에서 행하여지는 각각의 공사 간에 혼재된 작업의 파악 ② 혼재된 작업으로 인한 산업재해 발생의 위험성 파악 ③ 혼재된 작업으로 인한 산업재해를 예방하기 위한 작업의 시기·내용 및 안전보건 조치 등의 조정 ④ 각각의 공사 도급인의 관리책임자 간 작업 내용에 관한 정보 공유 여부의 확인 등이며(산안법 영제57조①), 안전보건조정자는 업무를 수행하기 위하여 필요한 경우 해당 공사의 도급인과 수급인에게 자료의 제출을 요구할 수 있다(산안법 영제57조②).

다. 공사기간 단축 및 공법변경 금지

건설공사발주자 또는 건설공사도급인(건설공사발주자로부터 해당 건설공사를 최초로 도급받은 수급인 또는 건설공사의 시공을 주도하여 총괄·관리하는 자를 말한다)은 설계도서 등에 따라 산정된 공사기간을 단축해서는 아니 되며(산안법 제69조①), 공사비를 줄이기 위하여 위험성이 있는 공법을 사용하거나 정당한 사유 없이 정해진 공법을 변경해서는 아니 된다(산안법 제69조②).

공사기간 단축 및 공법변경 금지 의무를 위반한 경우 1천만원 이하의 벌금이 부과된다(산안법 제171조제1호).

라. 건설공사 공사기간 연장 및 설계변경 요청

(1) 공사기간 연장 요청

① 연장 요청의 사유

건설공사발주자는 ① 태풍·홍수 등 악천후, 전쟁·사변, 지진, 화재, 전염병, 폭동, 그 밖에 계약 당사자가 통제할 수 없는 사태의 발생 등 불가항력의 사유가 있는 경우 ② 건설공사발주자에게 책임이 있는 사유로 착공이 지연되거나 시공이 중단된 경우 등에 해당하는 사유로 건설공사가 지연되어 해당 건설공사도급인이 산업재해 예방을 위하여 공사기간 연장을 요청하는 경우 특별한 사유가 없으면 공사기간 연장 조치를 하여야 한다(산안법 제70조①). 또한 건설공사이 관계수급인도 같은 사유로 건설공사도급인에게 공사기간 연장을 요청할 수 있다(산안법 제70조②).

정당한 사유없이 공사기간 연장 요청을 하지 않은 경우 1천만원 이하의 과태료가 부과된다(산안법 제175조④제3호).

② 연장 요청의 방법

(ⅰ) 공사기간 연장 요청

건설공사도급인(관계수급인)은 공사기간 연장을 요청하려면 ㉠ 공사기간 연장 요청 사유 및 그에 따른 공사 지연사실을 증명할 수 있는 서류 ㉡ 공사기간 연장 요청 기간 산정 근거 및 공사 지연에 따른 공정 관리 변경에 관한 서류 등을 연장 요청 사유가 종료된 날부터 10일이 되는 날까지 공사기간 연장 요청서를 건설공사발주자(건설공사도급인)에게 제출해야 한다. 다만, 해당 공사기간의 연장 사유가 그 건설공사의 계약기간 만료 후에도 지속될 것으로 예상되는 경우에는 그 계약기간 만료 전에 건설공사발주자(건설공사도급인)에게 공사기간 연장을 요청할 예정임을 통지하고, 그 사유가 종료된 날부터 10일이 되는 날까지 공사기간 연장을 요청할 수 있다(산안법 규칙제87조①,②).

(ⅱ) 공사기간 연장 조치 및 결과 통보

건설공사발주자(건설공사도급인)은 건설공사도급인 및 관계수급인(관계수급인)에게 공사기간 연장 요청을 받은 날부터 30일 이내에 공사기간 연장 조치를 하거나 10일 이내에 건설공사발주자에게 그 기간의 연장을 요청해야 한다. 다만, 남은 공사기간 내에 공사를 마칠 수 있다고 인정되는 경우에는 그 사유와 그 사유를 증명하는 서류를 첨부하여 건설공사도급인에게 통보해야 한다(산안법 규칙제87조③,④).

관계수급인으로부터 공사기간 연장 요청을 받은 건설공사도급인은 건설공사발주자로부터 공사기간 연장 조치에 대한 결과를 통보받은 날부터 5일 이내에 관계수급인에게 그 결과를 통보해야 한다(산안법 규칙제87조⑤).

(2) 설계변경의 요청

① 변경 요청의 사유

건설공사도급인은 해당 건설공사 중 대통령령으로 정하는 가설구조물[69]의 붕괴 등으로 산업재해가 발생할 위험이 있다고 판단되면 건축·토목 분야의 전문가 등의 의견을 들어 건설공사발주자에게 해당 건설공사의 설계변경을 요청(건설공사발주자가 설계를 포함하여 발주한 경에는 제외)할 수 있다(산안법 제71조①). 또한 고용노동부장관으로부터 공사중지 또는 유해위험방지계획서의 변경 명령을 받은 건설공사도급인은 설계변경이 필요한 경우 건설공사발주자에게 설계변경을 요청할 수 있다(산안법 제71조②).

건설공사의 관계수급인도 같은 사유로 건설공사도급인에게 설계변경 요청을 할 수 있다. 이 경우 건설공사도급인은 그 요청받은 내용이 기술적으로 적용이 불가능한 명백한 경우가 아니면 이를 반영하여 해당 건설공사의 설계를 변경하거나 건설공사발주자에게 설계변경을 요청하여야 한다(산안법 제71조③).

설계변경 요청을 받은 건설공사발주자는 그 요청받은 내용이 기술적으로 적용이 불가능한 명백한 경우가 아니면 이를 반영하여 설계를 변경하여야 한다(산안법 제71조④).

건설공사도급인 또는 건설공사발주자가 정당한 사유없이 설계변경 의무 규정을 위반한 경우 1천만원 이하의 과태료가 부과된다(산안법 제175조④제3호).

② 변경 요청의 방법

(ⅰ) 설계변경 요청

건설공사도급인(관계수급인)이 설계변경을 요청할 때에는 건설공사 설계변경 요청서에 ㉠ 설계변경 요청 대상 공사의 도면 ㉡ 당초 설계의 문제점 및 변경요청 이유서 ㉢ 가설구조물의 구조계산서 등 당초 설계의 안전성에 관한 전문가의 검

69) 대통령령으로 정하는 가설구조물 이란 ① 높이 31미터 이상인 비계(飛階) ② 작업발판 일체형 거푸집 또는 높이 6미터 이상인 거푸집 동바리(타설(打設)된 콘크리트가 일정 강도에 이르기까지 하중 등을 지지하기 위하여 설치하는 부재(部材)) ③ 터널의 지보공(支保工: 무너지지 않도록 지지하는 구조물) 또는 높이 2미터 이상인 흙막이 지보공 ④ 동력을 이용하여 움직이는 가설구조물(산안법 영제58조①)

토 의견서 및 그 전문가(전문가가 공단인 경우는 제외한다)의 자격증 사본 ㉣ 그 밖에 재해발생의 위험이 높아 설계변경이 필요함을 증명할 수 있는 서류 등을 첨부하여 건설공사발주자(건설공사도급인)에게 제출해야 한다(산안법 규칙제88조①,③).

고용노동부장관으로부터 공사중지 또는 유해위험방지계획서의 변경 명령을 받은 건설공사도급인이 설계변경을 요청하는 경우 유해위험방지계획서 심사결과 통지서, 지방고용노동관서의 장이 명령한 공사착공중지명령 또는 계획변경명령 등의 내용을 추가로 첨부하여 건설공사발주자에게 제출해야 한다(산안법 규칙제88조②).

(ii) 설계변경 조치 및 결과 통보

관계수급인으로부터 설계변경을 요청받은 건설공사도급인은 설계변경 요청서를 받은 날부터 30일 이내에 설계를 변경한 후 건설공사 설계변경 승인 통지서를 건설공사의 관계수급인에게 통보하거나 설계변경 요청서를 받은 날부터 10일 이내에 건설공사 설계변경 요청서에 증빙서류를 첨부하여 건설공사발주자에게 제출해야 한다(산안법 규칙제88조④).

건설공사도급인으로부터 설계변경을 요청받은 건설공사발주자는 설계변경 요청서를 받은 날부터 30일 이내에 설계를 변경한 건설공사 설계변경 승인 통지서를 건설공사도급인에게 통보해야 한다. 다만, 설계변경 요청의 내용이 기술적으로 적용이 불가능함이 명백한 경우에는 건설공사 설계변경 불승인 통지서에 설계를 변경할 수 없는 사유를 증명하는 서류를 첨부하여 건설공사도급인에게 통보해야 한다(산안법 규칙제88조⑤).

설계변경을 요청받은 건설공사 도급인이 건설공사발주자로부터 설계변경 승인 통지서 또는 설계변경 불승인 통지서를 받은 경우에는 통보 받은 날부터 5일 이내에 관계수급인에게 그 결과를 통보해야 한다(산안법 규칙제88조⑥).

마. 산업안전관리비 계상

건설공사발주자가 도급계약을 체결하거나 건설공사도급인(건설공사발주자로부터 건설공사를 최초로 도급받은 수급인은 제외한다)이 건설공사 사업 계획을 수립할 때에는 산업재해 예방을 위하여 산업안전보건관리비를 도급금액 또는 사업비에 계상(計上)하여야 한다(산안법 제72조①). 건설공사발주자는 2천만원 이상 건설공사에 산업안전보건관리비 계상하여야 한다.[70]

건설공사도급인은 사용명세서를 작성하여 공사종료 후 1년 간 보존하여야 하며(산안법 제72조①, 규칙제89조②), 산업안전보건관리비를 산업재해 예방 외의 목적으로 사용해서는 아니 된다(산안법 제72조⑤). 산업안전관리비를 사용의무를 위반하여 목적외 사용금액이 1천만원을 초과하거나 사용내역서를 작성·보존하지 아니하여 과태료 처분을 받은 건설업체는 공공공사의 입찰참가자격사전심사(PQ)시 감점(-1점)이 부여된다(입찰참가자격 사전심사요령 [별표 2], [별표 3]).

건설공사의 경우 공사금액이 1억원 이상 120억원(토목공사업 150억원) 미만에 해당하는 공사 시공자는 산업안전보건관리비의 사용방법·재해예방조치 등에 관하여 고용노동부장관이 지정하는 '재해예방전문지도기관'의 지도를 받아야 한다(산안법 제73조①, 영제59조). 다만, 공사기간이 1개월 미만인 공사, 육지와 연결되지 아니한 섬지역(제주특별자치도 제외)의 공사, 안전관리자의 자격을 가진 사람을 선임하여 안전관리자의 업무만을 전담하도록 하는 공사 및 유해·위험방지계획서 제출대상이 되는 공사는 기술지도를 받지 않아도 된다(산안법 영제59조).

바. 기계·기구 등에 대한 건설공사도급인의 안전조치

(1) 건설공사도급인의 안전·보건조치 의무

건설공사도급인은 자신의 사업장에서 ① 타워크레인 ② 건설용 리프트 ③ 항타기(해머나 동력을 사용하여 말뚝을 박는 기계) 및 항발기(박힌 말뚝을 빼내는 기계) 등의 기계·기구 또는 설비 등이 설치되어 있거나 작동하고 있는 경우 또는 이를 설치·해체·조립하는 등의 작업이 이루어지고 있는 경우에는 필요한 안전조치 및 보건조치를 하여야 한다(산안법 제76조, 영제66조).

계약에 관계없이 건설현장 등 사업장에서 안전을 총괄·관리하는 건설공사도급

---

70) 「건설업산업안전보건관리비계상및사용기준」, 고용노동부고시 제2019-64호, 2019.12.31 시행 2020.7.1

인이 사업장에서 사용되는 타워크레인 등의 설치부터 해체에 이르기까지 전 과정에 대하여 안전 및 보건 조치에 대한 책임을 부담하도록 한 것이다.

건설공사도급인이 안전·보건조치 의무를 위반한 경우에는 3년이하의 징역 또는 3천만원 이하의 벌금에 처해진다(산안법 제169조제1호)

(2) 건설공사도급인의 기계·기구 등에 대한 안전조치 등

건설공사도급인 타워크레인 등의 기계·기구 설비에 대한 안전·보건조치 사항으로는 ① 작업시작 전 기계·기구 등을 소유 또는 대여하는 자와 합동으로 안전점검 실시 ② 작업을 수행하는 사업주의 작업계획서 작성 및 이행여부 확인(타워크레인, 항타기 및 항발기에 한정함) ③ 작업자가 자격·면허·경험 또는 기능을 가지고 있는지 여부 확인(타워크레인, 항타기 및 항발기에 한정함) ④ 그 밖에 해당 기계·기구 또는 설비 등에 대하여 안전보건규칙에서 정하고 있는 안전보건 조치 ⑤ 기계·기구 등의 결함, 작업방법과 절차 미준수, 강풍 등 이상 환경으로 인하여 작업수행 시 현저한 위험이 예상되는 경우 작업중지 조치 등이다(산안법 규칙제94조).

4 특수형태근로자에 대한 안전조치 및 보건조치

가. 특수형태근로종사자 보호대상

계약의 형식에 관계없이 근로자와 유사하게 노무를 제공하여 업무상의 재해로부터 보호할 필요가 있음에도 「근로기준법」 등이 적용되지 아니하는 자로 특수형태근로자로부터 노무를 제공받는 자는 특수형태근로종사자의 산업재해 예방을 위하여 필요한 안전조치 및 보건조치를 하여야 한다(산안법 제77조①). 이 규정을 위반한 경우 1천만원 이하의 과태료가 부과된다(산안법 제175조④제3호).

여기에서 특수형태종사자의 요건으로는 ① 대통령령으로 정하는 직종[71]에 종사할 것(건설업의 경우 「건설기계관리법」 제3조제1항에 따라 등록된 건설기계를 직접 운전하는 자) ② 주로 하나의 사업에 노무를 상시적으로 제공하고 보수를 받아 생활할 것 ③ 노무를 제공할 때 타인을 사용하지 아니할 것 등의 요건을 충족하여야 한다.

〈산업안전보건법 적용대상 건설기계의 종류〉

① 불도저 ② 굴착기 ③ 로더 ④ 지게차 ⑤ 스크레이퍼 ⑥ 덤프트럭 ⑦ 기중기 ⑧ 모터그레이더 ⑨ 롤러 ⑩ 노상안정기 ⑪ 콘크리트뱃칭플랜트 ⑫ 콘크리트피니셔 ⑬ 콘크리트살포기 ⑭ 콘크리트믹서트럭 ⑮ 콘크리트펌프 ⑯ 아스팔트믹싱플랜트 ⑰ 아스팔트피니셔 ⑱ 아스팔트살포기 ⑲ 골재살포기 ⑳ 쇄석기 ㉑ 공기압축기 ㉒ 천공기 ㉓ 항타 및 항발기 ㉔ 자갈채취기 ㉕ 준설선 ㉖ 특수건설기계 ㉗ 타워크레인

특수형태근로종사자로부터 노무를 제공받는 자는 안전 및 보건에 관한 교육을 실시하여야 한다(산안법 제77조②). 이를 위반하여 교육을 실시하지 않은 경우 500만원 이하의 과태료가 부과된다(산안법 제175조⑤제1호).

---

71) 제67조(특수형태근로종사자의 범위 등) 법 제77조제1항제1호에 따른 요건을 충족하는 사람은 다음 각 호의 어느 하나에 해당하는 사람으로 한다.
1. 보험을 모집하는 사람으로서 다음 각 목의 어느 하나에 해당하는 사람
   가. 「보험업법」 제83조제1항제1호에 따른 보험설계사
   나. 「우체국예금·보험에 관한 법률」에 따른 우체국보험의 모집을 전업(專業)으로 하는 사람
2. 「건설기계관리법」 제3조제1항에 따라 등록된 건설기계를 직접 운전하는 사람
3. 「통계법」 제22조에 따라 통계청장이 고시하는 직업에 관한 표준분류(이하 "한국표준직업분류표"라 한다)의 세세분류에 따른 학습지 교사
4. 「체육시설의 설치·이용에 관한 법률」 제7조에 따라 직장체육시설로 설치된 골프장 또는 같은 법 제19조에 따라 체육시설업의 등록을 한 골프장에서 골프경기를 보조하는 골프장 캐디
5. 한국표준직업분류표의 세분류에 따른 택배원으로서 택배사업(소화물을 집화·수송 과정을 거쳐 배송하는 사업을 말한다)에서 집화 또는 배송 업무를 하는 사람
6. 한국표준직업분류표의 세분류에 따른 택배원으로서 고용노동부장관이 정하는 기준에 따라 주로 하나의 퀵서비스업자로부터 업무를 의뢰받아 배송 업무를 하는 사람
7. 「대부업 등의 등록 및 금융이용자 보호에 관한 법률」 제3조제1항 단서에 따른 대출모집인
8. 「여신전문금융업법」 제14조의2제1항제2호에 따른 신용카드회원 모집인
9. 고용노동부장관이 정하는 기준에 따라 주로 하나의 대리운전업자로부터 업무를 의뢰받아 대리운전 업무를 하는 사람

나. 건설업 특수형태근로자에 대한 안전·보건조치[72)]

(1) 공통사항

구 분	내 용
기상상태	• 악천후 및 강풍 등 기상상태 불안정으로 인하여 근로자가 위험할 우려가 있는 경우 작업중지 • 순간풍속 10m/s 초과 → 타워크레인의 설치·해체 또는 수리·점검 중지 • 순간풍속 15m/s초과 → 타워크레인의 운전작업 중지
작업계획서	• 사전조사 결과를 고려한 작업계획서 작성 및 그에 따른 작업 이행 • 작업지휘자를 지정하여 작업계획서에 따라 작업지시
운전·탑승	• 하중을 건 상태 또는 화물 적재 상태에서 운전위치 이탈금지, 갑작스러운 주행·이탈을 방지하기 위한 조치 및 시동키를 운전대에서 분리 등 • 크레인에 전용 탑승설비를 설치하고 추락 위험방지 조치시 근로자 탑승 가능(단, 이동식크레인의 경우 탑승 제한) • 차량계 건설기계 및 차량계 하역운반기계를 사용하여 작업시 승차석외 위치에 근로자 탑승 금지
사용제한	• 차량계 건설기계 및 하역운반기계는 그 기계의 주된 용도로만 사용 • 크레인, 이동식크레인 등 양중기의 적재하중 내 사용
방지조치 등	• 차량계 하역운반기계 등을 사용하는 작업시 기계가 넘어지거나 굴러 떨어짐으로써 근로자에게 위험을 미칠 우려가 있는 경우 기계유도자 배치 및 갓길 붕괴 방지 등을 위한 조치를 하여야 함 • 차량계 하역운반기계 등을 사용하여 작업시 하역운반 중인 화물이나 그 기계 등에 접촉되어 근로자가 위험해질 우려가 있는 장소에 근로자 출입제한(단, 작업지휘자 또는 유도자 배치시 출입가능) • 굴착작업을 하는 경우 미리 운반기계, 굴착기계 등의 운행경로 및 토석 적재장소 출입방법을 근로자에게 주지

(2) 건설기계 유형별 안전·보건조치

건설기계 유형	구 분	내 용
양중기	정격하중 표시	• 운전자 또는 작업자가 보기 쉬운 곳에 정격하중, 운전속도, 경고표시 등 부착
	방호장치 조정	• 과부하방지장치, 권과방지장치, 비상정지장치, 제동장치 등 작업 전 작동상태 확인

72) 고용노동부, 「산업안전보건법 개정안내(건설업)」(2019.12.11)

<table>
<tr><th>건설기계 유형</th><th>구 분</th><th>내 용</th></tr>
<tr><td rowspan="2"></td><td>크레인 사용</td><td>• 훅걸이용 와이어로프 등이 훅으로부터 벗겨지는 것을 방지하기 위한 해지장치를 구비한 크레인을 사용하여야 하며, 크레인을 사용하여 짐 운반시 해지장치 사용
• 지브 크레인을 사용하여 작업시 지브 경사각의 범위에서 사용</td></tr>
<tr><td>크레인 작업시 안전조치</td><td>• 인양할 하물을 바닥에서 끌어당기거나 밀어내는 작업 금지
• 위험물 용기는 보관함에 담아 안전하게 운반
• 고정된 물체를 직접 분리·제거하는 작업 금지
• 작업반경 내 근로자의 출입 통제
• 인양할 하물이 보이지 아니하는 경우에는 작동 금지(단, 신호수에 의하여 작업하는 경우 제외)</td></tr>
<tr><td rowspan="2">차량용 하역운반 기계</td><td>화물 적재시 조치</td><td>• 한쪽으로 치우지지 않도록 적재하고 적재시 운전자의 시야를 확보</td></tr>
<tr><td>좌석 안전띠</td><td>• 지게차를 운전하는 근로자에게 안전띠를 착용하도록 지시</td></tr>
<tr><td rowspan="2">차량계 건설기계</td><td>안전장치</td><td>• 전조등 구비
• 암석이 떨어질 우려가 있는 등 위험 장소에서는 견고한 헤드가드 구비</td></tr>
<tr><td>좌석 안전띠</td><td>• 지게차를 운전하는 근로자에게 좌석 안전띠를 착용하도록 지시</td></tr>
<tr><td rowspan="2">항타기 및 항발기</td><td>무너짐 방지</td><td>• 항타기 또는 항발기를 연약한 지반에 설치하는 경우 깔판, 깔목 등에 사용
• 시설 또는 가설물 등에 설치하는 경우 내력을 확인하고 필요시 보강
• 각부나 가대가 미끄러질 우려가 있는 경우 말뚝 또는 쐐기 등을 사용하여 고정
• 버팀대, 버팀줄, 평형추로 안정시키는 경우 각각에 대한 안전조치 실시</td></tr>
<tr><td>사용시 조치</td><td>• 권상용 와이어로프가 꼬인 경우 하중을 걸어서는 안됨
• 항타기 또는 항발기의 권상장치에 하중을 건 상태로 정지하여 두는 경우 장비를 사용하여 제동하는 등 확실하게 정지</td></tr>
</table>

다. 안전보건 교육

건설기계 직접 운전자 등의 특수형태근로자로부터 노무를 제공받는자는 최초 노무제공시 교육(2시간 이상)과 특별교육(16시간 이상)을 실시하여야 한다(산안법 규칙제95조①).

<table>
<tr><th colspan="2">구 분</th><th>내 용</th></tr>
<tr><td rowspan="3">교육과정</td><td>최초 노무제공시 교육</td><td>2시간 이상(단기간 작업 또는 간헐적 작업에 노무를 제공하는 경우에는 1시간 이상 실시하고, 특별교육을 실시하는 경우에는 면제)</td></tr>
<tr><td rowspan="2">특별교육</td><td>16시간 이상(최초 작업에 종사하기 전 4시간 이상 실시하고 12시간은 3개월 이내에서 분할하여 실시 가능)</td></tr>
<tr><td>단기간 작업 또는 간헐적 작업인 경우에는 2시간 이상</td></tr>
<tr><td colspan="2">교육내용</td><td>산업안전 및 사고예방, 사고 발생시 긴급조치 사항, 작업 개시 전 점검 등</td></tr>
<tr><td colspan="2">강사자격</td><td>• 자체교육시 안전보건관리책임자, 관리감독자 등이 교육 가능
• 교육은 안전보건교육기관에 위탁 가능</td></tr>
</table>

제6절 건설업 산업안전보건관리비 계상

산업안전관리비제도는 건설업 등 유해·위험업종에서 발주자가 일정금액을 도급금액 에 별도로 계상토록 하고 시공자가 건설공사 중에 안전관리자 인건비, 안전시설비, 기술지도비 등에 사용함으로써 재해예방에 기여하도록 마련한 제도이다. 현재 고용노동부는 건설업에 대해서만 산업안전보건관리비 계상기준을 정하고 고시하고 있으며 건설업외 다른 업종에는 산업안전보건관리비 제도가 적용되고 있지 않다.

건설공사 발주자는 원가계산에 의한 예정가격 작성시 산업안전보건관리비를 계상하여야 하며, 계상된 산업안전보건관리비를 입찰공고 등을 통해 입찰에 참가하고자 하는 자에게 알려야 한다.

수급인(또는 자기공사자)는 산업안전보건관리비를 근로자의 산업재해 및 건강장해 예방을 위한 목적으로만 사용하여야 한다. 만약 수급인이 산업안전보건관리비를 다른 목적으로 사용한 경우에는 1천만원 이하의 과태료가 부과되며, 발주자는 수급인의 계약금액에서 감액조정하거나 반환을 요구할 수 있다. 또한 산업안전보건관리비의 사용의무를 위반하여 목적외 사용금액이 1천만원을 초과하거나 사용내역서를 작성·보존하지 아니하여 과태료 처분을 받은 건설업체는 공공공사의 입찰참가자격사전심사(PQ)시 감점(−1점)이 부여된다.

수급인 또는 자기공사자는 안전관리비 사용내역에 대하여 공사 시작 후 6개월마다 1회 이상 발주자 또는 감리원의 확인을 받아야 하며, 근로계약서, 임금대장, 세금계산서, 거래명세서 등 산업안전보건관리비를 적법하게 사용하였다는 사실을 입증하는 자료를 구비하여 정산을 받으면 된다.

건설공사 금액이 1억원 이상 120억원(토목공사업 150억) 미만에 해당하는 공사 시공자는 산업안전보건관리비의 사용방법·재해예방조치 등에 관하여 고용노동부장관이 지정하는 '건설재해예방전문지도기관' 의 지도를 받아야 한다.

1 산업안전보건관리비 정의와 적용범위[73) 74)]

가. 산업안전보건관리비 정의

건설업 산업안전보건관리비란 건설사업장과 본사 안전전담부서에서 산업재해의 예방을 위하여 법령에 규정된 사항의 이행에 필요한 비용을 말한다(계상및사용기준 제2조제1호).

건설공사발주자가 도급계약을 체결하거나 건설공사도급인(건설공사발주자로부터 건설공사를 최초로 도급받은 수급인은 제외한다)이 건설공사 사업 계획을 수립할 때에는 산업재해 예방을 위하여 사용하는 산업안전보건관리비를 도급금액 또는 사업비에 계상(計上)하여야 한다(산안법 제72조①).

현재 고용노동부는 건설업에 대해서만 산업안전보건관리비 계상기준을 정하고 고시하고 있으며 건설업(2천만원 이상 건설공사[75)])외 다른 업종에는 산업안전보건관리비 제도가 적용되고 있지 않다.

나. 산업안전보건관리비 적용범위

산업안전보건관리비는「산업재해보상보험법」제6조에 따라「산업재해보상보험법」의 적용을 받는 공사 중 총공사금액 2천만원 이상인 공사에 적용한다. 다만, ①「전기공사업법」제2조에 따른 전기공사로서 저압·고압 또는 특별고압 작업으로 이루어지는 공사 ②「정보통신공사업법」제2조에 따른 정보통신공사 중 단가계약에 의하여 행하는 공사에 대하여는 총계약금액을 기준으로 적용한다(계상및사용기준 제3조).

단가공사의 경우 연초에 맺은 추정 계약금액이 아닌 개별 단위공사의 총 공사

---

73) 고용노동부 산재예방보상정책관 산업안전과,「건설업 산업안전관리비 해설」, (2019.4) 참조
74)「건설업산업안전보건관리비계상및사용기준」, 고용노동부고시 제2020-63호, 2020.1.23
75) 안전보건관리비 계상은 4천만원 이상 건설공사에서 2천만원 이상 건설공사로 확대하였으며, 적용시점은 2020년 7월 1일 이후 새로이 계약을 체결하는 건설공사부터 적용함(계상및사용기준, 고용노동부고시 제2019-64) 부칙 제2조

금액이 2천만원 이상인 공사에 적용한다. 다만, 위의 전기공사 및 정보통신공사에 해당하는 경우에는 단가계약에 의하여 행하는 공사에 적용한다.

분리 발주 공사의 경우 분리 발주된 공사는 도급금액을 합산한 총 공사금액을 적용하는 것이 아니고 각 개별공사의 공사 금액이 2천만원 이상인 공사에 적용한다.

공사금액이 변경되어 공사원가계산시 총 공사금액이 2천만원 이상 이었으나 낙찰가격이 2천만원 미만으로 결정된 경우, 또는 도급계약 시 공사금액이 2천만원 이상 이었으나 설계변경으로 2천만원 미만으로 된 경우에는 적용되지 아니한다. 다만, 후자의 경우 이미 사용한 산업안전보건관리비를 적법하게 사용하였다면 감액 또는 회수할 수 없을 것이다.

관련사례

□ 연간 단가계약공사를 체결하고 구체적인 작업지시에 따라 개별 단위공사별로 시공시 개별단위 총공사금액이 4천만원 이상인 경우에 산업안전보건관리비를 계상할 의무가 있는데 개별단위공사의 의미는(작업지시 1건, 동일장소 작업지시 1건, 1회 준공기준 1건)(안전보건지도과-1395, 2008.6.20)

산업안전보건관리비는 건설업 산업안전보건관리비 계상 및 사용기준(고시 제2007-4호, 2007.4.21) 제3조의 규정에 의하여 산업재해보상보험법의 적용을 받는 공사중 총공사금액 4천만원 이상인 공사에 적용하고 있으며, 단가계약공사라 하더라도 고압 및 특별고압 전기공사, 지하맨홀·관로 및 통신주에서 작업이 이루어지는 정보통신공사는 총계약금액을 기준으로 적용여부를 판단하고 있음. 일반적으로 단가계약 공사에 있어서의 안전관리비는 일부 전기공사 및 정보통신공사를 제외하고는 개별 단위공사를 기준으로 공사금액이 4천만원 이상일 공사에 한해 계상의무가 있으며, 발주자가 공사내용, 물량, 공사기간 및 장소를 구체적으로 정하여 작업지시를 하고 시공사가 해당 작업지시서에 따라 시공하는 경우에는 작업지시서에 따른 공사를 "개별 단위공사"로 보아 산업안전보건관리비 계상여부를 판단하는 것이 타당하다고 사료됨.

□ 연간단가계약 공사 현장에서 작업지시서별 공사금액은 4천만원이 되지 않지만 여러 개의 작업지시서 상의 공사기간이 연결되어 진행되는 경우 하나의 공사로 보아 산업안전보건관리비를 계상할 수 있는지(안전보건지도과-147, 2010.1.13)

산업안전보건관리비는 산업재해보상보험법의 적용을 받는 공사중 총공사금액 4천만원 이상인 공사에 적용되고, 단가계약 공사의 경우는 개별 단위 공사금액을 기준으로 적용여부를 판단하여야 할 것임(일부 전기공사 및 정보통신공사 제외). 이때 개별 단위 공사라 함은 장소·시간적 개념에 따라 구별되는 것으로서 각각의 작업지시서에 따라 작업이 이루어지지만 공사기간이 서로 연결되어 있고 하나의 공사조직에 의해 공사가 수행되고, 별도의 작업장소로 보기 어려운 경우 하나의 공사로 보아 총공사금액이 4천만원 이상인 경우에는 산업안전보건관리비를 계상하여야 할 것으로 사료됨.

□ 주계약자 공동도급 발주공사의 경우 건설업 산업안전보건관리비 계상 대상공사 금액은 「총공사금액」기준인지, 아니면 시공비율에 따른 공동수급체 구성원별(주계약자, 부계약자 등) 「지분금액」인지(안전보건정책과-2562, 2010.12.2)

주계약자 관리방식의 도급계약은 주계약자가 전체 건설공사계약의 수행에 관하여 종합적인 계획·관리 및 조정을 하나 계약상의 시공, 제조, 용역의무이행의 책임에 대해서는 구성원 각자가 자신이 분담한 부분에 대하여 책임을 지는 방식이므로 전체 공사를 기준으로 산정된 산업안전보건관리비를 구성원 각자의 분담비율에 따라 사용하면 될 것임.

2 산업안전보건관리비 계상 등

가. 계상시기

발주자는 원가계산에 의한 예정가격 작성시 안전보건관리비 계상기준에 따라 안전보건관리비를 계상하여야 한다(계상및사용기준 제5조①).

자기공사자는 원가계산에 의한 예정가격을 작성하거나 자체 사업계획을 수립하는 경우에 안전보건관리비 계상기준에 따라 안전보건관리비를 계상하여야 한다(계상및사용기준 제5조②). 그러나 대상액이 구분되어 있지 않은 공사는 도급계약 또는 자체사업계획 상의 총공사금액의 70퍼센트를 대상액으로 하여 안전보건관리비 계상기준 따라 안전보건관리비를 계상하여야 한다(계상및사용기준 제5조③).

발주자는 계상된 안전보건관리비를 입찰공고 등을 통해 입찰에 참가하고자 하는 자에게 알려야 하며(계상및사용기준 제5조④), 발주자와 수급인(건설공사발주자로부터 해당 건설공사를 최초로 도급받은 자)은 공사계약을 체결할 경우 계상된 안전보건관리비를 공사도급계약서에 별도로 표시하여야 한다(계상및사용기준 제5조⑤).

실무해설

건설공사 발주자와 자기공사자가 산업안전보건관리비 계상하여야 하는 시기는 "원가계산에 의한 예정가격 작성시"로 되어 있는데 이 시기는 구체적으로 언제 인가요?

국가, 지방자치단체 및 공공기관 등이 발주하는 건설공사(이하, '공공공사' 라 하고 그 밖의 공사를 '민간공사' 라 함)의 경우, 공사비의 예정가격은 실시설계가 완료된 시점에 명세견적을 통해 물량을 산출 후, 공사원가계산(또는 표준시장 단가 등)에 의한 공사비를 산정하게 됩니다. 따라서 공사원가계산 산정 시점에 산업안전보건관리비를 계상하여야 합니다. 다만, 기술형입찰(턴키 및 기본설계기술제안 등)의 경우 추정가격의 대상액을 기준으로 안전관리비를 계상하면 됩니다.

민간공사의 경우에도 실시설계가 완료된 시점에 명세견적을 통해 물량을 산출 후, 공사원가계산에 의한 공사비를 산정하였다면 그 공사원가계산 산정 시점에 안전관리비를 계상하여야 합니다. 다만, 설계도서 작성이 완료되지 않은 상태에서 입찰에 부치는 경우 입찰에 부치기 직전에 추정된 공사금액을 기준으로 산업안전보건관리비를 계상하여야 합니다.

민간 건설공사 중 건축 인·허가 대상이 아닌 소규모 건설공사를 설계도서를 작성하지 않은 상태에서 수의계약에 의해 발주하는 경우 발주자가 산업안전보건관리비를 계상하여야 하는 시기는 언제 인가요?

민간 건설공사로써 건축 인·허가 대상이 아닌 소규모 건설공사를 설계도서 없이 발주할 경우, 계약당사자가 견적금액을 제시해야만 공사금액이 산정될 수 있으므로 이때에 안전관리비를 계상하면 됩니다.

건설공사 발주자가 계상된 안전관리비를 입찰에 참가하고자 하는 자에게 알려야 한다고 규정되어 있는데, 수의계약 등 입찰공고를 하지 않는 경우에 어떠한 방법으로 알려야 하나요?

공공공사는 수의계약이라 하더라도 「국가를 당사자로 하는 계약에 관한 법률 시행령」 제3조(입찰공고) 등 기관별 적용되는 입찰·계약관련 규정에 따라 전자조달시스템(나라장터 등), 필요한 경우 일간신문 등을 통해 안전관리비를 입찰에 참가하고자 하는 자에게 미리 알려주면 됩니다. 다만, 입찰공고의 의무가 없는 민간공사로써 수의계약으로 공사계약을 체결할 경우 안전관리비 계상금액 고지방법에 대해서는 특별히 정하고 있지 않으므로 구두 또는 서면에 의한 고지 등 어떠한 형태로든 안전관리비를 입찰에 참가하고자 하는 자에게 미리 알려주면 됩니다.

나. 대상액 산정

대상액[76)]은 안전보건관리비 산정의 기초가 되는 금액으로 공사내역의 구분 여부에 따라 대상액을 산정하여야 한다.

1. **공사내역이 구분되어 있는 경우: 둘 중 적은 금액을 적용**
   - 재료비(발주자가 따로 재료를 제공하는 경우에는 그 재료의 시가환산액을 가산한 금액) + 직접 노무비
2. **공사내역이 구분되어 있지 않은 경우**
   - 총공사금액(부가세 포함) × 70%)

(1) 공사내역이 구분되어 있는 경우

"대상액"은 원가계산에 의한 예정가격 작성기준 및 지방자치단체 원가계산 및 예정가격 작성요령의 공사원가계산서에서 재료비(발주자가 재료를 제공할 경우에는 해당 재료비 또는 완제품의 가액을 포함한 금액)와 직접 노무비를 합한 금액이다.

관급자재는 공사에 필요한 자재 및 기구 등을 발주자가 직접 제공한 것이라면 대상액에 포함되며, 사급자재는 당해 공사에 소요되는 물품을 시공자가 직접 구입하여 공사에 투입한 것이라면 대상액에 포함된다.

(2) 공사내역이 구분되어 있지 않는 경우

"대상액"은 총공사금액의 70%에 해당하는 금액이다.

총공사금액은 재료비(발주자가 따로 재료를 제공하거나 물품이 완제품의 형태로 제작 또는 납품되어 설치되는 경우에 해당 재료비 또는 완제품의 가액을 포함한 금액), 노무비, 경비, 일반관리비, 이윤, 부가가치세의 합계액으로 구성되며, 도급계약서상의 부가된 공사의 시공과 관련된 제반비용을 말하는 것으로 부가가치세가 포함된 금액이다.

---

76) "안전관리비 대상액"(이하 "대상액)"이라 한다)이란 「예정가격 작성기준」(기획재정부 계약예규) 및 「지방자치단체 입찰 및 계약 집행기준」(행정안전부 예규) 등 관련 규정에서 정하는 공사원가계산서 구성항목 중 직접재료비, 간접재료비와 직접노무비를 합한 금액(발주자가 재료를 제공할 경우에는 해당 재료비를 포함한다)을 말한다(사용및계상기준 제2조제2호).

평당 단가계약공사의 경우 당해 공사와 직접관련이 없는 이주비, 설계비, 감리비, 대지비, 분양계획 수립 및 운영비, 광고비, 민원비용, 입주비용, 별도 발주된 모델하우스 건립 비용 등은 총 공사금액에서 제외된다.

관련사례

□ 안전관리비 계상시 관급자재비 및 사급자재비를 포함하여야 하는지 여부(산안(건안) 68307-10184, 2001.5.11)

건설업산업안전보건관리비계상및사용기준(노동부고시 제2001-22호, 2001.2.16) 제2조 제1항 및 제4조제1항에 의하면 산업안전보건관리비 계상을 위한 대상액이라 함은 원가계산에의한예정가격작성준칙(재경부 회계예규) 별표2의 공사원가계산서에서 정하는 재료비와 직접노무비를 합한 금액으로 이때, 발주자가 재료를 제공할 경우에는 당해 비용을 포함한 금액을 말하는바, 귀 질의의 관급자재는 공사에 필요한 자재 및 기구 등을 발주자가 직접 제공한 것을 말하며 사급자재가 당해 공사에 소요되는 제품을 시공자가 직접 구입하여 공사에 투입한 것을 말한다면 관급자재 및 사급자재 모두 산업안전보건관리비 계상을 위한 대상액에 포함하여야 할 것으로 사료됨.

□ 도급공사와는 별도로 엘리베이터 등을 다른 시공사에 도급을 준 경우 안전관리비 계상시 재료비에 포함되는지(산안(건안) 68307-10457, 2001.9.19)

발주자가 제공하는 재료비는 수급자가 당해 공사를 시행하는데 소요되는 재료를 말하는 것으로 귀 질의의 시멘트, 아스콘 등은 산업안전보건관리비 계상을 위한 대상액에 포함이 되나, 엘리베이터 설치, 냉난방기 설치 등의 관급공사가 발주자가 당해 공사의 시공사가 아닌 별도의 업체와 계약에 의해 시공하기로 한 경우라면 동 비용은 산업안전보건관리비 계상을 위한 대상액에 포함되지 아니함.

□ 설계10%, 구매60%, 공사30% 정도의 비율을 가진 Turnkey계약을 진행할 경우 안전관리비 계상을 위한 총공사금액에 설계비용, 구매비용도 포함시켜야 하는지(산안(건안) 68307-10151, 2002.4.10)

산업안전보건관리비 계상시 총 공사금액이라 함은 공사 도급계약서상의 공사금액(발주자가 재료를 제공하는 경우 그 시가 환산액 포함)을 말하는 것으로 당해 공사의 시공과 관련되는 제 비용이 이에 포함됨. Turnkey 계약 공사의 경우도 산업안전보건관리비 계상을 위한 공사금액은 공사원가계산서상의 총 공사 구성원가상의 비목 등을 검토하여 공사비에 포함되지 않으나 구매비용의 경우는 동 금액 중 공사수행을 위해 발주자가 제공해 주는 재료에 해당하는 부분은 공사비에 포함될 수 있을 것으로 사료됨.

3 산업안전보건관리비 계상기준

건설공사발주자(발주자)와 건설공사의 시공을 주도하여 총괄·관리하는자(자기공사자)는 안전관리비를 다음 각 호와 같이 계상하여야 한다. 다만, 발주자가 재료를 제공하거나 물품이 완제품의 형태로 제작 또는 납품되어 설치되는 경우에 해당 재료비 또는 완제품의 가액을 대상액에 포함시킬 경우의 안전보건관리비는 해당 재료비 또는 완제품의 가액을 포함시키지 않은 대상액을 기준으로 계상한 안전보건관리비의 1.2배를 초과할 수 없다(계상및사용기준 제4조①).

1. 대상액이 5억원 미만 또는 50억원 이상일 경우에는 대상액에 별표 1에서 정한 비율을 곱한 금액
2. 대상액이 5억원 이상 50억원 미만일 때에는 대상액에 별표 1에서 정한 비율을 곱한 금액에 기초액을 합한 금액

1. 공사내역이 구분되어 있는 경우: 둘 중 적은 금액을 적용
〔재료비(관급자재비 및 사급자재비 포함) + 직접노무비〕 × 요율
〔재료비(사급자재비 포함) + 직접노무비〕 × 요율 × 1.2
2. 공사내역이 구분되어 있지 않은 경우
(총공사금액 × 70%) × 요율

공사종류 및 규모별 안전관리비 계상기준표〔별표 1〕

(단위: 원)

공사종류 \ 구분	대상액 5억원 미만	대상액 5억원 이상 50억원 미만		대상액 50억원 이상	영 별표5에 따른 보건관리자 선임 대상 건설공사
		비율(X)	기초액(C)		
일반건설공사(갑)	2.93%	1.86%	5,349,000원	1.97%	2.15%
일반건설공사(을)	3.09%	1.99%	5,499,000원	2.10%	2.29%
중건설공사	3.43%	2.35%	5,400,000원	2.44%	2.66%
철도·궤도신설공사	2.45%	1.57%	4,411,000원	1.66%	1.81%
특수및기타건설공사	1.85%	1.20%	3,250,000원	1.27%	1.38%

하나의 사업장 내에 건설공사 종류가 둘 이상인 경우(분리발주한 경우를 제외한다)에는 공사금액이 가장 큰 공사종류를 적용하고, 발주자 또는 자기공사자는 설계

변경 등으로 대상액의 변동이 있는 경우에 지체 없이 안전관리비를 조정 계상하여야 한다(계상및사용기준 제4조②,③).

설계변경 시 안전관리비 조정·계상 방법〔별표 1의3〕

1. 설계변경에 따른 안전관리비는 다음 계산식에 따라 산정한다. ○ 설계변경에 따른 안전관리비 = 설계변경 전의 안전관리비 + 설계변경으로 인한 안전관리비 증감액 2. 제1호의 계산식에서 설계변경으로 인한 안전관리비 증감액은 다음 계산식에 따라 산정한다. ○ 설계변경으로 인한 안전관리비 증감액 = 설계변경 전의 안전관리비 × 대상액의 증감 비율 3. 제2호의 계산식에서 대상액의 증감 비율은 다음 계산식에 따라 산정한다. 이 경우, 대상액은 예정가격 작성시의 대상액이 아닌 설계변경 전·후의 도급계약서상의 대상액을 말한다. ○ 대상액의 증감 비율 = [(설계변경후 대상액 – 설계변경 전 대상액) / 설계변경 전 대상액] × 100%

관련사례

□ 적게 계상된 안전관리비를 변경 조치하고 이 비용을 이윤에서 감액할 수 있는지(산안(건안) 68307-10055, 2001.2.28)

건설업산업안전보건관리비계상및사용기준(노동부고시 제2001-22호, 2001.2.16)에 의하면 건설공사에 있어 산업안전보건관리비의 계상 의무는 발주자에게 있으므로 발주자가 설계당시 산업안전보건관리비를 계상하면서 건설공사에 해당하는 요율을 제대로 적용하지 않아 귀 질의에서 밝힌 바와 같이 산업안전보건관리비가 잘못 계상된 것이 사실이라면 이 부분에 대해서는 원칙적으로 시공자에게는 책임이 없으며 발주자가 재계상하여야 한다고 사료됨. 다만, 재계상으로 증액된 산업안전보건관리비와 기존의 금액과의 차액을 이윤에서 감액을 할 것인지 하는 사항에 대해서는 산업안전보건법에 별도로 정한 바가 없으므로 회계관련법령이나 공사계약 내용 등을 참조하여 발주처와 협의 결정하여야 할 것으로 사료됨.

□ 민원처리비가 포함된 공사금액에서 안전관리비 계상방법(산안(건안) 68307-10621, 2001.12.20)

산업안전보건관리비는 실행예산이 아닌 공사 계약시의 대상액을 기준으로 계상하여야 하며 귀 질의의 경우 공사 특성상 공사원가계산서상 세부 내역이 구분되어 있지 않는 경우라면, 위 규정에 따라 총 공사금액의 70퍼센트를 대상액으로 보아 계상된 산업안전보건관리비를 당해 공사의 산업안전보건관리비로 계상하여야 할 것으로 사료되며, 공사금액이라 함은 공사의 수행과 관련하여 소요되는 제반 비용을 말하는 것으로 공사와 직접 관련이 없는 비용(귀 질의의 민원비용)이 포함되어 있다면 이는 공사금액에서 제외될 수 있을 것으로 사료됨.

□ 당현장은 OO시에서 발주한 내역 입찰대상공사임. 당초 예정가격에 의해 낙찰율을 곱하여 계약완료후 공사수행중인데 계약시 산출내역서상 다른 항목은 낙찰율을 곱하여 작성하는데 안전관리비도 낙찰율을 곱하여 작성하여야 하는지(산안(건안) 68307-10053, 2002.2.5)

도급계약시 산업안전보건관리비를 조정하는 경우 당초의 산업안전보건관리비에 낙찰율을 적용할 수 있는지 여부는 대상액의 구분이 없거나 대상액의 구분이 있다 하더라도 대상액(재료비+직접노무비)이 전체 공사비에서 차지하는 비율에 변동이 없다면 당초의 산업안전보건관리비에 낙찰율을 적용하여 계상할 수 있다고 사료됨.

4 산업안전보건관리비 사용기준

가. 사용가능 항목

수급인 또는 자기공사자는 안전보건관리비를 다음 각 호의 항목별 사용기준에 따라 건설사업장에서 근무하는 근로자의 산업재해 및 건강장해 예방을 위한 목적으로만 사용하여야 한다(계상및사용기준 제7조①).

산업안전보건관리비 사용가능 항목

항 목	사용가능 내역
1. 안전관리자 등의 인건비 및 각종 업무 등	전담 안전·보건관리자의 인건비, 업무수행 출장비(지방고용노동관서에 선임 보고한 날 이후 발생한 비용에 한정한다) 및 건설용리프트의 운전자 인건비. 다만, 유해·위험방지계획서 대상으로 공사금액이 50억원 이상 120억원 미만(「건설산업기본법 시행령」 별표 1에 따른 토목공사업에 속하는 공사의 경우 150억원 미만)인 공사현장에 선임된 안전관리자가 겸직하는 경우 해당 안전관리자 인건비의 50퍼센트를 초과하지 않는 범위 내에서 사용 가능
	공사장 내에서 양중기·건설기계 등의 움직임으로 인한 위험으로부터 주변 작업자를 보호하기 위한 유도자 또는 신호자의 인건비나 비계 설치 또는 해체, 고소작업대 작업 시 낙하물 위험예방을 위한 하부통제, 화기작업 시 화재감시 등 공사현장의 특성에 따라 근로자 보호만을 목적으로 배치된 유도자 및 신호자 또는 감시자의 인건비
	별표 1의2에 해당하는 작업을 직접 지휘·감독하는 직·조·반장 등 관리감독자의 직위에 있는 자가 산안법 영 제15조제1항에서 정하는 업무를 수행하는 경우에 지급하는 업무수당(월 급여액의 10퍼센트 이내)

항 목	사용가능 내역
2. 안전시설비 등	법·영·규칙 및 고시에서 규정하거나 그에 준하여 필요로 하는 각종 안전표지·경보 및 유도시설, 감시 시설, 방호장치, 안전·보건시설 및 그 설치비용(시설의 설치·보수·해체 시 발생하는 인건비 등 경비를 포함한다)
3. 개인보호구 및 안전장구 구입비	각종 개인 보호장구의 구입·수리·관리 등에 소요되는 비용, 안전보건 관계자 식별용 의복 및 제1호의 안전·보건관리자 및 안전보건보조원 전용 업무용 기기에 소요되는 비용(근로자가 작업에 필요한 안전화·안전대·안전모를 직접 구입·사용하는 경우 지급하는 보상금을 포함한다)
4. 사업장의 안전 보건 진단비 등	사업장의 안전·보건진단비 등: 법·영·규칙 및 고시에서 규정하거나 자율적으로 외부 전문가 또는 전문기관을 활용하여 실시하는 각종 진단, 검사, 심사, 시험, 자문, 작업환경측정, 유해·위험방지계획서의 작성·심사·확인에 소요되는 비용, 자체적으로 실시하기 위한 작업환경 측정장비 등의 구입·수리·관리 등에 소요되는 비용과 전담 안전·보건관리자용 안전순찰차량의 유류비·수리비·보험료 등의 비용
5. 안전교육비 및 행사비	법·영·규칙 및 고시에서 규정하거나 그에 준하여 필요로 하는 각종 안전보건교육에 소요되는 비용(현장내 교육장 설치비용을 포함한다), 안전보건관계자의 교육비, 자료 수집비 및 안전기원제·안전보건행사에 소요되는 비용(기초안전보건교육에 소요되는 교육비·출장비·수당을 포함한다. 단, 수당은 교육에 소요되는 시간의 임금을 초과할 수 없다)
6. 근로자의 건강관리비 등	법·영·규칙 및 고시에서 규정하거나 그에 준하여 필요로 하는 각종 근로자의 건강관리에 소요되는 비용(중대재해 목격에 따른 심리치료 비용을 포함한다) 및 작업의 특성에 따라 근로자 건강보호를 위해 소요되는 비용
7. 기술지도비	재해예방전문지도기관에 지급하는 기술지도 비용
8. 본사 사용비	안전만을 전담으로 하는 별도 조직(이하 "안전전담부서"라 한다)을 갖춘 건설업체의 본사에서 사용하는 제1호부터 제7호까지의 사용항목과 본사 안전전담부서의 안전전담직원 인건비·업무수행 출장비(계상된 안전보건관리비의 5퍼센트를 초과할 수 없다) 안전전담부서는 영 제14조에 따른 안전관리자의 자격을 갖춘 사람(영 별표4 제10호와 제11호에 해당하는 사람을 제외한다) 1명 이상을 포함하여 3명 이상의 안전전담직원으로 구성된 안전만을 전담하는 과 또는 팀 이상의 별도조직을 말하며, 본사에서 안전관리비를 사용하는 경우 1년간(1.1 ~ 12.31) 본사 안전관리비 실행예산과 사용금액은 전년도 미사용금액을 합하여 5억원을 초과할 수 없다.

나. 사용불가 항목

사용하고자 하는 항목이 다음 각 호의 어느 하나에 해당하거나 건설업산업안전보건관리비계상및사용기준〔별표 2〕의 사용불가 내역에 해당하는 경우에는 사용할 수 없다(계상및사용기준 제7조②).

1. 공사 도급내역서 상에 반영되어 있는 경우
2. 다른 법령에서 의무사항으로 규정하고 있는 경우. 다만 「화재예방, 소방시설, 설치·유지 및 안전관리에 관한 법률」에 따른 소화기 구매에 소요되는 비용은 사용할 수 있다.
3. 작업방법 변경, 시설 설치 등이 근로자의 안전·보건을 일부 향상시킬 수 있는 경우라도 시공이나 작업을 용이하게 하기 위한 목적이 포함된 경우
4. 환경관리, 민원 또는 수방대비 등 다른 목적이 포함된 경우
5. 근로자의 근무여건 개선, 복리·후생 증진, 사기진작 등의 목적이 포함된 경우

산업안전보건관리비의 항목별 사용 불가내역[별표 2]

항 목	사용불가 내역
1. 안전관리자 등의 인건비 및 각종 업무 수당 등 (제7조제1항제1호 관련)	**가. 안전·보건관리자의 인건비 등** 1) 안전·보건관리자의 업무를 전담하지 않는 경우(영 별표3 제41호에 따라 유해·위험방지계획서 제출 대상 건설공사에 배치하는 안전관리자가 다른 업무와 겸직하는 경우의 인건비는 제외한다) 2) 지방고용노동관서에 선임 신고하지 아니한 경우 3) 영 제17조의 자격을 갖추지 아니한 경우 ※ 선임의무가 없는 경우에도 실제 선임·신고한 경우에는 사용할 수 있음(법상 의무 선임자 수를 초과하여 선임·신고한 경우, 도급인이 선임하였으나 하도급 업체에서 추가 선임·신고한 경우, 재해예방전문기관의 기술지도를 받고 있으면서 추가 선임·신고한 경우를 포함한다) **나. 유도자 또는 신호자의 인건비** 1) 시공, 민원, 교통, 환경관리 등 다른 목적을 포함하는 등 아래 세목의 인건비 가) 공사 도급내역서에 유도자 또는 신호자 인건비가 반영된 경우 나) 타워크레인 등 양중기를 사용할 경우 유도 또는 신호업무 만을 전담하지 않는 경우 다) 원활한 공사수행을 위하여 사업장 주변 교통정리, 민원 및 환경 관리 등의 목적이 포함되어 있는 경우 ※ 도로 확·포장 공사 등에서 차량의 원활한 흐름을 위한 유도자 또는 신호자, 공사현장 진·출입로 등에서 차량의 원활한 흐름 또는 교통 통제를 위한 교통정리 신호수 등 **다. 안전·보건보조원의 인건비** 1) 전담 안전·보건관리자가 선임되지 아니한 현장의 경우 2) 보조원이 안전·보건관리업무 외의 업무를 겸임하는 경우 3) 경비원, 청소원, 폐자재 처리원 등 산업안전·보건과 무관하거나 사무보조원(안전보건관리자의 사무를 보조하는 경우를 포함한다)의 인건비

<table>
<tr><th>항 목</th><th>사용불가 내역</th></tr>
<tr><td>2. 안전시설비 등
(제7조제1항제2호 관련)</td><td>원활한 공사수행을 위해 공사현장에 설치하는 시설물, 장치, 자재, 안내·주의·경고 표지 등과 공사 수행 도구·시설이 안전장치와 일체형인 경우 등에 해당하는 경우 그에 소요되는 구입·수리 및 설치·해체 비용 등
가. 원활한 공사수행을 위한 가설시설, 장치, 도구, 자재 등
1) 외부인 출입금지, 공사장 경계표시를 위한 가설울타리
2) 각종 비계, 작업발판, 가설계단·통로, 사다리 등
※ 안전발판, 안전통로, 안전계단 등과 같이 명칭에 관계없이 공사 수행에 필요한 가시설들은 사용 불가
– 다만, 비계·통로·계단에 추가 설치하는 추락방지용 안전난간, 사다리 전도방지장치, 틀비계에 별도로 설치하는 안전난간·사다리, 통로의 낙하물방호선반 등은 사용 가능함
3) 절토부 및 성토부 등의 토사유실 방지를 위한 설비
4) 작업장 간 상호 연락, 작업 상황 파악 등 통신수단으로 활용되는 통신시설·설비
5) 공사 목적물의 품질 확보 또는 건설장비 자체의 운행 감시, 공사 진척상황 확인, 방법 등의 목적을 가진 CCTV 등 감시용 장비
나. 소음·환경관련 민원예방, 교통통제 등을 위한 각종 시설물, 표지
1) 건설현장 소음방지를 위한 방음시설, 분진망 등 먼지·분진 비산 방지시설 등
2) 도로 확·포장공사, 관로공사, 도심지 공사 등에서 공사차량 외의 차량유도, 안내·주의·경고 등을 목적으로 하는 교통안전시설물
※ 공사안내·경고 표지판, 차량유도등·점멸등, 라바콘, 현장경계휀스, PE드럼 등
다. 기계·기구 등과 일체형 안전장치의 구입비용
※ 기성제품에 부착된 안전장치 고장 시 수리 및 교체비용은 사용 가능.
1) 기성제품에 부착된 안전장치
※ 톱날과 일체식으로 제작된 목재가공용 둥근톱의 톱날접촉예방장치, 플러그와 접지 시설이 일체식으로 제작된 접지형플러그 등
2) 공사수행용 시설과 일체형인 안전시설
라. 동일 시공업체 소속의 타 현장에서 사용한 안전시설물을 전용하여 사용할 때의 자재비(운반비는 안전관리비로 사용할 수 있다)</td></tr>
</table>

77) 「건설업산업안전보건관리비계상및사용기준」 일부개정(고용노동부 공고 제2019-307호)에서는 '근로자이 재해예방을 위한 목적으로만 사용하는 CCTV에 소요되는 비용은 사용가능함' 으로행정예고(시행: 2020.7.1 예정) 하였다.

항 목	사용불가 내역
3. 개인보호구 및 안전장구 구입비 등 (제7조제1항제3호 관련)	근로자 재해나 건강장해 예방 목적이 아닌 근로자 식별, 복리·후생적 근무여건 개선·향상, 사기 진작, 원활한 공사수행을 목적으로 하는 다음 장구의 구입·수리·관리 등에 소요되는 비용 **가. 안전·보건관리자가 선임되지 않은 현장에서 안전·보건업무를 담당하는 현장관계자용 무전기, 카메라, 컴퓨터, 프린터 등 업무용 기기** **나. 근로자 보호 목적으로 보기 어려운 피복, 장구, 용품 등** 1) 작업복, 방한복, 방한장갑, 면장갑, 코팅장갑 등 ※ 다만, 근로자의 건강장해 예방을 위해 사용하는 미세먼지 마스크, 쿨토시, 아이스조끼, 핫팩, 발열조끼 등은 사용 가능함 2) 감리원이나 외부에서 방문하는 인사에게 지급하는 보호구
4. 사업장의 안전진단비 (제7조제1항제4호 관련)	다른 법 적용사항이거나 건축물 등의 구조안전, 품질관리 등을 목적으로 하는 등의 다음과 같은 점검 등에 소요되는 비용 가. 「건설기술진흥법」, 「건설기계관리법」 등 다른 법령에 따른 가설구조물 등의 구조검토, 안전점검 및 검사, 차량계 건설기계의 신규등록·정기·구조변경·수시·확인검사 등 나. 「전기사업법」에 따른 전기안전대행 등 다. 「환경법」에 따른 외부 환경 소음 및 분진 측정 등 라. 민원 처리 목적의 소음 및 분진 측정 등 소요비용 마. 매설물 탐지, 계측, 지하수 개발, 지질조사, 구조안전검토 비용 등 공사 수행 또는 건축물 등의 안전 등을 주된 목적으로 하는 경우 바. 공사도급내역서에 포함된 진단비용 사. 안전순찰차량(자전거, 오토바이를 포함한다) 구입·임차 비용 ※ 안전·보건관리자를 선임·신고하지 않은 사업장에서 사용하는 안전순찰차량의 유류비, 수리비, 보험료 또한 사용할 수 없음
5. 안전보건교육비 및 행사비 등 (제7조제1항제5호 관련)	산업안전보건법령에 따른 안전보건교육, 안전의식 고취를 위한 행사와 무관한 다음과 같은 항목에 소요되는 비용 **가. 해당 현장과 별개 지역의 장소에 설치하는 교육장의 설치·해체·운영비용** ※ 다만, 교육장소 부족, 교육환경 열악 등의 부득이한 사유로 해당 현장 내에 교육장 설치 등이 곤란하여 현장 인근지역의 교육장 설치 등에 소요되는 비용은 사용 가능 **나. 교육장 대지 구입비용** **다. 교육장 운영과 관련이 없는 태극기, 회사기, 전화기, 냉장고 등 비품 구입비** **라. 안전관리 활동 기여도와 관계없이 지급하는 다음과 같은 포상금(품)** 1) 일정 인원에 대한 할당 또는 순번제 방식으로 지급하는 경우 2) 단순히 근로자가 일정기간 사고를 당하지 아니하였다는 이유로 지급하는 경우 3) 무재해 달성만을 이유로 전 근로자에게 일률적으로 지급하는 경우

항 목	사용불가 내역
	4) 안전관리 활동 기여도와 무관하게 관리사원 등 특정 근로자, 직원에게만 지급하는 경우 **마. 근로자 재해예방 등과 직접 관련이 없는 안전정보 교류 및 자료수집 등에 소요되는 비용** 1) 신문 구독 비용 ※ 다만, 안전보건 등 산업재해 예방에 관한 전문적, 기술적 정보를 60% 이상 제공하는 간행물 구독에 소요되는 비용은 사용 가능 2) 안전관리 활동을 홍보하기 위한 광고비용 3) 정보교류를 위한 모임의 참가회비가 적립의 성격을 가지는 경우 **바. 사회통념에 맞지 않는 안전보건 행사비, 안전기원제 행사비** 1) 현장 외부에서 진행하는 안전기원제 2) 사회통념상 과도하게 지급되는 의식 행사비(기도비용 등을 말한다) 3) 준공식 등 무재해 기원과 관계없는 행사 4) 산업안전보건의식 고취와 무관한 회식비 **사. 「산업안전보건법」에 따른 안전보건교육 강사 자격을 갖추지 않은 자가 실시한 산업안전보건 교육비용**
6. 근로자의 건강관리비 등 (제7조제1항제6호 관련)	근무여건 개선, 복리·후생 증진 등의 목적을 가지는 다음과 같은 항목에 소요되는 비용 **가. 복리후생 등 목적의 시설·기구·약품 등** 1) 간식·중식 등 휴식 시간에 사용하는 휴게시설, 탈의실, 이동식 화장실, 세면·샤워시설 ※ 분진·유해물질사용·석면해체제거 작업장에 설치하는 탈의실, 세면·샤워시설 설치비용은 사용 가능 2) 근로자를 위한 급수시설, 정수기·제빙기, 자외선차단용품(로션, 토시 등을 말한다) ※ 작업장 방역 및 소독비, 방충비 및 근로자 탈수방지를 위한 소금정제비, 6~10월에 사용하는 제빙기 임대비용은 사용 가능 3) 혹서·혹한기에 근로자 건강 증진을 위한 보양식·보약 구입비용 ※ 작업 중 혹한·혹서 등으로부터 근로자를 보호하기 위한 간이 휴게시설 설치·해체·유지비용은 사용 가능 4) 체력단련을 위한 시설 및 운동 기구 등 5) 병·의원 등에 지불하는 진료비, 암 검사비, 국민건강보험 제공비용 등 ※ 다만, 해열제, 소화제 등 구급약품 및 구급용구 등의 구입비용은 사용 가능 **나. 파상풍, 독감 등 예방을 위한 접종 및 약품(신종플루 예방접종 비용을 포함한다)**

항 목	사용불가 내역
	다. 기숙사 또는 현장사무실 내의 휴게시설 설치·해체·유지비, 기숙사 방역 및 소독·방충비용 라. 다른 법에 따라 의무적으로 실시해야하는 건강검진 비용 등
7. 건설재해예방기술지도비	-
8. 본사 사용비 (제7조제1항제6호 관련)	가. 본사에 제7조제4항의 기준에 따른 안전보건관리만을 전담하는 부서가 조직되어 있지 않은 경우 나. 전담부서에 소속된 직원이 안전보건관리 외의 다른 업무를 병행하는 경우

다. 공사진척에 따른 사용기준

수급인 또는 자기공사자는 건설업산업안전보건관리비계상및사용기준〔별표 3〕에서 정하는 기준에 따라 안전관리비를 사용하되, 발주자 또는 감리원은 해당 공사의 특성 등을 고려하여 사용기준을 달리 정할 수 있다.

공사진척에 따른 안전관리비 사용기준〔별표3〕

공정율	50퍼센트 이상 70퍼센트 미만	70퍼센트 이상 90퍼센트 미만	90퍼센트 이상
사용기준	50퍼센트 이상	70퍼센트 이상	90퍼센트 이상

※ 공정율은 기성공정율을 기준으로 한다.

5 산업안전보건관리비 확인

수급인 또는 자기공사자는 안전보건관리비 사용내역에 대하여 공사 시작 후 6개월마다 1회 이상 발주자 또는 감리원의 확인을 받아야 한다. 다만, 6개월 이내에 공사가 종료되는 경우에는 종료시 확인을 받아야 한다(계상및사용기준 제9조①).

발주자 또는 고용노동부의 관계 공무원은 안전보건관리비 사용내역을 수시 확인할 수 있으며, 수급인 또는 자기공사자는 이에 따라야 한다. 또한 발주자 또는 감리원은 안전보건관리비 사용내역 확인 시 기술지도 계약 체결여부, 기술지도 실시 및 개선여부 등을 확인하여야 한다(계상및사용기준 제9조②,③).

관련사례

□ 하청업체 안전관리비 사용을 원청에서 강제할 수 있는지 여부(산안(건안) 68307-10416, 2002.9.4)

산업안전보건법 제15조에 의거 사업주가 선임하는 안전관리자는 안전보건관리책임자의 업무중 안전에 관한 기술적인 사항에 대하여 안전보건관리책임자를 보좌하고 관리감독자 등에 지도·조언 등의 업무를 수행하는 자를 말하고, 동법 제13조 및 시행령 제9조에 의하여 선임된 안전보건관리책임자는 안전보건에 관련되는 방호장치 및 보호구 구입시 적격품 구입여부 확인을 포함하여 동조 제1항 각호의 업무를 수행하는 등 당해 사업에서 실질적으로 그 사업을 총괄 관리하는 자를 말함. 하도급공사를 포함하여 선임된 원도급업체 소속 안전관리자는 하도급업체에 대해서도 보호구의 적격품 선정 등 안전보건관리책임자에게 보좌 및 조언 등의 업무를 수행할 수 있다고 사료되나, 하도급업체에서 성능검정품인 보호구를 근로자들에게 지급한 경우라면 이와 다른 제품을 구입토록 강제할 수는 없다고 사료됨.

6 산업안전보건관리비 정산

가. 증빙방법

사용증빙은 당해 안전보건관리비를 적법하게 사용한 사실을 입증할 수 있는 서류를 구비하면 될 것이다. 다만, 안전보건관리비 사용내역서는 매월 정기적으로, 항목별 사용일자가 빠른 순서로 작성하는 것이 바람직하며, 사용항목에 따라 근로계약서, 임금대장, 세금계산서, 거래명세표, 품의서, 송장 등 입증이 가능한 자료를 구비·첨부하면 된다.

본사 사용분에 대한 현장의 입증방법은 그 내역을 별도 입증·첨부할 필요는 없으며, 단지 본사 배정 사실만을 증명할 수 있으면 될 것이다. 본사 안전보건관리비 사용내역서의 확인은 반드시 대표이사가 하여야 하는 것은 아니며, 자체위임·전결규정 등에 의하거나 당해 안전보건관리비의 사용 등과 관련하여 실제 책임과 권한이 있는 자의 확인도 가능할 것이다.

나. 정산방법

안전보건관리비의 정산방법 및 절차 등에 대해서는 산업안전보건법령에 별도로 정하고 있지 않다. 다만, 안전보건관리비의 계상·사용 및 정산은 계약단위 공사별로 이루어져야 한다.

(1) 장기계속공사의 경우

안전보건관리비는 차수별 금액이 아닌 총 공사금액을 대상으로 계상하고 정산에 있어서도 해당 차수가 아닌 총 공사기간에 대하여 정산한다.

(2) 감액정산, 소급 정산 가능 여부

안전보건관리비 사용에 대하여 확인 결과 적법하게 사용하지 않은 경우라면 감액하거나 환수조치 할 수 있으며, 반면에 적법하게 지출한 것이라면 사용시점 이후라도 실제 사용한 금액에 대해서는 소급하여 정산이 가능하다.

관련사례

□ 하도급업체에 지급된 안전관리비 감액조치가 가능한지 여부(산안(건안) 68307-10606, 2001.12.12)

건설업산업안전보건관리비계상및사용기준(노동부고시 제2001-22호, 2001.2.16) 제8조에 "발주자는 수급인이 법 제30조제2항의 규정에 위반하여 안전관리비를 다른 목적으로 사용하거나 사용하지 아니한 금액에 대해서는 이를 계약금액에서 감액조정하거나 반환을 요구할 수 있다"고 규정되어 있는 바, 원도급인은 하도급인에게 계상된 안전관리비의 사용에 대하여 확인하고 그 결과 적법하게 사용하지 아니한 것으로 확인된 안전관리비에 대해서 위 규정에 의하여 발주자로 하여금 감액하거나 환수조치를 하도록 할 수 있을 것으로 사료됨.

□ 산업안전보건관리비 소급적용 가능여부(안전보건정책과-970, 2010.8.31)

건설업 산업안전보건관리비는 총 공사금액에 의해 계상된 안전관리비를 기준으로 사용이 가능하므로 귀 질의의 안전관리자 인건비가 건설업 산업안전보건관리비 계상 및 사용기준(고용노동부 고시 제2010-10호, 2010.8.9) [별표 2] '안전관리비의 항목별 사용내역' 상 1번 항목(안전관리자 등의 인건비 및 각종 업무 수당)에서 규정하고 있는 대로 사용 되었다면 소급하여 정산이 가능하며 또한, 동 현장의 협력업체에서 기 사용한 안전관리비에 대해서도 정산이 가능함.

(3) 계상금액을 초과 사용한 경우

당해 공사에 계상된 안전보건관리비를 초과하여 사용한 금액에 대해서는 발주자와 수급인간에 협의·처리하여야 할 것이다.

관련사례

□ 설계에 반영분을 초과 사용한 원·하청간의 안전관리비 사용문제(산안(건안) 68307-10210, 2002.5.15)

〈질의〉

고속도로 건설공사중 구조물 공사의 일부를 하도급 받아 시공하는 전문건설업체(하도급사)로서 당사에서 하도급 받아 시공 중인 교량에 낙하물 방지공사가 원청사 직접공사비에 약 300만원 책정되어 있으나 실제로 투입된 공사비는 약 2,000만원 정도로 초과 투입되었음. 이러한 경우 원도급자는 낙하물방지공사 초과 투입분에 대하여 당사(하도급자)의 안전관리비로 정산토록 공문이 접수된 상태임. 원도급자의 직접공사비에 포함되어 있는 공종의 차액분을 당사의 안전관리비로 사용하라는 것은 이해가 되지 아니함.

〈회시〉

산업안전보건법 시행규칙 제32조제1항 규정에 의하면 수급인 또는 자체 사업을 행하는 자가 사업의 일부를 타인에게 도급하고자 하는 때에는 도급금액 또는 사업비에 계상된 산업안전보건관리비의 범위 내에서 그의 수급인에게 당해 사업의 위험도를 고려하여 적정하게 산업안전보건관리비를 지급하여 사용할 수 있다고 규정되어 있음

따라서, 원도급업체는 일정금액을 하도급업체에 지급하여 사용토록 하거나 하도급공사에 대한 안전시설 등을 직접 설치하여 줄 수 있다고 사료되는 바, 원도급업체가 설치한 안전시설의 설치비용을 하도급업체의 산업안전보건관리비로 사용토록 할 수 있는지 하는 사항에 대해서도 위 기준에 따라 판단하여야 할 것으로 사료됨.

(4) 부가가치세 포함 여부

안전보건관리비는 원가계산에 의한 예정가격 작성기준(기획재정부 계약예규) 상 경비항목의 세비목으로 부가가치세가 포함되지 않은 상태의 금액이므로 부가가치세를 제외한 금액으로 정산하여야 한다.

또한, 대상액이 구분되지 않은 공사에 있어 부가가치세가 포함된 총 공사금액의 70%를 대상액으로 하여 안전보건관리비를 계상토록 하고 있으나 정산시에는 부가가치세를 제외한 금액으로 정산하여야 한다. 이는 단지 대상액이 구분되어

있는 공사의 재료비와 직접노무비를 합한 금액이 통상적으로 총 공사금액의 70% 정도에 해당하는데 따른 것이므로 어떤 경우든 동일한 방법(부가가치세를 제외한 금액)으로 정산함에 유의하여야 한다.

7 산업안전보건관리비 목적 외 사용

가. 목적 외 사용금액에 대한 감액

발주자는 수급인이 산업안전보건관리비를 다른 목적으로 사용하거나 사용하지 않은 안전관리비에 대하여 이를 계약금액에서 감액조정하거나 반환을 요구할 수 있다(계상및사용기준 제8조). 따라서 당해 현장에 계상된 산업안전보건관리비를 공사 수행기간 내에 적법하게 사용하고도 남은 금액에 대하여는 당사자 간 협의하여 처리할 수 있을 것이다.

안전보건관리비는 최소한을 정한 것이므로 초과 계상된 안전보건관리비의 감액 등에 대해서도 산업안전보건법에 별도로 정하고 있지 않으므로 공사계약관계 법령에 정하는 바에 따라 처리하면 될 것이다.

나. 위반시의 조치

안전보건관리비 계상의무를 갖는 수급인 또는 자체 사업을 행하는 자는 당해 안전보건관리비를 다른 목적으로 사용하여서는 아니 되며, 그 사용내역서를 작성하여 공사종료 후 1년간 보존하여야 한다(산안법 제72조③, 규칙제89조②).

안전보건관리비 계상하지 않거나 부족 계상한 경우 또는 목적 외 사용한 경우에는 1천만원 이하의 과태료가 부과된다(산안법 제175조④).

안전보건관리비 사용의무를 위반하여 목적외 사용금액이 1천만원을 초과하거나 사용내역서를 작성·보존하지 아니하여 과태료 처분을 받은 건설업체는 공공공사의 입찰참가자격사전심사(PQ)시 감점(-1점)이 부여된다(입찰참가자격 사전심사요령 [별표 2], [별표 3]).

8 건설재해예방전문지도기관의 기술지도

건설공사의 경우 공사금액이 1억원 이상 120억원(토목공사업 150억) 미만에 해당하는 공사 시공자는 안전보건관리비의 사용방법·재해예방조치 등에 관하여 고용노동부장관이 지정하는 '건설재해예방전문지도기관'의 지도를 받아야 한다(산안법 제73조①, 영제59조). 다만, 공사기간이 3개월 미만인 공사, 육지와 연결되지 아니한 섬지역(제주특별자치도 제외)의 공사, 안전관리자의 자격을 가진자를 선임하여 안전관리자의 업무만을 전담하도록 하는 공사 및 유해·위험방지계획서 제출대상이 되는 공사는 기술지도를 받지 않아도 된다(산안법 영제59조).

기술지도는 공사기간 중 월 2회 이상 실시하여야 하며, 건설재해예방 기술지도비가 제5조에 따라 계상된 안전보건관리비 총액의 20퍼센트를 초과하는 경우에는 그 이내에서 기술지도 횟수를 조정할 수 있다(계상및사용기준 제11조①,②).

관련사례

□ 안전관리자를 선임할 경우 기술지도(산안(건안) 68307-927, 2000.10.21)

공사가 개정규정에 의한 기술지도대상에 해당되더라도 동법 시행규칙 제32조제3항제4호의 규정에 의하여 유자격의 안전관리자를 선임하여 안전관리업무만을 전담토록 하고 지방노동관서에 이에 대한 증빙서류를 제출하면 별도로 기술지도를 받지 않아도 무방함.

□ 기술지도 대상 공사금액이 차수별로 적용받는지 여부(산안(건안) 68307-10092, 2001.3.21)

총 공사금액이 302억원이라면 산업안전보건법 제15조의 규정에 의거 안전관리자 선임대상이고 기술지도를 받아야 하는 현장은 아니며, 이렇게 선임된 안전관리자가 당해 공사 전체 기간동안 안전관리자로 근무를 하게 되므로 당해 차수별로 별도로 기술지도를 받아야 하는 것은 아님.

□ 3개 학교 공사를 1개 공사로 기술지도 계약체결이 가능한지 여부(산안(건안) 68307-10223, 2002.5.20)

교실증축(1개교), 울타치설치(1개교), 옥상방수(1개교) 등 3개 학교의 공사계약을 1건으로 체결하였다 하더라도 장소적으로 현저히 분리된 경우라면 이는 별도의 사업장으로 보아야 하며 각각의 공사가 3억원 이상인 경우에 기술지도 대상에 해당됨.

제7절 건설업 유해위험 기계, 물질 등의 관리

유해·위험한 기계·기구의 경우 사용단계에서만 안전보건상의 조치가 필요한 것이 아니라 양도, 대여, 설치 또는 사용의 전 단계에서 유해·위험의 방지를 위한 방호조치가 필요하다.[78] 산업안전보건법에서는 유해·위험 기계·기구에 대한 안전조치 의무를 사업주에 한정하지 않고 양도·대여·설치 또는 사용에 제공하는 자는 누구나 방호조치를 하도록 하였다. 특히 건설현장에 타워크레인으로 인한 인명사고가 빈번하게 발생하고 있는 점을 감안하여 타워크레인을 대여받은 자는 타워크레인으로 인한 충돌을 방지를 위한 조치를 하여야 하며, 타워크레인 설치·해체 작업이 이루어지는 동안 작업전반을 영상으로 기록하여야 하고 설치·해체 작업은 고용노동부에 등록한 업체가 작업을 수행하여야 한다.

유해·위험 기계기구 등 근로자의 안전 및 보건에 위해를 미칠 수 있는 기계·기구 및 설비에 대해서는 안전인증을 받아야 하며, 안전검사 대상 유해·위험 기계 등은 사용하는 과정에서 일정 기간마다 안전검사를 받도록 하여 기계 등의 안전성능 상태를 확인하도록 하고 있다.

산업안전보건법에서는 근로자의 건강장해를 일으키는 유해인자는 정부차원에서 체계적으로 분류·관리할 것을 정하고 있고, 화학물질에 의한 건강장해를 예방하기 위하여 신규화학물질과 중대한 건강장해 유발 우려가 있는 화학물질에 대해 제조·수입하는 자 등은 유해·위험성 조사를 하고 그 결과를 고용노동부장관에게 제출하여야 한다. 또한 화학물질에 의한 산업재해를 예방하기 위해서 화학물질의 유해성·위험성 정보를 확실하게 전달하고 그 정보를 토대로 산업현장에서 위험 또는 건강장해 방지를 위한 조치를 적절하게 강구하도록 화학물질을 양도·대여하는 자는 물질안전보건자료(MSDS)를 작성하여 양도·제공받는 자에게 제공하도록 하고 있으며,[79] 근로자에게 중대한 건강장해를 일으키는 석면에 대해서는 건축물·설비철거·해체작업을 중심으로 준수하여야 할 사항을 규정하고 있다.

1 유해·위험 기계기구 등의 방호조치

가. 유해·위험 기계기구에 대한 방호조치

유해·위험 기계기구로서 예초기, 원심기, 공기압축기, 금속절단기, 지게차, 포장기계(진공포장기, 랩핑기에 한정한다) 등에 대해서는 유해·위험을 방지를 위한 방호조치[80]를 하지 아니하고서는 양도·대여·설치 또는 사용에 제공하거나 양도·대여의 목적으로 진열할 수 없다(산안법 제80조①, 영제70조, 영별표20). 위험 기계·기구 방호조치기준에 대해서는 고용노동부장관이 별도로 고시하고 있다.

누구든지 동력으로 작동하는 기계·기구로서 작동부분의 돌기부분이 있는 것, 동력전달부분 또는 속도조절부분이 있는 것, 회전기계에 물체 등이 말려 들어갈 부분이 있는 것 등은 고용노동부령으로 정하는 방호조치[81]를 하지 아니하고는 양도, 대여, 설치 또는 사용에 제공하거나 양도·대여의 목적으로 진열하여서는 아니 된다(산안법 제80조②).

사업주와 근로자는 유해하거나 위험한 기계·기구에 대한 방호조치를 해체하려는 경우 필요한 안전·보건조치[82]를 하여야 한다.

사업주가 유해하거나 위험한 기계·기구에 대한 방호조치 의무를 위반한 경우

---

78) 양성필, 「산업안전보건법 해설」((주)중앙경제사, 2019) 149면

79) 정진우, 「산업안전보건법」((주)중앙경제사, 2016) 296면

80) 기계기구에 설치해야 할 방호조치는 예초기: 날접촉 예방장치, 원심기: 회전체 접촉 예방장치, 공기압축기: 압력방출장치, 금속절단기: 날접촉 예방장치, 지게차: 헤드 가드, 백레스트(backrest), 전조등, 후미등, 안전벨트, 포장기계: 구동부 방호 연동장치 등이다(산안법 규칙 제98①).

81) 고용노동부령으로 정하는 방호조치로는 ① 작동 부분의 돌기부분은 묻힘형으로 하거나 덮개를 부착할 것, ② 동력전달부분 및 속도조절부분에는 덮개를 부착하거나 방호망을 설치할 것, ③ 회전기계의 물림점(롤러나 톱니바퀴 등 반대방향의 두 회전체에 물려 들어가는 위험점)에는 덮개 또는 울을 설치할 것 등이다(산안법 규칙 제98조②).

82) 방호조치 등에 필요한 조치로는 ① 방호조치를 해체하려는 경우: 사업주의 허가를 받아 해체할 것, ② 방호조치 해체 사유가 소멸된 경우: 방호조치를 지체 없이 원상으로 회복시킬 것 ③ 방호조치의 기능이 상실된 것을 발견한 경우: 지체 없이 사업주에게 신고하여야 하고 사업주는 신고가 있으면 즉시 수리, 보수 및 작업중지 등 적절한 조치를 할 것 등이다(산안법 규칙 제99조).

1년 이하의 징역 또는 1천만원 이하의 벌금에 처해진다(산안법 제170조④).

나. 기계·기구 등의 대여자 등의 조치

기계·기구 설비 및 건축물 등[83]으로서 사무실 및 공장용 건축물, 이동식 크레인, 타워크레인, 불도저, 모터 그레이더 등의 건설기계를 타인에게 대여하거나[84] 대여받는 자[85]는 고용노동부령이 정하는 유해·위험방지를 위해 필요한 조치를

---

83) 기계·기구 설비 및 건출물 등이라 함은 ① 사무실 및 공장용 건축물, ② 이동식 크레인, ③ 타워크레인, ④ 불도저, ⑤ 모터 그레이더, ⑥ 로더, ⑦ 스크레이퍼, ⑧ 스크레이퍼 도저, ⑨ 파워 셔블, ⑩ 드래그라인, ⑪ 클램셀, ⑫ 버킷굴삭기, ⑬ 트렌치, ⑭ 항타기, ⑮ 항발기, ⑯ 어스드릴, ⑰ 천공기, ⑱ 어스오거, ⑲ 페이퍼드레인머신, ⑳ 리프트,㉑ 지게차, ㉒ 롤러기, ㉓ 콘크리트 펌프, ㉔ 고소작업대, ㉕ 그 밖에 산업재해보상보험및예방심의위원회 심의를 거쳐 고용노동부장관이 정하여 고시하는 기계, 기구, 설비 및 건축물 등이다(산안법 영별표21).

84) 대여하는 자가 하여야 할 유해·위험예방조치(산안법 규칙 제100조): ① 해당 기계등을 미리 점검하고 이상을 발견한 때에는 즉시 보수하거나 그 밖에 필요한 정비를 할 것 ② 해당 기계등을 대여받는 자에게 (가) 기계등의 성능 및 방호조치의 내용, (나) 기계등의 특성 및 사용시의 주의사항, (다) 기계등의 수리·보수 및 점검 내역과 주요 부품의 제조일, (라) 기계등의 정밀진단 및 수리 후 안전점검내역, 주요 안전부품의 교환이력 및 제조일 등을 적은 서면을 발급할 것. ③ 사용을 위하여 설치·해체 작업(기계등을 높이는 작업을 포함한다)이 필요한 기계등을 대여하는 경우로서 해당 기계등의 설치·해체 작업을 다른 설치·해체업자에게 위탁하는 경우에는 ㈎설치·해체업자가 기계등의 설치·해체에 필요한 법령상 자격을 갖추고 있는지와 설치·해체에 필요한 장비를 갖추고 있는지 여부를 확인할 것, ㈏설치·해체업자에게 제2호 각목에 적은 서면을 발급하고, 해당내용을 주지시킬 것, ㈐설치·해체업자가 설치·해체 작업 시 안전보건규칙에 따른 산업안전보건기준을 준수하고 있는지를 확인 할 것 ④ 해당 기계등을 대여받은 자에게 제3호가목 및 다목에 따른 확인 결과를 알릴 것 등

85) 대여받는 자가 하여야 할 유해·위험예방조치(산안법 규칙 제101조①,④): ① 기계등을 대여받는 자는 그가 사용하는 근로자가 아닌 사람에게 해당 기계등을 조작하도록 하는 경우에는 (가) 해당 기계등을 조작하는 사람이 관계 법령에서 정하는 자격이나 기능을 가진 사람인지 확인할 것, (나) 해당 기계등을 조작하는 사람에게 작업의 내용, 지휘계통, 연락·신호 등의 방법, 운행경로, 제한속도, 그 밖에 해당기계등의 운행에 관한 사항, 그 밖에 해당 기계등의 조작에 따른 산업재해를 방지하기 위하여 필요한 사항을 주지시킬 것. 다만, 해당 기계등을 구입할 목적으로 기종(機種)의 선정 등을 위하여 일시적으로 대여받는 경우에는 그렇지 않다. ② 기계등을 대여받은 자가 기계등을 대여한 자에게 해당 기계등을 반환하는 경우에는 해당 기계등의 수리·보수 및 점검 내역과 부품교체 사항 등이 있는 경우 해당 사항에 대한 정보를 제공해야 한다.

취하여야 한다(산안법 제81조, 영제71조, 영별표21).

특히, 건설현장의 타워크레인을 대여받은 자는 타워크레인을 사용하는 작업 중에 타워크레인 장비 간 또는 타워크레인과 인접 구조물 간 충돌위험이 있으면 충돌방지장치를 설치하는 등 충돌방지를 위하여 필요한 조치를 하여야 하며, 타워크레인 설치·해체 작업이 이루어지는 동안 작업과정 전반(全般)을 영상으로 기록하여 대여기간 동안 보관하여야 한다(산안법 규칙제101조②).

기계·기구 등에 대한 필요한 안전·보건조치를 하지 아니한 자에 대해서는 3년 이하의 징역 또는 3천만원 이하의 벌금에 처해진다(산안법 제169조제1호).

다. 타워크레인 설치·해체업의 등록 등

타워크레인을 설치하거나 해체를 하려는 자는 인력·시설 및 장비 등의 요건을 갖추어 고용노동부장관에게 등록하여야 하며(산안법 제82조①), 사업주는 등록한 자로 하여금 타워크레인을 설치하거나 해체하는 작업을 하도록 하여야 한다(산안법 제82조②).

등록을 하지 않고 타워크레인을 설치·해체하는 자는 1천만원 이하의 과태료가 부과되며(산안법 제175조④제5호), 사업주가 미등록자에게 타워크레인을 설치·해체토록 한 경우에는 3년 이하의 징역 또는 3천만원 이하의 벌금에 처해진다(산안법 제169조제1호).

2 기계·기구 등의 안전인증 및 자율안전확인 신고

가. 안전인증

유해·위험기계등 중 근로자의 안전 및 보건에 위해(危害)를 미칠 수 있다고 인정되어 대통령령으로 정하는 것(이하 "안전인증대상기계등"이라 한다)[86]을 제조하거

86) 안전인증대상기계등: ① 기계·기구 및 설비: 프레스, 전단기 및 절곡기, 크레인, 리프트, 압

나 수입하는 자(고용노동부령으로 정하는 안전인증대상기계등을 설치·이전하거나 주요 구조 부분을 변경하는 자를 포함한다)는 안전인증대상기계등이 안전인증기준에 맞는지에 대하여 고용노동부장관이 실시하는 안전인증을 받아야 한다(산안법 제84조①, 영제74조①).

안전인증을 받은 자는 안전인증을 받은 유해·위험한 기계·기구·설비 등이나 이를 담은 용기 또는 포장에 안전인증표시를 하여야 한다(산안법 제85조①).

안전인증대상기계등에 대해 안전인증을 받지 아니한 자는 3년 이하의 징역 또는 3천만원 이하의 벌금에 처해지며(산안법 제169조제1호), 안전인증표시 의무를 위반한 경우에는 1천만원 이하의 과태료가 부과된다(산안법 제175조④제3호).

나. 자율안전확인

안전인증대상기계등이 아닌 유해·위험기계등으로서 대통령령으로 정하는 것(이하 "자율안전확인대상기계등"이라 한다)[87]을 제조하거나 수입하는 자는 자율안전확

력용기, 롤러기, 사출성형기, 고소작업대, 곤도라 ② 방호장치: 프레스 및 전단기 방호장치, 양중기용 과부하방지장치, 보일러 압력방출용 안전밸브, 압력용기 압력방출용 안전밸브, 압력용기 압출방출용 파열판, 절연용 방호구 및 활선작업용 기구, 방폭구조 전기기계·기구 및 부품, 추락·낙하 및 붕괴 등의 위험 방지 및 보호에 필요한 가설기자재로서 고용노동부장관이 정하여 고시하는 것, 충돌·협착 등의 위험 방지에 필요한 산업용 로봇 방호장치로서 고용노동부장관이 정하여 고시하는 것(2021.1.16.부터 적용) ③ 보호구: 추락 및 감전 위험방지용 안전모, 안전화, 안전장갑, 방진마스크, 방독마스크, 송기마스크, 전동식 호흡보호구, 보호복, 안전대, 차광 및 비산물 방지용 보안경, 용접용 보안면, 방음용 귀마개 또는 귀덮개 등(산안법 영제76조①)

87) 자율확인대상기계·기구등: ① 기계·기구 및 설비: 연삭기 또는 연마기(휴대용은 제외), 산업용 로봇, 혼합기, 파쇄기 또는 분쇄기, 식품가공용기계(파쇄·절단·혼합·제면기만 해당함), 컨베이어, 자동차정비용리프트, 공작기계(선박, 드릴기, 평삭·형삭기, 밀링 만 해당함), 고정형 목재가공용기계(둥근톱, 대패, 루타기, 띠톱, 모떼기 기계만 해당함), 인쇄기 ② 방호장치(2021.1.16.부터 적용): 아세틸렌 용접장치용 또는 가스집합 용접장치용 안전기, 교류아크용접기용 자동전격방지기, 롤러기 급정지장치, 연삭기 덮개, 목재 가공용 둥근톱 반발예방장치와 날 접촉 예방장치, 동력식 수동대패용 칼날 접촉 방지장치, 추락·낙하 및 붕괴 등의 위험 방지 및 보호에 필요한 가설기자재(제72조제1항제2호아목의 가설기자재는 제외한다)로서 고용노동부장관이 정하여 고시하는 것 ③ 보호구: 안전모(제74조제1항제3호가목의 안전모는 제외한다), 보안경(제74조제1항제3호차목의 보안경은 제외한다), 보안면(제74조제1항제3호카목의 보안면은 제외한다) 등(산안법 영77조①)

인대상기계등의 안전에 관한 성능이 고용노동부장관이 정하여 고시하는 안전기준(이하 "자율안전기준"이라 한다)에 맞는지 확인(이하 "자율안전확인"이라 한다)하여 고용노동부장관에게 신고(신고한 사항을 변경하는 경우를 포함한다)하여야 한다(산안법 제89조①).

고용노동부장관에게 신고를 한 자는 자율안전확인대상 기계·기구등이나 이를 담은 용기 또는 포장에 자율안전확인표시를 하여야 한다(산안법 제90조①).

자율안전확인대상기계등에 대한 신고의무를 위반한 경우에는 1천만원 이하의 벌금에 처해지며(산안법 제171조제1호), 자율안전확인표시 의무를 위반한 경우에는 500만원 이하의 과태료가 부과된다(산안법 제175조⑤제1호).

3 안전검사와 유해·위험기계 등의 조사와 지원 등

가. 안전검사

유해하거나 위험한 기계·기구·설비로서 대통령령으로 정하는 것(이하 "안전검사대상기계등"이라 한다)[88]을 사용하는 사업주(근로자를 사용하지 아니하고 사업을 하는 자를 포함한다.)는 안전검사대상기계등의 안전에 관한 성능이 고용노동부장관이 정하여 고시하는 검사기준에 맞는지에 대하여 고용노동부장관이 실시하는 검사(이하 "안전검사"라 한다)를 받아야 한다. 이 경우 안전검사대상기계등을 사용하는 사업주와 소유자가 다른 경우에는 안전검사대상기계등의 소유자가 안전검사를 받아야 한다(산안법 제93조①).

안전검사대상기계등이 다른 법령에 따라 안전성에 관한 검사나 인증을 받은 경

88) 안전검사대상기계등: ① 프레스, ② 전단기, ③ 크레인(정격하중 2톤 미만인 것은 제외), ④ 리프트, ⑤ 압력용기, ⑥ 곤돌라, ⑦ 국소 배기장치(이동식은 제외), ⑧ 원심기(산업용만 해당), ⑨ 롤러기(밀폐형 구조는 제외), ⑩ 사출성형기(형 체결력 294킬로뉴턴(KN) 미만은 제외), ⑪ 고소작업대[「자동차관리법」 제3조제3호 또는 제4호에 따른 화물자동차 또는 특수자동차에 탑재한 고소작업대(高所作業臺)로 한정], ⑫ 컨베이어, ⑬ 산업용로봇 등(산안법 영제78조①)

우에는 안전검사를 면제할 수 있다(산안법 제93조②). 건설현장에 사용되는 건설기계는 「건설기계관리법」상의 신규등록검사, 정기검사, 수시검사를 받은 경우 안전검사가 면제된다(산안법 규칙제125조제1호).

안전검사대상기계등에 대하여 안전검사를 받지 않은 자에 대해서는 1천만원 이하의 과태료가 부과된다(산안법 제174조④제3호).

나. 유해·위험기계등 제조사업 등의 지원

고용노동부장관은 안전인증대상기계등, 자율안전확인대상기계등 또는 산업재해가 많이 발생하는 유해·위험기계등의 안정성 향상을 위한 지원이 필요하다고 인정하는 것을 제조하는 자와 작업환경 개선시설을 설계·시공하는 자에게는 제조물의 품질·안정성 및 설계·시공 능력 향상을 위하여 예산의 범위에서 필요한 지원을 할 수 있다(산안법 제102조①). 지원을 받으려는 자는 고용노동부령이 정하는 인력·시설 및 장비 등의 요건을 갖추어 고용노동부장관에게 등록하여야 한다(산안법 제102조②).

4 유해·위험 물질의 분류 및 관리

가. 유해인자 관리

고용노동부장관은 고용노동부령으로 정하는 바에 따라 근로자에게 건강장해를 일으키는 화학물질 및 물리적 인자 등(이하 "유해인자"라 한다)의 유해성·위험성 분류기준을 마련하여야 하며(산안법 제104조), 고용노동부장관은 유해인자가 근로자의 건강에 미치는 유해성·위험성을 평가하고 그 결과를 관보 등에 공표할 수 있다(산안법 제105조①).

사업주는 발암성 물질 등 근로자에게 중대한 건강장해를 유발할 우려가 있는 유해인자로서 대통령령으로 정하는 유해인자[89]는 작업장 내의 그 노출 농도를 고용노동부령으로 정하는 허용기준 이하로 유지하여야 한다(산안법 제107조①).

나. 화학물질의 유해·위험성 조사

화학물질 중 원소, 천연으로 산출된 화학물질, 방사성물질 등 대통령령으로 정하는 화학물질[90] 외의 화학물질(이하 "신규화학물질"이라 한다.)을 제조하거나 수입

---

89) 대통령령으로 정하는 유해인자(산안법 영제84조, 영별표26): ① 6가크롬[18540-29-9] 화합물(Chromium VI compounds) ② 납[7439-92-1] 및 그 무기화합물(Lead and its inorganic compounds) ③ 니켈[7440-02-0] 화합물(불용성 무기화합물로 한정한다)(Nickel and its insoluble inorganic compounds) ④ 니켈카르보닐(Nickel carbonyl; 13463-39-3) ⑤ 디메틸포름아미드(Dimethylformamide; 68-12-2) ⑥ 디클로로메탄(Dichloromethane; 75-09-2) ⑦ 1,2-디클로로프로판(1,2-Dichloropropane; 78-87-5) ⑧ 망간[7439-96-5] 및 그 무기화합물(Manganese and its inorganic compounds) ⑨ 메탄올(Methanol; 67-56-1) ⑩ 메틸렌 비스(페닐 이소시아네이트)(Methylene bis(phenyl isocyanate); 101-68-8 등) ⑪ 베릴륨[7440-41-7] 및 그 화합물(Beryllium and its compounds) ⑫ 벤젠(Benzene; 71-43-2) ⑬ 1,3-부타디엔(1,3-Butadiene; 106-99-0) ⑭ 2-브로모프로판(2-Bromopropane; 75-26-3) ⑮ 브롬화 메틸(Methyl bromide; 74-83-9) ⑯ 산화에틸렌(Ethylene oxide; 75-21-8) ⑰ 석면(제조·사용하는 경우만 해당한다)(Asbestos; 1332-21-4 등) ⑱ 수은[7439-97-6] 및 그 무기화합물(Mercury and its inorganic compounds) ⑲ 스티렌(Styrene; 100-42-5) ⑳ 시클로헥사논(Cyclohexanone; 108-94-1) ㉑ 아닐린(Aniline; 62-53-3) ㉒ 아크릴로니트릴(Acrylonitrile; 107-13-1) ㉓ 암모니아(Ammonia; 7664-41-7 등) ㉔ 염소(Chlorine; 7782-50-5) ㉕ 염화비닐(Vinyl chloride; 75-01-4) ㉖ 이황화탄소(Carbon disulfide; 75-15-0) ㉗ 일산화탄소(Carbon monoxide; 630-08-0) ㉘ 카드뮴[7440-43-9] 및 그 화합물(Cadmium and its compounds) ㉙ 코발트[7440-48-4] 및 그 무기화합물(Cobalt and its inorganic compounds) ㉚ 콜타르피치[65996-93-2] 휘발물(Coal tar pitch volatiles) ㉛ 톨루엔(Toluene; 108-88-3) ㉜ 톨루엔-2,4-디이소시아네이트(Toluene-2,4-diisocyanate; 584-84-9 등) ㉝ 톨루엔-2,6-디이소시아네이트(Toluene-2,6-diisocyanate; 91-08-7 등) ㉞ 트리클로로메탄(Trichloromethane; 67-66-3) ㉟ 트리클로로에틸렌(Trichloroethylene; 79-01-6) ㊱ 포름알데히드(Formaldehyde; 50-00-0) ㊲ n-헥산(n-Hexane; 110-54-3) ㊳ 황산(Sulfuric acid; 7664-93-9)

90) 유해성·위험성 조사 제외 화학물질(산안법 영제85조): ① 원소 ② 천연으로 산출된 화학물질 ③「건강기능식품에 관한 법률」 제3조제1호에 따른 건강기능식품 ④「군수품관리법」 제2조 및「방위사업법」 제3조제2호에 따른 군수품[「군수품관리법」 제3조에 따른 통상품(痛常品)은 제외한다] ⑤「농약관리법」 제2조제1호 및 제3호에 따른 농약 및 원제 ⑥「마약류 관리에 관한 법률」 제2조제1호에 따른 마약류 ⑦「비료관리법」 제2조제1호에 따른 비료 ⑧

하고자 하는 자는 신규화학물질에 의한 근로자의 건강장해를 예방하기 위하여 고용노동부령으로 정하는 바에 따라 그 신규화학물질의 유해성·위험성을 조사하고 그 조사보고서를 고용노동부장관에게 제출하여야 한다. 다만, 일반소비자의 생활용으로 제공하기 위하여 신규화학물질을 수입하는 경우로서 고용노동부령이 정하는 경우, 신규화학물질의 수입량이 소량이거나 기타 위해의 정도가 적다고 인정되는 경우로서 고용노동부령이 정하는 경우 등에 대해서는 그러하지 아니한다(산안법 제108조①). 신규화학물질제조자등은 유해성·위험성 조사의 결과에 따라 해당 신규화학물질에 의한 근로자의 건강장해를 방지하기 위하여 즉시 필요한 조치를 하여야 한다(산안법 제108조②).

고용노동부장관은 근로자의 건강장해를 예방하기 위하여 필요하다고 인정할 때에는 고용노동부령으로 정하는 바에 따라 암 또는 그 밖에 중대한 건강장해를 일으킬 우려가 있는 화학물질을 제조·수입하는 자 또는 사용하는 사업주에게 해당 화학물질의 유해성·위험성을 조사하고 그 결과를 제출하도록 하거나 유해인자의 유해성·위험성 평가에 필요한 자료의 제출을 명할 수 있다(산안법 제109조①).

유해성·위험성 조사보고서를 제출하지 아니한 자는 300만원 이하의 과태료가 부과되며(산안법 제175조⑥제8호), 신규화학물질에 의한 근로자의 건강장해 방지에 필요한 조치를 하지 아니한 경우에는 1천만원 이하의 벌금에 처해진다(산안법 제171조제1호). 또한 고용노동부장관의 유해·위험성 조사 결과 또는 유해·위험성 평가에 필요한 자료제출 명령을 위반한 경우에는 300만원 이하의 과태료가 부과된다(산안법 제171조⑥제8호).

「사료관리법」 제2조제1호에 따른 사료 ⑨ 「생활화학제품 및 살생물제의 안전관리에 관한 법률」 제3조제7호 및 제8호에 따른 살생물물질 및 살생물제품 ⑩ 「식품위생법」 제2조제1호 및 제2호에 따른 식품 및 식품첨가물 ⑪ 「약사법」 제2조제4호 및 제7호에 따른 의약품 및 의약외품(醫藥外品) ⑫ 「원자력안전법」 제2조제5호에 따른 방사성물질 ⑬ 「위생용품 관리법」 제2조제1호에 따른 위생용품 ⑭ 「의료기기법」 제2조제1항에 따른 의료기기 ⑮ 「총포·도검·화약류 등의 안전관리에 관한 법률」 제2조제3항에 따른 화약류 ⑯ 「화장품법」 제2조제1호에 따른 화장품과 화장품에 사용하는 원료 ⑰ 법 제108조제3항에 따라 고용노동부장관이 명칭, 유해성·위험성, 근로자의 건강장해 예방을 위한 조치 사항 및 연간 제조량·수입량을 공표한 물질로서 공표된 연간 제조량·수입량 이하로 제조하거나 수입한 물질 ⑱ 고용노동부장관이 환경부장관과 협의하여 고시하는 화학물질 목록에 기록되어 있는 물질

다. 물질안전보건자료의 제공

물질안전보건자료대상물질[91)]을 제조하거나 수입하려는 자는 ① 제품명 ② 물질안전보건자료대상물질을 구성하는 화학물질 중 산업안전보건법 제104조에 따른 분류기준에 해당하는 화학물질의 명칭 및 함유량 ③ 안전 및 보건상의 취급주의 사항 ④ 건강 및 환경에 대한 유해성, 물리적 위험성 ⑤ 물리·화학적 특성 등 고용노동부령으로 정하는 사항을 적은 자료(물질안전보건자료: MSDS)를 고용노동부령으로 정하는 바에 따라 작성하여 고용노동부장관에게 제출하여야 한다(산안법 제110조①).

물질안전보건자료대상물질을 양도하거나 제공하는 자는 이를 양도받거나 제공받는 자에게 물질안전보건자료(MSDS)를 제공하여야 한다(산안법 제111조①).

물질안전보건자료를 취급하려는 사업주는 취급근로자가 쉽게 볼 수 있는 장소에 게시하거나 갖춰 두어야 한다(산안법 제114조①). 또한 사업주는 취급하는 근로자에게 안전·보건을 위한 교육을 실시하여야 하고,[92)] 대상화학물질을 취급하는 작업공정별로 관리 요령을 게시하여야 하며(산안법 제114조②,③), 대상화학물질을 담은 용기에 경고표시를 하여야 한다(산안법 제115조②).

사업주가 물질안전보건자료를 게시하지 아니하거나 갖추어 두지 아니한 경우에는 500만원 이하의 과태료가 부과되며(산안법 제175조⑤제3호), 물질안전보건자료대상물질을 취급하는 근로자에게 교육하는 등이 적절한 조치를 하지 아니한 경우에는 300만원 이하의 과태료가 부과된다(산안법 제175조⑥제10호).

---

91) 화학물질 또는 이를 함유한 혼합물로서 제104조에 따른 분류기준에 해당하는 것(대통령령으로 정하는 것은 제외한다. 이하 "물질안전보건자료대상물질"이라 한다)(산안법 제110조①)

92) 물질안전보건자료에 관한 교육의 시기·내용·방법: 교육은 물질안전보건자료대상물질을 제조·사용·운반 또는 저장하는 작업에 근로자를 배치하게 된 경우, 새로운 물질안전보건자료대상물질이 도입된 경우, 유해성·위험성 정보가 변경된 경우 실시하며, 교육을 하는 경우에 유해성·위험성이 유사한 물질안전보건자료대상물질을 그룹별로 분류하여 교육할 수 있다. 사업주는 교육을 실시하였을 때에는 교육시간 및 내용 등을 기록하여 보존하여야 한다(산안법 규칙제169조①,②,③).

5 석면에 대한 조치

가. 석면조사

(1) 일반석면조사

건축물이나 설비를 철거하거나 해체하려는 경우에 해당 건축물이나 설비의 소유주 또는 임차인 등(이하 "건축물이나 설비의 소유주 등"이라 한다)은 ① 해당 건축물이나 설비에 석면이 함유되어 있는지 여부 ② 해당 건축물이나 설비 중 석면이 함유된 자재의 종류, 위치 및 면적을 고용노동부령으로 정하는 바에 따라 조사(이하 "일반석면조사"라 한다)한 후 그 결과를 기록·보존하여야 한다(산안법 제119조①).

일반석면조사를 하지 아니하고 건축물이나 설비를 철거하거나 해체한 자에게는 300만원 이하의 과태료가 부과된다(산안법 제175조⑥제12호).

(2) 기관석면조사

건축물이나 설비 중 대통령령으로 정하는 규모 이상의 건축물이나 설비[93]의 소유주 등은 고용노동부장관이 지정하는 기관(이하 "석면조사기관"이라 한다)으로 하여금 일반석면조사 사항을 포함한 해당 건축물이나 설비에 함유된 석면의 종류 및 함유량을 조사(이하 "기관석면조사"라 한다)하도록 한 후 그 결과를 기록·보존하여

93) 기관석면조사대상(산안법 영제89조①): ① 건축물(제2호에 따른 주택은 제외한다. 이하 이 호에서 같다)의 연면적 합계가 50제곱미터 이상이면서, 그 건축물의 철거·해체하려는 부분의 면적 합계가 50제곱미터 이상인 경우 ② 주택(「건축법 시행령」 제2조제12호에 따른 부속건축물을 포함한다. 이하 이 호에서 같다)의 연면적 합계가 200제곱미터 이상이면서, 그 주택의 철거·해체하려는 부분의 면적 합계가 200제곱미터 이상인 경우 ③ 설비의 철거·해체하려는 부분에 다음 각 목의 어느 하나에 해당하는 자재〔가. 단열재, 나. 보온재, 다. 분무재, 라. 내화피복재(耐火被覆材), 마. 개스킷(Gasket: 누설방지재), 바. 패킹재(Packing material: 틈박이재), 사. 실링재(Sealing material: 액상 메움재) 아. 그 밖에 가목부터 사목까지의 자재와 유사한 용도로 사용되는 자재로서 고용노동부장관이 정하여 고시하는 자재〕를 사용한 면적의 합이 15제곱미터 이상 또는 그 부피의 합이 1세제곱미터 이상인 경우 ④ 파이프 길이의 합이 80미터 이상이면서, 그 파이프의 철거·해체하려는 부분의 보온재로 사용된 길이의 합이 80미터 이상인 경우

야 한다. 다만, 석면함유 여부가 명백한 경우 등 대통령령으로 정하는 사유[94]에 해당한 경우에는 해당 사유를 증명할 수 있는 서류를 첨부하여 석면조사의 생략 등 확인신청서를 작성하여 관할 지방고용노동관서의 장에게 제출하면 기관석면조사를 생략 받을 수 있다(산안법 제119조②, 규칙제89조②).

기관석면조사를 하지 아니하고 건축물이나 설비를 철거하거나 해체한 자에게는 5천만원 이하의 과태료가 된다(산안법 제175조①제1호).

(3) 석면조사 이행명령 등

고용노동부장관은 건축물이나 설비의 소유주 등이 일반석면조사 또는 기관석면조사를 하지 아니하고 건축물이나 설비를 철거하거나 해체하는 경우에는 일반석면조사 또는 기관석면조사의 이행명령, 이행명령의 결과를 보고받을 때까지의 작업중지 명령을 할 수 있다(산안법 제119조④).

고용노동부장관이 일반석면조사 또는 기관석면조사의 이행명령과 작업중지 명령을 위반한 경우에는 3년 이하의 징역 또는 3천만원 이하의 벌금이 처해진다(산안법 제169조제2호).

나. 석면의 해체·제거

석면이 함유된 건축물이나 설비를 철거하거나 해체하는 자는 고용노동부령이 정하는 석면·해체 제거의 작업기준을 준수하여야 한다(산안법 제123조①).

기관석면조사 대상인 건축물이나 설비에 대통령령으로 정하는 함유량과 면적 이상의 석면이 함유되어 있는 경우[95] 해당 건축물·설비소유주등은 석면해체·제

94) 석면함유 여부가 명백한 경우 등 대통령령으로 정하는 사유(산안법 영제89조②): ①건축물이나 설비의 철거·해체 부분에 사용된 자재가 설계도서, 자재 이력 등 관련 자료를 통해 석면을 함유하고 있지 않음이 명백하다고 인정되는 경우, ②건축물이나 설비의 철거·해체 부분에 석면이 1퍼센트(무게 퍼센트) 초과하여 함유된 자재를 사용하였음이 명백하다고 인정되는 경우

95) 석면해체·제거업자를 통한 석면해체·제거 대상(산안법 영제94조①): ① 철거·해체하려는 벽체재료, 바닥재, 천장재 및 지붕재 등의 자재에 석면이 중량비율 1퍼센트를 초과하여 함유되어 있고 그 자재의 면적의 합이 50제곱미터 이상인 경우 ② 석면이 중량비율 1퍼센트를 초과하여 함유된 분무재 또는 내화피복재를 사용한 경우 ③ 석면이 중량비율 1퍼센트를 초과하

거업자로 하여금 그 석면을 해체·제거하도록 하여야 한다. 다만, 건축물·설비 소유주등이 인력·장비 등에서 석면해체·제거업자와 동등한 능력을 갖추고 있는 경우 등 대통령령으로 정하는 사유에 해당할 경우에는 스스로 석면을 해체·제거할 수 있다(산안법 제122조①).

석면해체·제거는 해당 건축물이나 설비에 대하여 기관석면조사를 실시한 기관이 하여서는 아니 되며(산안법 제122조②), 석면해체·제거업자는 석면해체·제거작업을 하기 전에 고용노동부장관에게 신고하고, 석면해체·제거작업에 따른 고용노동부령으로 정하는 사항을 기재한 서류를 보존하여야 한다(산안법 제112조③).

석면해체·제거 작업기준을 준수하지 않은 경우에는 3년 이하의 징역 또는 3천만원 이하의 벌금에 처해지며(산안법 제169조제1호), 기관석면조사 대상인 건축물이나 설비를 석면해체·제거업자에게 석면을 해체·제거하도록 하지 아니한 자에게는 5년 이하의 징역 또는 5천만원 이하의 벌금에 처해진다(산안법 제168조제1호).

다. 석면농도기준의 준수

석면해체·제거업자는 석면해체·제거작업이 완료된 후 해당 작업장의 공기 중 석면농도가 1세제곱센티미터당 0.01개 이하가 되도록 하고, 그 증명자료를 고용노동부장관에게 제출하여야 한다(산안법 제124조①, 규칙제182조).

석면해체·제거작업 완료 후 작업장의 공기 중 석면농도가 석면농도기준을 초과한 경우 건축물이나 설비의 소유주 등은 해당 건축물이나 설비를 철거하거나 해체하여서는 아니 된다(산안법 제124조③).

작업완료 후 공기 중 석면농도기준을 위반한 경우 500만원 이하의 과태료가 부과되며(산안법 제175조⑤제1호), 석면농도기준에 대한 증명자료를 제출하지 아니한 경우에는 300만원 이하의 과태료가 부과된다(산안법 제175조⑥제14호). 또한 작업완료 후 석면농도기준을 초과함에도 건축물이나 설비를 해체·제거 한 자에게는 5천만원 이하의 과태료가 부과된다(산안법 제175조①제2호).

여 함유된 제89조제1항제3호 각 목의 어느 하나(다목 및 라목은 제외한다)에 해당하는 자재의 면적의 합이 15제곱미터 이상 또는 그 부피의 합이 1세제곱미터 이상인 경우 ④ 파이프에 사용된 보온재에서 석면이 중량비율 1퍼센트를 초과하여 함유되어 있고 그 보온재 길이의 합이 80미터 이상인 경우

제8절 건설근로자의 보건관리

산업안전보건법에서는 근로자의 보건관리를 위하여 사업주에게 작업환경측정, 근로자에게 건강진단을 실시하도록 규정하고 있다.

먼저 산업안전보건법에서는 근로자의 건강장해 예방을 위하여 인체에 해로운 작업을 하는 작업장에 대해서는 작업환경측정을 하여 고용노동부장관에게 보고하도록 의무화 하고 있다. 작업환경측정은 도급인 사업장에서 관계수급인 또는 관계수급인의 근로자가 작업을 하는 경우 도급인이 하여야 한다. 사업주는 작업환경측정 결과를 당해 작업장 근로자에게 알려야 하며 그 결과에 따라 근로자의 건강을 보호하기 위하여 당해 시설·설비의 설치·개선 또는 건강진단 실시 등 적절한 조치를 하여야 한다. 근로자들은 본인의 의사와 관계없이 작업환경과 관련된 다양한 유해인자에 노출됨에 따라 직업성질환 발생위험에 직면하게 된다. 이에 사업주는 근로자의 건강보호·유지를 위하여 근로자에 대한 건강진단을 실시하여야 한다. 사업주가 실시하여야 하는 건강진단으로는 일반건강진단, 특수건강진단, 배치전건강진단, 수시건강진단 및 임시건강진단 등이 있다.

또한 근로로 인한 질병의 악화를 방지하기 위하여 전염병, 정신병 또는 근로로 인하여 병세가 크게 악화될 우려가 있는 질병에 걸린 자에게는 의사의 진단에 따라 근로를 금지하거나 제한하도록 규정하고 있으며, 고용노동부장관은 직업성 질환의 진단 및 예방, 발생 원인의 규명을 위하여 필요하다고 인정할 때에는 근로자의 질병과 작업장의 유해요인의 상관관계에 관한 직업성 질환 역학조사를 할 수 있다.

1 작업환경측정

가. 개 요

근로자의 건강장해 예방을 위해 사업주로 하여금 인체에 해로운 작업을 하는 작업장으로서 고용노동부령으로 정하는 작업장[96]에 대해 당해 사업장 소속 산업위생관리산업기사 이상의 자격을 가진 자(또는 고용노동부장관이 지정한 작업환경측정기관에 위탁)가 작업환경측정을 실시하고, 그 결과를 기록·보존하며 고용노동부장관에게 보고하도록 의무화하고 있다(산안법 제125조①,⑤).

도급인의 사업장에서 관계수급인 또는 관계수급인의 근로자가 작업을 하는 경우에는 도급인이 작업환경측정을 한다(산안법 제125조①).

작업환경 측정을 할 때 근로자대표(관계수급인의 근로자대표 포함)의 요구가 있으면 참석시켜야 하며(산안법 제125조④), 산업안전보건위원회 또는 근로자대표의 요구가 있으면 직접 또는 작업환경측정을 실시한 기관이 측정결과에 대한 설명회를 가져야 한다(산안법 제125조⑦). 작업환경 측정결과를 기록한 서류는 5년간 보존하고, 고용노동부장관이 고시하는 발암성확인물질에 대한 기록이 포함된 서류는 30년간 보존하여야 한다(산안법 규칙제144조①).

작업환경측정을 하지 아니한 자에게는 1천만원 이하의 과태료가 부과되며(산안

---

96) 작업환경측정 대상 작업장 등: ① 법 제125조제1항에서 "고용노동부령으로 정하는 작업장"이란 별표 21의 작업환경측정 대상 유해인자에 노출되는 근로자가 있는 작업장을 말한다. 다만, 다음 각 호의 어느 하나에 해당하는 경우에는 작업환경측정을 하지 않을 수 있다(산안법 규칙 제186조①).

1. 안전보건규칙 제420조제1호에 따른 관리대상 유해물질의 허용소비량을 초과하지 않는 작업장(그 관리대상 유해물질에 관한 작업환경측정만 해당한다)
2. 안전보건규칙 제420조제8호에 따른 임시 작업 및 같은 조 제9호에 따른 단시간 작업을 하는 작업장(고용노동부장관이 정하여 고시하는 물질을 취급하는 작업을 하는 경우는 제외한다)
3. 안전보건규칙 제605조제2호에 따른 분진작업의 적용 제외 작업장(분진에 관한 작업환경측정만 해당한다)
4. 그 밖에 작업환경측정 대상 유해인자의 노출 수준이 노출기준에 비하여 현저히 낮은 경우로서 고용노동부장관이 정하여 고시하는 작업장

법 제175조④제6호), 근로자대표가 요구를 하였는데도 작업환경측정에 근로자대표를 참석시키지 아니 하거나 작업환경측정 결과에 대한 설명회를 개최하지 않은 경우에는 500만원 이하의 과태료가 부과된다(산안법 제175조⑤제1호, 제14호).

나. 측정대상사업 및 측정주기

대상사업장은 작업환경측정 대상 유해인자에 노출되는 근로자가 있는 작업장을 말하며, 작업환경측정 대상 유해인자는 산업안전보건법 시행규칙 [별표 21]에 명시하고 있다.

〈작업환경측정 대상 유해인자〉

유해인자		종 류
화학적 인자	유기화합물	글루타르알데히드 등 114종
	금속류	구리 등 24종
	산 및 알칼리류	개미산 등 17종
	가스상태 물질류	불소 등 15종
	허가대상 유해물질	디클로로벤지딘과 그염 등 12종
	금속가공유	금속가공유 1종
물리적 인자	소음	8시간 시간가중평균 80dB 이상의 소음
	고열	안전보건규칙 제558조에 따른 고열
분 진		광물성 분진 등 7종

작업환경측정은 작업장 또는 작업공정이 신규로 가동되거나 변경되는 등 작업환경측정대상 작업장이 된 경우 30일 이내에 실시하고, 그 후 매 6월에 1회 이상 실시한다. 다만, 발암성 물질이 노출기준을 초과하거나 기타 화학물질이 노출기준의 2배 이상 초과하는 작업장 또는 작업공정의 해당 유해인자에 대해서는 3월에 1회 이상 측정한다(산안법 규칙제190조①).

작업환경측정은 최근 1년간 공정변경 등 작업환경측정결과에 영향을 주는 변화가 없는 경우로서 작업공정 내 소음의 작업환경측정 결과가 최근 2회 연속 85 데시벨(dB) 미만인 경우 또는 작업공정 내 소음 외의 다른 모든 인자의 작업환경측정 결과가 최근 2회 연속 노출기준 미만인 경우에는 1년에 1회 이상 할 수 있다. 다만, 고용노동부장관이 정하여 고시하는 물질을 취급하는 작업공정(발암성 물질 취급공정)은 제외한다(산안법 규칙제190조②).

다. 결과보고 및 조치

사업주는 작업환경측정을 실시한 경우에는 작업환경측정결과보고서 작업환경측정결과표를 시료채취를 마친 날부터 30일 이내에 관할 지방고용노동관서의 장에게 제출하여야 한다. 다만, 시료분석 및 평가에 상당한 시간이 소요되는 경우 그 사실을 증명하여 지방고용노동관서의 장에게 신고하면 30일의 범위에서 제출기간을 연장할 수 있다(산안법 규칙제188조①).

사업주는 작업환경측정 결과 노출기준을 초과한 작업공정이 있는 경우에는 해당 시설 및 설비의 설치 또는 개선 등 적절한 조치를 하고 시료채취를 마친 날부터 60일 이내에 해당 작업공정의 개선을 증명할 수 있는 서류 또는 개선 계획을 관할 지방고용노동관서의 장에게 제출하여야 한다(산안법 규칙제188조③).

사업주는 작업환경측정의 결과를 당해 작업장 근로자(관계수급인 및 관계수급인 근로자를 포함한다)에게 알려야 하며, 그 결과에 따라 근로자의 건강을 보호하기 위하여 당해 시설·설비의 설치·개선 또는 건강진단 실시 등 적절한 조치를 하여야 한다(산안법 제125조⑥).

사업주가 지방노동관서의 장에게 작업환경측정결과보고서를 보고, 제출 또는 통보하지 아니하거나 거짓으로 보고, 출석 또는 통보한 경우 300만원 이하의 과태료가 부과되며(산안법 제175조⑥제15호), 작업환경측정 결과를 해당 작업장 근로자에게 알리지 않은 경우에는 500만원 이하의 과태료가 부과된다(산안법 제175조⑤제15호). 또한 작업환경측정 결과에 따라 근로자 건강보호를 위한 시설·설비의 설치·개선 또는 건강진단의 실시 등의 조치를 하지 않은 경우에는 1천만원 이하의 벌금에 처해진다(산안법 제171조제3호).

2 근로자 건강진단 및 건강관리

가. 건강진단

(1) 의의와 건강진단의 종류

근로자들은 본인의 의사와 관계없이 작업환경과 관련된 다양한 유해인자에 노출됨에 따라 직업성질환 발생위험에 직면하게 된다. 이에 사업주는 근로자의 건강보호·유지를 위하여 근로자에 대한 건강진단을 실시하여야 한다.

사업주가 근로자에 대하여 산업안전보건법령이 정하는 바에 따라 실시하여야 하는 건강진단으로는 일반건강진단, 특수건강진단, 배치전 건강진단, 수시진단 및 임시건강진단 등이 있다.

사업주가 건강진단을 실시하지 않은 경우에는 1천만원 이하의 과태료가 부과되며(산안법 제175조④제7호), 고용노동부장관의 임시건강진단 명령을 위반한 경우 3년 이하의 징역 또는 3천만원 이하의 벌금에 처해진다(산안법 제169조제2호).

종 류	내 용
일반건강진단	상시 사용하는 근로자에 대하여 주기적으로 실시. 다만, 사업주가 고용노동부령으로 정하는 건강진단[97]을 실시하는 경우 일반건강진단을 실시한 것으로 봄 - 사무직: 2년에 1회/ 생산직: 1년에 1회
특수건강진단	특수건강진단 대상 유해인자에 노출되는 업무에 종사하는 근로자. 다만, 고용노동부령으로 정하는 건강진단[98]을 실시한 경우 특수건강진단을 실시한 것으로 봄

---

97) 일반건강진단으로 인정되는 건강진단: ① 「국민건강보험법」에 따른 건강검진 ② 「선원법」에 따른 건강진단 ③ 「진폐의 예방과 진폐근로자의 보호 등에 관한 법률」에 따른 정기 건강진단 ④ 「학교보건법」에 따른 건강검사 ⑤ 「항공안전법」에 따른 신체검사 ⑥ 그 밖에 제198조제1항에서 정한 법 제129조제1항에 따른 일반건강진단의 검사항목을 모두 포함하여 실시한 건강진단을 말한다(산안법 규칙제196조).

98) 특수건강진단 실시로 인정되는 경우 ① 「원자력안전법」에 따른 건강진단(방사선만 해당한다) ② 「진폐의 예방과 진폐근로자의 보호 등에 관한 법률」에 따른 정기 건강진단(광물성 분진만 해당한다) ③ 「진단용 방사선 발생장치의 안전관리에 관한 규칙」에 따른 건강진단(방사선만 해당한다) ④ 그 밖에 다른 법령에 따라 별표 24에서 정한 법 제130조제1항에 따른 특수건강진단(이하 "특수건강진단"이라 한다)의 검사항목을 모두 포함하여 실시한 건강진단(해당하는 유해인자만 해당한다)를 말한다(산안법 규칙제200조).

종 류	내 용
배치전건강진단	특수건강진단 대상 업무에 종사할 근로자에 대하여 배치예정업무에 대한 적합성 평가를 위하여 실시하는 건강진단
수시건강진단	특수건강진단 작업으로 인하여 직업성 천식, 직업성 피부염, 기타 건강장해를 의심케 하는 증상이 있거나 소견이 보일 때
임시건강진단	• 동일부서 근무 또는 동일한 유해인자에 노출되는 근로자에게 유사한 질병의 자각 및 타각증상이 발견된 때 • 직업병 유소견자가 발생하거나 다수 발생할 우려가 있는 경우 • 지방노동관서의 장이 필요하다고 판단하는 경우

〈근로자건강진단 종류별 대상, 시기 및 주기 비교〉[99]

구 분	사무직에 종사하는 근로자	기타 근로자: 일반부서	기타 근로자: 유해부서
신규채용 후 업무에 배치하기 전			배치전건강진단
다른업무로 배치를 전환할 때			배치전건강진단
정기적으로	일반건강진단 (2년에 1회)	일반건강진단 (1년에 1회)	일반건강진단(1년에 1회) 특수건강진단(6월·1년·2년)
직업병 의심 증상·소견 호소시			수시건강진단
지방관서 장의 명령	임시건강진단	임시건강진단	임시건강진단
이·퇴직 후			건강관리수첩 소지자 건강진단(주기: 1년)

99) 고용노동부 「산업안전보건법 현장실무 편람」 2006.2

(2) 건강진단에 관한 사업주의 의무

사업주는 건강진단을 실시하는 경우 근로자대표의 요구가 있을 경우 건강진단에 근로자대표를 참여시켜야 하며(산안법 제132조①), 산업안전보건위원회 또는 근로자대표가 요구할 때에는 직접 또는 건강진단을 한 건강진단기관에 건강진단 결과에 대하여 설명하도록 하여야 한다. 다만, 개별 근로자의 건강진단 결과는 본인의 동의 없이 공개해서는 아니 된다(산안법 제132조②). 또한 사업주는 건강진단의 결과를 근로자의 건강 보호 및 유지 외의 목적으로 사용해서는 아니 된다(산안법 제132조③).

사업주는 건강진단 결과 근로자의 건강을 유지하기 위하여 필요하다고 인정할 때에는 작업장소 변경, 작업 전환, 근로시간 단축, 야간근로(오후 10시부터 오전6시까지 사이의 근로), 작업환경측정, 시설·설비의 설치 또는 개선, 그 밖에 적절한 조치를 하여야 한다(산안법 제132조④).

(3) 건강진단에 관한 근로자의 의무

근로자는 사업주가 실시하는 건강진단을 받아야 한다. 다만, 사업주가 지정한 건강진단기관이 아닌 건강진단기관으로부터 이에 상응하는 건강진단을 받아 그 결과를 증명하는 서류를 사업주에게 제출하는 경우에는 사업주가 실시하는 건강진단을 받은 것으로 본다(산안법 제133조).

(4) 건강진단 등의 결과 의무

건강진단기관은 따른 건강진단을 실시한 때에는 고용노동부장관이 정하는 건강진단개인표에 기록하고, 그 결과를 근로자 및 사업주에게 30일이내 통보하고 고용노동부장관에게 보고하여야 한다(산안법 제134조, 규칙제209조).

다른 법률에 따라 건강진단을 실시하여 법상 일반건강진단의무를 이행한 것으로 인정되는 경우에도 건강진단을 실시한 기관은 사업주가 근로자의 건강보호를 위하여 그 결과를 요청하는 경우 고용노동부령으로 정하는 바에 따라 그 결과를 사업주에게 통보하여야 한다(산안법 제134조①,②).

(5) 건강진단결과의 보존

사업주는 건강진단 결과표 및 근로자가 제출한 건강진단 결과를 증명하는 서류(이들 자료가 전산입력된 경우에는 그 전산입력된 자료를 말한다)를 5년간 보존해야 한다. 다만, 고용노동부장관이 정하여 고시하는 물질을 취급하는 근로자에 대한 건강진단 결과의 서류 또는 전산입력 자료는 30년간 보존해야 한다(산안법 규칙제241조②).

나. 건강관리카드

고용노동부장관은 석면제도 또는 취급업무 등 고용노동부령으로 정하는 건강장해가 발생할 우려가 있는 업무에 종사하였거나 종사하고 있는 사람 중 고용노동부령으로 정하는 요건을 갖춘 사람(산안법 규칙 별표25)의 직업병 조기발견 및 지속적인 건강관리를 위하여 건강관리카드를 발급하여야 한다(산안법 제137조①). 건강관리수첩을 교부받은 자는 당해 건강관리수첩을 타인에게 양도 또는 대여하여서는 아니 된다(산안법 제137조③).

건강관리카드를 발급받은 사람이 「산업재해보상보험법」 제41조의 규정에 의한 요양급여를 신청하는 경우에는 건강관리카드를 제출함으로써 해당 재해에 관한 의사적 소견을 적은 서류의 제출을 대신할 수 있다(산안법 제137조②).

3 질병자의 근로금지 등

근로로 인한 질병의 악화를 방지하기 위하여 전염병, 정신병 또는 근로로 인하여 병세가 크게 악화될 우려가 있는 질병으로서 고용노동부령으로 정하는 질병에 걸린 자에게는 의사의 진단에 따라 근로를 금지하거나 제한하도록 규정하고 있으며, 사업주는 근로가 금지되거나 제한된 근로자가 건강을 회복하였을 때에는 지체 없이 취업하게 하여야 한다(산안법 제138조①,②).

질병자에 대한 근로금지·제한 의무를 위반한 경우 1천만원 이하의 벌금에 처해진다(산안법 제171조제1호).

가. 질병자의 근로금지

사업주는 ① 전염의 우려가 있는 질병에 걸린 자(다만, 전염을 예방하기 위한 조치를 한 때에는 그러하지 아니하다.) ② 조현병·마비성치매에 걸린 사람 ③ 심장·신장·폐 등의 질환이 있는 자로서 근로에 의하여 병세가 악화될 우려가 있는 사람 ④ 제1호 내지 제3호에 준하는 질병으로서 고용노동부장관이 정하는 질병에 걸린 사람 등에 대해서는 근로를 금지하여야 하다(산안법 규칙제220조①).

사업주는 근로를 금지하거나 근로를 다시 시작하도록 하는 경우에는 미리 보건관리자(의사인 보건관리자만 해당한다), 산업보건의 또는 건강진단을 실시한 의사의 의견을 들어야 한다(산안법 규칙제220조②).

나. 질병자 등의 근로 제한

(1) 건강악화의 우려가 있는 업무에의 근로 제한

사업주는 건강진단 결과 유기화합물·금속류 등의 유해물질에 중독된 사람, 해당 유해물질에 중독될 우려가 있다고 의사가 인정하는 사람, 진폐의 소견이 있는 사람 또는 방사선에 피폭된 사람을 해당 유해물질 또는 방사선을 취급하거나 당해 유해물질의 분진·증기 또는 가스가 발산되는 업무 또는 해당 업무로 인하여 근로자의 건강을 악화시킬 우려가 있는 업무에 종사하도록 하여서는 아니 된다(산안법 규칙제221조①).

(2) 고기압 업무에의 근로 제한 질병

사업주는 다음의 어느 하나에 해당하는 질병이 있는 근로자를 고기압 업무에 종사하도록 하여서는 아니 된다(산안법 규칙제221조②).

① 감압증이나 그 밖에 고기압에 의한 장해 또는 그 후유증
② 결핵·급성상기도감염·진폐·폐기종 기타 호흡기계의 질병
③ 빈혈증·심장판막증·관상동맥경화증·고혈압증 기타 혈액 또는 순환기계의 질병
④ 정신신경증·알코올중독·신경통 그 밖의 정신신경계의 질병

⑤ 메니에르씨병·중이염 그 밖의 이관협착을 수반하는 귀 질환
⑥ 관절염·류마티스 그 밖의 운동기계의 질병
⑦ 천식·비만증·바세도우씨병 그 밖에 알레르기성·내분비계·물질대사 또는 영양장해 등에 관련된 질병

다. 유해·위험작업에 대한 근로시간의 제한 등

(1) 근로시간의 제한

사업주는 유해하거나 위험한 작업으로서 잠함·잠수작업 등 고기압 하에서 행하는 작업에 종사하는 근로자에 대하여는 1일 6시간, 1주 34시간을 초과하여 근로하게 하여서는 아니 된다(산안법 제139조①, 영제99조①).

유해·위험 작업에 대한 근로시간 제한 의무를 위반한 경우에는 3년 이하의 징역 또는 3천만원 이하의 벌금에 처해진다(산안법 제169조제1호).

(2) 작업과 휴식의 적정한 배분

사업주는 다음의 유해·위험작업에 대하여는 작업과 휴식의 적정한 배분 등 근로시간과 관련된 근로조건의 개선을 통하여 근로자의 건강보호를 위한 조치를 하여야 한다(산안법 제139조②, 영제99조③).

① 갱내에서 행하는 작업
② 다량의 고열물체를 취급하는 작업과 현저히 덥고 뜨거운 장소에서 행하는 작업
③ 다량의 저온물체를 취급하는 작업과 현저히 춥고 차가운 장소에서 행하는 작업
④ 라듐방사선·엑스선·그 밖의 유해방사선을 취급하는 작업
⑤ 유리·흙·돌·광물의 먼지가 심하게 날리는 장소에서 하는 작업
⑥ 강렬한 소음을 발하는 장소에서 하는 작업
⑦ 착암기(바위에 구멍을 뚫는 기계) 등에 의하여 신체에 강렬한 진동을 주는 작업
⑧ 인력에 의하여 중량물을 취급하는 작업
⑨ 납·수은·크롬·망간·카드뮴 등의 중금속 또는 이황화탄소·유기용제 그 밖

에 고용노동부령이 정하는 특정 화학물질의 먼지·증기 또는 가스를 많이 발생하는 장소에서 하는 작업

라. 자격 등에 의한 취업 제한

사업주는 유해 또는 위험한 작업으로서 「유해·위험 작업의 취업제한에 관한 규칙」 별표 1에서 정하는 22개 작업에 있어서는 그 작업에 필요한 자격·면허·경험 또는 기능을 가진 근로자 외의 자를 취업하게 하여서는 아니 된다(산안법 제140조).

사업주가 자격 등에 의한 취업 제한 의무를 위반한 경우에는 3년 이하의 징역 또는 3천만원 이하의 벌금에 처해진다(산안법 제169조제1호).

〈자격·면허·경험 또는 기능이 필요한 작업〉

① 「고압가스 안전관리법」에 따른 압력용기 등을 취급하는 작업
② 「전기사업법」에 따른 전기설비 등을 취급하는 작업
③ 「에너지이용 합리화법」에 따른 보일러를 취급하는 작업
④ 「건설기계관리법」에 따른 건설기계를 사용하는 작업
⑤ 터널 내에서의 발파 작업
⑥ 인화성 가스 및 산소를 사용하여 금속을 용접·용단 또는 가열하는 작업
⑦ 폭발성·발화성 및 인화성 물질의 제조 또는 취급작업
⑧ 방사선 취급작업
⑨ 고압선 정전작업 및 활선작업(活線作業)
⑩ 철골구조물 및 배관 등을 설치하거나 해체하는 작업
⑪ 천장크레인 조종작업(조종석이 설치되어 있는 것에 한정한다)
⑫ 타워크레인 조종작업(조종석이 설치되지 않은 정격하중 5톤 이상의 무인타워크레인을 포함한다)
⑬ 컨테이너크레인 조종업무(조종석이 설치되어 있는 것에 한정한다)
⑭ 승강기 점검 및 보수작업
⑮ 흙막이 지보공(支保工)의 조립 및 해체작업
⑯ 거푸집의 조립 및 해체작업
⑰ 비계의 조립 및 해체작업
⑱ 표면공급식 잠수장비 또는 스쿠버 잠수장비에 의해 수중에서 행하는 작업
⑲ 롤러기를 사용하여 고무 또는 에보나이트 등 점성물질을 취급하는 작업
⑳ 양화장치(揚貨裝置) 운전작업(조종석이 설치되어 있는 것에 한정한다)
㉑ 타워크레인 설치(타워크레인을 높이는 작업을 포함한다. 이하 같다)·해체작업
㉒ 이동식 크레인(카고크레인에 한정함)·고소작업대(차량탑재형에 한정함) 조종작업

4 역학조사

가. 의 의

고용노동부장관은 직업성 질환의 진단 및 예방, 발생 원인의 규명을 위하여 필요하다고 인정할 때에는 근로자의 질병과 작업장의 유해요인의 상관관계에 관한 직업성 질환 역학조사(이하 '역학조사(疫學調査)' 라 한다)를 할 수 있다(산안법 제141조 ①).

역학조사란 일정한 집단에서의 특정 질병의 분포를 다각적〔사람의 인자(성·연령·직업 등), 장소(지리적), 시간(연·월) 등〕으로 관찰하고, 그 결과를 통계적으로 해석하여 고찰하기 위한 조사를 말한다.

나. 역학조사의 대상

산업안전공단은 다음 각 호의 어느 하나에 해당하는 경우에는 역학조사를 할 수 있다(산안법 규칙제222조①).

① 작업환경측정 또는 건강진단의 실시 결과만으로 직업성 질환에 걸렸는지를 판단하기 곤란한 근로자의 질병에 대하여 사업주·근로자대표·보건관리자(보건관리전문기관을 포함한다) 또는 건강진단기관의 의사가 역학조사를 요청하는 경우

② 근로복지공단이 고용노동부장관이 정하는 바에 따라 업무상 질병 여부의 결정을 위하여 역학조사를 요청하는 경우

③ 산업안전공단이 직업성 질환의 예방을 위하여 필요하다고 판단하여 역학조사평가위원회의 심의를 거친 경우

④ 그 밖에 직업성 질환에 걸렸는지 여부로 사회적 물의를 일으킨 질병에 대하여 작업장 내 유해요인과의 연관성 규명이 필요한 경우 등으로서 지방고용노동관서의 장이 요청하는 경우

다. 역학조사의 참석 및 협조

역학조사는 사업주 또는 근로자대표, 해당 질병에 대하여 「산업재해보상보험법」에 따른 요양급여 및 유족급여를 신청한 자 또는 그 대리인(근로복지공단의 업무상질병 여부의 결정을 위한 역학조사 요청에 한함)의 요구가 있는 경우에는 해당 역학조사에 참석하게 할 수 있다(산안법 제141조①).

사업주 또는 근로자대표가 역학조사를 요청하는 경우에는 산업안전보건위원회의 의결을 거치거나 각각 상대방의 동의를 받아야 한다. 다만, 관할 지방고용노동관서의 장이 역학조사의 필요성을 인정하는 경우에는 그렇지 않다(산안법 규칙 제221조②).

역학조사를 실시하는 경우 사업주 및 근로자는 적극 협조하여야 하며, 정당한 사유없이 이를 거부·방해하거나 기피하여서는 아니 된다(산안법 제141조②). 정당한 사유없이 역학조사를 방해·거부하거나 기피하는 자에게는 1천 500만원의 과태료가 부과된다(산안법 제175조③제3호).

제9절 건설업 감독과 명령

산업안전보건법은 산업안전보건법령 집행의 실효성 확보를 위해 근로감독관으로 하여금 사업장에 출입하여 관계인에게 질문하고, 장부 등의 검사와 안전보건 점검 및 관계서류를 요청할 수 있다. 근로감독관의 출입, 검사, 점검 등의 권한은 행정상의 감독을 위하여 인정된 것이며, 산업안전보건법 위반의 사건은 그 내용이 고도로 전문적인 경우가 많아 그 수사에 있어서 특별한 지식·경험을 필요로 하므로 근로감독관에게 특별사법경찰관으로서의 직무를 행하게 하는 것으로 하고 있다.[100]

사업장에서 산업안전보건법을 위반한 사실이 있으면 근로자는 그 사실을 고용노동부장관 또는 근로감독관에게 신고할 수 있으며, 사업주는 이러한 신고를 이유로 해당 근로자에 대하여 해고나 그 밖의 불리한 처우를 해서는 아니 된다.

고용노동부장관은 사업주가 중대산업사고 등의 산업재해가 발생하게 한 때에는 관계행정기관의 장에게 영업정지 또는 공공공사의 입찰참가자격 제한 등을 요청할 수 있으며, 사업주가 산업안전보건법의 유해위험작업의 도급금지 의무를 위반한 경우에는 과징금을 부과할 수 있다.

또한 산업안전보건법 또는 동법에 의한 명령에 따라 작성하여야 하는 서류 중 특히 산업재해를 방지하기 위해 필요로 하는 것에 대하여 일정기간동안 보존을 의무화 함으로서 개별사업장의 안전보건관리를 철저히 하고 감독권 행사의 실효성을 도모하고 있다.

---

100) 정진우, 「산업안전보건법」 ((주)중앙경제사, 2016) 376면

1 근로감독관의 권한

산업안전보건법령 집행의 실효성 확보를 위해 사업주의 산업안전보건관계법령 준수여부에 대해 실시하는 근로감독관의 직무집행 및 결과 조치기준으로서 산업안전보건법에서는 근로감독관의 권한을 규정하고 있다.

「근로기준법」 제101조의 규정에 따른 근로감독관은 산업안전보건법 또는 동법에 의한 명령을 시행하기 위하여 필요한 경우에는 사업장, 기관의 사무소, 석면해체·제거업자의 사무소, 산업안전지도사 등의 사무소에 출입하여 사업주, 근로자 또는 안전보건관리책임자 등(이하 "관계인"이라 한다)에게 질문을 하고, 장부, 서류, 그 밖의 물건의 검사 및 안전보건 점검을 하며, 관계 서류의 제출을 요구할 수 있다(산안법 제155조①, 규칙제235조).

근로감독관의 검사·점검 또는 수거를 거부·방해 또는 기피한 경우에는 1천만원 이하의 과태료가 부과된다(산안법 제175조④제8호).

〈감독기준〉

근로감독관은 다음 각 호의 어느 하나에 해당하는 경우 질문·검사·점검하거나 관계 서류의 제출을 요구할 수 있다. 1. 산업재해가 발생하거나 산업재해 발생의 급박한 위험이 있는 경우 2. 근로자의 신고 또는 고소·고발 등에 대한 조사가 필요한 경우 3. 법 또는 법에 따른 명령을 위반한 범죄의 수사 등 사법경찰관리의 직무를 수행하기 위하여 필요한 경우 4. 그 밖에 고용노동부장관 또는 지방고용노동관서의 장이 법 또는 법에 따른 명령의 위반 여부를 조사하기 위하여 필요하다고 인정하는 경우

근로감독관은 기계·설비등에 대한 검사를 할 수 있으며, 검사에 필요한 한도에서 무상으로 제품·원재료 또는 기구를 수거할 수 있다. 이 경우 근로감독관은 해당 사업주 등에게 그 결과를 서면으로 알려야 한다(산안법 제155조②). 또한 근로감독관은 관계인에게 보고 또는 출석을 명할 수 있다(산안법 제155조③).

고용노동부장관은 한국산업안전공단이 위탁받은 업무를 수행하기 위하여 필요하다고 인정할 때에는 공단 소속 직원에게 사업장에 출입하여 산업재해 예방에 필요한 검사 및 지도 등을 하게 하거나, 역학조사를 위하여 필요한 경우 관계자에게 질문하거나 필요한 서류의 제출을 요구하게 할 수 있다(산안법 제156조①). 공단 소속 직원이 검사 또는 지도업무 등을 하였을 때에는 그 결과를 고용노동부장관에게 보고하여야 한다(산안법 제156조②).

2 감독기관에 대한 신고

사업장에서 산업안전보건법을 위반한 사실이 있으면 근로자는 그 사실을 고용노동부장관 또는 근로감독관에게 신고할 수 있다(산안법 제157조①). 또한 「의료법」 제2조에 따른 의사·치과의사 또는 한의사는 3일 이상의 입원치료가 필요한 부상 또는 질병이 환자의 업무와 관련성이 있다고 판단할 경우에는 「의료법」 제19조제1항에도 불구하고 치료과정에서 알게 된 정보를 고용노동부장관에게 신고할 수 있다(산안법 제157조②).

사업주는 이러한 신고를 이유로 해당 근로자에 대하여 해고나 그 밖의 불리한 처우를 해서는 아니 된다(산안법 제157조③). 이를 위반하여 해당 근로자에게 불리한 처우를 한 경우 5년 이하의 징역 또는 5천만원 이하의 벌금이 처해진다(산안법 제168조제1호).

3 관계행정기관에의 제재의 요청 등

가. 영업정지 등의 요청

고용노동부장관은 사업주가 중대산업사고 등의 산업재해가 발생하게 한 때에는 관계행정기관의 장에게 관계법령의 규정에 의하여 당해 사업의 영업정지 기타 제재를 요청하거나 「공공기관의 운영에 관한 법률」 제4조에 따른 공공기관의 장에게 당해 투자기관이 시행하는 사업의 발주시 필요한 제한을 해당 사업자에게 가할 것을 요청할 수 있다(산안법 제159조①).

제재요청 할 수 있는 재해로는 산업안전보건법 제38조(안전상의 조치), 제39조(보건상의 조치), 또는 제63조(도급사업에 있어서의 안전·보건 조치)를 위반하여 동시에 2명 이상의 근로자가 사망하거나[101] 사업장 인근지역에 중대한 피해를 주는 중대산업사고 발생한 경우, 산업안전보건법 제53조제1항(사용중지·시설개선 등의 명령) 또는 제3항(작업중지 명령)의 규정에 의한 명령에 위반하여 근로자가 업무로 인하여 사망한 때이다(산안법 제159조①, 영제110조).

나. 제재조치의 유형 및 관계행정기관의 의무

고용노동부장관이 사업주가 제재조치 요청의 요건에 해당될 때 관계행정기관의 장에게 요청할 수 있는 제재조치로는 ① 「건설산업기본법」 제82조제1항제7호의 규정에 의한 영업정지, ② 「국가를 당사자로 하는 계약에 관한 법률」 제27조, 「지방자치단체를 당사자로 하는 계약에 관한 법률」 제31조 및 「공공기관의 운영에 관한 법률」 제39조에 따른 입찰참가자격의 제한 등이다(산안법 규칙제238조①).

고용노동부장관으로부터 제재요청 등을 받은 관계행정기관의 장은 정당한 사유가 없는 한 이에 응하여야 하며 그 조치결과를 고용노동부장관에게 통보하여야 한다(산안법 제159조②).

4 도급금지 등 의무위반에 따른 과징금 부과

사업주가 ① 유해위험작업 도급금지(산안법 제58조①)를 위반한 경우 ② 유해위험작업을 고용노동부장관이 승인(산안법 제58조제2호, 산안법 제59조①)을 받지 않고

101) "동시에 2명 이상의 근로자가 사망하는 재해"란 해당 재해가 발생한 때부터 그 사고가 주원인이 되어 72시간 이내에 2명 이상이 사망하는 재해를 말한다(산안법 규칙제238조②).

도급한 경우 ③ 유해위험작업을 고용노동부장관의 승인을 받아 도급받은 수급인(산안법 제60조)이 도급받은 작업을 재하도급 한 경우 등의 산업안전보건법의 유해위험작업의 도급금지 의무를 위반한 경우에는 10억원 이하의 과징금이 부과될 수 있다(산안법 제161조①).

고용노동부장관은 과징금을 부과하는 경우에는 도급 금액, 기간 및 횟수 등, 관계수급인 근로자의 산업재해 예방에 필요한 조치 이행을 위한 노력의 정도, 산업재해 발생 여부 등을 고려하여야 한다(산안법 제161조②).

고용노동부장관은 과징금을 내야 할 자가 납부기한까지 내지 아니하면 납부기한의 다음 날부터 과징금을 납부한 날의 전날까지의 기간에 대하여 내지 아니한 과징금의 연 100분의 6의 범위에서 대통령령으로 정하는 가산금[102]을 징수한다. 이 경우 가산금을 징수하는 기간은 60개월을 초과할 수 없다(산안법 제161조③).

5 서류의 보존

산업안전보건법 또는 동법에 의한 명령에 따라 작성하여야 하는 서류 중 특히 산업재해를 방지하기 위해 필요로 하는 것에 대하여 일정기간동안 보존을 의무화함으로서 개별사업장의 안전보건관리를 철저히 하고 감독권 행사의 실효성을 도모하고 있다(산안법 제164조①). 사업주가 서류보존 의무를 위반한 경우 300만원 이하의 과태료가 부과된다(산안법 제175조⑥제18호).

고용노동부장관이 필요하다고 인정할 때에는 고용노동부령이 정하는 바에 의하여 보존기간을 연장할 수 있으며(산안법 제164조①), 전산입력자료가 있을 때에는 그 서류를 대신하여 전산입력자료를 보존한다(산안법 제164조⑦).

102) "대통령령으로 정하는 가산금"이란 과징금 납부기한이 지난 날부터 매 1개월이 지날 때마다 체납된 과징금의 1천분의 5에 해당하는 금액을 말한다(산안법 영제113조②).

〈보존해야할 서류의 유형 및 보존기간〉

보존기간	보존서류의 유형	산업안전보건관련법령조항
30년	• 작업환경측정결과를 기록한 서류중 고용노동부장관이 고시하는 발암성 확인 물질에 대한 기록이 포함된 서류	시행규칙 제241조(법 제125조⑤, 규칙 제188조) 화학물질 및 물리적인 자의 노출기준(고시 제2018-62호, 2018.7.30)
	• 석면해체작업자의 석면해체·제거업무에 관하여 작업장의 명칭 및 소재지, 작업자의 인적사항, 작업의 내용 및 작업시간	법 제164조⑥(법 제122조③)
	• 고용노동부장관이 고시하는 발암성 확인 물질을 취급하는 근로자에 대한 건강진단결과서류 또는 전산입력자료	법 제164조①(규칙 제241조②)
5년	• 작업환경측정결과를 기록한 서류	법 제164조①(규칙 제241조①)
	• 건강진단에 관한서류 중 건강진단 개인표, 건강진단결과표 및 근로자가 제출한 건강진단결과를 증명하는 서류	법 제164조①(규칙 제241조②)
	• 지도사가 고용노동부령으로 정하는 업무에 관한 사항을 기재한 서류	법 제164조⑤(규칙 제241조⑤)
3년	• 산업재해발생기록	법 제164조①(법 제57조②)
	• 관리책임자·안전관리자·보건관리자·안전보건관리담당자 및 산업보건의의 선임에 관한 서류	법 제164조①(법 제15조, 제17조, 제18조, 제19조, 제22조)
	• 안전·보건조치 사항으로서 고용노동부령으로 정하는 사항을 적은 서류	법 제164조①(법 제38조, 법 제39조)
	• 화학물질의 유해·위험성조사에 관한 서류	법 제164조①(법 제108조①,제109조①)
	• 작업환경측정에 관한 서류(5년 보존서류 제외)	법 제164조①(법 제125조)
	• 건강진단에 관한 서류(5년 보존서류 제외)	법 제164조①(법 제129조~제131조)
	• 지정측정기관이 시행규칙 제241조제4항에서 정하는 작업환경측정에 관한 사항을 기재한 서류	법 제164조④(시행규칙 제241조④)
	• 기관석면조사 결과에 관한 서류	법 제164조③(법 제119조②)
	• 안전인증 또는 안전검사 업무를 위탁받은 안전인증기관 또는 안전검사기관은 안전인증·안전검사에 관항 사항으로서 고용노동부령으로 정하는 서류 • 안전인증을 받은 자가 안전인증을 받은 제품에 대한 기록	법 제164조②(법제84조)
2년	• 산업안전보건위원회 회의록	법 제164조①(법 제24조③)
	• 안전·보건 노사협의체 회의록	법 제164조①(법 제75조④)
	• 자율안전기준에 맞는 것임을 증명하는 서류 및 자율검사프로그램에 따라 실시하는 검사결과를 기록한 서류	법 제64조②(법 제89조③ 및 법 제98조①)

제3장

건설업 사고발생에 따른 손해배상 산정

제1절 산재사고와 손해배상 법리

산업재해 사고로 피해를 입은 근로자는 근로복지공단으로부터 산업재해보상보험법에 따른 보험급여를 받을 수 있다. 그러나 산업재해보상보험법에 의한 보험급여는 실제 손해를 기준을 보상하여 주는 것이 아니기 때문에 실제 손해가 근로복지공단으로부터 받을 수 있는 보험급여를 초과하는 경우에는 가해자를 상대로 민사상 손해배상 청구를 하게 된다.

산업재해 사고로 민사상 손해배상을 청구하는 경우 불법행위책임으로 청구하는 것이 일반적이나 채무불이행책임을 원인으로 청구하는 경우도 있다. 그리고 불법행위책임에도 일반불법행위, 사용자책임, 도급인의 책임, 공작물책임 등이 있다.

산업재해사고와 관련한 법령 중 가장 중요한 법령은 「산업안전보건법」이다. 사업주가 산업안전보건법에 의하여 부과된 의무를 이행하지 않았을 경우에는 피해근로자를 사업주가 고용한 자가 아니라 사업주의 수급인이 고용한 자라 하더라도 바로 사업주를 상대로 하여 일반불법행위책임을 물을 수 있을 것이다.

또한 피용자가 사무집행에 관하여 제3자에게 손해를 가한 경우에 피용자를 사용하여 사무에 종사하게 한 사용자는 이를 배상할 책임이 있다. 다만, 사용자가 피용자의 선임 및 그 사무감독에 상당한 주의를 한 때 또는 상당한 주의를 하여도 손해가 있을 경우에는 사용자 책임이 면책되나, 이러한 면책은 사용자책임의 무과실책임의 경향에 따라 엄격히 제한된다.

1 손해배상책임의 법적근거

산업재해 사고로 피해를 입은 근로자는 근로복지공단으로부터 산업재해보상보험법에 따른 보험급여를 받을 수 있다. 그러나 산업재해보상보험법에 의한 보험급여는 실제 손해를 기준을 보상하여 주는 것이 아니기 때문에 실제 손해가 근로복지공단으로부터 받을 수 있는 보험급여를 초과하는 경우에는 가해자를 상대로 민사상 손해배상 청구를 하게 된다. 산업재해 사고로 민사상 손해배상을 청구하는 경우 불법행위책임으로 청구하는 것이 일반적이나, 채무불이행책임을 원인으로 청구하는 경우도 있다. 그리고 불법행위책임에도 일반불법행위,[1] 사용자책임,[2] 도급인의 책임,[3] 공작물책임[4] 등이 있다. 이러한 불법행위 또는 채무불이행책임을 성립하기 위해서는 가해자에게 고의 또는 과실이 있어야 한다. 여기에서 과실은 사회생활상 부과되는 주의의무 위반이라고 할 수 있으며, 주의의무는 법령, 계약 또는 사회상규나 신의성실의 원칙 등에 의하여 발생한다.

---

1) 민법 제750조【불법행위의 내용】 고의 또는 과실로 인한 위법행위로 타인에게 손해를 가한 자는 그 손해를 배상할 책임이 있다.

2) 민법 제756조【사용자의 배상책임】 ① 타인을 사용하여 어느 사무에 종사하게 한 자는 피용자의 그 사무집행에 관하여 제3자에게 가한 손해를 배상할 책임이 있다. 그러나 사용자가 피용자의 선임 및 그 사무감독에 상당한 주의를 한 때 또는 상당한 주의를 하여도 손해가 있을 경우에는 그러하지 아니한다.
② 사용자에 갈음하여 그 사무를 감독하는 자도 전항의 책임이 있다.
③ 전 2항의 경우에 사용자 또는 감독자는 피용자에 대하여 구상권을 행사할 수 있다.

3) 민법 제757조【도급인의 책임】 도급인은 수급인이 그 일에 관하여 제3자에게 가한 손해를 배상할 책임이 없다. 그러나 도급 또는 지시에 관하여 도급인에게 중대한 과실이 있는 때에는 그러하지 아니한다.

4) 민법 제758조【공작물등의 점유자, 소유자의 책임】 ① 공작물의 설치 또는 보존의 하자로 인하여 타인에게 손해를 가한 때에는 공작물점유자가 손해 배상할 책임이 있다. 그러나 점유자가 손해의 방지에 필요한 주의를 해태하지 아니한 때에는 그 소유자가 손해를 배상할 책임이 있다.
② 전항의 규정은 수목의 재식 또는 보존에 하자있는 경우에도 준용한다.
③ 제2항의 경우에 점유자 또는 소유자는 그 손해의 원인에 대한 책임있는 자에 대하여 구상권을 행사할 수 있다.

2 법령에 의한 주의의무와 안전배려의무

가. 법령에 의한 주의의무

산업재해사고와 관련한 법령 중 가장 중요한 법령은 「산업안전보건법」이다. 사업주가 산업안전보건법에 의하여 부과된 의무를 이행하지 않았을 경우에는 피해근로자를 사업주가 고용한 자가 아니라 사업주의 수급인이 고용한 자라 하더라도 바로 사업주를 상대로 하여 일반불법행위책임을 물을 수 있을 것이다.[5] 특히, 도급인과 관련해서 「산업안전보건법」은 도급인에게 안전보건총괄책임자를 두도록 하고 있는바, 안전보건총괄책임자에게 과실이 있는 경우에는 수급인의 피용자로서 산업재해를 당한 근로자는 안전보건총괄책임자의 일반불법행위 책임을 근거로 도급인을 상대로 하여 사용자책임을 물을 수 있을 것이다.

나. 안전배려의무

사용자의 안전배려의무는 근로계약에 수반되는 신의칙상 부수적 주의의무로서 자신의 사업장에서 그의 지배하에 근로를 제공하는 근로자의 생명·신체·건강에 대하여 신의칙상 적절한 보호조치를 강구하여야 할 의무를 말한다. 안전배려의무 위반을 이유로 하는 배상책임의 본질은 채무불이행책임을 이유로 하는 배상책임이므로 그 손해배상책임은 채무불이행 책임에 의하여 규율되어야 할 것이나, 대법원은 채무불이행책임과 불법행위책임이 동시에 성립한다는 견해이다. 안전배려의무 위반에 대하여 채무불이행책임을 원인으로 청구하는 경우 소멸시효는 10년이며, 불법행위책임을 원인으로 청구하는 경우 3년의 단기소멸시효가 적용된다. 이와 같은 안전배려의무 위반에 대한 주장·입증 책임은 근로자에게 있다.

---

5) 대판 95다45156, 1996.7.26

관련사례

□ 사용자의 피용자에 대한 보호의무(안전배려의무)의 성질과 그 위반의 효과(대판 96다53086, 1997.4.25)

도급인은 수급인이 노무를 제공하는 과정에서 생명·신체·건강을 해치는 일이 없도록 물적 환경을 정비하고 필요한 조치를 강구할 보호의무를 부담하며, 이러한 보호의무는 실질적인 고용계약의 특수성을 고려하여 신의칙상 인정되는 부수적 의무로서 구 산업안전보건법시행령(1995.10.19, 대통령령, 제14787호로 개정되기 전의 것) 제3조제1항에 의하여 사업주의 안전상 조치의무를 규정한 산업안전보건법 제23조가 적용되지 아니하는 사용자일지라도 마찬가지로 인정된다고 할 것이고, 만일 실질적인 사용관계에 있는 노무도급인이 고의 또는 과실로 이러한 보호의무를 위반함으로써 노무수급인의 생명·신체·건강을 침해하여 손해를 입힌 경우 노무도급인은 노무도급계약상의 채무불이행책임과 경합하여 불법행위로 인한 손해배상책임을 부담한다(상가신축공사를 시공하는 건축주로부터 일부 공사를 도급받은 수급인에 의해 고용된 전문기술자가 공사 중 누전으로 사망한 사안에서, 수급인의 안전조치의무 위반을 이유로 손해배상책임을 인정한 사례).

3 사용자책임 관련된 문제

피용자가 사무집행에 관하여 제3자에게 손해를 가한 경우에 피용자를 사용하여 사무에 종사하게 한 사용자는 이를 배상할 책임이 있다. 다만, 사용자가 피용자의 선임 및 그 사무감독에 상당한 주의를 한 때 또는 상당한 주의를 하여도 손해가 있을 경우에는 사용자 책임이 면책되나, 이러한 면책은 사용자책임의 무과실책임의 경향에 따라 엄격히 제한된다.

(1) 도급관계의 사용자 책임

건축공사의 일부분을 하도급 받은 자가 구체적인 지휘·감독권을 유보한 채, 재료와 설비는 자신이 공급하면서 시공부분만을 시공기술자에게 재하도급 하는 경우와 같은 노무도급의 경우에는 그 노무도급의 도급인과 수급인은 실질적으로 사용자와 피용자의 관계에 있다.[6] 이와 같이 노무도급이 아니라 하더라도, 건설공사의 경우에 현장에서 구체적인 공사의 운영 및 시행을 직접 지시·지도하고 감시·독려함으로써 시공 자체를 관리하는 경우에는 사용자책임이 인정된다. 그러나 단순히 공사의 운영 및 시공의 정도가 설계도 또는 시방서대로 시행되고 있는가를 확인하여 공정을 감독하는 데에 불과한 이른바 감리는 여기에 해당하지 않는다.[7]

관련사례

□ 수급인 또는 그 피용인의 불법행위로 인한 손해에 대하여 도급인이 사용자책임을 지는 경우와 이른바 감리의 경우 사용자책임 성립여부(대판 92다2615, 1992.6.23)

도급인은 도급 또는 지시에 관하여 중대한 과실이 없는 한 수급인이 그 일에 관하여 제3자에게 가한 손해를 배상할 책임이 없으나(민법 제757조), 다만 도급인이 수급인의 일의 진행 및 방법에 관하여 구체적인 지휘 감독권을 유보한 경우에는 도급인과 수급인의 관계는 실질적으로 사용자 및 피용자의 관계와 다를 바 없으므로 수급인 또는 그 피용인의 불법행위로 인한 손해에 대하여 도급인은 민법 제756조에 의한 사용자책임을 면할 수 없고 이러한 이치는 하도급의 경우에도 마찬가지인바, 사용자 및 피용자 관계 인정의 기초가 되는 도급인의 수급인에 대한 지휘 감독은 건설공사의 경우에는 현장에서 구체적인 공사의 운영 및 시행을 직접 지시 지도하고 감시 독려함으로써 시공 자체를 관리함을 말하는 것이고, 단순히 공사의 운영 및 시공의 정도가 설계도 또는 시방서대로 시행되고 있는가를 확인하여 공정을 감독하는 데에 불과한 이른바 감리는 여기에 해당하지 않는다.

불법행위자의 사용자가 복수로 인정될 수 있는데, 이러한 복수의 사용자 간에는 부진정연대채무를 부담하게 된다.[8] 한편, 공사도급계약을 체결하면서 그 공사 중 발생한 인명피해에 대한 책임은 수급인이 부담하기로 약정한 경우에 그 약정은 도급인과 수급인 사이에서만 효력이 발생할 뿐 제3자에 대한 관계에서는 효력이 없다.[9]

---

6) 대판 96다53086, 1997.4.25
7) 대판 92다 2615, 1992.6.23
8) 대판 94다4974, 1994.12.27
9) 대판 80다2140, 1981.1.13

(2) 명의대여(지입차량)

지입차량의 경우 비록 지입차주가 지입차량의 실질적인 소유주로서 직접 이를 실제로 운영하여 왔다고 할지라도 지입회사는 지입차량의 운행사업에 있어서의 명의대여자로서 제3자에 대하여 그 지입차량이 자기의 사업에 속하는 것임을 표시하였다고 볼 수 있을 뿐만 아니라 객관적으로 지입차주의 지휘·감독하는 사용자의 지위에 있는 것으로 볼 수 있으므로, 지입차주가 고용한 사람이 산업재해사고를 당하였을 경우에 지입차주의 과실을 근거로 지입회사를 상대로 사용자책임을 물을 수 있다.[10] 그러나 이는 어디까지나 지입차주가 고용한 근로자에 대한 관계에서 지입차주와 지입회사 사이에 사용관계를 인정한다는 것이지, 지입차주에 대한 관계에서도 지입회사가 사용자가 된다는 것은 아니다.[11]

(3) 대여차량

관련사례

□ 지입중기를 운전기사와 함께 일시대여한 경우, 중기의 사실상 소유자 및 지입중기회사가 운전기사에 대한 사용자의 지위를 유지하는지 여부(대판 94다3872, 1995.4.7)

지입중기회사 명의로 등록된 중기를 그 사실상의 소유자로부터 그 운전기사와 함께 일시 임차하여 공사현장에 사용하였다면 특별한 사정이 없는 한 위 지입중기회사와 사실상 소유자의 위 운전기사에 대한 사용자로서의 지위는 위와 같은 일시대여 상태에서도 유지된다고 보아야 할 것이므로, 공사현장에서의 작업 중 위 운전기사의 과실로 인하여 망인과 그 유족들이 입은 손해에 대하여 위 지입중기회사와 사실상의 소유자는 사용자로서의 배상책임을 면할 수 없다.

건설현장에서 건설기계 등의 차량을 소속 운전자와 함께 임차하였을 경우 이 때 임차인이 운전자를 실질적으로 지휘·감독하여 운전자로 하여금 작업을 하게 하였다면 임차인과 운전사 사이에 사용관계가 인정되어 운전자의 과실로 제3자

10) 대판 97다44676, 1998.1.23
11) 대판 98다60841, 1998.5.8

가 손해를 입었을 경우 제3자는 임차인을 상대로 사용자책임을 물을 수 있다.[12] 이 때 임대인 역시 운전자에 대하여 사용자의 지위를 계속 유지하고 있으므로, 제3자는 임대인에 대하여도 역시 사용자책임을 물을 수 있다.[13]

12) 대판 91다39849, 1992.3.31
13) 대판 94다3872, 1995.4.7

제2절 산재사고와 손해배상액의 산정[14)]

불법행위로 인하여 발생한 손해배상은 금전으로 배상하는 것이 원칙이다. 불법행위로 인한 손해배상청구권은 불법행위시에 발생하게 되므로 불법행위시가 손해배상산정의 기준시가 된다.

불법행위로 인한 손해는 재산에 대해 피해를 준 재산적 손해와 정신적 고통을 준 정신적 손해로 나눌 수 있고, 다시 전자는 재산에 대해 기존의 이익을 멸실 또는 감소를 주는 적극적 손해와 장래의 이익의 획득이 방해됨으로써 받는 손실인 소극적 손해의 둘로 나뉜다. 판례는 불법행위로 인한 손해배상은 적극적 손해·소극적 손해·정신적 손해의 3가지로 나누어 산정하는 3분설을 취하고 있다. 피해자는 각각의 손해를 입증하여야 하고, 3개의 손해 간에 있어 전용은 인정되지 않는다.

채무불이행책임이나 불법행위책임에 의한 손해배상의 범위를 정함에 있어 피해자의 과실을 참작하여야 하므로, 산업재해사고에 대해서도 피해 근로자에게 과실이 있는 경우 손해배상의 범위를 정함에 있어 이를 반드시 참작하여야 하며, 손해배상은 실손해의 전보를 목적으로 하는 것인 만큼 피해자로 하여금 실손해 이상의 이득을 취득하게 하는 것은 손해배상의 본지에 반하는 것이므로 손해를 입은 것과 동일한 원인으로 인하여 이익을 얻을 때에는 그 이익은 공제되어야 한다.

재해보상 또는 산재보험 급여를 받는 사람과 손해배상의 청구권자가 다른 경우 그 보상액이나 보험급여를 어떻게 공제할 것인가 문제되는 바, 대법원은 상속 후 공제설의 입장을 취하며 근로자의 사망에 따른 손해액은 우선 피해자에게서 상속인에게 상속된 다음, 그 상속인 중 유족급여를 지급받은 상속인에 한하여 유족급여액 만큼을 손해배상액에서 공제할 수 있다고 취하고 있다.

14) 서울중앙지방법원 「손해배상소송실무(교통·산재)」 (사법발전재단, 2017)참조

1 개 요

불법행위로 인하여 발생한 손해배상은 금전으로 배상하는 것이 원칙이다. 불법행위로 인한 손해배상청구권은 불법행위시에 발생하게 되므로 불법행위시가 손해배상산정의 기준시가 된다. 불법행위로 인한 손해는 재산에 대해 피해를 준 재산적 손해와 정신적 고통을 준 정신적 손해로 나눌 수 있고, 다시 전자는 재산에 대해 기존의 이익을 멸실 또는 감소를 주는 적극적 손해와 장래의 이익의 획득이 방해됨으로써 받는 손실인 소극적 손해의 둘로 나뉜다. 판례는 불법행위로 인한 손해배상은 적극적 손해·소극적 손해·정신적 손해의 3가지로 나누어 산정하는 3분설을 취하고 있다.[15] 피해자는 각각의 손해를 입증하여야 하고, 3개의 손해 간에 있어 전용은 인정되지 않는다.

2 소극적 손해

가. 일실이익

(1) 의 의

손해배상소송에서 소극적 손해로서의 일실이익(또는 일실수입)이란 사고가 없었을 경우를 가정하여 피해자가 장래 얻을 수 있었으리라고 예측되는 이익 또는 소득을 말하는 것으로 그 산정방법에 있어서 부상과 사망으로 구분된다. 일실이익은 기본급, 직무수당, 상여금 등의 「근로기준법」상의 임금이 급여소득자의 일실이익의 산정의 기초가 된다.

15) 대판 76다1313, 1976.10.12

〈일실이익 산정방법〉

□ 사망의 경우: {[(사망당시의 소득액) − 생활비] × 가동기간}− 중간이자 □ 부상의 경우: {[(부상당시의 소득액) × 노동능력상실률] × 가동기간}− 중간이자

(2) 일반근로자 소득액 적용

피해자가 사고 당시 직장에서 근무하면서 일정한 수입을 얻고 있었던 급여 소득자의 경우 일실수입 손해액의 산정기준은 "사고 당시의 그의 실제 수입"을 기준으로 한다.

그런데, 피해자의 일실수입이 기초가 되는 소득이 임금 인상,[16] 호봉 승급,[17] 진급·승진[18] 등으로 증가할 경우 그 증가분에 대하여 배상책임이 있는지에 대하여 대법원은 장차 증가될 임금수익을 기준으로 산정된 일실이익 상당의 손해는 당해 불법행위에 의하여 사회 통념상 생기는 것으로 인정되는 통상손해이므로 당연히 배상범위에 포함시켜야 한다는 입장을 취하고 있다.

피해자가 두 가지 이상의 수입원에 해당하는 업무를 동시에 종사하였던 경우 그들 업무가 독립적이고, 양립이 가능하고, 또 실제로 어느 한 쪽의 업무에만 전념한 것이 아니라면 일실이익을 산정함에 있어 각 업종의 수입 상실액을 개별적으로 평가하여 합산한다.[19]

(3) 외국인근로자 소득액 적용

적법한 취업활동자는 원칙적으로 체류기간의 범위 내에서 국내의 임금이나 소득기준을 적용하고 체류기간 종료 후에는 본국의 임금이나 소득을 기초로 하여 일실이익을 산정하며,[20] 불법체류자도 적법한 체류자와 마찬가지로 체류기간의 범위 내에서는 국내의 수입을 기준으로 하고, 그 이후는 외국인의 본국에서의 수입을 기초로 하여 일실이익을 산정한다.

---

16) 대판 2002다30275, 2002.9.24
17) 대판 93다9880, 1993.7.16
18) 대판 95다29383, 1996.2.23
19) 대판 97다36507, 1997.12.12
20) 대판 98다25825, 1998.9.18

관련사례

□ 일시 체류 예정인 외국인의 일실이익 산정 방법(대판 98다25825, 1998.9.18)

일시적으로 국내에 체류한 후 장래 출국할 것이 예정되어 있는 외국인의 일실이익을 산정함에 있어서는 예상되는 국내에서의 취업가능기간 내지 체류가능기간 동안의 일실이익은 국내에서의 수입(실제 얻고 있던 수입 또는 통계소득)을 기초로 하고, 그 이후에는 외국인이 출국할 것으로 상정되는 국가(대개는 모국)에서 얻을 수 있는 수입을 기초로 하여 일실이익을 산정하여야 할 것이고, 국내에서의 취업가능기간은 입국 목적과 경위, 사고 시점에서의 본인의 의사, 체류자격의 유무 및 내용, 체류기간, 체류기간 연장의 실적 내지 개연성, 취업의 현황 등의 사실적 내지 규범적 제 요소를 고려하여 인정함이 상당하다고 할 것이며, 이러한 법리는 비록 당해 외국인이 불법체류자라고 하더라도, 당해 외국인의 취업활동 자체가 공서양속이나 사회질서에 반하는 것으로서 사법상 당연 무효가 되지 않는 이상, 마찬가지로 적용된다.

(4) 건설현장 기능공의 소득액 적용

일용근로자(보통인부)는 건설업 임금실태조사보고서 상의 일반노임이나 농협조사월보 상의 농촌 보통 일용노임 상당액을 최소한의 소득으로 인정하고 있다. 이러한 일용노임은 피해자의 거주지를 기준으로 삼아 피해자가 사고 당시 행정구역상 도시지역에 거주하는 경우에는 도시 일용노임을, 농촌지역에 거주하는 경우에는 농촌 일용노임을 적용한다.[21)]

건설현장의 기능공의 경우 사고 당시 건설회사에 일용으로 고용되어 임금을 받고 그 회사가 시공하는 공사에 기능공으로 종사하였으나 그 공사가 일정기간 경과 후 준공된 경우, 사고시부터 위 준공 완료시까지는 위 회사에서 얻고 있었던 수입을 기초로 하여 일실수입을 산정할 수 있으나, 그 후 가동 연한까지는 일반 기능공으로 종사하여 얻을 수 있는 평균수입을 기초로 하여 일실수입을 산정하여야 한다.[22)]

21) 대판 91다43817, 1992.4.14
22) 대판 95다35623, 1996.1.26

관련사례

□ 실제임금 자료가 현출되어 있는 교량공사 일용근로자의 일실수입을 통계소득인 정부노임단가를 기초로 산정하여서는 아니 된다(대판 95다35623, 1996.1.26).

망인은 위 교량공사의 준공 시점까지 소외 회사의 일용근로자인 용접공으로 근무할 수 있으리라는 것을 추단할 수 있고, 원고가 위 망인의 일실수입을 산정함에 있어 실제소득을 기준으로 하여야 한다고 주장하고 있는 이 사건에 있어서, 원심으로서는 마땅히 위 망인이 소외 회사에 일용근로자로 근무할 수 있었을 것으로 예상되는 기간 동안의 일실수입을 산정하기 위해서라도 위 실제소득에 관한 관련 증거들을 살펴보았어야 할 것이고, 다만 위 증거들이 신빙성이 없어 위 망인의 기대수입을 산정함에 있어 합리적이고 객관적인 자료라고 인정되지 않는다거나, 위 망인이 사고 당시에 받고 있던 임금보다 높은 통계소득만큼 수입을 장차 얻을 수 있으리라는 특수 사정이 인정되는 경우에 한하여 위와 같은 통계소득에 기하여 위 망인의 일실수입을 산정하여야 할 것이다.

나. 일실퇴직금

불법행위의 피해자가 퇴직금 상당의 급여 수령이 예정되어 있는 근로자인 경우 가동능력이 전부 또는 일부 상실된 경우 퇴직금은 근로의 대가인 후불 임금적 성질이 있으므로 그 상실율 상당의 일실 퇴직금이 인정된다. 일실 퇴직금은 사망 또는 영구 장해에 국한되고, 한시 장해의 경우에는 제외된다 할 것이다. 영구 장해로서 가동능력의 일부만 상실된 경우에는 일실 퇴직금 전액 중 가동능력상실 정도에 상응하는 부분만이 인정된다.[23)]

다. 노동능력상실

(1) 노동능력상실의 개념

노동능력상실률은 의사의 감정결과를 포함한 여러 증거에 의하여 판단한 피해자의 후유장애를 피해자의 성별, 연령, 교육정도, 종전 직업의 성질과 직업경력, 기능 숙련 정도, 신체기능장애 정도 및 유사직종이나 타 직종의 전업가능성과 그

23) 대판 88다카 3656, 1988.6.14

확률 기타 사회적·경제적 조건을 모두 참작하여 경험칙에 따라 정한 수익상실률을 말한다.

법원의 손해배상 실무에서는 노동능력상실정도에 대한 평가를 맥브라이드표를 적용하여 신체장해를 판정하고, 맥브라이드표에 없는 항목에 대해서는 국가배상법령상의 신체장해등급과 노동능력상실율표 등을 적용한다.

(2) 노동능력상실의 판정시점

후휴장해의 판정은 치료의 종결 내지 증상의 고정을 전제로 하여야 한다. 노동능력상실률을 평가함에 있어서 의료보조기의 착용 여부에 따라 피해자의 노동능력상실률에 차이가 있는 경우에는 특별한 사정이 없는 한 의료보조기를 착용한 상태를 기준으로 노동능력상실률을 평가하여야 한다.[24] 한편 입원기간 중에는 노동능력상실률이 확정되지는 않았으나 실무에서는 보통 노동능력을 100% 상실한 것으로 판단하며, 피해자에게 노동능력이 상실되었음에도 불구하고 수입의 감소가 없는 경우에 일실이익의 손해가 인정된다.[25]

관련사례

□ 불법행위 피해자가 사고 이후 종전 직종에 종사하면서 종전과 같은 수입을 얻고 있는 경우, 신체훼손으로 인한 재산상 손해가 없다고 단정할 수 없다(대판 2001다80778, 2002.9.4).

타인의 불법행위로 인하여 상해를 입은 피해자에게 신체장애가 생긴 경우에 그 피해자는 그 신체장애 정도에 상응하는 가동능력을 상실했다고 봄이 경험칙에 합치되고, 피해자가 종전과 같은 직종에 종사하면서 종전과 다름없는 수입을 얻고 있다고 하더라도 당해 직장이 피해자의 잔존 가동능력의 정상적 한계에 알맞은 것이었다는 사정까지 나타나지 않는 한, 피해자의 신체훼손에도 불구하고 바로 피해자가 재산상 아무런 손해를 입지 않았다고 단정할 수는 없다.

---

24) 대판 96다24712, 1998.4.28
25) 대판 2001다80778, 2002.9.4

(2) 복합장해의 산정방법

장해부위가 중복된 경우의 총 노동능력상실률은 특별한 사정이 없는 한 개별분야의 상실률을 단순히 합산하여 평가하여서는 아니 될 것이고, 어느 하나의 상실률 수치를 기준으로 하고 그 잔존능력률에 나머지 상실률을 곱하여 평가한 상실률을 합산하는 방식으로 한다.[26] 즉, 장해율이 30%, 20%라면, 총 상실율 = 30% + (100% − 30%) × 20% = 44% 가 된다.

(3) 기왕증의 기여도

기왕증에 의하여 노동력을 일부 상실한 상태에서 다시 노동력을 감손당한 경우, 후행 노동력상실률의 산정은 기왕의 장해와 후행장해를 합쳐 현재의 노동능력상실률을 알아내고 여기에서 기왕의 장해로 인한 노동능력상실률을 감하는 방법으로 하여야 한다. 피해자는 기왕증에 대하여 그 소인이 없었음을 입증하여야 한다.[27]

기왕증의 기여도는 입원기간중의 일실수입 등의 소극적 손해뿐만 아니라 향후치료비, 보조구비, 개호비 등의 적극적 손해에 대해서도 참작되어야 한다.[28] 따라서 기왕증과 관련 있는 전 손해에 대하여 기왕증을 고려하여야 할 것이다.

라. 가동기간

(1) 기대여명

"기대여명"이란 현재의 나이에서 그 사람이 앞으로 몇 년 더 살겠느냐 하는 예측 연수를 말한다. 피해자가 사고가 없었더라면 수입을 올릴 수 있었던 기간. 즉, 가동기간을 정하기 위해서는 우선 그 전제로 기대여명을 확정하여야 하고, 장래 필요한 개호비, 치료비, 보조구 등의 비용을 산정하는데 기대여명의 확정은 필요하다. 한국인의 평균여명은 통계청이 정기적으로 조사, 작성하여 발표하는 생명

26) 대판 94다38731, 1995.1.20
27) 대판 99다2171, 1999.5.11
28) 대판 87다카74, 1988.4.27

표에 의하여 인정한다.[29)]

(2) 가동연령

가동개시 연령은 원칙적으로 성년이 되는 19세부터이며, 가동종료 연령은 공무원이나 단체협약, 취업규칙 등에 정년이 정하여져 있는 경우에는 그 정년을 그 직종에서의 가동연한으로 인정한다.

일반 도시일용노동자, 육체노동을 주된 업무로 하는 직역에 종사하는 자에 대해서 대법원은 경험칙 상 60세가 될 때까지 가동할 수 있다고 보았으나,[30)] 최근 대법원은 특별한 사정이 없는 한 만 60세를 넘어 만 65세까지도 가동할 수 있다고 판결하였다.[31)]

외국인, 외국거주자의 가동연한은 원칙적으로 당해 국가에서의 가동연한을 기준으로 한다.[32)]

관련사례

□ 일반육체노동을 하는 사람 또는 육체노동을 주로 생계활동으로 하는 사람의 가동연한은 특별한 사정이 없는 한 만 60세를 넘어 만 65세까지도 가동할 수 있다고 보는 것이 경험칙에 합당하다(대판 2018다248909, 2019.2.21)

대법원은 1989.12.26. 선고한 88다카16867 전원합의체 판결에서 일반육체노동을 하는 사람 또는 육체노동을 주로 생계활동으로 하는 사람의 가동연한을 경험칙상 만 55세라고 본 기존 견해를 폐기하였다. 그 후부터 현재에 이르기까지 육체노동의 가동연한을 경험칙상 만 60세로 보아야 한다는 견해를 유지하여 왔다. 그런데 우리나라의 사회적·경제적 구조와 생활여건이 급속하게 향상·발전하고 법제도가 정비·개선됨에 따라 종전 전원합의체 판결 당시 위 경험칙의 기초가 되었던 제반 사정들이 현저히 변하였기 때문에 위와 같은 견해는 더 이상 유지하기 어렵게 되었다. 이제는 특별한 사정이 없는 한 만 60세를 넘어 만 65세까지도 가동할 수 있다고 보는 것이 경험칙에 합당하다.

---

29) 통계청의 2017년 생명표에 따른 기대여명은 남녀전체 82.7년, 남자 79.7년, 여자 85.7년
30) 대판전원합의체 88다카16867, 1989.12.26; 대판 90다11400, 1991.3.27; 대판 91다29095, 1992.2.11
31) 대판전원합의체 2018다248909, 2019.2.21
32) 대판 93다48373, 1995.5.12

(3) 일용근로자의 가동일수

현재 실무에서는 경험칙에 의하여 도시일용노동자의 경우 대한건설협회 발간 월간거래가격상의 시중노임단가 × 22일로,[33] 농촌일용노동자의 경우 농협조사월보 상의 일용노임 × 25일로 월 평균노임을 산정하고 있다.[34] 그러나 경험칙상 일반적으로 육체노동에 종사하는 근로자의 가동일수가 월평균 22일 내지 25일로 추정된다고 하여도, 구체적으로 당해 사건에 적용하거나 원용하기에 적합한 통계 기타 자료 등이 나타나면 이에 의하여 위와 같이 종전 경험칙상 추정되는 월평균 가동일수와 달리 인정할 수 있을 것이다.

마. 현가액의 산정(중간이자의 공제)

(1) 일시금배상과 정기금배상

「민법」 제751조제2항은 법원은 위자료를 정기금채무로 지급할 것을 명할 수 있고 그 이행을 확보하기 위하여 상당한 담보의 제공을 명할 수 있다고 규정하고 있다. 위 조항은 정신적 손해에만 국한하지 않고 지속적인 손해가 발생하는 경우 재산적 손해인 경우에도 적용된다 할 것이고, 대법원은 재산상 손해에 대해서도 그 판단에 따라 정기금 또는 일시금의 지급을 명할 수 있다고 한다.[35]

(2) 중간이자 공제방법과 산출방법

장래에 발생할 손해에 대해서 정기금 배상 방식을 취하지 않고 일시금으로 배상하는 때에는 중간이자를 공제하여야 한다. 중간이자를 공제하지 않고 배상한다면 피해자가 실제로 이득을 취할 때까지 사이에 이자가 발생하게 되어 피해자는 실제의 손해보다 더 많은 이득을 얻게 되기 때문이다.

중간이자를 공제하는 방식으로는 이자를 단리로 계산하는 호프만 방식과 복리로 계산하는 라이프니쯔 방식의 두가지 방식이 있는데, 대법원은 두가지 방식을

---

33) 대판 2001다70368, 2003.10.10
34) 대판 98다53141, 1999.2.9
35) 대판 91다39368, 1992.10.27

모두 허용하고 있다. 실무에서는 대부분 호프만 방식에 의하는데, 자동차보험의 약관은 라이프니쯔 방식을 기본으로 하고 있다. 중간이자를 호프만 방식에 따라 월단위로 공제하여 현가를 계산하는 수식은 "장래 발생할 손해액÷(1+0.05×지연손해금 기산일로부터 손해발생일까지의 월수÷12개월)"이다.

(3) 과잉배상의 문제(중간이자 공제기간)

호프만 계산법에 의하여 중간이자를 공제하는 경우에 중간이자 공제기간이 414개월을 초과하여 월단위 수치표상의 단리연금현가율이 240을 넘게 되는 경우, 이를 그대로 적용하여 현가를 산정하게 되면 현가로 받게 되는 금액의 이자가 매월 입게 되는 손해액보다 많게 되어 피해자가 과잉배상을 받게 되는 결과이므로, 이를 막기 위하여는 그 수치표상의 단리연금현가율이 얼마인지를 불문하고 모두 240을 적용한다.[36]

3 적극적 손해

가. 치료비

(1) 기왕치료비

일반적으로 사고와 상당한 인과관계가 있는 치료비만이 허용되는데, 치료에는 증세의 호전이나 완치만을 목적으로 하는 것뿐 아니라 증세의 악화방지나 생명의 연장 등을 위한 것도 포함된다. 사고로 입은 상해치료를 위한 한방치료비, 입원 중 식대, 입원, 퇴원, 전원, 통원하는데 지출한 교통비와 통원을 위한 병원 소재에서의 숙박비 등도 인정이 된다. 그러나 입원치료 당시 통상의 범위를 넘어선 특실입원료, 특별진찰료, 특별식대 등은 합당한 이유가 없으면 인정되지 아니한다.[37]

---

36) 대판 94다30065, 1994.11.25
37) 대판 94다39413, 1995.3.14

(2) 향후치료비와 보조구

향후치료비는 부상이 치유된 후 남아 있는 반흔 등을 제거하는 성형수술, 골절고정에 사용된 내고정금속정의 제거수술비와 물리치료 등과 같은 증상개선비용 그리고 증상악화방지, 생명연장을 위한 항경련제, 항생제 복용비용 또한 만성증상이 지속되면서 두통 등을 제거하기 위한 약복용비용 등이 있다. 신체감정 당시를 기준으로 치료를 종결되지 않고 앞으로도 계속 치료가 필요한 경우에는 추정 향후치료비를 산정하며, 보조구는 바퀴의자, 욕창방지용 특수매트리스, 치과보철, 의족, 배뇨·배변이 안 되는 환자에 대한 기저귀 등 의료보조기구를 말하고, 그 수명과 가격은 통상 감정의사의 감정의견으로 결정된다.

관련사례

□ 교통사고 피해자가 특실에 입원함으로써 추가로 부담하게 된 입원료 상당의 손해가 그 교통사고와 상당인과관계가 있는 손해인지 여부에 대한 판단 기준(대판 94다39413, 1995.3.14)

교통사고 피해자가 일반병실에 입원하지 않고 특실에 입원하여 치료를 받음으로써 추가로 부담하게 되는 입원료 상당의 손해는 다른 환자들에 대한 감염의 위험성이 높다는 담당의사의 진단소견에 따라 부득이 특실로 옮겨 진료를 받게 되었다거나 또는 당해 치료행위의 성질상 반드시 특실에 입원하여 진료를 받아야만 할 필요성이 있다는 등의 특별한 사정이 인정되지 않는다면, 그 교통사고와 상당인과관계가 있는 손해라고 볼 수 없다.

나. 개호비

(1) 개호비의 청구와 청구권자

사고로 부상을 입어 병원에서 입원치료를 받는 경우 환자가 독립적으로 활동할 수 없어 간호사의 간호 외에 개호, 간병 등의 명목으로 지출한 비용이 있다면 그 배상을 청구할 수 있다. 하지만 중환자실의 입원기간 동안에는 간호사의 전적인 보호를 받으므로 개호비를 인정하지 아니하고,[38] 상해의 부위와 정도에 비추

38) 대판 87다카1032, 1988.11.8

어 개호의 필요성이 인정되지 않는 경우에는 실제로 개호를 하였더라도 개호비를 청구할 수 없다.

기왕의 개호비는 피해자 본인 또는 근친자가 직접 청구할 수 있다. 개호인의 비용은 원칙적으로 도시보통일용노임이나 농촌여자일용노임을 기준으로 한다. 개호인 비용은 특별한 사정이 없는 한 월 22일 내지 25일이 아니라 개호를 필요로 하는 기간의 전 일수에 해당하는 노임액을 기준으로 산정한다.[39] 따라서 개호비는 1일 30일분 또는 1년 365일분의 일용노임을 기준으로 한다.

(2) 개호의 정도

개호의 정도에 관하여 대법원은 개호의 필요성이 인정되면 특별한 사정이 없는 한 성인여자 1인의 원칙을 견지하여 왔다.[40] 그러나 단독으로 기동이 어려운 사정 이외에 정신적 장애가 있어서 누군가 옆에서 감시하는 것이 필요한 경우이거나, 피해자가 운동기능을 거의 상실하여 혼자서 할 수 있는 일이 거의 없는 경우 등에는 1인을 초과한 개호인을 인정한 사례도 있다.[41]

관련사례

□ 개호인비용으로 인한 손해액(대판 84다카928, 1985.8.20)

신체의 부자유로 인하여 개호인의 조력을 받을 필요가 있는 경우 개호인은 특별한 사정이 없는 한 1년 365일 계속하여 필요로 한다 함이 경험칙상 명백하다 할 것이므로 개호인 비용은 개호를 필요로 하는 기간의 전일수에 해당하는 노임액을 기준으로 산정함이 타당하다.

다. 장례비

불법행위에 의하여 유족이 장례를 치루는 경우 판례는 장례에 관한 비용을 불법행위로 인한 손해배상의 대상으로 인정하고 있다.[42] 장례비용으로는 주식 접대

39) 대판 84다카928, 1985.8.20
40) 대판 88다카23193, 1989.5.9
41) 대판 91다5396, 1991.5.10; 대판 88다카26543, 1990.3.27
42) 대판 66다1456, 1966.10.11

비, 제례비용, 묘지구입 및 사용료, 묘지설치비용 등이 있다. 장례식의 절차와 규모에 관하여는 「건전가정의례의정착및지원에관한법률」 및 「건전가정의례준칙」에 묘지의 규격에 관하여는 「장사등에관한법률」 및 그 시행령에 여러 가지 제한 규정이 있고, 이에 위반한 지출비용은 사고와 상당인과관계가 없는 비용으로 배척된다.

4 과실상계

책임의 성립이나 배상액을 정함에 있어서 피해자의 손해관여도를 참작하여 책임을 부정하거나 배상액을 경감하는 것을 "과실상계"라고 한다. 채무불이행책임이나 불법행위책임에 의한 손해배상의 범위를 정함에 있어 피해자의 과실을 참작하여야 하므로, 산업재해사고에 대해서도 피해 근로자에게 과실이 있는 경우 손해배상의 범위를 정함에 있어 이를 반드시 참작하여야 한다.

자연력과 가해자의 과실행위가 경합되어 발생된 경우 가해자의 배상범위는 손해발생에 대하여 자연력이 기여하였다고 인정되는 부분을 공제한 나머지 부분으로 제한하며, 피해 근로자가 사용자가 안전장비를 지급하였음에도 불구하고 작업의 편의 또는 부주의로 안전장비를 착용하지 않았을 때에는 피해 근로자의 과실이 크다고 평가되어야 할 것이다.[43] 피해 근로자에게 고혈압 등의 지병이 있었는데 과로로 고혈압이 악화되어 사망한 경우 등의 사고의 대하여 사용자에게 알릴 의무가 있음에도 알리지 않아 사용자가 특별한 조치를 취할 수 없었던 경우 근로자의 과실이 크다고 평가 될 것이다.[44]

43) 대판 94다2848, 1994.4.26
44) 대판 2003다20183, 2004.7.22

관련사례

□ 산업재해로 근로자가 사망한 경우에 사용자에게 불법행위로 인한 손해배상책임을 지우기 위한 요건(대판 2003다20183, 2004.7.22)

피고는 원료 투입시부터 제품출고에 이르기까지 전 공정을 자동화 하였고, 특히 망인이 근무한 권취 공정의 경우 각 근로자는 자신이 담당하는 생산라인 앞에 앉아 있다가 자기가 맡은 라인 또는 휴식 등을 취하기 위하여 자리를 비운 동료들의 담당 라인에서 실이 끊어지거나 실이 다 감기어 경보음이 울리면 그 곳으로 가서 작업을 하게 되어 있어, 근로시간 내내 계속적 연속적으로 작업을 반복하는 여타 업무에 비하여 비교적 그 업무의 수행이 자유로울 뿐 아니라 공정에 이상이 없으면 잠시 휴식을 취할 수도 있으므로, 망인이 담당한 업무가 혼자 감당하기에 지나칠 정도로 과중한 것은 아니라 보여지고, 또한 망인은 위와 같은 연장 및 휴일근로를 하면서 이에 상응하는 수당을 모두 받아왔으며 재직기간 중 한번도 위와 같은 근무형태에 대하여 피고에게 이의를 제기하거나, 고혈압이나 건강을 이유로 연장근로를 거부하거나 피고에게 업무수행에 지장이 있다는 점을 알렸다는 아무런 증거가 없는 점 등에 비추어 보면, 피고가 망인에게 판시와 같은 업무를 부과할 경우 그로 인하여 보통의 성인 남자인 피고가 사망에 이를 우려가 있음을 알거나 알 수 있었음에도 불구하고 계속하여 판시 업무를 수행케 하였다고 볼 수는 없다 할 것이다.

〈추락재해 과실상계 사례〉

사고경위	피해자 과실내용	과실율
형틀목공이 아파트 건물 외벽에 설치된 대형거푸집 해체작업 중, 거푸집이 대형크레인에 매달려져 있는 상태에서 거푸집 윗부분에 설치된 안전난간대에 연결된 안전띠를 허리부분에 연결한 후 거푸집을 제끼는 작업을 하다 거푸집 상단부의 크레인후크가 거푸집의 하중을 견디지 못하고 떨어져 나가는 바람에 거푸집과 함께 지상으로 추락함(대구고법 2002나1162, 2003.6.27)	크레인과 거푸집의 연결상태 등을 세심히 살펴 사고를 미리 방지할 의무가 있음에도 이를 게을리 한 과실	10%
용접공이 비계 위에 재차 약 1.5미터 높이의 사다리를 옥탑 벽면에 비스듬하게 설치한 다음 그 위에 서서 용접작업을 하던 중, 비계바퀴의 고정장치가 무게 중심이 계속해서 한쪽으로 쏠림으로 인하여 풀리면서 비계가 밀리게 되자 중심을 잃고 사다리에서 옥상 바닥으로 추락함 (서울고법 2002나52222, 2003.6.12)	스스로 적절한 안전조치를 취하지 않았고, 적절한 안전시설 또는 비계의 제공을 요구하지 않은 과실	20%

사고경위	피해자 과실내용	과실율
배관공이 지하주차장 내 스프링클러 배수주철 지지철물 설치를 위하여 2인 1조로 2단 틀비계를 타고 올라가 드릴작업을 하던 중, 드릴의 회전력이 벽체 안의 철근을 닿는 순간 드릴 몸체가 이탈하면서 중심을 잃고 틀비계가 반대편 벽체로 기울어지면서 지상으로 추락함(서울고법 2002나31419, 2003.6.25)	안전벨트를 착용하지 않았고, 안전모 턱끈을 제대로 결속하지 않아 추락 당시 안전모가 벗겨지게 하였으며, 틀비계의 고정 여부를 제대로 확인하지 아니한 과실	30%
내장목공이 사다리에 올라서서 천장에 석고보드를 붙이는 작업을 하던 중 사다리가 옆으로 넘어지면서 바닥으로 추락함(서울고법 2001나50663, 2003.4.24)	사다리를 보다 안전하게 장치하거나 같이 일하던 사람에게 사다리를 붙잡도록 하는 등으로 스스로 안전을 도모하였어야 함에도 이를 게을리한 과실	40%
용접공이 신축공사 현장의 지하 1층 계단실 내의 발판이 설치된 사다리 위에서 펌프배관 용접작업을 하다가 발을 헛디디는 바람에 중심을 잃고 지상으로 떨어짐(대전고법 2002나7983, 2004.1.29)	발을 헛디디지 않도록 조심하지 않았고, 안전모를 요구하여 이를 착용하고 작업하는 등 스스로 안전을 도모하지 아니한 과실	50%
동해시 임야에서 솔잎혹파리 방제 수간 주사작업 중, 주사액 투약작업을 하다가 미끄러지면서 산아래 방향으로 굴러 넘어졌음에도 사용자는 응급조치를 취하지 않고 귀가시킴(서울고법 2002나29130, 2003.6.26)	가파른 경사가 있는 야산에서 몸의 균형을 잃지 않도록 주의하면서 안전하게 작업하였어야 할 주의의무가 있음에도 이를 게을리 한 과실과 상당 부분 기왕증이 기여함	75%

5 손익상계

가. 손익상계의 의의

손해배상은 실손해의 전보를 목적으로 하는 것인 만큼 피해자로 하여금 실손해 이상의 이득을 취득하게 하는 것은 손해배상의 본지에 반하는 것이므로 손해를 입은 것과 동일한 원인으로 인하여 이익을 얻을 때에는 그 이익은 공제되어야 하는데 이를 "손익상계"라고 한다. 손익상계로 사망자의 일실수입 산정에 있어서의 생계비와 같이 지출되어야 할 것이 가해행위로 지출을 면하게 된 생계비를 공제할 것인지와 「산업재배보상보험법」상의 보험급여나 각종 보험계약에 의한 보험금과 같이 사고와 관련하여 별도의 급부를 받는 경우 공제의 범위가 문제된다.

나. 생계비 공제 문제

피해자가 불법행위로 사망한 경우에는 그 일실 수입을 산정함에 있어 가동기간 동안의 일실 수입에서 생계비를 공제하여야 하며, 피해자가 상해를 입은 경우에는 생계비 공제는 하지 않는다. 생계비의 입증책임은 원칙적으로 피해자에게 있다.

개개인의 생계비로 얼마나 소요되는지를 정확히 파악하기는 어렵기 때문에 실무에서는 적정선(대체로 수입의 1/3, 소득이 현저히 낮은 경우에는 수입의 1/2)을 다툼없는 사실로 정리하여 처리함이 보통이다.

다. 근로기준법에 의한 재해보상 및 산업재해보상보험법에 의한 보험급여

(1) 재해보상 및 보험급여의 종류

「근로기준법」에 의한 재해보상의 종류는 요양보상, 휴업보상, 장해보상, 유족보상, 장의비, 일시보상으로 구분하고, 「산업재해보상보험법」에 의한 보험급여의 종류는 요양급여, 휴업급여, 간병급여, 장해급여, 유족급여, 상병보상연금, 장의비, 직업재활급여 등이 있다. 재해보상은 사용자의 직접보상제를 채택하고 있어 사업주가 개인의 재산으로 피재근로자와 그 유족에게 직접적으로 보상하며, 보험급여는 사회보험방식으로 1인 이상 사업주는 의무적으로 가입하여 보험료를 납부하고 수급권자에게 국가가 보상하는 간접보상 방식을 채택하고 있다.

(2) 손익상계 가능여부

재해보상이나 산재보험급여에는 모두 근로자의 생존권 보장이라는 측면이 있지만 기본적으로 손해 전보의 성질을 띠고 있고, 따라서 피해자에게 이중의 이득을 줄 수 없으므로, 피해자에게 이미 지급된 재해보상이나 산재보험급여와 동일, 동질의 손해배상청구를 구하는 경우에는 공평의 이념, 즉 손익상계의 법리에 따라 이를 공제하여야 할 것이다. 사용자 이외의 제3자의 행위로 인한 사고로 그 제3자가 피해 근로자에 대한 손해배상책임을 지는 경우 근로복지공단이 제3자의 행위에 대한 보험급여를 지급한 경우에는 그 보험급여의 한도 안에서 급여를 받은 자의 제3자에 대한 손해배상청구권을 대위한다.

(3) 공제의 대상인 손해 항목

「산업재배보상보험법」상의 휴업급여, 장해급여, 유족급여 및 「근로기준법」상의 휴업보상, 장해보상, 유족보상은 손해배상의 소극적 손해(일실수입 손해)에 해당하고, 「산업재해보상보험법」상의 요양급여, 간병급여, 장의비 및 「근로기준법」상의 요양보상, 장의비는 적극적 손해에 해당하므로, 서로 대응 관계에 있는 항목 사이에서만 공제되어야 할 것이다. 따라서 원칙적으로 산재보험급여나 재해보상을 공제함에 있어서 적극적 손해액과 소극적 손해액을 합한 전체 손해액에서 공제를 하여서는 안 되고, 피해자가 수령한 휴업급여와 장해급여의 합계액이 소극적 손해보다 더 많더라도 그 초과부분을 그 성질을 달리하는 적극적 손해의 배상액을 산정함에 있어서 공제하여서는 안 된다.[45)]

다 같은 수입상실에 대한 손해일지라도 그 대상이 되는 기간이 다른 경우 수입상실이 손해 사이에는 상호보완관계가 생기지 않는다. 예컨데 휴업급여(휴업보상)는 휴업급여 기간 중의 일실수입에 대응하므로 그것이 지급된 휴업기간 중의 일실수입 상당의 손해액에서만 공제하여야 한다.[46)] 또한 적극적 손해에 해당하는 급여라고 하더라도 장의비 중 장례비 손해를 초과하는 부분을 치료비 손해에서 공제할 수 없고,[47)] 간병급여 중 개호비 손해를 초과하는 부분을 치료비 손해에서 공제할 수 없다고 할 것이다.

---

45) 대판 93다61703, 1995.4.25
46) 대판 93다34091, 1993.12.21
47) 대판 75다1098, 1977.12.27

관련사례

□ 소극적 손해액 산정시 피해자가 수령한 휴업급여금의 공제범위(대판 93다61703, 1995.4.25)

손해배상은 손해의 전보를 목적으로 하는 것이므로 피해자가 근로기준법이나 산업재해보상보험법에 따라 휴업급여나 장해급여 등을 이미 지급받은 경우에 그 급여액을 일실수익의 배상액에서 공제하는 것은 그 손해의 성질이 동일하여 상호보완적 관계에 있는 것 사이에서만 이루어질 수 있고, 따라서 피해자가 수령한 휴업급여금이나 장해급여금이 법원에서 인정된 소극적 손해액을 초과하더라도 그 초과부분을 그 성질을 달리하는 손해의 배상액을 산정함에 있어서 공제할 것은 아니고, 같은 이치에서 휴업급여는 휴업기간 중의 일실수익에 대응하는 것이므로 휴업급여금은 그것이 지급된 휴업기간 중의 일실수익 상당의 손해액에서만 공제되어야 한다.

(4) 과실상계와의 선후관계

손해의 일부가 재해보상이나 산재보험급여에 의해 전보되고 있는 경우 과실상계의 대상으로 되어야 할 손해액은 재해보상이나 산재보험금을 포함한 총 손해액인가 재해보상 또는 산재보험금을 공제한 잔액인가라는 문제이다. 예를 들면 총 손해액이 1000만원, 산재보험급여가 500만원, 가해자와 피해자의 과실비율이 6대 4인 경우, 과실상계 후 공제를 하면 피해자는 가해자에 대하여 100만원을 청구할 수 있고, 공제 후 과실상계를 하면 피해자는 가해자에 대하여 300만원을 청구할 수 있게 된다. 이러한 경우 대법원은 불법행위로 인한 손해배상액을 산정함에 있어서 과실상계를 한 다음 손익상계를 하여야 한다는 입장을 취하고 있다.[48)]

(5) 수급권자와 손해배상청구권자의 상속인이 다른 경우 공제의 범위

재해보상 또는 산재보험 급여를 받는 사람과 손해배상의 청구권자가 다른 경우 그 보상액이나 보험급여를 어떻게 공제할 것인가 문제된다. 재해보상이나 산재보험 급여의 수급권 순위는 배우자와 자녀, 부모, 손, 조부모 순이고 그 배우자에

48) 대판 95다24340, 1996.1.23

는 사실상 혼인관계에 있던 배우자도 포함되어 있으므로 수급권의 순위가 민법상의 상속 순위와 다르다. 이 경우 공동상속인 중 1인만이 수급권자가 되는 경우나 사실상 혼인관계에 있던 배우자가 수급권자로 되는 경우에 그 수급권자가 받은 유족보상(유족급여)을 손해배상액에서 어떻게 공제할 것인가 문제된다.

대법원은 망인의 손해액에서 급여액을 먼저 공제한 후 그 잔액에 대해서만 상속인들이 상속한다는 입장을 취하였으나,[49] 2009.5.21 전원합의체 판결[50]에서는 상속 후 공제설의 입장을 취하며 근로자의 사망에 따른 손해액은 우선 피해자에게서 상속인에게 상속된 다음, 그 상속인 중 유족급여를 지급받은 상속인에 한하여 유족급여액 만큼을 손해배상액에서 공제할 수 있다고 판시하였다.

관련사례

□ 근로복지공단이 유족급여를 수급권자에게 지급한 경우, 수급권자가 아닌 다른 공동상속인들에 대한 보험가입자의 손해배상책임도 소멸된다고 할 수 없다.
업무상 재해로 사망한 근로자로부터 공동상속인들이 상속한 망인의 일실수입 상당 손해배상채권에서 구 산업재해보상보험법에 의하여 수급권자에게 지급된 유족급여를 공제하는 방법(대판 2008다13104, 2009.5.21)

1. 근로자가 업무상 재해로 사망함에 따라 근로복지공단이 구 산업재해보상보험법에 의한 유족급여를 수급권자에게 지급하였다 하더라도, 수급권자가 아닌 망인의 공동상속인들이 상속한 손해배상채권과 그 유족급여의 수급권은 그 귀속주체가 서로 상이하여 상호보완적 관계를 인정할 수 없으므로, 수급권자에 대한 유족급여의 지급으로써 그 수급권자가 아닌 다른 공동상속인들에 대한 보험가입자의 손해배상책임까지 같은 법 제48조제2항에 의하여 당연히 소멸된다고 할 수는 없다.
2. 근로자가 업무상 재해로 사망함에 따라 발생하는 망인의 일실수입 상당 손해배상채권은 모두가 그 공동상속인들에게 각자의 상속분 비율에 따라 공동상속되고, 근로복지공단이 구 산업재해보상보험법에 의하여 수급권자에게 지급하는 유족급여는 당해 수급권자가 상속한 일실수입 상당 손해배상채권을 한도로 하여 그 손해배상채권에서만 공제하는 것으로 해석하여야 하고, 이와 달리 망인의 일실수입 상당 손해배상채권에서 유족급여를 먼저 공제한 후 그 나머지 손해배상채권을 공동상속인들이 각자의 상속분 비율에 따라 공동상속하는 것으로 해석할 것은 아니다.

49) 대판 75다1098, 1977.12.27; 대판 86다카2581, 1987.6.9
50) 대판 2009.5.21, 2008다13104 전원합의체 판결

라. 국민연금법에 의한 급여

(1) 급여의 종류

「국민연금법」에 의하여 지급되는 급여로는 일정한 연금기간이 지난 가입자가 60세 등 일정연령에 이른 경우에 지급되는 노령연금, 연금가입기간 중에 발생한 질병 또는 부상으로 인하여 그 완치 후에도 신체 또는 정신상의 장애가 있는 경우 그 장애가 존속하는 동안 장애정도에 따라 지급되는 장애연금, 노령연금수급권자나 가입자 등이 사망한 때에 지급되는 유족연금, 일정한 연금가입자 또는 가입자이었던 자가 그 가입자 자격을 상실하거나 사망한 경우 본인 또는 유족의 청구에 의하여 지급되는 반환일시금 등이 있다.

(2) 공제의 가부 및 범위

노령연금이나 반환일시금 등의 급여는 가입자에게 발생한 손해의 정도와 관계없이 예정된 위험이 발생할 때 혹은 가입자격이 상실된 때 등 일정한 시기에 일정액을 지급하기로 예정되어 있는 것으로서, 손해의 전보와는 직접적인 관련이 없다고 할 것이므로, 이들 급여는 가해자가 배상할 손해액에서 공제할 성질의 것이 아니다.

그러나 장해연금, 유족연금은 가입자에게 발생한 손해의 전부 혹은 일부를 전보하기 위한 급여로서 손해배상제도와 그 목적과 기능을 같이 하는 급여라 할 것이므로, 가입자가 위 급여를 받음과 동시에 가해자인 제3자로부터 배상을 받는 것은 이중으로 이익을 취득하는 결과가 된다. 「국민연금법」은 이와 관련하여 피해자인 수급권자의 제3자에 대한 손해배상청구권을 대위한다(국민연금법 제114조①).

장해연금이나 유족연금은 모두 소극적 손해의 배상과 그 목적과 기능을 같이한다 할 것이므로, 이들 연금액은 소극적 손해액에서만 공제되어야 할 것이다. 장래 지급 예정인 연금액도 미리 공제할 수 있는가에 대하여는 「국민연금법」이 「산업재해보상보험법」과 같은 특별규정을 두고 있지 아니한 이상 소극적으로 해석될 수밖에 없다고 본다.[51]

---

51) 서울고법 2002나31195, 2004.1.30

마. 국민건강보험법에 의한 급여

(1) 국민건강보험 급여의 종류

건강보험료는 직장가입자의 경우 사용자와 근로자가 각각 일정비율로 분담하고, 지역가입자의 보험료는 그 가입자가 속한 세대의 지역가입자 전원이 연대 납부토록 하고 국가가 예산의 범위에서 일부 부담하는 등 사회보험적 성격을 지니고 있다. 보험급여는 가입자 및 피부양자의 질병·부상·출산 등에 대한 진찰·검사, 약제·치료재료의 지급, 처치·수술 기타의 치료, 예방·재활, 입원, 간호, 이송 등을 행하는 요양급여와 긴급 기타 부득이한 사유로 요양기관과 유사한 기능을 수행하는 기관에서 요양을 받거나 요양기간 외의 장소에서 출산한 경우 요양급여에 상당하는 금액을 지급하는 요양비, 그리고 요양급여 외에 대통령령이 정하는 바에 의하여 장제비·상병수당 기타의 급여를 실시하는 부가급여로 되어있다.

(2) 공제의 가부 및 범위

건강보험 급여가 제3자의 손해배상보다 먼저 이루어진 경우에는 그 급여에 소요된 비용의 한도 내에서 가입자의 그 제3자에 대한 손해배상청구권이 공단에 이전되므로(건보법 제58조①), 가입자가 받은 보험급여액은 그 가입자가 제3자에 대하여 손해배상청구를 함에 있어 공제되어야 할 것이며(건보법 제58조②), 반대로 손해배상의무자가 우선하여 피해자에 손해배상금을 지급한 경우에는 보험급여의 대상인 손해와 함께 소멸하여 급부의 필요성이 없게 되기 때문에 그 범위 내에서 공단은 급부의무를 면하게 된다. 요양급여나 요양비는 이와 동일한 성질을 갖는 치료비 손해액에서만 공제되어야 할 것이고, 건강보험공단이 대위 취득하는 가입자의 제3자에 대한 손해배상채권도 요양급여와 상호 보완관계에 있는 치료비에 관한 부분에 한한다.

바. 손해보험 · 생명보험 · 상해보험

제3자의 가해행위로 입은 손해에 대해 손해보험금을 수령한 경우 피해자는 보험자로부터 지급받은 보험금의 한도 내에서 제3자에 대한 손해배상청구권을 잃게 되므로 손해배상액에서 이를 공제하여야 한다.

타인의 불법행위로 인하여 사망한 피해자가 동시에 사망을 보험사고로 하는 생명보험의 피보험자인 경우에 가해자인 피해자의 손해배상청구권을 상속한 상속인이 생명보험금을 수령하는 경우가 있는바, 이 때 그 생명보험금을 손익상계나 기타의 이유로 손해배상금액에서 공제 할 것인가에 대하여 공제를 부정하는 것이 통설이다.

상해보험의 보험금 지급방식은 실제 손해와 관계없이 일정한 금액을 지급하기로 하는 정액보상방식도 있지만, 상해의 정도에 따라 손해액을 지급하는 손해배상방식도 있다. 따라서 상해보험은 생명보험과 손해보험의 중간적인 성격을 갖는다. 상해보험의 경우에는 당사자의 약정에 따라 피보험자의 권리를 해하지 아니하는 범위 안에서는 보험자대위가 가능하다.

사. 자동차손해배상책임보험(대인배상Ⅰ)과 자동차손해배상보장사업에 의한 보상금

(1) 자동차손해배상책임보험(대인배상Ⅰ)의 성질 및 공제가부

자동차손해배상책임보험(대인배상Ⅰ)은 국가나 공공단체가 운영하는 공보험이 아니라 사보험에 속하지만, 사회정책적 고려에서 법률상 가입이 강제되는 강제보험이다.

자동차의 보유자가 「자동차손해배상보장법」에 의하여 자동차손해배상책임보험(대인배상Ⅰ)에 가입한 경우에 자동차 사고의 피해자는 보험회사에 대하여 손해배상액의 직접청구권이 있다(자동차손해배상보장법 제10조). 따라서 피해자는 가해자(피보험자)에 대한 손해배상청구권과 보험회사에 대한 손해배상청구권을 동시에 취득한다. 피해자가 보험회사로부터 직접 보험금의 지급을 받은 때에는 그 변제로 인한 효력은 피보험자인 가해자에 대하여도 미친다고 할 것이므로, 이를 가해자가 배상할 손해액에서 공제하여야 한다. 이 때 보험자의 가해자(피보험자)에 대한 구상이 허용될 수 없음은 물론이다.

(2) 자동차손해배상보장사업에 의한 보상금의 성질 및 공제가부

은 무보험자나 뺑소니차에 의한 교통사고를 당하여 보상받지 못하는 피해자에게 정부가 대인배상 I 한도 내에서 손해를 보상하는 자동차손해배상보장사업을 규정하고 있다(자동차손해배상보장법 제30조내지제39조). 이러한 보장사업에 의한 보상금 지급에 소요되는 비용은 자동차 보유자 등이 납부하는 분담금을 징수하여 행하도록 하고 있으며, 이 보장사업에 관한 업무는 국토교통부장관이 행하도록 하고 있으나, 현재 손해보험회사 중 일부가 이 업무를 위임받아 보상금을 지급하고 있다.

정부는 보상금액의 한도 내에서 피해를 보상한 경우에 손해배상책임이 있는 자에 대한 청구권을 대위행사 할 수 있다. 정부는 피해자가 손해배상책임이 있는 자로부터 손해에 대하여 배상을 받으면 그가 배상받은 금액의 범위에서 보상책임이 면제된다. 따라서 피해자의 가해자인 제3자에 대한 손해배상청구권은 정부에 이전된 부분만큼 당연히 감축되므로, 제3자가 배상할 손해액에서 이를 공제하여야 할 것이다.

(3) 자동차손해배상책임보험(대인배상 I)과 자동차손해배상보장사업에 의한 보상금의 공제범위

자동차손해배상책임보험금 또는 보장사업에 의한 보상금의 지급이 예정되어 있더라도 현실의 지급이 없는 경우에는 이를 가해자의 손해배상액에서 공제하여서는 안 될 것이고, 피해자의 과실을 참작하여야 할 경우에는 과실상계를 먼저 한 후에 공제하여야 할 것이다.

자동차손해배상책임보험금 또는 보장사업에 의한 보상금은 교통사고에 기한 인신손해의 전보를 목적으로 하므로, 대물손해액에서 이를 공제하여서는 아니 될 것이다. 인신손해에 대해서는 자동차손해배상책임보험의 경우 보험자의 배상책임은 사고와 상당인과관계 있는 법률상 손해 일체를 법령에 정해진 한도액 범위 내에서 부담하는 것이기 때문에, 손해 항목에 구애받지 아니하고 전체 손해액에서 책임보험금 수령액을 공제할 수 있다고 보아야 할 것이다. 그러나 정부보장사업에 의한 보상금은 피해자의 실손해액을 기준으로 보상하는 것이 아니라, 보험업법에 의하여 인가된 책임보험의 약관이 정하는 보험금 지급기준에 의해 산정된 금액만을 지급하는 것이므로,[52] 책임보험금의 경우와는 달리 당해 보상금과 동일한 성질을 갖는 손해 항목에서만 공제하여야 할 것으로 본다.

아. 가해자나 가해자의 보험회사가 지급된 손해배상금

피해자가 가해자나 가해자가 가입한 보험회사로부터 이미 지급받은 손해배상금은 소극적 손해액이든 치료비나 장례비 등의 적극적 손해액이든 그 전액을 공제하여야 할 것이다. 피해자가 공동불법행위자 중 1인으로부터 손해 일부의 공제를 받은 때에는 그 금액 범위 내에서 다른 공동불법행위자에게도 변제의 효력이 있으므로, 그가 배상할 손해액에서 공제하여야 한다. 그러나 변제 등 채권을 만족시키는 사유가 아닌, 어느 채무자 1인에 대한 채무의 면제와 같은 사유는 다른 공동불법행위자에게 효력이 미치지 않는 것이 원칙이다.[53]

자. 형사합의금의 공제여부

불법행위의 가해자인 수사나 형사재판 과정에서 피해자가 가해자로부터 합의금 명목의 금원을 지급받고 가해자에 대한 처벌을 원치 않는다는 내용의 합의를 하는 경우에 그 합의 당시 수수한 금원을 이른바 "형사합의금"이라 한다. 이 형사합의금을 가해자의 손해배상액에서 공제할 것인가가 문제되는바, 그 합의금이 특히 위자료 명목으로 지급된 것임이 명시되었다는 등의 특단의 사정이 없는 한 재산상 손해배상의 일부를 지급된 것으로 보아 이를 손해액에서 공제하여야 하고,[54] 위와 같은 합의를 함에 있어서 '위로금 조' 또는 "보험금과의 별도", "손해배상액과는 별도"라는 등의 표현을 명시하고 있으면, 이 경우에는 그 합의금을 손해배상액에서 공제하여서는 안 되고 위자료 산정에 있어서 참작사유의 하나로 삼을 수 있을 뿐이라고 한다.[55] 가해자가 형사합의금을 피해자에게 직접 지급하

52) 대판 2002다2454, 2003.7.25
53) 대판 80다2555, 1982.4.27
54) 대판 95다53942, 1996.9.20
55) 대판 2000다46894, 2001.2.23

지 않고 형사상의 처 벌과 관련하여 금원을 공탁하고 원고가 이를 출급한 경우에도 마찬가지이다.[56)]

관련사례

□ 수사과정이나 형사재판 과정에서 피해자가 가해자로부터 합의금 명목으로 지급받은 금원의 성격(대판 2000다46894, 2001.2.23)

불법행위의 가해자에 대한 수사 과정이나 형사재판 과정에서 피해자가 가해자로부터 합의금 명목의 금원을 지급받고 가해자에 대한 처벌을 원치 않는다는 내용의 합의를 한 경우에, 그 합의 당시 지급받은 금원을 특히 위자료 명목으로 지급받는 것임을 명시하였다는 등의 사정이 없는 한 그 금원은 손해배상금(재산상 손해금)의 일부로 지급되었다고 봄이 상당하다.

6 위자료

가. 위자료의 의의

「민법」 제751조는 "타인이 신체, 자유 또는 명예를 해하거나 기타 정신상 고통을 가한 자는 재산 이외의 손해에 대해서도 배상할 책임이 있다."고 규정하고 있는데, 이러한 정신적 고통 내지 정신상의 손해배상의 의미로 일반적으로 위자료라는 의미가 사용된다. 이러한 정신적 고통은 과거 또는 현재의 것뿐만 아니라 장래 느끼게 될 고통도 포함된다.[57)]

나. 위자료의 청구권자

위자료청구권은 생명, 신체를 침해하는 직접의 피해자뿐만 아니라 그로인한 정

56) 대판 98다43922, 1999.1.15
57) 대판 93다4663, 1993.4.27

신적 고통을 입은 근친자 또는 그에 준하는 자도 행사할 수 있다. 「민법」 제752조는 타인의 생명을 해하는 자는 피해자의 직계존속, 직계비속 및 배우자에 대하여는 재산상 손해가 없는 경우에도 손해배상의 책임이 있다고 규정하고 있다. 그러나 형제자매 등의 친족들도 그 정신적 고통에 대한 입증을 하면 위자료를 청구할 수 있으며,[58] 혼인신고만 안 되어 있을 뿐 적법한 사실혼관계에 있는 배우자도 위자료 청구권을 행사할 수 있다.[59] 법률상의 배우자라 하여도 피해자와 헤어져 다른 사람과 동거하고 있는 등 사실상 이혼상태에 있었던 경우라면 피해자의 인신사고에 대하여 정신적 고통을 입었다고 하기 어려우므로 위자료 청구는 배척될 수 있다.

관련사례

□ 내연의 처의 위자료 청구권 유무(대판 69다684, 1969.7.22)

사실상 혼인관계에 있는 배우자도 다른 배우자가 제3자의 불법행위로 인하여 상해를 입은 경우에는 자기가 받은 정신적 고통에 대한 위자료를 청구할 권리가 있다고 보는 것이 상당하다 할 것이다.

다. 참작사유와 참작방법

정신적 손해는 정신적 고통이라는 무형적인 것이기 때문에 정신적 손해의 산정에 있어서는 피해자가 입은 정신적 고통을 측량하여, 그러한 고통이 어느 정도의 금전에 의하여 간접적으로 치유될 수 있는가 하는 점을 고려하여 산정하여야 한다. 이러한 위자료 액수를 산정함에 있어서 사실심 법원이 제반 사정을 참작하여 그 직권에 속하는 재량으로 이를 정할 수 있다.[60]

위자료 산정에 있어서 참작할 사유에는 제한이 없다. 상해의 부위 및 정도, 후유장해의 부위 및 정도, 피해자의 나이, 성별, 직업, 재산 및 교육정도 등의 피해

58) 대판 77다1942, 1978.1.17
59) 대판 69다684, 1969.7.22
60) 대판 99다24218, 2003.7.11

자측 사정이 중심이 되지만, 가해자의 재산 및 교육정도, 가해행위의 경위와 상황, 가해자의 고의·과실 여부 등과 같은 가해자측 사정도 함께 고려되어야 할 것이다.

피해자에게 과실이 있는 경우에는 그 과실을 위자료에 반영하여야 하며, 가해자가 지급한 형사합의금이 재산상 손해배상의 일부로써 지급된 것이 아니라 위자료, 위로금 등으로 지급된 것으로 인정되는 경우에는 그 형사합의금 수령 사실을 위자료 참작사유의 하나로 보게 된다.

피해자가 외국인인 경우, 특히 불법체류 중이거나 단기간의 체류허가를 받은 외국인이 불법행위를 당한 경우에, 일실수입이나 위자료 산정에서 그 피해자의 고국의 물가수준이나 소득수준을 감안한 생활수준을 참작의 사유로 삼을 수 있다.[61]

61) 대판 99다68829, 2001.10.26

제3절 손해배상 책임의 소멸

손해배상청구권은 당사자 간의 합의에 의하여 소멸하게 되는데 합의의 내용에 권리포기조항, 부제소특약을 산입하는 경우에도 효력은 인정이 된다.

사고로 인한 손해배상청구권자가 피해자 본인뿐만 아니라 복수의 청구권자가 있는 경우 그 중 1인 또는 수인만이 합의에 관여한 경우 그 합의의 효력에 대하여 법률행위를 직접 한 사람이 한 법률행위의 효과가 법률행위를 하지 않은 다른 사람에게 미치기 위해서는 양자 사이에 대리관계가 존재하여야 하여야 하며, 피해자가 공동불법행위자들 중 1인과 합의한 경우 공동불법행위자 중 1인이 자기의 부담 부분 이상을 변제하여 공동의 면책을 얻게 하였을 때에는 다른 공동불법행위자에게 그 부담 부분의 비율에 따라 구상권을 행사할 수 있다.

불법행위로 인한 손해배상의 청구권은 피해자나 그 법정대리인이 그 손해 및 가해자를 안 날로부터 3년간 이를 행사하지 아니하면 시효로 인하여 소멸하며, 불법행위를 한 날로부터 10년을 경과한 때에도 소멸한다.

불법행위에 대한 손해배상청구소송의 소송물의 개수는 적극적 손해, 소극적 손해, 위자료 등 3종류로, 이러한 3종류의 소송물 중 1종류 또는 2종류의 청구만을 한 경우 나머지 종류의 청구에 관하여는 시효중단의 효력이 미치지 않는 것이 원칙이나 그 중 일부만을 청구하는 경우에도 그 취지로 보아 채권 전부에 관한 판결을 구하는 것으로 해석된다면 시효중단의 효력이 발생할 수 있다.

1 합 의

가. 합의의 성질과 효력

"합의"란 일반적으로 재판에 의하지 않고 당사자 간에 존재하는 분쟁을 사적으로 해결하는 약정을 말한다. 산재사고 등에 의한 인신사고로 인한 손해배상사건에 있어서는 당사자가 협의를 통해서 가해자가 지급할 손해배상액·지급방법을 약정하고 피해자는 그 이상의 청구권을 포기하는 등 일체의 어떠한 이의도 제기하지 않겠다는 합의를 하고 그에 관한 서면을 작성하는 것이 일반적이다. 이러한 합의의 법적 성질에 관하여 당사자가 서로 양보하고 있는지 유무에 따라서 민법상 화해계약이거나 그와 유사한 무명계약이라고 보고 있다.

관련사례

□ 민사사송을 제기하지 아니하기로 부제소특약을 한 경우 이에 반하여 제기된 소의 효력 (대판 92다589, 1992.3.10)

보험가입 자동차가 타인 소유의 트럭을 충돌하여 트럭이 대파된 데 대하여 보험자가 트럭 소유자와의 사이에 트럭의 손괴부분을 수리하여 주고, 수리기간 동안 트럭을 운행하지 못함으로 인한 손해와 타이어 등 직접 손해는 직접 지급하는 한편 위 사고와 관련하여 상호 일체의 권리를 포기하기로 합의하면서 여하한 사유가 있어도 민사상의 소송을 제기하지 아니하기로 부제소특약까지 한 경우 이에 반하여 제기된 소가 권리보호의 이익이 없어 부적법하다.

합의의 내용으로 보통 배상권리자의 모든 손해배상청구권을 포기한다는 권리포기조항이 삽입되고, 더 나아가 소송상의 합의의 일종인 부제소의 특약까지 하는 경우, 이와 같은 부제소의 특약이 인정되면 이에 반하여 제기된 소는 권리보호의 이익이 없어 부적법하므로 그 소를 각하하여야 하고,[62] 권리포기 사실이 인정되면 청구를 기각하여야 할 것이다.

62) 대판 92다589, 1992.3.10

나. 합의의 효력의 주관적 범위

사고로 인한 손해배상청구권자가 피해자 본인뿐만 아니라 복수의 청구권자가 있는 경우 그 중 1인 또는 수인만이 합의에 관여한 경우 그 합의의 효력에 대하여 법률행위를 직접 한 사람이 한 법률행위의 효과가 법률행위를 하지 않은 다른 사람에게 미치기 위해서는 양자 사이에 대리관계가 존재하여야 하는 것이 원칙이다. 그리고 대리행위임을 명시하여 합의가 이루어진 경우에도, 당사자가 그 대리권을 부인하는 경우에는 대리권의 위임여부, 표현대리의 성립여부, 무권대리행위의 추인 여부 등을 엄격히 따져 보아야 할 것임은 물론이다.

피해자가 공동불법행위자들 중 1인과 합의한 경우 그 효력에 대하여 판례는 공동불법행위자는 채권자에 대한 관계에서는 연대책임(부진정연대채무)을 지되, 공동불법행위자들 내부관계에서는 일정한 부담 부분이 있고, 이 부담 부분은 공동불법행위자의 과실의 정도에 따라 정하여지는 것으로서 공동불법행위자 중 1인이 자기의 부담 부분 이상을 변제하여 공동의 면책을 얻게 하였을 때에는 다른 공동불법행위자에게 그 부담 부분의 비율에 따라 구상권을 행사할 수 있다고 한다.[63]

관련사례

□ 교통사고의 경우, 피해자 본인과 별도로 그의 부모들도 가해자에 대한 고유의 위자료청구권을 가지는지 여부 및 피해자 본인이 합의금을 수령하고 손해배상청구권 포기 약정을 한 경우, 그 효력이 부모들이 가지는 고유의 위자료청구권에까지 미치는지 여부(대판 99다7046, 1999.6.22)

교통사고의 경우, 피해자 본인과는 별도로 그의 부모들도 그 사고로 말미암아 그들이 입은 정신적 손해에 대하여 고유의 위자료청구권을 가진다 할 것이므로, 피해자 본인이 합의금을 수령하고 가해자측과 나머지 손해배상청구권을 포기하기로 하는 등의 약정을 맺었다 하더라도 그의 부모들이 합의 당사자인 피해자 본인과 가해자 사이에 합의가 성립되면 그들 자신은 별도로 손해배상을 청구하지 아니하고 손해배상청구권을 포기하겠다는 뜻을 명시적 혹은 묵시적으로 나타낸 바 있다는 등의 특별한 사정이 없는 한 위 포기 등 약정의 효력이 당연히 고유의 손해배상청구권을 가지는 그의 부모들에게까지 미친다고는 할 수 없다.

63) 대판 96다50896, 1997.12.12

다. 합의의 효력의 제한

합의가 성립하기 위해서는 계약의 일반적인 성립요건과 유효요건을 갖추어야 함은 당연하다. 갑작스런 사고로 변을 당한 피해자로서는 정신적으로 경황이 없고 경제적으로 궁박한 상태에서 권리포기 조항이나 부제소 특약의 의미조차 잘 모르면서 형사처벌이라도 면할 수 있도록 우선 합의서를 작성하여 달라고 조르는 가해자의 간청에 못 이겨 극히 적은 금액을 받고서 합의한 경우 합의에 이르게 된 동기와 경위, 목적, 교섭과정, 합의 당시 피해자의 정신상태, 합의금액 등 여러 사정을 종합적으로 검토하여 합의의 성립(의사의 합치)여부를 판단하여야 할 것이다.[64]

또한, 객관적으로 급부와 반대급부 사이에 현저한 불균형이 존재하고 주관적으로 위와 같은 균형을 잃은 것이 피해를 입은 당사자의 궁박·경솔·무경험을 이용하여 이루어진 불공정한 법률행위거나(민법 제104조), 화해당사자의 자격 또는 화해의 목적인 분쟁 이외의 사항에 착오가 있는 때에 한하여도 취소할 수 있으므로 합의 당시 당사자가 예상하지 못했던 후발적 손해가 합의 후에 발생한 경우 착오를 이유로 취소를 인정할 수 있다.[65]

관련사례

□ 불법행위로 인한 손해배상에 관하여 가해자와 피해자 사이에 피해자가 일정한 금액을 지급받고 나머지 청구를 포기하기로 한 합의의 해석(대판 99다42797, 2001.9.14)

불법행위로 인한 손해배상에 관하여 가해자와 피해자 사이에 피해자가 일정한 금액을 지급받고 그 나머지 청구를 포기하기로 합의가 이루어진 때에는 그 후 그 이상의 손해가 발생하였다 하여 다시 그 배상을 청구할 수 없는 것이지만, 그 합의가 손해의 범위를 정확히 확인하기 어려운 상황에서 이루어진 것이고, 후발손해가 합의 당시의 사정으로 보아 예상이 불가능한 것으로서, 당사자가 후발손해를 예상하였더라면 사회통념상 그 합의금액으로는 화해하지 않았을 것이라고 보는 것이 상당할 만큼 그 손해가 중대한 것일 때에는 당사자의 의사가 이러한 손해에 대해서까지 그 배상청구권을 포기한 것이라고 볼 수 없으므로 다시 그 배상을 청구할 수 있다고 보아야 한다.

64) 대판 2002다30864, 2002.10.11
65) 대판 71다399, 1971.4.30

2 소멸시효

가. 단기소멸시효

불법행위로 인한 손해배상청구권은 피해자나 그 법정대리인이 그 “손해 및 가해자를 안 날로부터” 3년간 이를 행사하지 아니하면 시효로 인하여 소멸한다(민법 제766조①). 여기에서 “손해 및 가해자를 안 날”이라 함은 손해의 발생사실과 손해가 가해자의 불법행위로 인하여 발생하였다는 것을 안 날을 의미한다.[66]

관련사례

□ 후유장해의 발생으로 인한 손해배상청구권의 소멸시효의 기산점과 그 발생시기에 대한 입증책임의 소재(대판 91다41880, 1992.5.22)

피해자가 부상을 입은 때로부터 상당한 기간이 지난 뒤에 후유증이 나타나 그 때문에 수상시에는 의학적으로도 예상치 아니한 치료방법을 필요로 하고 의외의 출비가 불가피하였다면 위의 치료에 든 비용에 해당하는 손해에 대하여서는 그러한 사태가 판명된 시점까지 손해배상청구권의 시효가 진행하지 아니하고, 따라서 후유장해의 발생으로 인한 손해배상청구권에 대한 소멸시효는 후유장해로 인한 손해가 발생한 때로부터 진행된다고 할 것이고, 그 발생시기는 소멸시효를 주장하는 자가 입증하여야 한다.

피해자 등에게 손해의 발생사실과 그 손해가 가해자의 불법행위로 인하여 발생하였다는 사실을 현실적이고도 구체적으로 인식할 만한 정신적 능력 내지 지능이 있었다고 인정되지 아니한다면 단기소멸시효는 진행되지 아니한다고 보아야 할 것이며,[67] 피해자의 후유장해의 발생으로 인한 손해배상청구권에 대한 소멸시효는 후유장해로 인한 손해가 발생한 때로부터 진행된다고 할 것이고 그 발생시기는 소멸시효를 주장하는 자가 입증하여야 한다.[68]

---

66) 대판 95다30352, 1995.11.14
67) 대판 94다30263, 1995.2.10
68) 대판 91다41880, 1992.5.22

나. 장기소멸시효

3년의 단기소멸시효 이외에도 불법행위로 인한 손해배상청구권은 피해자와 그 법정대리인이 "불법행위를 한 날로부터" 10년이 지나도 소멸한다(민법 제766조 ②). 여기에서 "불법행위를 한 날"이란 가해행위로 인한 손해의 결과발생이 현실적인 것으로 되었다고 할 수 있을 때를 의미하고 그 소멸시효는 피해자가 손해의 결과발생을 알았거나 예상할 수 있는가 여부에 관계없이 가해행위로 인한 손해가 현실적인 것으로 되었다고 볼 수 있는 때로부터 진행한다.[69]

다. 시효의 중단

불법행위에 대한 손해배상청구소송의 소송물의 개수는 적극적 손해, 소극적 손해, 위자료 등 3종류로, 이러한 3종류의 소송물 중 1종류 또는 2종류의 청구만을 한 경우 나머지 종류의 청구에 관하여는 시효중단의 효력이 미치지 않는다. 한편, 한 개의 채권 중 일부에 관하여만 판결을 구한다는 취지를 명백히 하여 소송을 제기한 경우에는 소제기에 의한 소멸시효 중단의 효력이 그 일부에 관하여만 발생하고, 나머지 부분에는 발생하지 아니하지만 비록 그중 일부만을 청구한 경우에도 그 취지로 보아 채권 전부에 관하여 판결을 구하는 것으로 해석된다면 그 청구액을 소송물인 채권의 전부로 보아야 하고, 이러한 경우에는 그 채권의 동일성의 범위 내에서 그 전부에 관하여 시효중단의 효력이 발생한다고 해석함이 상당하다.[70]

또한, 보험가입자를 위한 포괄적 대리권이 있는 보험회사가 입원비와 수술비, 통원치료비 등을 피해자에게 지급하고 또 보험가입자에게 손해배상책임이 있음을 전제로 하여 손해배상금으로 일정 금원을 제시하는 등 합의를 시도하였다면 보험회사는 그때마다 손해배상채무를 승인하였다 할 것이므로 그 승인의 효과는 보험가입자에게 미친다.[71]

---

69) 대판 93다357, 1993.7.27
70) 대판 91다43695, 1992.4.10
71) 대판 93다18945, 1993.6.22

제4장

건설업 산재보험의 업무상 재해 판단

제1절 산재보험급여 처리 절차와 성립요건

사업장에서 사고 또는 질병이 발생한 근로자는 근로복지공단에 요양급여를 신청할 수 있다. 요양급여의 신청을 받은 근로복지공단은 그 사실을 해당 근로자가 소속된 보험가입자에게 알리고 의견을 제출토록 하고 있다. 사업주는 근로복지공단의 요청에 따라 그 사유를 작성하여 제출하여야 한다.

근로복지공단의 요양급여신청서의 처리는 요양급여신청서 접수·선람 → 기재사항 누락여부 확인 → 보험적용관계 확인 → 보험가입자 확인(요양급여 신청 사실 통지 및 의견 확인) → 근로자 여부 확인 → 재해경위 확인 → 재해조사 → 자문의사 자문 → 요양결정 등의 순서로 진행되며, 근로복지공단은 근로자의 재해가 산업재해보상보험법의 업무상재해 요건에 해당하는지 여부를 판단하게 된다.

산업재해보상보험법에서 "업무상의 재해"란 업무상의 사유에 따른 근로자의 부상·질병·장해 또는 사망을 말하며, 여기에서 업무상의 사유로 인정되기 위해서는 "업무와 재해 사이에 상당인과관계"가 있어야 하다. 이와 같이 산업재해보상보험법은 업무상 사유를 업무상 재해의 요건으로 하고 있는데, 업무상 사유는 업무수행성과 업무기인성을 중심으로 설명할 수 있다. 여기에서 "업무수행성"이라 함은 사용자의 지배·관리하에서 업무를 수행하는 것을 말하며, "업무기인성"이라 함은 재해가 근로자가 담당하던 업무에 기인하여 발생하는 것을 말한다.

1 최초 요양급여 신청 및 결정절차

가. 요양급여 신청 절차

산업재해보상보험법의 요양급여를 받으려는 자는 소속 사업장, 재해발생 경위, 그 재해에 대한 의학적 소견, 그 밖에 고용노동부령이 정하는 사항을 적은 서류를 첨부하여 근로복지공단에 요양급여의 신청을 하여야 한다(산재보험법 제41조①, 규칙제20조①).[1] 근로자를 진료한 산재보험 의료기관은 그 근로자의 재해가 업무상의 재해로 판단되면 그 근로자의 동의를 받아 요양급여의 신청을 대행할 수 있다(산재보험법 제41조②).

요양급여의 신청을 받은 공단은 그 사실을 해당 근로자가 소속된 보험가입자에게 알려야 한다. 이 경우 보험가입자는 통지를 받은 날부터 10일 이내에 공단에 그 요양급여 신청에 대한 의견을 제출할 수 있다(산재보험법 규칙제20조②).

근로복지공단은 제출된 보험가입자의 의견이 요양급여의 신청 내용과 다를 때에는 그 내용을 신청인(산재보험 의료기관이 요양급여의 신청을 대행한 경우에는 산재보험 의료기관을 포함한다)에게 알려야 한다(산재보험법 규칙제20조③).

나. 요양급여 결정 절차

근로복지공단은 근로자로부터 요양급여의 신청을 받으면 그 신청을 받은 날부터 7일 이내에 요양급여를 지급할지를 결정하여 신청인 및 보험가입자에게 알려야 한다. 다만, 판정위원회의 심의에 걸리는 시간, 사업장 및 산재보험 의료기관 등에 대한 조사에 걸리는 시간, 요양급여를 받으려는 자에 대한 의료기관의 진찰

1) 개정 전(2017.12.31) 산재보험법시행규칙에서는 고용노동부령으로 정하는 사항이란 "요양급여를 받으려는 자의 재해발생경위에 대한 보험가입자의 확인을 말한다"라고 규정하면서 요양급여신청서에 보험가입자의 서명이나 날인을 받아 제출하도록 하였으나, 근로자가 재해경위에 대한 보험가입자의 확인을 받는 서류를 첨부하여야 한다는 것이 요양급여 신청의 제약 요소로 작용하고 있다는 문제 지적에 따라 2017.10.24. 동 시행규칙의 일부개정[고용노동부령 제204호, 2017.12.27, 일부개정, 시행 2018.1.1.]을 통해 보험가입자 확인을 삭제하였다.

에 걸리는 시간, 요양급여 신청과 관련된 서류의 보완에 걸리는 시간, 보험가입자에 통지 및 의견 제출에 걸리는 시간, 업무상 재해 인정여부를 판단하기 위한 역학조사나 그 밖에 필요한 조사에 걸리는 시간 등은 처리기간에 산입하지 않는다(산재보험법 규칙제21조①②).

근로복지공단은 요양급여에 관한 결정을 할 때 필요하면 자문의사에게 자문을 하거나 자문의사회의 심의를 거칠 수 있다(산재보험법 규칙제21조③).

2 요양급여신청서의 처리과정 및 재해조사

근로복지공단의 요양급여신청서의 처리는 요양급여신청서 접수·선람 → 기재사항 누락여부 확인 → 보험적용관계 확인 → 보험가입자 확인(요양급여 신청 사실 통지 및 의견 확인) → 근로자 여부 확인 → 재해경위 확인 → 재해조사 → 자문의사 자문 → 요양결정 등의 순서로 진행된다.

근로복지공단은 근로자의 소속 사업장이나 산재보험 의료기관 등에 대하여 조사를 실시하되 재해발생 일시 및 장소, 재해발생 원인 및 경위 등 요양급여신청서에 기재된 사항 또는 제출된 서류만으로도 업무상의 재해 여부를 결정할 수 있는 때에는 소속 사업장이나 산재보험 의료기관 등에 대한 조사를 하지 아니하고 제출된 서류나 구두·전화 등의 방법으로 조사를 할 수 있다(요양업무처리규정 제4조②).

〈요양급여 신청 재해조사 사항〉[2]

1. 재해발생 일시, 재해 장소, 재해발생 원인·상황·목격자, 사적행위나 음주행위 여부 등 재해발생 경위에 관한 사항
2. 근로자의 업무 내용 및 방법, 근로를 제공하는 장소 및 시간, 근로를 제공하는데 필요한 사업 또는 사업장의 시설, 근로환경 등 근로자의 업무에 관한 사항
3. 근로자의 직종, 채용일자, 근로에 종사한 기간, 근로계약 등 근로조건에 관한 사항

2) 요양업무처리규정(2018.12.12, 규정 제1103호) 제4조제2항

4. 근로자의 건강상태·기존질환, 과거병력, 부상부위 및 정도 등 근로자의 상병상태에 관한 사항
5. 여성근로자의 유산, 사산 또는 조산과 업무와의 인과관계 확인에 필요한 사항
6. 사업주 또는 사업주의 친족여부, 고용보험 피보험자격 취득 여부 등 근로자에 해당하는지 여부의 판단에 필요한 사항
7. 근로계약서·출근부·임금대장 등 보험급여 지급에 필요한 임금에 관한 사항
8. 제3자의 행위에 따른 재해 여부
9. 천재지변, 정전 등 불가항력적인 사유로 발생한 재해에 해당하는지 여부
10. 「자동차손해배상 보장법」이나 「민법」 그 밖에 다른 법령에 따른 손해배상 등에 관한 사항
11. 구급활동이 있는 경우 구급구조증명원 등 소방관서의 구조와 구급활동에 관한 사항
12. 진료기록부상 의료기관의 최초 내원 경위
13. 지방고용노동관서 또는 한국산업안전보건공단의 중대 재해에 대한 조사자료
14. 중·소기업사업주의 경우 그 재해가 중·소기업사업주가 영위하는 사업의 경영이나 개인적인 사유에 따른 것인지 여부
15. 출퇴근용으로 사용한 교통수단 및 소유자, 교통수단의 관리 또는 이용권
16. 통상적인 출퇴근 경로 여부
17. 일탈·중단 여부 및 산재보험법 영 35조제2항에 따른 일탈·중단 예외 사유 해당 여부
18. 그 밖에 업무상의 재해 여부 판단에 필요하다고 인정되는 사항

3 업무상 재해 성립요건

가. 업무상 재해의 의의와 유형

산업재해보상보험법에서 “업무상의 재해”란 업무상의 사유에 따른 근로자의 부상·질병·장해 또는 사망을 말한다(산재보험법 제5조제1호) 여기에서 업무상의 사유로 인정되기 위해서는 “업무와 재해 사이에 상당인과관계”가 있어야 하다(산재보험법 제37조①). 이와 같이 산업재해보상보험법은 업무상 사유를 업무상 재해의 요건으로 하고 있는데, 업무상 사유는 업무수행성과 업무기인성을 중심으로 설명할 수 있다.

또한 산업재해보상보험법 제37조에서는 업무상 재해의 유형으로 업무상 사고, 업무상 질병, 출퇴근 중 재해로 나누어 명시하고 있다.

〈업무상 재해의 유형〉

업무상 재해	업무상 사고	업무수행중 사고
		시설물 등의 결함에 따른 사고
		행사중의 사고
		휴게시간 중의 사고
		특수한 장소에서의 사고
		요양 중의 사고
		제3자의 행위에 따른 사고
	업무상 질병	물리적인자, 화학물질, 분진, 병원체, 신체에 부담을 주는 업무 등 근로자의 건강에 장해를 일으킬 수 있는 요인을 취급하거나 그에 노출되어 발생한 질병
		업무상 부상이 원인이 되어 발생한 질병
		그 밖에 업무와 관련하여 발생한 질병
	출퇴근재해	출퇴근 중의 사고
		출퇴근 재해 적용

나. 업무상 재해 성립요건

(1) 업무수행성

"업무수행성"이라 함은 사용자의 지배·관리하에서 업무를 수행하는 것을 말한다. 업무수행성이 인정되면 업무상 사유가 있는 것으로 볼 수 있다. 그러나 업무수행성은 반드시 근로자가 현실적으로 업무수행에 종사하는 동안만 인정할 수 있는 것이 아니라 사업장에서 업무시간 중 또는 그 전후에 휴식하는 동안에도 인정할 수 있을 것이다[3)]

(2) 업무기인성

"업무기인성"이라 함은 재해가 근로자가 담당하던 업무에 기인하여 발생하는 것을 말한다. 산업재해보상보험법에서도 업무와 재해 사이에 상당인과관계가 있어야 한다(산재보험법 제37조①)고 규정하고 있다. 업무수행성이 인정되지 못하더라도 업무기인성이 있으면 업무상 사유로 볼 수 있다.

3) 대판 92누17471, 1993.3.12

업무와의 인과관계의 입증은 주장하는 측에서 해야 하는바, 입증의 방법과 정도는 반드시 직접증거에 의하여 의학적·자연과학적으로 명백히 증명되어야 하는 것은 아니고 당해 근로자의 건강상태, 작업장에 질병을 일으키거나 악화시킬 수 있었는지의 여부 등 여러 가지 사정을 고려하여 업무와 재해 사이의 상당인과관계가 있다고 추단되는 경우에도 그 입증이 있다고 본다.[4] 또한 업무와 재해와의 인과관계의 유무는 보통 평균인이 아니라 당해 근로자의 건강과 신체조건을 기준으로 판단하여야 한다.[5]

4) 대판 93누9408, 1993.10.12
5) 대판 97누16495, 1999.4.23

제2절 산재보험 적용기준[6)]

산재·고용보험의 적용대상은 근로자를 사용하는 모든 사업이며 적용단위는 사업 또는 사업장이다. 따라서 근로자를 고용하는 당연적용사업은 사업주의 의사와 관계없이 자동적으로 보험관계가 성립한다. 산재보험은 사업주만 보험가입자가 되나 고용보험은 사업주와 근로자 모두가 보험가입자가 된다. 건설업에 있어서 수차의 하도급이 이루어지는 경우 원수급인 보험가입자가 되며 원수급인이 서면계약으로 하수급인에게 보험료를 납부·인수한 경우 하수급인이 보험가입자가 된다.

건설공사는 일반적으로 일반건설과 전문건설로 구분이 되는데, 공사를 공동도급하거나 분할하여 시공하는 등 공동도급방식에 따라 보험가입자가 달라질 수 있으며, 주계약자관리방식에 의한 건설공사에 대하여 공동수급체 구성원 각 사가 고용·산재보험의 보험가입자가 된 경우 분담내용에 따른 해당 공사의 전체 또는 일부를 하도급하는 경우 하도급공사를 시행한 공동수급체 구성원 각 사가 하수급인사업주인정에 따른 원수급인이 된다.

건설현장 내에서 발생된 재해라 하더라도 제작설치, 판매상품의 설치, 임대장비, 하자보수공사, 설계·측량·감리, 폐기물처리 등은 공사의 성격에 따라 보험가입자의 적용관계를 신중히 판단하여야 한다. 특히 건설기계·장비 임대차 계약 후 건설현장 내에 건설기계·장비 임대 및 건설기계 조종사를 파견하는 경우 2018.1.1.부터 산재보험은 건설공사의 원수급인으로 적용하고 있으며, 2019.1.1.부터는 차주와 같은 건설기계조정사도 특수형태근로자로 인정이 되어 건설공사의 원수급인의 산재보험으로 적용되어 산재보험의 혜택을 받을 수 있도록 하고 있다.

6) 근로복지공단, 「사이버직무교육(2018년 하반기) 징수실무과정」

1 건설공사의 범위

원칙적으로 「건설산업기본법」이 규정하는 건설공사를 대상으로 하되 구체적인 건설공사 범위는 한국표준산업분류표에 따르며 직영 또는 도급에 의하여 건설공사를 시행하는 사업과 건설사업의 형태를 갖춘 사업으로서 토목건축업자 이외의 자가 시행하는 사업과 사방공사, 토목공사 등이 포함된 환경복원사업 또는 침몰물의 인양사업이 해당되며,[7] 또한 「건설기계관리법」에 따른 건설기계관리사업이 해당된다. 한편 갱도굴진, 갱내에서 행하여지는 시설공사 등 갱내 작업의 도급사업은 각각 건설업이 아닌 해당 광업으로 분류한다.

건설업은 「건설산업기본법」상 일반건설업과 전문건설업으로 구분하되, 다른 법률의 규정에 의하여 등록 등을 하여야 하는 건설업은 당해 법률에 특별한 규정이 있는 경우를 제외하고는 일반건설업 또는 전문건설업으로 구분하지 아니한다.

2 건설업 산재·고용보험 적용 판단기준

가. 일반적 적용기준

건설공사는 크게 건설면허업자에 의한 건설공사 여부 및 총공사금액·연면적 규모에 따라 적용여부 판단을 구분한다.

건설면허업자에 의한 건설공사는 총공사금액·연면적을 고려하지 않고 모두 고용·산재보험에 당연 적용되며, 건설면허업자가 행하는 건설공사가 아닌 경우(개인건축공사, 건설업자가 아닌 자가 시행하는 공사)에는 고용·산재보험 모두 "연면적" 또는 "총공사금액"을 기준으로 당연적용 여부를 결정하였으나, 2018.7.1. 산재보험법 시행령이 개정·시행되면서 산재보험은 "연면적" 또는 "총공사금액" 상관없이 모든 건설공사에 대해 당연적용 된다. 다만, 고용보험의 경우 건설면허업

7) 보험가입부-2035, 2017.5.22

자가 아닌 자가 시행하는 공사는 "연면적"과 "총공사금액" 기준을 충족해야 당연적용 된다.

건설업자가 아닌 자가 행하는 건축물의 건축 또는 대수선 공사의 당연적용 여부를 판단함에 있어서의 "연면적"은 하나의 건축물의 각층 바닥면적(신고서상의 인·허가 면적)을 합계하여 산정하며, 건설업자가 아닌 자가 시공하는 공사로서 건축공사와 건축공사에 해당하지 않는 공사(기계 장치공사 등)를 병행하여 시공하는 경우에는 건축공사의 연면적 또는 건축공사에 해당하지 않는 공사의 공사금액 중 하나라도 당연적용에 해당하면 당연적용사업으로 처리한다.

나. 생산제품 설치특례 적용기준

고용보험은 조립식의 건물구성품, 구조물 및 건물장치용 기계장비 등의 제조 또는 판매를 주로 하는 사업주가 구매자와 계약에 의하여 직접·설치하는 경우로서 도급단위별로 자가생산제품의 설치공사 외에 다른 건설공사가 포함되어 있지 아니한 경우에는 그 설치공사를 당해 제품의 제조업 또는 판매업으로 보는 것으로 간주한다.[8)]

산재보험은 사업주가 상시적으로 고유제품을 생산하여 당해 제품의 구매자와의 계약에 의하여 직접 설치하는 경우 그 설치공사는 당해 제품의 제조업에 포함되는 것으로 본다. 다만, 도급단위별로 자가생산제품의 설치공사 외에 다른 건설공사가 포함된 경우에는 그러하지 아니한다.[9)]

〈생산제품 설치공사 특례에 해당하는 제조업체(C)의 설치공사 관련 보험적용관계〉

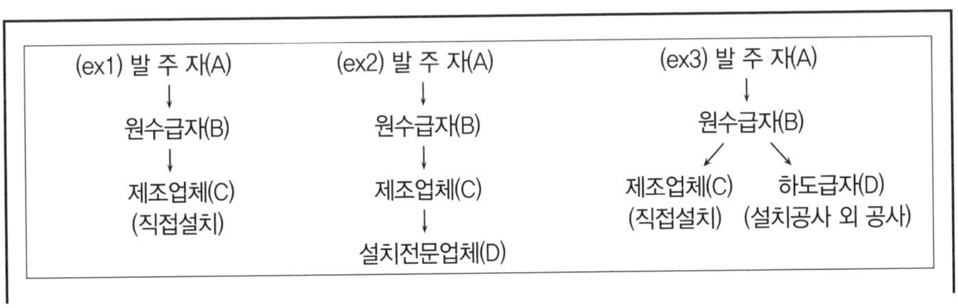

8) 적용·징수관리 규정 제13조
9) 산재보험법 시행규칙 제5조

(ex1) 설치공사는 제조업체(C)의 보험관계로 흡수 적용
(ex2) 설치공사를 재하도급 주었으므로 원수급자(B)의 보험관계로 적용
(ex3) 설치공사는 제조업체(C)의 보험관계로 흡수 적용하고, 설치공사 외의 공사는 원수급자(B)의 보험관계로 적용

관련사례

□ 생산제품 설치특례 범위 명시(산재보험법 시행규칙 제4조 관련)[10]

- (현행) 제조업체가 생산한 제품을 직접 설치하는 경우, 설치공사도 제조업으로 분류하지만, "생산제품 설치공사 외에 다른 공사가 포함된 경우", 다른 공사에 대하여는 제조업이 아닌 건설업으로 분류
- (개선) "설치공사 외에 다른 공사"란, 생산제품 설치공사와 장소적으로 분리되는 등 유기적 연관성이 전혀 없는 공사를 의미함.
  - 위의 공사를 제외하고는 모두 제조업으로 적용
  ※ 이 지침은 2018.1.1 이후 발생한 재해부터 적용한다.

□ 생산제품 설치특례 예외사항의 급여징수 기준[11]

- 생산제품 설치공사 외에 다른 공사가 포함된 경우에 그 다른 공사가 생산제품 설치공사와 장소적으로 분리되는 등 유기적 연관성이 전혀 없는 공사인 경우에 한하여 건설업으로 분류하며, 이 경우에도 제조업체 "사업주"의 가입신고가 있었다면(수차례 도급인 경우 원수급업체 사업주) 미가입 재해로 처리하지 않으며 급여징수도 시행하지 않음.

□ 세부처리 기준[12]

- 제조업체가 생산제품의 제작·설치공사를 직접 시공하면서 유기적으로 연계된 부수공사를 직접 시공하거나, 설치공사와 다른 추가공사를 직접 시공하더라도 제작·설치공사가 주된 공사라면 제조업으로 흡수
  - 제조업체 본사 등 주된 사업의 보험관계가 재해 발생 이전에 적용되어 있었다면 보험급여액 징수(50%)는 발생하지 않음.

〈예시〉
간판제조업체가 간판제작·설치공사 및 타일부착공사를 도급계약하여 시공하는 경우 (간판이 부착되는 벽면의 인테리어를 위한 타일부착공사 수행)
☞ 간판제조업체가 타일부착공사를 직접 시공하는 경우 간판설치·타일부착공사는 제조업으로 분류
☞ 간판제조업체가 타일부착공사를 별도 하도급 주어 시공하게 하는 경우 간판설치·타일부착공사는 건설업으로 분류

- 변경된 기준과 배치되는 질의회시 폐지

다. 판매상품 설치특례 적용기준

(1) 주요내용

〈소규모사업 적용확대에 따른 산재보험 적용·징수 업무처리 지침〉[13]

제4조【생산제품·판매상품 설치공사에 대한 적용 특례】 ① 상시적으로 고유제품을 생산하는 사업주가 그 제품 구매자와의 계약에 따라 직접 설치하는 경우 그 설치공사는 그 제품의 제조업에 포함되는 것으로 본다.
② 도·소매업을 주된 사업으로 하는 사업주가 조립식 건물 구성 부분품과 구조물 및 기계·장비(물탱크, 저장 및 창고 설비, 승강기 및 에스컬레이터, 배관, 소화용 살수장치, 냉·난방기, 통풍 및 공기조절기, 조명 등)를 판매하고 그 판매상품을 직접 설치하는 경우 도·소매업에 포함되는 것으로 본다.
③ 제1항 또는 제2항에 따른 설치공사 시 다른 공사가 포함된 경우에 생산제품 또는 판매상품 설치공사와 장소적으로 분리되는 등 유기적 연관성이 전혀 없는 다른 공사인 경우를 제외하고는 다른 공사에 대하여도 제조업 또는 도·소매업으로 적용한다.

제조업뿐만 아니라 도·소매업체도 설치특례를 인정하되, 판매상품 설치공사의 도·소매업 해당 여부를 한국표준산업분류표에 따라 판단하는데 어려움이 있으므로 기계·장비 또는 건축자재 등 판매상품 종류를 기준으로 그 설치공사의 도·소매업 또는 건설업 해당 여부를 판단한다.

(2) 판매상품 종류에 따른 설치공사의 산업분류

조립식 건물[14] 구성 부분품, 구조물 및 건물 장치용 기계·장비,[15] 산업용·가정용 기계·장비의 판매를 주로 하는 사업체에서 직접 이들을 설치하는 공사는 도·

---

10) 「근로복지공단 업무처리 방식 개선 지침 시달」(산재보상정책과-6161, 2017.12.28)
11) 「근로복지공단 업무 효율화 추가·보완 지침 시달」(산재보상정책과-86, 2018.1.5)
12) 「산재보험 업무처리 방식 개선 지침에 따른 세부 처리 기준」(보험가입부-540, 2018.1.22)
13) 「산재보험의 소규모사업 적용확대에 따른 적용··징수 업무처리 지침 및 처리요령 시달」(보험가입자-3226, 2018.6.29)
14) 조립식 건물이란 컨테이너 또는 샌드위치 판넬 등으로 조립하여 지어진 건물을 말하며, 구성 부분품이란 건축자재를 의미하는 것이 아니고, 조립식 건물에 용접 등의 방법으로 부착되는 화장실 세트나 침대 세트 등을 의미
15) 물탱크, 저장 및 창고 설비, 승강기 및 에스컬레이터, 배관, 소화용 살수장치, 냉·난방기, 통풍 및 공기조절기, 조명 등

소매업으로 분류한다. 그러나 건축자재 등[16] 판매업자가 건설현장에서 행하는 설치공사는 건설업으로 분류한다. 그 외 판매상품 외 별도의 설치비가 발생하지 않는 일반상품의 설치는 도·소매업으로 분류한다.

〈판매상품 설치공사의 산업분류 및 보험가입자〉

<table>
<tr><th colspan="3">구 분</th><th>설치 주체</th><th>직접설치여부</th><th>사업종류</th><th>보험가입자</th><th>비 고</th></tr>
<tr><td colspan="3" rowspan="2">조립식 건물 구성 부분품 및 구조물</td><td>도·소매업자</td><td>직접 설치</td><td>G.도·소매업</td><td rowspan="11">도·소매업자 또는 원수급인</td><td rowspan="10">설치비 발생</td></tr>
<tr><td>설치 전문업자</td><td>도급 설치</td><td>F.건설업</td></tr>
<tr><td rowspan="6">기계 · 장비</td><td colspan="2" rowspan="2">건물 장치용</td><td>도·소매업자</td><td>직접 설치</td><td>G.도·소매업</td></tr>
<tr><td>설치 전문업자</td><td>도급 설치</td><td>F.건설업</td></tr>
<tr><td rowspan="4">건물 장치용 이외</td><td rowspan="2">산업용</td><td>도·소매업자</td><td>직접 설치</td><td>G.도·소매업</td></tr>
<tr><td>설치 전문업자</td><td>도급 설치</td><td>F.건설업</td></tr>
<tr><td rowspan="2">가정용</td><td>도·소매업자</td><td>직접 설치</td><td>G.도·소매업</td></tr>
<tr><td>설치 전문업자</td><td>도급 설치</td><td>G.도·소매업</td></tr>
<tr><td colspan="3" rowspan="2">건축자재</td><td>도·소매업자</td><td>직접 설치</td><td>F.건설업</td></tr>
<tr><td>설치 전문업자</td><td>도급 설치</td><td>F.건설업</td></tr>
<tr><td colspan="3">일반 상품</td><td>도·소매업자</td><td>–</td><td>G.도·소매업</td><td>설치비 미발생</td></tr>
</table>

라. 건설회사 본사 및 건설현장 사무소의 적용기준

본사는 산재·고용보험 모두 건설공사와는 별도의 독립사업으로 분류하여 적용하며, 총공사의 현장사무소는 건설공사와 상태적으로 일체가 되어 있으므로 산재·고용보험 모두 본사가 아닌 건설공사로 적용한다.

건설현장에 파견된 하수급인 소속 본사 근로자에 대하여는 원수급인이 보험가입자로서 고용·산재보험 모두 건설현장 사무소로 흡수적용 한다.

16) 일반 건축자재(원목 및 건축관련 목제품, 골재, 벽돌 및 시멘트, 판유리 등), 철물 및 수공구, 기타 건축자재(도료(페인트), 벽지, 장판류 및 기타 분류되지 않은 건축자재)

관련사례

□ **영업이사가 공사현장 근무 중 재해 발생시 적용여부(산재 6402-977, 2000.10.26)**

건설본사 소속근로자가 건설공사 현장에 파견되어 상주하면서 현장업무를 행하였다면 건설공사의 현장으로 적용하여야 하나 근로자가 한 현장에 소속되어 있지 아니하고 매일 사무실을 출근하여 사업주의 지시에 의거 공사 현장마다 순회하면서 공사관리를 위하여 현장작업을 도와주는 경우에는 본사 소속으로 흡수 적용.

□ **현장에 파견된 현장소장 등 하도급 본사 근로자의 적용여부(산재보험과-211)**

고용보험 및 산업재해보상보험의 보험료징수 등에 관한 법률(이하 보험료 징수법) 제9조 제1항에 따르면 "건설업이 여러 차례의 도급으로 하여지는 경우에는 그 원수급인을 이 법의 적용을 받는 사업주로 본다"라고 규정하고 있으므로 하도급 공사 현장에서 발생한 임금에 대한 고용보험료 및 산재보험료의 납부의무는 보험가입자인 원수급인에게 있다고 사료됨.

마. 공동도급공사의 적용기준

총공사금액이 당연적용기준 이상인 하나의 건설공사를 2이상 공동시공방식으로 도급받은 경우 공동수급업체별로 각각의 지분공사에 대하여 각각 보험가입자로 되는 것이 원칙이다. 다만, 참여업체(공동수급업체) 전체가 대표사(주간사)를 보험가입자로 하기로 합의하는 경우에 한하여 대표사(주간사)를 보험가입자로 인정되며, 각자 맡은 공정이나 부분에 대해 따로 시공하는 분담이행방식은 예외 없이 공동수급 각 사가 보험가입자가 된다.

주계약자관리방식에 의한 건설공사에 대하여 공동수급체 구성원 각 사가 고용·산재보험의 보험가입자가 된 경우 분담내용에 따른 해당 공사의 전체 또는 일부를 하도급 하였다면 하도급공사를 시행한 공동수급체 구성원 각 사가 하수급인사업주인정에 따른 원수급인이 된다. 주계약자관리방식에 의한 건설공사에 대하여 주계약자를 고용·산재보험의 보험가입자로 인정하는 경우 주계약자는 해당 건설공사의 모든 하도급공사의 하수급인사업주인정에 따른 원수급인이 된다.

관련사례

□ 공동수급업체 재해발생처리 관련 사업장 판단(적용팀-4077, 2006.9.1)

2000.3.15 공동시공방식의 건설공사에 대하여 『공동수급업체별로 각각의 지분공사에 대하여 각각 보험가입자가 되는 것을 원칙으로 하되, 참여업체 전체가 대표사(주관사)를 보험가입자로 하기로 협의하는 경우에 한하여 대표사(주관사)를 보험가입자로 인정한다』는 고용노동부 행정해석으로 보험관계 적용관련 지침을 변경·시달(산재6402-234, 2000.3.17 참조)한 바 있음. 산업재해 발생시 산재보험 처리는 순번을 정하여 하기로 참여업체(공동수급업체) 전체가 공동도급운영협약서를 체결하였다면, 동 협약내용에 따라 처리되어야 하므로 산재보험 처리 사업장을 협약서의 순번대로 변경함이 타당함.

바. 연간단가계약 건설공사 적용기준

불특정 다수의 개별공사에 대하여 공사수요가 발생할 때마다 개별적으로 계약을 체결하여야 하는 불편을 해소하기 위하여 편의상 일괄하여 계약을 체결한 공사를 말한다.

발주처의 시공지시서에 의하여 구체적으로 특정되는 각 개별공사는 특별한 사정이 없는 한 시간적·장소적으로 분리되어 그 독립성이 유지되는 것임에 따라 시공지시서에 의한 각 현장의 공사금액을 조사하여 적용대상 여부를 판단한다.

사. 건설기계·장비임대업 적용기준

(1) 건설기계의 범위

「건설기계관리법」에 의하면 "건설기계"라 함은 건설공사에 사용할 수 있는 기계로서 대통령령이 정하는 것(「건설기계관리법 시행령」 별표1)을 말한다(건설기계관리법 제2조①).

건설기계의 소유자는 건설기계소유자의 주소지 또는 건설기계의 사용본거지를 관할하는 특별시장·광역시장·도지사 또는 특별자치도지사에게 건설기계등록신청을 하고 건설기계등록증을 교부받아야 한다(건설기계관리법 제3조, 영제3조).

〈건설기계의 범위〉

건설기계명	범 위
1. 불도저	무한궤도 또는 타이어식인 것
2. 굴삭기	무한궤도 또는 타이어식으로 굴삭장치를 가진 자체중량 1톤 이상인 것
3. 로더	무한궤도 또는 타이어식으로 적재장치를 가진 자체중량 2톤 이상인 것. 다만, 차체굴절식 조향장치가 있는 자체중량 4톤 미만인 것은 제외한다.
4. 지게차	타이어식으로 들어올림장치와 조종석을 가진 것. 다만, 전동식으로 솔리드타이어를 부착한 것 중 도로가 아닌 장소에서만 운행하는 것은 제외한다.
5. 스크레이퍼	흙·모래의 굴삭 및 운반장치를 가진 자주식인 것
6. 덤프트럭	적재용량 12톤 이상인 것. 다만, 적재용량 12톤 이상 20톤 미만의 것으로 화물운송에 사용하기 위하여 자동차관리법에 의한 자동차로 등록된 것을 제외한다.
7. 기중기	무한궤도 또는 타이어식으로 강재의 지주 및 선회장치를 가진 것. 다만, 궤도(레일)식인 것을 제외한다.
8. 모터그레이더	정지장치를 가진 자주식인 것
9. 롤러	1. 조종석과 전압장치를 가진 자주식인 것 2. 피견인 진동식인 것
10. 노상안정기	노상안정장치를 가진 자주식인 것
11. 콘크리트뱃칭플랜트	골재저장통·계량장치 및 혼합장치를 가진 것으로서 원동기를 가진 이동식인 것
12. 콘크리트피니셔	정리 및 사상장치를 가진 것으로 원동기를 가진 것
13. 콘크리트살포기	정리장치를 가진 것으로 원동기를 가진 것
14. 콘크리트믹서트럭	혼합장치를 가진 자주식인 것(재료의 투입·배출을 위한 보조장치가 부착된 것을 포함한다)
15. 콘크리트펌프	콘크리트배송능력이 매시간당 5세제곱미터 이상으로 원동기를 가진 이동식과 트럭적재식인 것
16. 아스팔트믹싱플랜트	골재공급장치·건조가열장치·혼합장치·아스팔트공급장치를 가진 것으로 원동기를 가진 이동식인 것
17. 아스팔트피니셔	정리 및 사상장치를 가진 것으로 원동기를 가진 것
18. 아스팔트살포기	아스팔트살포장치를 가진 자주식인 것
19. 골재살포기	골재살포장치를 가진 자주식인 것
20. 쇄석기	20킬로와트 이상의 원동기를 가진 이동식인 것
21. 공기압축기	공기토출량이 매분당 2.83세제곱미터(매제곱센티미터당 7킬로그램 기준) 이상의 이동식인 것
22. 천공기	천공장치를 가진 자주식인 것
23. 항타 및 항발기	원동기를 가진 것으로 헤머 또는 뽑는 장치의 중량이 0.5톤 이상인 것
24. 자갈채취기	자갈채취장치를 가진 것으로 원동기를 가진 것

건설기계명	범 위
25. 준설선	펌프식·바켓식·딧퍼식 또는 그래브식으로 비자항식인 것. 다만, 해상화물운송에 사용하기 위하여 「선박법」에 따른 선박으로 등록된 것은 제외한다.
26. 특수건설기계	제1호부터 제25호까지의 규정 및 제27호에 따른 건설기계와 유사한 구조 및 기능을 가진 기계류로서 국토교통부장관이 따로 정하는 것
27. 타워크레인	수직타워의 상부에 위치한 지브를 선회시켜 중량물을 상하, 전후 또는 좌우로 이동시킬 수 있는 것으로서 원동기 또는 전동기를 가진 것. 다만, 「산업집적활성화 및 공장설립에 관한 법률」 제16조에 따라 공장등록대장에 등록된 것은 제외한다.

(2) 건설기계종사자 적용기준

그 간 건설기계·장비 임대차 계약 후 건설현장 내에 건설기계·장비 임대 및 건설기계 조종사를 파견하는 경우 「적용 및 부과업무 처리규정」 제13조에 따라 건설기계관리사업의 사업주를 보험가입자로 판단하였으나, 2018년부터 고용노동부의 보험가입자 판단 기준 변경 지침이 시달되어 산재보험의 보험가입자는 해당 건설공사의 원수급인으로 변경이 되었다.[17] 따라서 산재보험은 해당 건설공사의 원수급인이 보험가입자가 되며, 고용보험은 종전과 동일하게 건설기계사업주가 보험가입자가 된다.

또한 2019년부터는 건설기계관리법상 등록된 건설기계를 직접 운전하는 건설기계 1인 사업주가 특수형태근로자로 산재보험이 적용됨에 따라 건설공사의 원수급인 산재보험의 보험가입자가 된다.

보험가입자 판단	기존	변경	시행일
건설현장 내 임대차 계약에 따라 건설기계를 포함한 근로자(운전원, 수리공, 기술자 등)를 파견하는 경우	건설기계관리사업의 사업주	해당 건설공사의 원수급인	2018.1.1

※ '임대, 도급' 등 계약 형태에 상관없이 실질에 따라 판단하여, 건설현장에서 건설기계와 건설기계조종사를 임대계약 형식으로 사용하였다 하더라도 '도급'에 해당하므로 「보험료징수법」 제9조에 따라 원수급인에게 보험가입 및 보험료 납부의무를 부과함.

17) 보험가입자-1444, 2018.3.12

실무해설

건설기계 조종사(근로자) 산재보험 보험료 신고 관련 Q&A[18]

1 2018년 확정보험료 신고대상인 건설기계조종사는?

건설기계 사업주에 고용되어 근로를 제공하는 자로, 운전원, 수리공, 기술자 등이 포함됨.

2 2018년 확정보험료 신고대상인 건설기계조종사(근로자)와 2019년 개산보험료 신고대상인 건설기계 특수형태근로자의 보험료 신고?

2018년부터 건설현장에서 원수급인과 건설기계 사업주간 임대차계약에 따라 근로자인 건설기계조종사를 건설현장에서 사용하는 경우 보험가입자는 원수급인이 되므로, 2018년 확정보험료 신고 시 원수급인은 건설기계조종사의 보수를 포함하여 확정보험료 신고를 해야 함.

2019년부터 산재보험법 시행령 제125조의 개정으로 건설기계를 직접 운전하는 건설기계 1인 사업주는 특수형태근로자로 산재보험이 적용됨에 따라, 원수급인은 특수형태근로자의 보수를 포함하여 2019년 개산보험료 신고를 해야 함(개산보험료 보수총액 추정액이 2018년 확정 보수총액의 70/100~130/100인 경우 확정 보수총액으로 신고).

* 특수형태근로자는 2018년 확정보험료 신고대상이 아님을 유의
 특수형태근로자 관련내용은 "건설기계 특수형태근로자 특례 업무처리 요령 전파(적용계획부-1020, 2019.3.13)" 참고

3 건설기계조종사(근로자)의 2018년 확정 보수총액은 어떤 방식으로 산출해야 하는지?

보수총액 신고 대상인 건설기계조종사의 보수는 직영인건비가 아니므로 하도급 공사현장의 보수총액 산정방법에 따라 산출함. 전체 하도급 공사현장의 실 보수가 파악되는 경우에는 확인된 실 보수를 기준으로 보수총액 산정하고, 전체 하도급 공사현장 중 일부 하도급 공사현장의 보수만 파악되는 경우에는 전체 하도급 공사금액(외주공사비)에 하도급공사 노무비율(30%)을 곱하여 보수총액 산정

4 아래 예시에서 건설기계 관련 2018년 확정 보수총액 신고 대상금액?

건설사인 甲사가 수행하는 공사는 원·하도급공사가 혼재되어 있음. 공사원가명세서상 건설기계 관련 장비임차료가 3,000,000원이고, 계정별원장에 A중기, B중기, C중기 각 1,000,000원씩 지급된 경우 건설기계 관련 2018년 확정 보수총액 신고 대상금액?

* A,C중기는 건설기계조종사(근로자) 투입, B중기는 건설기계 사업주 투입

* 甲사의 공사현장 중 A중기가 투입된 현장은 甲사가 하도급 받은 현장이고, B,C중기가 투입된 현장은 甲사가 원도급을 받은 현장임.

---

18) 근로복지공단 보험재정부, 「건설기계조정사(근로자) 산재보험 보험료신고 관련 Q&A」, 2019.3.28

* A,C중기에서 조종사에게 지급한 실보수는 파악되지 않음.

- A중기가 투입된 현장은 甲사가 하도급 받은 현장이므로 근로자 또는 사업주 투입 여부와 관계없이 A중기 지급비용은 甲사의 확정 보수총액 신고대상에서 제외
- B중기는 甲사가 원도급 받은 현장에 투입되었지만 건설기계 사업주가 중기운전을 하였으므로 B중기 지급비용도 확정 보수총액 신고대상에서 제외
- C중기는 甲사의 원도급 받은 현장에 건설기계조종사(근로자)가 투입되었으므로 C중기 지급비용은 甲사의 확정 보수총액 신고대상임.
- 따라서 甲사의 건설기계 관련 확정 보수총액 신고대상 금액은 300,000원임 (실보수가 파악되지 않으므로 하도급공사 노무비율을 적용하여 보수총액 산출[1,000,000원 ×30%=300,000원])

5 건설현장에 투입된 자가 건설기계조종사(근로자)인지 건설기계 사업주인지 구별하는 방법?

건설기계조종사(근로자) 또는 건설기계 사업주가 투입되었는지 여부는 원수급인이 사실관계를 통해 확인해야 함.

(예시) 작업일보, 공사현장 입·출입대장 등 투입된 건설기계 종사자가 근로자·사업주 여부를 확인할 수 있는 자료

6 원수급인이 건설기계 이외 사다리차, 스카이 등 차량의 사업주와 임대차계약을 체결하고 사업주가 고용한 근로자가 투입된 경우에도 2018년 확정보험료 신고대상인지 여부?

건설기계 관련 지침 및 법령개정사항은 건설기계관리법상 27종의 건설기계만을 대상으로 하므로 건설기계가 아닌 경우 원칙적으로 2018년 확정보험료 신고대상으로 볼 수 없음(예외적으로 살수차는 건설기계가 아니지만 질의회시[보험적용부-945(2011.3.3) “건설현장 내 살수차 작업시 적용관계”참조]를 통해 원수급인을 보험가입자로 인정). 다만 해당 차량의 투입이 도급관계로 인정되는 경우에는 보험료징수법 제9조에 따라 원수급인을 보험가입자로 볼 수 있음.

7 콘크리트 믹서트럭 사업주에 고용된 근로자가 건설현장에 투입된 경우에도 원수급인의 2018년 확정보험료 신고대상인지 여부?

콘크리트믹서트럭은 건설기계에 해당되므로, 원수급인과 건설기계사업주간 계약에 따라 특수형태근로종사자가 아닌 건설기계 조종사(근로자)가 투입되었다면 원수급인을 보험가입자로 보아야 하므로 2018년 확정보험료 신고대상으로 보아야 함.

아. 적용사업장내 직영 건설공사 보험 적용

2018.7.1 소규모사업 적용확대에 따라 산재보험 적용 사업장 내 직영 건설공사 규정 삭제 및 공사금액과 관계없이 모든 직영 건설공사에 대하여 분리 적용하게 되었다.[19] 따라서 2018.7.1부터는 공사금액이나 「건축법」상 연면적에 관계없이 산재·고용보험 당연적용 사업장 내에서 직영 건설공사는 모두 주된 사업장에 흡수 적용한다. 다만, 보험료징수법 제8조에 따라 건설업 일괄적용 사업주는 건설업으로 적용한다.

자. 하자보수공사에 대한 적용기준

건설업이 수차례의 도급에 의하여 시행되는 경우 그 원수급인을 사업주로 보고 있으며, 본 공사에 부수하여 시행되는 하자보수공사 또한 본 공사의 일부로 판단하여 원수급인을 사업주로 본다. 본 공사에 부수하여 시행되는 하자보수공사의 범위는 「건설산업기본법」 제28조에서 정한 하자담보책임기간 또는 「민법」 제667조 수급인의 담보책임기간 내에서 행해진 공사로 한정된다. 한편 하자보수기간이 경과한 상태에서 별도의 계약에 의해 시행되는 보수공사는 본 공사에 부수되지 않은 별도의 보수공사로 보아 최초로 도급받은 사업주를 보험가입자로 한다.[20]

관련사례

□ 하자담보책임기간이 경과된 상태에서 시행한 보수공사의 적용관계(가입지원과-3934, 2009.9.9)

하자담보책임기간이 경과된 상태에서 아파트 주민의 민원제기에 따라 본 공사의 원수급자가 무상으로 별도의 건설업체와 도급계약을 체결하여 보수공사를 실시하였다면, 민원제기 자체를 공사발주로 보기는 어려우므로 본 공사의 원수급자를 발주자, 본 공사의 원수급자로부터 도급을 받은 자를 원수급자인 보험가입자로 보는 것이 타당함.

---

19) 「산재보험의 소규모사업 적용확대에 따른 적용··징수 업무처리 지침 및 처리요령 시달」(보험가입자-3226, 2018.6.29)

20) 산재보상정책과-446, 2011.4.6

〈하자보수공사 산재·고용보험 가입관련 세부업무지침〉[21]

가. 보험관계 성립일 및 보험가입자

① 본 공사의 도급계약 내용에 따라 하자보수공사를 시행하거나 하수급인의 도산 등으로 원수급인이 제3자와 별도의 도급계약을 체결하는 경우

보험관계 성립일은 본 공사의 착공일, 보험가입자는 본 공사의 원수급인(공단의 승인을 받은 하수급인 및 발주자 포함)

② 원수급인의 도산 등으로 발주자가 제3자와 하자보수공사에 대한 별도의 도급계약을 체결하는 경우

보험관계 성립일은 하자보수공사의 착공일, 보험가입자은 별도 도급계약서상 원수급인

나. 보험관계 성립처리 요령

① 본 공사의 도급계약 내용에 따라 하자보수공사를 시행하거나 하수급인의 도산 등으로 원수급인이 제3자와 별도의 도급계약을 체결하는 경우

본 공사와 하자보수공사를 하나의 공사로 판단하는 행정 해석에 의해 본 공사와 하자담보책임기간을 합한 기간을 공사기간으로 보아야 하나, 일반적으로 수년이 소요되는 하자담보책임기간을 공사기간에 포함하는 것은 현실적으로 어려우므로, 기존 업무처리 방식과 같이 본 공사의 기간만 공사기간으로 결정하고 본 공사의 준공 후 소멸처리

하자보수공사는 본 공사의 부수적인 공사이므로 별도의 일괄적용 사업개시신고 또는 보험관계성립신고 의무는 없음. 다만, 현재 건설면허가 있는 보험가입자의 경우에는 동종사업 당연일괄적용 대상으로 사업개시신고하고 있으며, 행정해석의 변경없이 기존 행정해석으로도 근로자 보호라는 산재보험법의 본래 취지에 부합하므로 기존 방식대로 사업개시 신고제도 유지

② 원수급인의 도산 등으로 발주자가 제3자와 하자보수공사에 대한 별도의 도급계약을 체결하는 경우

본 공사와 하자보수공사를 하나의 공사로 판단하는 행정해석의 원칙에는 변동이 없으나, 보험가입자가 변경되므로 별도의 일괄적용 사업개시신고서 또는 보험관계 성립신고서로 처리(※ 본 공사의 총공사금액 기준 하자보수공사 당연적용 여부 판단)

본 공사가 미가입 상태인 경우 본 공사의 보험관계 성립조치를 선행

다. 보험료 납부 관련[22]

① 본 공사의 도급계약 내용에 따라 하자보수공사를 시행하거나 하수급인의 도산 등으로 원수급인이 제3자와 별도의 도급계약을 체결하는 경우

(ⅰ) 본 공사의 확정보험료가 실임금에 의하여 산출된 경우

본 공사의 확정보험료가 하수급인을 포함하여 실 보수총액에 의하여 산출된 경우에는 실제 해당연도에 실행되지 않은 하자보수공사분 보험료가 본 공사 확정보험료에 포함되어 있지 아니한 것이 명확하므로 하자보수공사에 대한 보험료 별도 징수

21) 「하자보수공사 산재 고용보험 가입 관련 세무업무 지침 시달」(가입지원부-1603, 2018.5.13)
22) 「하자보수공사 보험료 징수기준 시달」(보험재정부-4463, 2014.12.31)

(ii) 본 공사의 확정보험료가 실임금에 의하여 산출되지 않은 경우

ⓐ 하자보수비 중 원수급인 직접 사용 근로자분 보수총액(직영노무비)

본 공사 종료시 향후 발생할 하자보수비(전입액)를 추정하여 하자보수충당부채로 계상한 후 실제 발생할 때 하자보수비와 상계하고 있어 본 공사 확정보험료에는 하자보수공사부문 보수총액이 포함되어 있지 아니한 것이 명확하고 신고누락여부 확인이 비교적 용이. 따라서 본 공사 종료 후 하자보수공사에서 발생하는 원수급인 직접 사용 근로자분 보수총액('직영노무비')은 징수대상에 포함

ⓑ 하자보수비 중 하수급인 근로자분 보수총액(하도급공사비)

본 공사 중에서 하도급한 공사분 보험료 산정을 위한 보수총액을 "하도급 공사금액×하도급공사 노무비율"의 방식으로 산정한 경우, 하자담보책임을 위한 하자보수공사비가 하도급 공사금액에 반영되어 있다고 판단되므로 하도급공사의 하자보수공사에 대한 보수총액은 본 공사 확정보험료에 포함되어 있는 것으로 인정. 따라서 본 공사 종료 후 하자보수공사가 실제로 발생할 경우, 하도급 공사금액에 대해서는 징수대상에서 제외

② 원수급인의 도산 등으로 발주자가 제3자와 하자보수공사에 대한 별도의 도급계약을 체결한 경우

원수급인의 도산 등으로 발주자가 제3자와 별도의 도급계약을 체결하는 경우에는 본 공사와 하자보수공사의 보험가입자가 달라 하자보수공사에 대하여 보험관계 성립조치 하여야 하므로 별도 도급계약서상 원수급인에 대하여 보험료 징수

본 공사가 미가입 상태인 경우 본 공사의 보험관계 성립조치 및 보험료 징수결정 조치를 선행

차. 설계·측량·감리 업무의 산재보험 적용기준

「건설산업기본법」의 건설업자가 건물 또는 기타 공작물의 완성을 위해 건설현장에서 건설공사와 설계·측량·감리업무 등을 일괄계약 하거나 각각 별도 계약하여 건설공사와 병행하여 시공할 경우에는 도급으로 보아 건설공사로 적용한다. 다만, 「건설산업기본법」의 건설업자나 건설업자가 아닌 자가 서비스 자체를 목적으로 건설공사의 기획, 조사, 측량, 설계, 감리, 감독만을 별도의 계약으로 행한다면 위임으로 보아〔907 전문기술서비스업〕으로 적용한다.

건설공사의 기본계획 및 설계를 위한 지질조사에 대한 적용에 있어 지질조사 중 행하는 시추작업은 건설공사에서 행하는 시추작업과는 그 성격이 다르므로 건설공사의 계획이나 설계만을 위한 지질조사의 경우에는 비록 시추작업이 포함되어 있다 하더라도〔907 전문기술서비스업〕으로 분류하도록 함으로써 기존의 유권해석은 폐기되었다.[23] 그러나 보링-그라우팅공법에 의해 지반보강을 위한

23) 「지질조사 사업종류 적용 관련 질의회시」(적용팀-1560, 2006.3.28)

시추공사 등 건설공사를 위한 시추공사를 하거나 공사의 설계부터 시공까지 수행하는 등 건설공사로 일괄도급에 의하여 행하여지는 지질조사의 경우에는 계속하여 건설업으로 분류한다.

카. 건설폐기물 수집처리 적용기준

건물 등의 해체공사시 발생된 고철을 절단·수집·운반하여 판매를 행하고 있다면 도·소매 및 소비자용품수리업에 해당되며, 도급에 의한 건물 등의 해체공사와 병행하여 고철을 절단·수집·운반·판매하는 경우에는 건설공사에 해당된다.

관련사례

□ 건물해체작업과 폐기물잔해 수집 등 사업을 병행하는 경우 사업종류(적용 6402-269, 2002.4.3)

건물 해체작업 후 발생하는 폐기물 잔해만을 수집·분류·절단·운반하는 사업은 본사(도·소매 및 소비자용품수리업)로 흡수적용 하여야 하며, 건물 해체작업과 폐기물의 잔해 수집·분류·절단·운반하는 사업을 병행하여 수행하는 경우에는 본사와 분리하여 건설업으로 적용하여야 할 것으로 판단됨.

타. 준공 후 청소시 건설업 해당 여부

건설현장의 준공청소 시 청소용역업체가 건설공사가 진행되는 상태에서 하도급 계약에 따라 원수급인의 건설현장에서 업무를 수행하였다면 건설공사의 하도급으로 적용한다.

건설공사가 종료, 중단된 상태에서 시간적 또는 장소적으로 분리되어 청소작업을 수행하였다면 청소용역업체가 보험가입자로서 산재보험에 별도 가입하여야 할 것으로 판단한 사례가 있다.

관련사례

□ 건설현장의 준공청소시 산재보험 적용(가입지원팀-5382, 2009.11.25)

건설현장의 준공청소 시 산재보험 적용과 관련하여 청소용역업체가 건설공사가 진행되는 상태에서 하도급 계약에 따라 원수급인의 건설현장에서 업무를 수행하였다면 여러 차례의 도급관계에 해당되는 것으로 「보험료징수법」 제9조(도급사업의 일괄적용)에 따라 원수급인을 사업주로 판단함이 타당함.

□ 건설공사가 종료된 상태에서의 준공청소시 산재보험 적용(적용 6402-481, 2003.7.3)

청소용역업체가 건설공사가 진행되는 상태에서 건설업체로부터 하도급 받아 원수급인의 건설현장과 동일 위험권내에서 행하였다면 수차의 도급관계에 해당되므로 원수급인인 건설업체가 보험가입자가 되어야 할 것이나, 건설공사가 종료, 중단된 상태에서 시간적 또는 장소적으로 분리되어 청소작업을 수행하였다면 건설공사와 동일위험권내에서 이루어지는 수차의 도급관계로 보기 어려우므로 청소용역업체가 보험가입자로서 산재보험에 별도 가입하여야 할 것으로 판단됨.

제3절 업무상 사고의 인정기준

산업재해보상보험법상의 보험급여를 지급받기 위한 업무상 재해는 업무상 사고와 업무상 질병으로 구분이 된다.

산업재해보상보험법에서의 "업무상 사고"는 근로자가 근로계약에 따른 업무나 그에 따르는 행위를 하던 중 발생한 사고, 사업주가 제공한 시설물 등을 이용하던 중 그 시설물 등의 결함이나 관리소홀로 발생한 사고, 사업주가 주관하거나 사업주의 지시에 따라 참여한 행사나 행사준비 중에 발생한 사고, 휴게시간 중 사업주의 지배관리하에 있다고 볼 수 있는 행위로 발생한 사고, 그 밖에 업무와 관련하여 발생한 사고로 특수한 장소에서의 사고, 요양 중의 사고, 제3자 행위에 따른 사고, 쟁의행위 중의 사고, 자해행위에 따른 업무상 재해 인정기준 등을 구체적으로 규정하고 있다.

또한 출퇴근 재해에 대해서 기존에는 사업주의 지배관리하의 출퇴근 재해(사업주가 제공한 교통수단 또는 이에 준하는 교통수단을 이용하던 중 사고)에 대해서만 인정되어 오다가 2016.9월 헌법재판소의 불합치 결정으로 인하여 산업재해보상보험법을 개정하여 2018.1.1.부터는 사업주의 지배관리하의 출퇴근 재해 이외에도 통상적인 경로와 방법으로 출퇴근하는 중 발생한 사고에 대해서도 업무상 재해로 인정되고 있다.

1 일반적 기준

산업재해보상보험법에서의 "업무상 사고"는 ① 근로자가 근로계약에 따른 업무나 그에 따르는 행위를 하던 중 발생한 사고 ② 사업주가 제공한 시설물 등을 이용하던 중 그 시설물 등의 결함이나 관리소홀로 발생한 사고 ③ 사업주가 주관하거나 사업주의 지시에 따라 참여한 행사나 행사준비 중에 발생한 사고 ④ 휴게시간 중 사업주의 지배관리하에 있다고 볼 수 있는 행위로 발생한 사고, ⑤ 그 밖에 업무와 관련하여 발생한 사고를 말한다(산재법 제37조①제1호). 업무상 사고와 관련하여 산업재해보상보험법에 명시된 각각의 사유에 대해서는 산업재해보상보험법시행령에 구체적으로 명시하고 있다.

2 업무수행 중 사고

가. 작업시간 중 사고

근로자가 근로계약에 따른 업무수행 행위, 업무수행 과정에서 하는 용변 등 생리적 필요 행위, 업무를 준비하거나 마무리하는 행위, 그 밖에 업무에 따르는 필요적 부수행위, 천재지변·화재 등 사업장 내에 발생한 돌발적인 사고에 따른 긴급피난·구조행위 등 사회통념상 예견되는 행위 등에 해당하는 행위 중에 발생한 사고는 업무상 사고로 본다(산재보험법 영제27조①).

관련사례

□ 작업도구를 공사현장에 옮겨 놓는 업무준비행위 중 발생한 재해는 업무상 재해이다(대판 96누9034, 1996.10.11).

건물 신축공사 중 미장공사를 하도급 받은 자의 피용인이 하도급계약 개시일 전날 밤에 그 다음날부터의 작업을 준비하기 위하여 작업도구를 공사현장에 옮겨 놓던 중 발생한 재해는 업무수행에 수반되는 업무준비행위로서 구 산업재해보상보험법 제3조제1항 소정의 업무상의 재해에 해당한다.

□ 업무시간 중의 사적인 과도한 음주가 주된 원인이 되어 사고가 발생하였고, 시설의 결함 또는 사업주의 시설관리 소홀도 인정되지 않는 경우 업무상 재해에 해당하지 않는다(대판 2006두8341, 2006.9.22).

업무수행 중 사고를 당한 근로자가 사고 당시 술에 취한 상태에 있었다는 이유만으로 그 사고로 인한 사상을 업무상 재해가 아니라고 할 수는 없으나, 당해 근로자가 업무시간 중에 업무와 관계없이 사적으로 과도한 음주를 하였고, 그 음주가 주된 원인이 되어 당해 업무수행에 통상적으로 따르는 위험의 범위를 벗어난 사고가 발생하였으며, 또 당해 업무와 관련하여 사업주가 관리하고 있는 시설의 결함 또는 사업주의 시설관리 소홀도 인정되지 않는 경우에는, 그 근로자의 업무와 재해 사이에 상당인과관계가 있다고 할 수 없어 업무상 재해에 해당하지 않는다고 할 것이다.

나. 출장[24] 중 사고

근로자가 사업주의 지시를 받아 사업장 밖에서 업무를 수행하던 중에 발생한 사고는 업무상 사고로 본다. 다만, 사업주의 구체적인 지시를 위반한 행위, 근로자의 사적(私的) 행위 또는 정상적인 출장 경로를 벗어났을 때 발생한 사고는 업무상 사고로 보지 않는다(산재보험법 영제27조②). 업무의 성질상 업무수행 장소가

24) 산재보험법 제122조에서는 해외파견자의 경우 근로복지공단에 산재보험을 임의가입 신청을 하여야 산재보험의 혜택을 받을 수 있도록 규정하고 있다. 근로복지공단은 해외근무자는 모두 해외파견에 해당한다는 전제 하에 일정기준에 해당하는 경우에만 예외적으로 해외출장으로 해석하여 왔다. 그러나 행정지침과 법원의 판결(대판 2010두23705) 간 상충된 해석이 발생하여 고용노동부는 지침(산재보상정책과, 2018.8.14)을 변경하여 해외파견과 출장에 대한 판단기준을 지휘·명령의 주체가 해외 사용자이면 파견으로, 지휘·명령의 주체가 국내 사용자이면 출장으로 기준을 변경하였다.

정해져 있지 않은 근로자가 최초로 업무수행 장소에 도착하여 업무를 시작한 때부터 최후로 업무를 완수한 후 퇴근하기 전까지 업무와 관련하여 발생한 사고는 업무상 사고로 본다(산재보험법 영제27조③).

관련사례

□ 거래처 접대를 마친 후 대리운전자에게 출장차량을 운전하도록 한 뒤, 혼자 차량에서 자는 바람에 화재로 사망한 것은 업무상 재해가 아니다(대판 2004두6709, 2004.11.11).

망인이 거래처 접대를 마친 후 사업주의 지시대로 대리운전자에게 위 출장업무에 제공된 이 사건 차량을 운전하도록 하여 거주아파트 내 지하주차장 입구에 도착한 후 차량을 넘겨받아 직접 지하주차장에 주차시키기까지 하였다면 그 시점에서 위 출장업무와 관련한 사업주의 지배관리로부터 벗어나고, 그 후 망인이 곧바로 아파트 전유부분 안으로 들어가지 않고 차량에 시동을 걸어놓은 채로 장시간 주차하면서 차량안에서 잠을 자는 바람에 머플러 과열로 인한 차량 화재로 이 사건 사고가 발생하게 되었다면, 비록 그와 같은 망인의 이례적 행위가 술접대라고 하는 출장업무의 수행에서 기인한 것이라 하더라도 그것이 이 사건 출장업무에 당연 또는 통상 수반하는 정상적 경로에 따른 행위라고는 말할 수 없고, 오히려 사업주의 의사와 무관하게 그의 지배관리를 벗어난 상태에서 행하여진 자의적 또는 사적 행위의 과정에서 자신의 귀책사유로 사망한 것으로 그 업무수행상 내지 업무기인성이 인정되지 아니하여 업무상 재해에 해당하지 않는다고 봄이 상당하다.

3 시설물 등의 결함 등에 따른 사고

사업주가 제공한 시설물, 장비 또는 차량 등(시설물 등)의 결함이나 사업주의 관리 소홀로 발생한 사고는 업무상 사고로 본다(산재보험법 영제28조①). 사업주가 제공한 시설물 등을 사업주의 구체적인 지시를 위반하여 이용한 행위로 발생한 사고와 그 시설물 등의 관리 또는 이용권이 근로자의 전속적 권한에 속하는 경우에 그 관리 또는 이용 중에 발생한 사고는 업무상 사고로 보지 않는다(산재보험법 영제28조②).

관련사례

□ 오전작업을 마치고 지하 탈의실에서 술을 마신 후 계단을 오르다 떨어져 사망한 경우 업무상 재해에 해당된다(서울고법 92구 35815, 1993.7.16).

사업주는 사고장소인 계단의 높이가 450㎜로써 4단 이상임에도 난간을 설치하지 아니하였으며, 위 지하층 통로에는 채광시설이 없어 주간에도 정상적인 통행이 방해될 정도로 어두웠음에도 조명시설을 설치하지 아니함으로써 그 사업장 시설에 하자가 있었고, 이러한 사업장 시설의 하자로 인하여 위 재해가 발생하였으며 피고로서는 그 업무상의 재해 인정여부를 판단함에 있어 위 노동부예규에 따라야 할 것이고, 가사 위 망인이 사적행위로 사업장 내에 있다가 위 재해가 발생하였다고 판단되더라도 이는 사업장 시설하자와 경합하여 발생하였다고 할 것이므로 이를 업무상의 재해로 인정하여야 한다.

□ 회사제공 숙소에서 연탄교환 중 화상을 입은 경우 업무상 재해라 볼 수 없다(재보 32550-18020, 1991.12.12).

사업주가 타인의 건물을 임대하여 근로자의 숙소로 이용토록 하고 제세공과금, 관리비 등을 부담한 경우라 할지라도 동 시설물의 관리책임이 사업주에게 있지 않고 근로자의 전속적 권한에 속하는 것이라면 업무외 재해로 판단함이 타당함.

4 행사 중의 사고

운동경기·야유회·등산대회 등 각종 행사에 근로자가 참가하는 것이 사회통념상 노무관리 또는 사업운영상 필요하다고 인정되는 경우로서 ① 사업주가 행사에 참가한 근로자에 대하여 행사에 참가한 시간을 근무한 시간으로 인정하는 경우 ② 사업주가 그 근로자에게 행사에 참가하도록 지시한 경우 ③ 사전에 사업주의 승인을 받아 행사에 참가한 경우 ④ 그 밖에 이에 준하는 경우로서 사업주가 그 근로자의 행사 참가를 통상적·관례적으로 인정한 경우 등의 어느 하나에 해당하는 경우에 근로자가 그 행사에 참가(행사참가를 위한 준비·연습을 포함한다)하여 발생한 사고는 업무상 사고로 본다(산재보험법 영제30조).

관련사례

□ **팀장의 지시에 의한 접대회식 참석 중 과음으로 인해 추락하여 사망하였다면 업무상 재해에 해당한다(서울행법 2005구합41150, 2006.9.5).**

망인이 참석한 1차 회식은 선주 측의 감독관을 접대함과 아울러 직원 노고 위로 차원에서 이루어진 것이며 2차 회식도 접대를 받은 선주 측의 감독관의 제의에 따라 이루어져 망인으로서는 이를 거절하기 어려웠던 것으로 판단되므로 망인이 2차 회식에 참석하던 중 1, 2차 회식에서 과음으로 인해 추락하여 사망한 것은 업무상 재해이다.

□ **공식적인 체육대회 종료 후 만취한 상태에서 승용차를 운전하다가 교통사고로 사망한 경우 자의적인 행위이거나 사적인 행위로 인한 것으로 업무상 사고로 보기 어렵다(대판 2005두51, 2005.7.5).**

망인이 사용자가 주최한 체육대회와 회식에 참가한 행위 자체는 그 업무수행성을 인정할 수 있으나, 한편, 망인이 공식적인 행사 종료 무렵 배우자인 원고와 전화통화를 한 후 사업주나 직장상사의 지시를 받거나 보고도 없이 혈중 알코올 농도 0.24%의 술에 만취한 상태에서 임의로 위 승용차를 운전하다가 부주의로 인한 교통사고로 사망하였으므로, 이러한 사고는 위 체육행사와 회식에 당연히 또는 통상 수반되는 범위 내의 행위가 아닌 자의적인 행위이거나 사적인 행위로 인한 것으로 업무수행성을 인정하기 어렵다.

5 휴게시간 중 사고

근로자가 휴게시간 중 사업주의 지배관리하에 있다고 볼 수 있는 행위로 발생한 사고는 업무상 재해로 본다(산재보험법 제37조①제1호마목). 즉, 휴게시간 중 근로자의 행위가 당해 근로자의 본래의 업무행위 또는 그 업무의 준비행위 내지는 정리행위, 사회통념상 그에 수반되는 것으로 인정되는 생리적 행위 또는 합리적·필요적 행위라는 등 그 행위 과정이 사업주의 지배·관리하에 있다고 볼 수 있는 경우 업무상 재해로 인정된다.

특히, 휴게시간 중 식사를 위해 사업장 밖으로 나와 발생한 사고에 있어 사업주가 제공하거나 지정한 식당을 통상적·정형적·관례적으로 이용하는 경우는

'사업주의 지배·관리하'로 보아 업무상의 재해 여부를 판단하고, 사업주가 제공하거나 지정한 식당이 아니더라도 통상적·관례적으로 사업장 밖의 식사 장소(사업장 인근 식당 또는 자택)를 이용하는 경우 식사를 위해 식당 등으로 이동하거나 식사를 마치고 사업장으로 복귀(휴게시간내 사업장으로 복귀가 가능하다고 인정되는 경우로 한정함) 중 발생한 사고는 '사업주의 지배·관리하'에 있는 것으로 간주하여 업무상의 재해 여부를 판단된다.[25)]

관련사례

□ 사내 함바식당으로 가던 중 식당에 좀 더 빨리 도착할 목적으로 같은 방향으로 진행 중인 도색차량에 탑승하여 식당에 도착하여 내리다가 넘어진 사고는 업무상 재해이다(2008 심사결정).

점심식사를 위하여 사내 함바식당으로 가는 도중, 식당에 좀 더 빨리 도착할 목적으로(대기시간을 줄이기 위하여) 같은 방향으로 진행 중인 도색차량에 탑승하여 식당에 도착하여 내리다가 넘어지면서 발생된 재해에 대하여 통상적으로 중식을 위하여 매일 지정식당으로 가는 행위자체는 직접적인 업무수행은 아니지만 업무에 수반한 필요적 행위이고, 사업주로부터 도색차량을 타지 말라는 지시 또는 안전교육을 받은 바 없으며, 사업주가 식당 좌석을 인원에 맞추어 준비하든가 또는 시차별로 식사를 하도록 조를 나누는 등의 지시를 하였다면 구태여 동 차량을 이용하여 지정식당으로 가지는 않았을 것으로 판단되므로 동 재해는 업무에 수반되는 필요적 행위라고 보아 업무상 재해로 인정된다.

6 그 밖의 업무와 관련하여 발생한 사고

가. 특수한 장소에서의 사고

사회통념상 근로자가 사업장 내에서 할 수 있다고 인정되는 행위를 하던 중 태풍·홍수·지진·눈사태 등의 천재지변이나 돌발적인 사태로 발생한 사고는 근로

25) 점심식사 중 사고에 대한 업무상재해 인정 개선방안(산재보상정책과-1932, 2018.5.21), 휴게시간(식사) 중 사고에 대한 업무처리 요령(근로복지공단 보상계획부, 2018.6.11)

자의 사적 행위, 업무 이탈 등 업무와 관계없는 행위를 하던 중에 사고가 발생한 것이 명백한 경우를 제외하고는 업무상 사고로 본다(산재보험법 영제31조). 예를 들어 점심시간에 식사를 마치고 사업장내 공간에서 휴식 중 공장 뒷산이 넘어져 산사태에 매몰된 경우, 일과를 마치고 퇴근을 위해 정문을 나서는 순간 낙뢰에 맞은 경우, 휴식시간에 사업장 담장 밑에서 휴식 중 태풍에 의해 담장이 넘어져 다친 경우 등은 사회통념상 인정되는 범위내로서 업무상 재해로 볼 수 있다.

나. 요양 중의 사고

업무상 부상 또는 질병으로 요양을 하고 있는 근로자에게 요양급여와 관련하여 발생한 의료사고, 요양 중인 산재보험 의료기관(산재보험 의료기관이 아닌 의료기관에서 응급진료 등을 받는 경우에는 그 의료기관) 내에서 업무상 부상 또는 질병의 요양과 관련하여 발생한 사고, 업무상 부상 또는 질병의 치료를 위하여 거주지 또는 근무지에서 요양 중인 산재보험 의료기관으로 통원하는 과정에서 발생한 사고 등에 해당하는 사고가 발생하면 업무상 사고로 본다(산재보험법 영제32조).

관련사례

□ **업무상 재해의 치료과정에서 생긴 치료방법의 부작용으로 사망한 경우 사망과 업무사이 상당인과관계를 인정한다(서울고법 96구10296, 1997.2.11).**

업무상 재해인 상병의 치료과정에서 생긴 치료방법의 부작용이 근로자의 다른 기존증을 자연경과 이상으로 악화시켜 사망에 이르게 된 경우에는 그 사망과 업무 사이에 상당인과관계가 있다고 보아야 한다. 망인은 업무상 재해인 경막하출혈상의 치료를 위한 개두술을 받는 과정에서 투여한 마취제 및 치료약제 자체의 독성으로 급속히 간기능이 악화되어 간경화를 직접사인으로 하여 사망에 이르게 된 것으로 추단되므로 망인의 사망은 업무상 재해에 해당한다.

다. 제3자의 행위에 따른 사고

제3자의 행위로 근로자에게 사고가 발생한 경우에 그 근로자가 담당한 업무가 사회통념상 제3자의 가해행위를 유발할 수 있는 성질의 업무라고 인정되면 업무상 사고로 본다(산재보험법 영제33조). 여기에서 "제3자"라 함은 동일사업주의 지배관리 하에 있는 동일사업장 소속 근로자 이외의 타인을 의미한다.

관련사례

□ 작업과 관련된 동료근로자의 계속되는 시비로 인하여 다투다가 폭행을 당한 경우 업무상 재해로 인정된다(서울고법 2003누3422, 2003.12.12).

공사현장에서 점심시간이 종료된 후의 작업준비 혹은 작업 중 동료근로자가 작업내용과 관련된 시비를 계속하자 원고도 욕설을 하고 머리 부위를 들이밀었다가 동료근로자의 폭행으로 상해를 입은 경우 원고의 행위는 사회적 상당성을 넘었다고 보기 어렵고, 동료근로자의 시비와 원고의 부상이 단시간 내에 일어난 점, 이 사건 사고로 원고만이 부상을 입은 것으로 보이는 점 등을 종합하여 보면, 원고의 이 사건 사고로 인한 부상은 직장 안의 인간관계 또는 직무에 내재하거나 통상 수반하는 위험의 현실화로서 업무와 상당인과관계가 있다고 할 것이고, 가해자와 원고 사이의 사적인 관계에 기인한 경우라던가 원고가 직무의 한도를 넘어 상대방을 자극하거나 도발한 경우에 해당한다고 볼 것이 아니다.

라. 쟁의행위 중 사고

산업재해보상보험법에서는 쟁의행위 중 재해에 대해 업무상 여부에 대한 판단기준을 구체적으로 정하고 있지 않다. 그러나 판례는 사용자와 대립관계로 되는 쟁의단계로 들어간 이후의 노동조합활동 중에 생긴 재해는 업무상 재해로 볼 수 없다고 한다.[26] 따라서 재해가 사업장 내에서 발생한 경우라도 쟁의행위 중에는 사용자의 지휘·감독권이 배제되는 상태이며 업무수행성이 인정되지 않으므로 작업 중에 부상을 당하였다고 하더라도 업무상 재해로 볼 수 없다. 예컨대 인원감축을 반대하기 위하여 노조원이 취업을 강행하다가 부상한 경우에는 업무상 재해로 인정되지 않는다.[27]

26) 대판 96누13866, 1997.6.10
27) 대판 92누14502, 1994.2.22

마. 자해행위에 따른 업무상의 재해의 인정 기준

근로자의 고의·자해행위나 범죄행위 또는 그것이 원인이 되어 발생한 부상·질병·장해 또는 사망은 업무상의 재해로 보지 아니한다. 다만, 그 부상·질병·장해 또는 사망이 정상적인 인식능력 등이 뚜렷하게 저하된 상태에서 한 행위로 발생한 경우로서 ① 업무상의 사유로 발생한 정신질환으로 치료를 받았거나 받고 있는 사람이 정신적 이상 상태에서 자해행위를 한 경우 ② 업무상의 재해로 요양 중인 사람이 그 업무상의 재해로 인한 정신적 이상 상태에서 자해행위를 한 경우 ③ 그 밖에 업무상의 사유로 인한 정신적 이상 상태에서 자해행위를 하였다는 것이 의학적으로 인정되는 경우 등의 사유가 있으면 업무상의 재해로 본다(산재보험법 제37②, 영제36조). 업무상 스트레스로 인한 정신과 치료 또는 업무상 재해로 요양 중인 것뿐만 아니라 정신과 치료를 받기 전에 업무상 사유로 말미암은 정신적 이상 상태에서 자해행위를 하였다는 것이 의학적으로 인정되면 업무상 재해로 인정될 수 있을 것이다.

관련사례

□ 과도한 스트레스로 인한 우울증의 심화로 자살을 기도하다가 저산소증 뇌손상을 입어 중증 우울증 에피소드, 기질성 기분장애가 발병하였다면 업무상 재해이다(서울행법 2004구단377, 2005.10.14).

과도한 스트레스는 우울증 발병의 심리적, 환경적 요인으로 작용하여 우울증이 발병되기 쉬운 소인을 가지고 있는 환자에게 우울증을 유발시키는 원인이 될 수 있는 점 등 제반사정에 비추어보면, 원고는 발음의 부정확에 대한 콤플렉스, 내성적이면서도 완벽주의자적인 성격 등 우울증이 발병하기 쉬운 여러 가지 소인들을 가지고 있었다가 업무에 충분히 적응하지 못한 상태에서 기업금융 1팀의 다양한 업무를 처리하면서 극심한 과로와 스트레스를 겪게 되어, 그와 같은 과로와 스트레스가 심리·환경적인 요인으로 작용하여 원고의 우울증을 유발하였다고 추단함이 상당하다. 또한 원고가 식욕 및 의욕 부진의 상태가 지속되다가 우울한 마음이 들어 자살을 시도하였고, 그 이후에 나타난 원고의 불면, 불안, 과도한 흡연 등 원고의 제반 이상행동에 비추어 보면 원고가 우울증의 심화로 정신병적 증상이 발현됨으로써 정상적인 인식능력이나 행위선택능력 또는 정신적 억제력이 현저히 저하된 상태에서 다시 자살을 기도하다가 저산소증 뇌손상을 입어 이 사건 상병인 중증 우울증 에피소드, 기질성 기분장애가 발병하였다고 할 것이다. 따라서 이 사건 상병은 업무상의 사유로 인하여 발생한 것이라고 할 것이다.

7 출퇴근 재해

가. 출퇴근 재해의 의의

"출퇴근"이란 취업과 관련하여 주거와 취업장소 사이의 이동 또는 한 취업장소에서 다른 취업장소로의 이동을 말한다(산재보험법 제5조제8호). "출퇴근 재해"는 취업과 관련하여 이동 중 경로상에서 발생한 재해를 인정이 되는 것이므로 경로(길) 상에서 발생한 재해는 보호되지만 건물 등 특정 장소 안에서 발생한 재해는 보호되지 않는다.

2016. 9월 헌법재판소가 사업주 지배관리하에서의 출퇴근 재해만을 업무상의 재해로 인정하는 산재보험법 (2007.12.24. 법률 제8694호로 전부 개정된 것) 제37조제1항제1호 다목에 대해 헌법불합치 결정[29]을 함에 따라 2017년 관련법[30]을 개정하였다. 따라서 2018.1.1부터 산재보험법에서의 출퇴근 재해는 "사업주 지배관리하의 출퇴근 재해(산재보험법 제37조①제3호가목)"와 "통상의 출퇴근 재해(산재보험법 제37조①제3호나목)"로 구분된다.

나. 사업주의 지배관리하의 출퇴근 재해

근로자가 출퇴근하던 중에 발생한 사고가 ① 사업주가 출퇴근용으로 제공한 교통수단이나 사업주가 제공한 것으로 볼 수 있는 교통수단을 이용하던 중에 사고가 발생하였을 것 ② 출퇴근용으로 이용한 교통수단의 관리 또는 이용권이 근로자측의 전속적 권한에 속하지 아니하였을 것 등의 요건 모두에 해당하면 업무상 사고로 본다(산재보험법 제37조①제3호가목, 영제25조①).

사업주가 출퇴근용으로 제공한 교통수단은 아니나 사업주의 지시에 의해 매일 정해진 시간과 경로에 따라 소속 근로자들을 출퇴근시킬 의무가 있어 그 출퇴근

---

28) 출퇴근 재해 업무처리지침(지침 제2017-48호, 제정 2017.12.28, 시행 2018.1.1)
29) 대판 2017헌바254, 2016.9.29
30) 산재보험법(개정 2017.10.24, 법률 제14933호), 산재보험법 시행령(개정 2017.12.26, 제28506호)

시간과 경로를 재해근로자가 임의로 선택할 수 없고, 관리 또는 이용권이 근로자 측에 전속되어 있다고 볼 수 없는 경우 출퇴근 중 발생된 사고는 업무상 사고로 인정된다.

다. 통상의 출퇴근 재해

출퇴근 재해는 통상적인 경로와 방법으로 출퇴근하는 중 발생한 사고에 대해서도 업무상 재해로 인정된다(산재보험법 제37조①제3호나목).[31]

출퇴근 재해는 출퇴근 경로 일탈 또는 중단이 있는 경우에는 해당 일탈 또는 중단 중의 사고 및 그 후의 이동 중의 사고에 대하여는 출퇴근 재해로 보지 아니한다. 다만, 일탈 또는 중단이 일상생활에 필요한 행위로서 대통령령(산재보험법 영제35조②)으로 정하는 사유가 있는 경우에는 출퇴근 재해로 본다(산재보험법 제37조③).

〈일상생활에 필요한 행위로서 대통령령으로 정하는 사유〉

1. 일상생활에 필요한 용품을 구입하는 행위
2. 「고등교육법」 제2조에 따른 학교 또는 「직업교육훈련 촉진법」 제2조에 따른 직업교육훈련기관에서 직업능력 개발향상에 기여할 수 있는 교육이나 훈련 등을 받는 행위
3. 선거권이나 국민투표권의 행사
4. 근로자가 사실상 보호하고 있는 아동 또는 장애인을 보육기관 또는 교육기관에 데려주거나 해당 기관으로부터 데려오는 행위
5. 의료기관 또는 보건소에서 질병의 치료나 예방을 목적으로 진료를 받는 행위
6. 근로자의 돌봄이 필요한 가족 중 의료기관 등에서 요양 중인 가족을 돌보는 행위
7. 제1호부터 제6호까지의 규정에 준하는 행위로서 고용노동부장관이 일상생활에 필요한 행위라고 인정하는 행위

---

31) 출퇴근 재해는 출퇴근 행위를 하던 중(수행성) 출퇴근에 통상 수반하는 위험이 구체화된 경우(기인성)로서 아래의 요건을 모두 충족하는 것을 말한다(출퇴근 재해 업무처리지침(지침 제2017-48호))
  (1) 자택 등 「주거」와 회사, 공장 등의 「취업장소」를 시점 또는 종점으로 하는 이동 행위 일 것
  (2) 출퇴근 행위가 업무에 종사하기 위해 또는 업무를 마친 후에 이루어 질 것, 즉 「취업과 관련성」이 있을 것
  (3) 출퇴근 행위가 사회통념상 「통상적인 경로 및 방법」에 따라 이루어 질 것
  (4) 출퇴근 행위 중 「일탈 또는 중단」이 없을 것(단, 영 제34조의3에서 정하는 일탈·중단의 예외에 해당하는 경우는 제외)

제4절 업무상 질병의 인정기준

산업재해보상보험법에서의 업무상 질병은 업무수행 과정에서 물리적 인자(因子), 화학물질, 분진, 병원체, 신체에 부담을 주는 업무 등 근로자의 건강에 장해를 일으킬 수 있는 요인을 취급하거나 그에 노출되어 발생한 질병, 업무상 부상이 원인이 되어 발생한 질병, 「근로기준법」 제76조의2에 따른 직장 내 괴롭힘, 고객의 폭언 등으로 인한 업무상 정신적 스트레스가 원인이 되어 발생한 질병과 그 밖에 업무와 관련하여 발생한 질병을 말한다.

업무상 질병을 인정받기 위해서는 업무와 질병사이에 상당인과관계가 있어야 하며 입증책임을 재해자가 부담하는데, 업무상 질병의 특성상 발병원인을 입증하기 어려운 한계가 있으므로 재해자의 입증책임 부담을 완화하기 위하여 추정의 원칙을 적용하고 있다. 이러한 추정의 원칙을 적용하면 질병에 대한 상당인과관계 판단시 직업경력 등의 당연인정기준에 충족하면 반증이 없는 한 업무상 질병을 인정받게 된다.

건설현장에서 많이 유발되는 질병으로 뇌혈관 및 심장질환, 근골격계질환, 진폐증, 소음성 난청, 석면으로 인한 질병, 잠수병과 같은 이상기압으로 인한 질병, 진동으로 인한 질병 등이 있다. 이러한 업무상 질병을 판단함에 있어 그 근로자의 성별, 연령, 건강정도 및 체질 등을 고려하여 판단되어야 한다.

1 일반적 기준

산업재해보상보험법에서의 업무상 질병은 업무수행 과정에서 물리적 인자(因子), 화학물질, 분진, 병원체, 신체에 부담을 주는 업무 등 근로자의 건강에 장해를 일으킬 수 있는 요인을 취급하거나 그에 노출되어 발생한 질병, 업무상 부상이 원인이 되어 발생한 질병, 「근로기준법」 제76조의2에 따른 직장 내 괴롭힘, 고객의 폭언 등으로 인한 업무상 정신적 스트레스가 원인이 되어 발생한 질병과 그 밖에 업무와 관련하여 발생한 질병 그 밖에 업무와 관련하여 발생한 질병을 말한다(산재보험법 제37조①제2호).

근로자가 「근로기준법시행령」 제44조제1항 및 같은 법 시행령 별표 5의 업무상 질병의 범위에 속하는 질병에 걸린 경우(임신 중인 근로자가 유산·사산 또는 조산한 경우를 포함한다)로서, ① 근로자가 업무수행 과정에서 유해·위험요인을 취급하거나 유해·위험요인에 노출된 경력이 있을 것 ② 유해·위험요인을 취급하거나 유해·위험요인에 노출되는 업무시간, 그 업무에 종사한 기간 및 업무 환경 등에 비추어 볼 때 근로자의 질병을 유발할 수 있다고 인정될 것 ③ 근로자가 유해·위험요인에 노출되거나 유해·위험요인을 취급한 것이 원인이 되어 그 질병이 발생하였다고 의학적으로 인정될 것 등의 요건 모두에 해당하면 업무상 질병으로 보며(산재보험법 영제34조①), 업무상 부상을 입은 근로자에게 발생한 질병이 ① 업무상 부상과 질병 사이의 인과관계가 의학적으로 인정될 것 ② 기초질환 또는 기존 질병이 자연발생적으로 나타난 증상이 아닐 것 등의 요건 모두에 해당하면 업무상 질병으로 본다(산재보험법 영제34조②).

또한 근로복지공단이 근로자의 업무상 질병 또는 업무상 질병에 따른 사망의 인정 여부를 판정할 때에는 그 근로자의 성별, 연령, 건강 정도 및 체질 등을 고려하도록 정하고 있다(산재보험법 영제34조④).

건설현장에서 대표적으로 많이 유발되고 있는 업무상 질병[32]으로는 뇌혈관 및

32) 업무상 질병의 종류(산재법 시행령 제44조제1항 별표1): ① 뇌혈관 질병 또는 심장질병 ② 근골격계질병 ③ 호흡계 질병 ④ 신경정신계 질병 ⑤ 림프조혈계 질병 ⑥ 피부질병 ⑦ 눈 또는 귀 질병 ⑧ 간 질병 ⑨ 감염성 질병 ⑩ 직업성 암 ⑪ 급성 중독 등 화학적 요인에 의한 질병 ⑫ 물리적 요인에 의한 질병 ⑬ 제1호부터 제12호까지의 규정에 해당하지 않은 경우라도

심장질환 등의 과로성 질병, 근골격계질환, 진폐증 등이 있으며, 기타 건설업과 관련된 직업성 질환으로 소음성 난청, 석면으로 인한 질병, 이상기압으로 인한 질병(잠수작업), 진동으로 인한 증상 등이 있다.

2 뇌혈관 질병 또는 심장 질병

근로자가 다음의 어느 하나에 해당하는 원인으로 뇌실질내출혈, 지주막하출혈, 뇌경색, 심근경색증, 해리성 대동맥류가 발병된 경우에는 업무상 질병으로 본다. 다만, 그 질병이 자연발생적으로 악화되어 발병한 경우에는 업무상 질병으로 보지 않는다. 또한 다음에 열거되지 않은 뇌혈관질환 또는 심장질환의 경우에도 그 질병의 유발 또는 악화가 업무와 상당한 인과관계가 있음이 시간적·의학적으로 명백하면 업무상 질병으로 본다(산재보험법 영 별표3).

가. 업무와 관련한 돌발적이고 예측 곤란한 정도의 긴장·흥분·공포·놀람 등과 급격한 업무 환경의 변화로 뚜렷한 생리적 변화가 생긴 경우(발병 이전 24시간 이내 업무와 관련된 돌발적이고 예측 곤란한 사건의 발생과 급격한 작업환경의 변화로 혈관병변 등이 그 자연경과를 넘어 급격하고 뚜렷하게 악화된 상태를 말함)

나. 업무의 양·시간·강도·책임 및 업무 환경의 변화 등으로 발병 전 단기간 동안 업무상 부담이 증가하여 뇌혈관 또는 심장혈관의 정상적인 기능에 뚜렷한 영향을 줄 수 있는 육체적·정신적인 과로를 유발한 경우(발병이전 1주일 동안의 업무량과 업무시간이 일상 업무보다 30%이상 증가되거나 업무강도·책임 및 작업환경의 변화 등으로 일반인이 적응하기 어려운 정도로 바뀐 경우를 말함)

다. 업무의 양·시간·강도·책임 및 업무 환경의 변화 등에 따른 만성적인 과중한 업무로 뇌혈관 또는 심장혈관의 정상적인 기능에 뚜렷한 영향을 줄 수 있는 육체적·정신적인 부담을 유발한 경우(발병이전 3개월 이상 계속적으로 일상 업무에 비해 과중한 육체적·정신적 부담을 발생시켰다고 객관적으로 인정되는 업무적 요인이 있었던 상태를 말함)

근로자의 질병과 업무와의 상당인과관계가 인정되는 경우에는 업무상 질병으로 본다.

〈고용노동부 고시 제2017-117호〉

Ⅰ. 뇌혈관 질병 또는 심장 질병 및 근골격계 질병의 업무상 질병 인정 여부 결정에 필요한 사항

1. 뇌혈관 질병 또는 심장 질병

가. 「산업재해보상보험법 시행령」(이하 "영"이라 한다) 별표 3 제1호 가목 1)에서 "업무와 관련한 돌발적이고 예측 곤란한 정도의 긴장·흥분·공포·놀람 등과 급격한 업무 환경의 변화로 뚜렷한 생리적 변화가 생긴 경우"란 증상 발생 전 24시간 이내에 업무와 관련된 돌발적이고 예측 곤란한 사건의 발생과 급격한 업무 환경의 변화로 뇌혈관 또는 심장혈관의 병변 등이 그 자연경과를 넘어 급격하고 뚜렷하게 악화된 경우를 말한다.

나. 영 별표 3 제1호 가목 2)에서 "업무의 양·시간·강도·책임 및 업무 환경의 변화 등으로 발병 전 단기간 동안 업무상 부담이 증가하여 뇌혈관 또는 심장혈관의 정상적인 기능에 뚜렷한 영향을 줄 수 있는 육체적·정신적인 과로를 유발한 경우"란 발병 전 1주일 이내의 업무의 양이나 시간이 이전 12주(발병 전 1주일 제외)간에 1주 평균보다 30퍼센트 이상 증가되거나 업무 강도·책임 및 업무 환경 등이 적응하기 어려운 정도로 바뀐 경우를 말한다. 해당 근로자의 업무가 "단기간 동안 업무상 부담"에 해당하는지 여부는 업무의 양·시간·강도·책임, 휴일·휴가 등 휴무시간, 근무형태·업무환경의 변화 및 적응기간, 그 밖에 그 근로자의 연령, 성별 등을 종합하여 판단한다.

다. 영 별표 3 제1호 가목 3)에서 "업무의 양·시간·강도·책임 및 업무 환경의 변화 등에 따른 만성적인 과중한 업무로 뇌혈관 또는 심장혈관의 정상적인 기능에 뚜렷한 영향을 줄 수 있는 육체적·정신적인 부담을 유발한 경우"란 발병 전 3개월 이상 연속적으로 과중한 육체적·정신적 부담을 발생시켰다고 인정되는 업무적 요인이 객관적으로 확인되는 상태를 말한다. 이 경우 해당 근로자의 업무가 "만성적인 과중한 업무"에 해당하는지 여부는 업무의 양·시간·강도·책임, 휴일·휴가 등 휴무시간, 교대제 및 야간근로 등 근무형태, 정신적 긴장의 정도, 수면시간, 작업 환경, 그 밖에 그 근로자의 연령, 성별 등을 종합하여 판단하되, 업무시간과 작업 조건에 따른 업무와 질병과의 관련성을 판단할 때에는 다음 사항을 고려한다.

1) 발병 전 12주 동안 업무시간이 1주 평균 60시간(발병 전 4주 동안 1주 평균 64시간)을 초과하는 경우에는 업무와 질병과의 관련성이 강하다고 평가한다.

2) 발병 전 12주 동안 1주 평균 업무시간이 52시간을 초과하는 경우에는 업무시간이 길어질수록 업무와 질병과의 관련성이 증가하는 것으로 평가한다. 특히, 다음 각 호의 어느 하나에 해당하는 업무를 수행하는 경우(업무부담 가중요인)에는 업무와 질병과의 관련성이 강하다고 평가한다.

① 근무일정 예측이 어려운 업무
② 교대제 업무
③ 휴일이 부족한 업무
④ 유해한 작업환경 (한랭, 온도변화, 소음)에 노출되는 업무
⑤ 육체적 강도가 높은 업무
⑥ 시차가 큰 출장이 잦은 업무
⑦ 정신적 긴장이 큰 업무

3) 발병 전 12주 동안 업무시간이 1주 평균 52시간을 초과하지 않는 경우라도 2항의 업무부담 가중요인에 복합적으로 노출되는 업무의 경우에는 업무와 질병과의 관련성이 증가한다.

라. 오후 10시부터 익일 6시 사이의 야간근무의 경우에는 주간근무의 30%를 가산(휴게시간은 제외)하여 업무시간을 산출한다. 다만, 「근로기준법」 제63조제3호에 따라 감시 또는 단속적으로 근로에 종사하는 자로서 사용자가 고용노동부장관의 승인을 받은 경우와 이와 유사한 업무에 해당하는 경우는 제외한다.

관련사례

□ 업무상 과로와 질병의 유발 또는 악화와의 인과관계는 제반 사정을 고려할 때 업무와 질병 사이에 상당인과관계가 있을 때도 성립된다(대판 96누6806, 1996.9.10).

산업재해보상보험법이 정하는 업무상의 재해가 되기 위하여는 업무와 사망의 원인이 된 질병 사이에 인과관계가 있어야 하는 것이지만, 이 경우 질병의 주된 발생 원인이 업무와 직접적인 관계가 없다 하더라도 적어도 업무상의 과로가 질병의 주된 발생 원인에 겹쳐서 질병을 유발 또는 악화시켰다면 그 인과관계가 있다고 보아야 할 것이고, 그 인과관계는 반드시 의학적 자연과학적으로 명백히 입증하여야 하는 것은 아니고 제반 사정을 고려할 때 업무와 질병 사이에 상당인과관계가 있다고 추단되는 경우에도 그 입증이 있다고 보아야 할 것이다. 한편 급성심근경색의 직접적인 원인이 되는 관상동맥경화증을 초래하는 주요 위험인자로 고지혈증, 고혈압, 흡연, 당뇨병, 운동부족 이외에도 과로 및 스트레스가 알려져 있음은 원심도 이를 인정한 바이고, 원심이 인정한 사망 직전의 김○섭의 근무 형태 및 근무 정도에다가 앞서 지적한 김○섭의 근무 형태 및 근무 정도를 보태어 보면, 그 이외에 달리 과로나 스트레스의 원인이 될 만한 사유가 나타나 있지 않은 이 사건에서는 김○섭의 업무상과로 또는 스트레스와 관상동맥경화증의 악화 또는 급성심근경색의 발병 사이에 인과관계가 있다고 볼 여지가 있다 할 것이다.

□ 미장공이 공사현장에서 쓰러져 심근경색에 의한 심장마비로 사망한 경우 업무상 재해로 볼 수 없다(산심위 93-1345, 1993.11.22).

피재자는 ○○건설(주)가 시공하는 경북 상주시 ○○동 소재 ○○아파트 신축공사 현장 하도급업체인 ○○건설 소속 미장공으로 근무하여 오다가 1993.2.7, 07:20경 공사현장아파트 101동 401호 입구에 쓰러진 채로 발견되어 의료기관으로 후송하였으나 사망하여 부검결과 사인 심근경색에 의한 심장마비로 나타난 바, 피재자의 통상근무시간이 07:30~18:00까지로서 취업일부터 재해전일까지 5일간 특별히 과중한 업무를 수행하였다는 근거도 없고 미장공의 통상업무를 육체적·정신적으로 부담을 줄 만한 정도라 할 수도 없을 뿐만 아니라 재해당일 역시 통상업무를 시작하기 전에 특이사항없이 발병한 점과 사망의 원인이 된 심근경색증은 심장근육의 부분적인 괴사현상을 말하는 것으로 이는 관상동맥의 순환부전, 심장비대, 고혈압, 관상동맥의 혈류저하, 세균성 심내막염 등에 의하여 발병하는 질병으로서 작업의 내용이나 환경 등과는 직접적인 인과관계가 없는 질병인 점 등을 종합할 때 피재자의 경우 기존질병의 자연경과 과정에 의한 악화 등 업무외적 사유에 의하여 발병 사망에 이르게 된 것으로 판단될 뿐 업무상의 사유에 기인하였다고 인정할 만한 의학적 및 객관적 근거가 희박하다.

3 근골격계질환

가. 업무상 질병 인정기준

"근골격계질환"은 특정 신체부위에 부담을 주는 업무로 그 업무와 관련이 있는 근육, 인대, 힘줄, 추간판, 연골, 뼈 또는 이와 관련된 신경 및 혈관에 미세한 손상이 누적되어 통증이나 기능 저하가 초래되는 급성 또는 만성질환을 말한다.

근골격계 질환은 업무에 종사한 기간과 시간, 업무의 양과 강도, 업무수행 자세와 속도, 업무수행 장소의 구조 등이 근골격계에 부담을 주는 업무(이하 "신체부담업무"라 한다)로서 ① 반복 동작이 많은 업무 ② 무리한 힘을 가해야 하는 업무 ③ 부적절한 자세를 유지하는 업무 ④ 진동 작업 ⑤ 그 밖에 특정 신체 부위에 부담이 되는 상태에서 하는 업무 등에 종사한 경력이 있는 근로자의 팔·다리 또는 허리 부분의 근골격계 질환이 발생하거나 악화된 경우에는 업무상 질병으로 본다. 다만, 업무와 관련이 없는 다른 원인으로 발병한 경우에는 업무상 질병으로 보지 않는다.

기존 질병이 업무로 인하여 악화되었음이 의학적으로 인정되면 업무상 질병으로 보며, 신체부담업무의 수행 과정에서 발생한 일시적인 급격한 힘의 작용으로 근골격계질환이 발병하면 업무상 질병으로 본다.

〈고용노동부 고시 제2017-117호〉

Ⅰ. 뇌혈관 질병 또는 심장 질병 및 근골격계 질병의 업무상 질병 인정 여부 결정에 필요한 사항

2. 근골격계에 발생한 질병

가. 근골격계 질병의 정의 및 범위

1) 근골격계 질병은 특정 신체부위에 부담을 주는 업무로 그 업무와 관련이 있는 근육, 인대, 힘줄, 추간판, 연골, 뼈 또는 이와 관련된 신경 및 혈관에 미세한 손상이 누적되어 통증이나 기능 저하가 초래되는 급성 또는 만성질환을 말한다.

2) 근골격계 질병은 팔(上肢), 다리(下肢) 및 허리 부분으로 구분한다.

가) "팔 부분(上肢)"은 목, 어깨, 등, 위팔, 아래팔, 팔꿈치, 손목, 손 및 손가락의 부위를 말하며, 대표적 질병으로는 경추염좌, 경추간판탈출증, 회전근개건염, 팔꿈치의 내(외)상과염, 수부의 건염 및 건초염, 수근관증후군 등이 있다.

나) "다리 부분(下肢)"은 둔부, 대퇴부, 무릎, 다리, 발목, 발 및 발가락의 부위를 말하며, 대표적 질병으로는 무릎의 반월상 연골손상, 슬개대퇴부 통증증후군, 발바닥의 근막염, 발과 발목의 건염 등이 있다.

다) "허리 부분"은 요추 및 주변의 조직을 지칭하며 대표적 질병으로는 요부염좌, 요추간판탈출증 등이 있다.

나. 가목 1)에 따른 근골격계 질병을 판단할 때에는 해당 질병에 대한 증상, 이학적 소견, 검사 소견, 진단명 등을 확인하여 판단한다.

다. 업무수행 중 발생한 사고로 인한 근골격계 질병

1) 신체부담업무를 수행한 작업력이 있는 근로자에게 업무수행 중 발생한 사고로 인해 나타나는 근골격계 질병은 업무상 질병의 판단 절차에 따른다. 다만, 신체에 가해진 외력의 정도와 그에 따른 신체손상(골절, 인대손상, 연부조직 손상, 열상, 타박상 등)이 그 근로자의 직업력과 관계없이 사고로 발생한 것으로 의학적으로 인정되는 경우에는 업무상 사고의 판단 절차에 따른다.

2) 1)에서 "업무수행 중 발생한 사고"란 업무수행 중에 통상의 동작 또는 다른 동작에 의해 관절 부위에 급격한 힘이 돌발적으로 가해져 발생한 경우를 말한다. 이 경우, "급격한 힘이 돌발적으로 가해져 발생한 경우"를 판단할 때에는 신체부담업무에 따른 신체의 영향과 급격한 힘의 작용에 따른 신체의 영향을 종합적으로 고려하여 업무관련성 여부를 판단한다.

라. 업무관련성의 판단

1) 신체부담업무의 업무관련성을 판단할 때에는 신체부담정도, 직업력, 간헐적 작업 유무, 비고정작업 유무, 종사기간, 질병의 상태 등을 종합적으로 고려하여 판단한다.

2) 1)의 신체부담정도는 재해조사 내용을 토대로 인간공학전문가, 산업위생전문가, 산업의학 전문의 등 관련 전문가의 의견을 들어 평가하되, 필요한 경우 관련 전문가와 함께 재해조사를 하여 판단한다.

〈사고와 동반된 척추질환 업무관련성 판단요령[33]〉

구 분	착안사항
사고성 요추염좌 인정	① 업무수행 중 통상의 동작(일상생활 또는 일상적인 업무수행 동작)과 다른 부자연스러운 동작 또는 외력에 의해 재해가 발생한 경우 ② 재해사실이 명확한 경우(재해 후 타인의 도움에 의하여 바로 병원 후송되었거나 여러 사람들에 의하여 목격된 경우 등) ③ 재해 직후 심한 요통과 운동제한이 발생한 경우 ④ 재해시점과 적극적인 치료를 시작한 시점이 근접한 경우 ⑤ 급성요부 염좌를 인정할 만한 의학적 소견이 있는 경우(요통, 압박, 근육긴장, 운동제한, X-ray 상의 정상만곡 소실)

33) 요양팀, 지침 제2010-2호, 2010.2.11

구 분	착안사항
사고성 요추염좌 불인정	① 일상생활동작을 하다가 통증을 느꼈다고 주장하거나 재해경위가 명확하지 않은 경우 ② 재해 후 정상적으로 업무를 수행한 경우 ③ 요통으로 치료받은 과거력이 확인되는 경우 ④ 진료기록에서 '급성 요부염좌'가 아닌 단순 '요통'으로 표현한 경우(만성요부 또는 신체부담작업이면 판정위원회 심의 의뢰 필요)
사고성 추간판탈추증 인정	① 재해경위가 업무수행 중 통상의 동작과 다른 부자연스러운 동작(일상생활 또는 일상적인 업무수행동작) 또는 외력에 의한 경우 ② 과거 치료병력이 없는 경우 ③ 재해시점과 전형적인 추간판탈추증(명확한 신경근 증상)의 증상 발현이 나타나는 시기가 근접한 경우) ④ 영상의학소견과 환자임상소견이 일치되는 경우 ⑤ 재해시점과 적극적 치료를 시작한 시점이 근접할수록 ⑥ 영상의학소견에서 탈출소견이 심할수록 ⑦ 영상의학소견에서 다발성 또는 퇴행성 소견이 없는 경우 ⑧ 퇴행성 소견이 있었으나 최근까지 정상생활, 정상업무를 수행하던 자가 위 요건(③,④,⑤,⑥에 부합한 경우)

나. 추정의 원칙 적용

근골격계 질병 등에 대하여 업무상 질병을 인정받기 위해서는 업무와 질병사이에 상당인과관계가 있어야 하며 입증책임을 재해자가 부담하여야 했다. 업무상 질병의 특성상 발병원인을 입증하기 어려운 한계가 있으므로 재해자의 입증책임 부담을 완화하기 위하여 추정의 원칙을 적용하게 되었다.

추정의 원칙은 질병에 대한 상당인과관계 판단시 직업경력 등의 당연인정기준을 마련하고 이 기준을 충족하면 반증이 없는 한 업무상 질병을 인정하는 것으로 산재보험법시행령 별표3의 규정을 개정하여 2018.1.1부터 시행함으로써 근로자 보호 범위를 확대 하였다. 산재보험법시행령 [별표3] 각 호의 요건을 충족하지 못하였거나 또는 각 호에서 규정된 질병이 아니더라도 업무와 질병사이에 상당인과관계가 인정되면 업무상 질병으로 인정된다.

근골격계 질병과 관련하여 추정의 원칙이 적용되는 질병명, 직종, 근무기간은 아래표와 같다.

상병명	직 종	근무기간 (유효기간[34])
경추간판탈추증	용접원, 건설배관공, 형틀목공, 취부원	8년 이상 (12개월 이내)
회전근개파열	형틀목공, 미장공, 주류·트럭상하차 배달원, 쓰레기·재활용품 수거원, 의장·차체조립원, 조선용접·취부원, 급식조리원, 고무제품 성형·압출원 등	9년 이상 (12개월 이내)
요추간판탈추증	용접공, 건설배관공, 중량물 작업자,[35] 운전원	10년 이상 (6개월 이내)
	돌봄노동	5년 이상 (6개월 이내)
반월상 연골파열	용접원, 제품조립(사상)원, 건설업 또는 광업종사자, 농림어업인	10년 이상 (12개월 이내)
	택배원, 이사작업원	5년 이상 (12개월 이내)
수근관증후군	건축석공, 의류제조·수선, 도장공, 정육원, 미장공, 안마사, 용접원, 자동차정비원, 조리사	2년 이상 (6개월 이내)
상과염	조리사, 조리사 보조원, 제빵원, 자동차조립원, 택배원	1년 이상 (2개월 이내)

4 진폐증

가. 진폐증의 의의와 종류

"진폐증"이란 눈에 보이지 않을 정도로 작은 크기의 먼지가 숨을 쉴 때에 코, 기관지 등을 통해 폐로 들어가 쌓이게 된 결과 폐가 굳어져서 제 역할을 다하지

34) 신청인이 신체부담업무를 중단한 다음날부터 최초 상병진단일까지의 기간
35) 중량물 작업자: 직종이나 업종 무관
① 1일 인력으로 들거나 운반하는 물품의 총 중량이 2,000kg 이상이며 + 1일 인력 취급 총 중량 중 500kg 이상은 1회 취급시 중량이 15kg이상
② 1회 취급하는 중량이 15kg이상으로 인력이 운반하는 무게가 500kg 이상이며 + 지지되지 않은 상태에서 요추부의 굴곡이나 측굴, 비틀림 또는 이들이 복합되어 나타나는 자세로 요구되는 업무가 하루 2시간 이상

못하게 되는 질병이다. 「진폐의 예방과 진폐근로자의 보호 등에 관한 법률」에서는 "진폐"란 분진을 흡입하여 폐에 생기는 섬유증식성(섬유증식성) 변화를 주된 증상으로 하는 질병을 말한다(진폐법 제2조제1호)고 정의하고 있다.

진폐증의 종류로는 규폐증, 석면폐증, 석탄광부폐증 등이 있는데, 진폐증은 그 자체를 낫게 하는 치료법이 없으므로 요양할 필요가 없으며, 일상적인 건강관리와 작업환경관리를 통하여 더 이상 악화를 막아야 한다. 다만, 진폐증에 걸린 근로자에게 합병증이 발생한 때에는 합병증 치료를 위한 요양을 실시한다. 이러한 진폐증의 합병증으로는 활동성 폐결핵, 흉막염, 기관지염, 기관지확장증, 기흉, 폐기종, 폐성심, 원발성 폐암, 비정형 미코박테리아 감염 등 9종이 있다.

나. 진폐증에 대한 업무상 질병 인정기준

근로자가 진폐에 걸릴 우려가 있는 작업으로서 암석, 금속이나 유리섬유 등을 취급하는 작업 등 분진작업에 종사하는 진폐에 걸리면 업무상 질병으로 본다(산재법 제91조의2). 여기에서 분진작업은 「산업안전보건기준에관한규칙」 제605조제2호에 따른 분진작업과 명백히 진폐에 걸릴 우려가 있다고 인정되는 장소에서의 작업을 말한다(산재보험법 규칙제32조).

다. 진폐증에 대한 요양급여 신청 및 보상 절차

진폐증으로 인하여 요양을 받으려는 자는 요양급여신청서, 사업주가 증명하는 "분진작업종사경력 확인서"(최초로 진폐증의 판정 신청을 하는 경우에만 해당함), 다만, 사업의 휴업이나 폐업 등으로 사업주의 증명을 받을 수 없는 경우에는 "분진작업종사경력 확인서", 진폐증의 진단에 사용된 가로세로 각각 35.56센티미터 이상인 흉부 엑스선 사진, 진폐증에 관한 의학적 소견서 또는 진단서를 첨부하여 근로자가 소속된 사업장을 관할하는 근로복지공단에 요양급여 신청을 한다.

진폐증의 보상절차는 요양신청(근로자) → 정밀진단 대상여부 판정의뢰(근로복지공단) → 정밀진단 대상여부 판정 및 통보(정밀진단의료기관) → 정밀진단실시통보(근로복지공단) → 정밀진단실시(근로자, 정밀진단의료기관) → 정밀진단 실시 결과통보(정밀진단의료기관) → 진폐증 판정(근로복지공단, 진폐심사위원회) → 보험급여결정(근로복지공단) → 요양급여 신청 또는 장해급여 청구(근로자)의 순서로 진행된다.

라. 업무상 질병 적용사업장 판단

진폐증은 분진작업에 오랜 기간 계속 종사함으로 인하여 발생하는 직업병인 관계로 근로자가 이전에 여러 분진작업장에 종사하였을 경우 진폐증에 대한 보상책임을 어느 사업주에게 귀속시키느냐가 문제가 된다.

이에 대하여 행정해석은 의학적 진단에 의하여 처음 진폐증이 발생되었다고 확인 될 당시의 사업주가 재해보상책임을 져야 한다고 하고 있으며,[36] 재직 중에 진폐증 부적격 판정을 받았던 자가 퇴직 후 타 분진작업에 종사하지 않은 상태에서 진폐증 판정을 받은 경우라면 당시(최종 분진작업장)의 사업주에게 진폐요양의 책임이 있다.[37] 따라서 진폐요양급여 신청시 확인의무 사업주는 최종분진작업장의 종사사업주가 된다.[38] 다만, 전문기관 심의결과 질병발생과 가장 상당관계가 높은 사업장이 확인된 경우, 조사결과 근무기간, 작업환경, 유해요인 노출정도 등을 고려하여 질병발생의 주된 사업장이 명확히 판단되는 경우에는 해당 사업장을 적용사업장으로 한다.[39]

관련사례

□ 진폐요양의 책임은 근로자가 퇴직할 당시 사업주에게 있다(보상 1458.7-24999, 1984.12.22).

진폐요양에 대한 책임 여부에 대하여는 근로자가 퇴직할 당시 산업재해보상보험법상의 사업주에게 진폐요양의 책임이 있으며, 퇴직근로자 진폐요양 책임한계는 진폐증은 각인의 체질과 작업장의 종류에 따라 그 발생시기를 달리하므로 근로자가 퇴직 후 타분진작업에 종사하지 않았다면 퇴직시 건강진단서에 진폐가 발견되지 않았다 하더라도 당시의 사업주에게 진폐요양의 책임이 있음.

36) 법무 8523, 1965.6.9
37) 보상 1458.7-24999, 1984.12.22
38) 보상 1458.7-11466, 1984.5.15
39) 업무상 질병 적용사업장 판단절차에 관한 처리지침(지침 2007-31호); 2005감심 제113호

5 기타 건설업과 관련된 직업성 질환

가. 소음성 난청

근로자가 연속음으로 85데시벨[dB(A)] 이상의 소음에 노출되는 작업장에서 3년 이상 종사하고 있거나 3년 이상 종사한 경력이 있고, 한 귀의 청력손실이 40데시벨 이상이 되는 감각신경성 난청의 증상이나 소견이 있는 경우에는 그 근로자의 증상이 ① 고막 또는 중이에 뚜렷한 병변이 없을 것 ② 순음청력검사결과 기도청력역치(氣導聽力閾値)와 골도청력역치(骨導聽力閾値) 사이에 뚜렷한 차이가 없어야 하며, 청력장해가 저음역보다 고음역에서 클 것 ③ 내이염, 약물중독, 열성질환, 메니에르증후군, 매독, 두부(頭部)외상, 돌발성 난청, 유전성 난청, 가족성 난청, 노인성 난청 또는 재해성 폭발음 등으로 인한 난청이 아닐 것 등의 요건 모두를 충족하면 업무상 질병으로 본다.

소음의 영향도에 대하여는 작업환경, 작업내용 등에 의해 차이가 있으며 일률적이지 않으므로 그 작업환경이 소음성 난청을 일으킬 수 있는 강력한 소음장소인지 여부의 판정은 개개의 구체적 사안에 의해 할 수 밖에 없지만 일반적으로 난청을 발생하는 염려가 있는 주요한 작업으로는 충격식 착암기 또는 COAL CUTTER 기계를 사용해 토석 또는 광물을 굴착하는 장소에서의 작업, 못 등을 박는 기계를 써서 작업하는 장소에서의 작업, 금속에 충격을 가해 성형가공하는 장소에서의 작업(프레스 등) 등이 있다.

나. 석면으로 인한 질병

석면을 흡입하면 폐실질에 석면폐증을 일으키고 기도 및 흉막에 장해를 일으키는 등 여러 가지 폐질환을 일으킨다. 석면은 석탄이나 유리규산에 비해서 심한 조직손상과 염증 및 섬유화를 일으키는 상당히 강력한 자극성 분진이다. 석면폭로 근로자에게 볼 수 있는 건강장해로는 석면폐증, 폐암, 중피종이 있다.

석면에 노출되는 업무에 종사한 경력이 있는 근로자에게 석면폐증의 증상 또는 소견이 있거나, 원발성 폐암 또는 악성 중피종의 경우에는 ① 석면폐증과 동반한 경우 ② 늑막비후, 초자성 비후, 판상석회화, 담액증, 석면소체 또는 석면섬유를 동반하거나 발견되는 경우 ③ 이러한 경우가 아니라도 석면에 10년 이상 노출된 경우(다만, 노출기간이 10년 미만인 경우에도 흡연 기간, 석면에 노출된 기간, 노출 후 발병까지의 기간 등을 고려하여 석면으로 인한 질병으로 인정되면 포함한다)등으로 증상 또는 소견이 있는 경우에는 업무상 질병으로 인정된다.

다. 이상기압으로 인한 질병

잠수 작업, 잠수함실의 내부나 높은 공중에서 종사하는 이유 등으로 대기압보다 높거나 낮은 환경압 조건에 노출되고 있는 근로자에게 다음의 어느 하나에 해당하는 증상 또는 소견이 나타나면 업무상 질병으로 본다.

(1) 고기압 또는 저기압 조건에 노출된 후 6시간부터 12시간 이내에 나타나는 ① 폐·중이(中耳)·부비강(副鼻腔) 또는 치아 등에 발생한 압착증 ② 물안경 또는 헬멧 등과 같은 잠수기기로 인한 압착증 ③ 질소마취 현상 또는 중추신경계 산소독성으로 발생한 건강장해 ④ 피부·근골격계·호흡기·중추신경계 또는 내이(內耳) 등에 발생한 감압병 ⑤ 뇌동맥 또는 관상동맥에 발생한 공기색전증 ⑥ 기흉·혈기흉·종격동(縱隔洞)·심낭 또는 피하기종 ⑦ 등이나 복부의 통증 또는 극심한 피로감 등에 해당하는 장해

(2) 높은 압력에 노출되는 업무 환경에 2개월 이상 종사하고 있거나 그 업무를 떠난 후 5년 전후에 나타나는 무혈성골괴사의 만성장해. 다만, 만성알코올중독, 매독, 당뇨병, 간경변증, 간염, 류머티즘 관절, 고지질혈증, 혈소판감소증, 통풍, 레이노증후군, 결절성 다발성 동맥염, 알캅톤뇨증 및 약물치료 등 다른 원인으로 인한 경우는 제외한다.

라. 진동으로 인한 증상

착암기·동력톱 등의 진동공구를 취급하여 신체의 일부 부위에 진동을 받는 업무에 상당 기간 종사하고 있거나 종사한 경력이 있는 근로자에게 손가락·팔목

등에 저림·통증·냉감(冷痛)·빼근함·뻣뻣함 등의 자각증상이 지속적 또는 간헐적으로 나타나고, ① 손가락·아래팔 등의 말초순환장해 ② 손가락·아래팔 등의 말초신경장해 ③ 손가락·아래팔 등의 골·관절·근육·힘줄 등의 이상으로 인한 운동기능장해에 해당하는 장해가 나타나거나 그 중 어느 하나가 뚜렷이 나타나는 경우, 레이노 현상이 나타난 것으로 인정된 질병 등에 해당하는 증상 또는 소견이 나타나면 업무상 질병으로 본다.

제5장

건설업 산재보험급여 산정기준 및 보상

제1절 산재보험급여 산정기준

근로자의 사고 또는 질병이 업무상 재해로 인정이 되면 근로복지공단은 재해자 또는 수급권자에게 산재보험급여를 지급하게 된다. 산재보험급여는 근로기준법상의 평균임금을 기준으로 산출하여 지급하게 되는데, 「근로기준법」에서는 "평균임금이란 산정하여야 할 사유가 발생한 날 이전 3개월간에 그 근로자에게 지급된 임금의 총액을 그 기간의 총일수로 나눈 금액을 말한다"고 규정하고 있다.

최초요양과 별도로 재요양을 받는 자에 대하여는 재요양을 평균임금 산정사유 발생일로 인정하여 재요양의 대상이 되는 부상 또는 질병에 대하여 재요양이 필요하다고 진단을 받은 날을 기준으로 이전 3개월간의 임금총액을 근거하여 평균임금을 산정하고 있다.

산재보험급여(진폐보상연금 및 진폐유족연금은 제외)를 산정할 때 해당 근로자의 근로 형태가 특이하여 평균임금을 적용하는 것이 적당하지 아니하다고 인정되는 경우로서 1일 단위로 고용되거나 근로일에 따라 일당(미리 정하여진 1일 동안의 근로시간에 대하여 근로하는 대가로 지급되는 임금을 말함) 형식의 임금을 지급받는 근로자(이하 "일용근로자"라 한다)에 대해서는 통상근로계수(0.73)를 적용하여 평균임금을 산정하며, 신청인은 사업장에서 근로자의 1월 이상의 근무가 확인이 되면 통상근로계수 적용제외 신청을 할 수 있다.

산업재해보상보험법에서는 진폐 등 업무상 질병 이환자의 경우 직업병이 발견되는 시점에서 노동력이 떨어져 결근·작업능률 저하 등 평균임금의 감소가 우려되므로 이를 보전하기 위하여 특례규정을 두고 있으며, 보험급여를 산정하는 경우 해당 근로자의 평균임금 산정사유가 발생한 날로부터 1년이 지난 경우 평균임금을 증감할 수 있고, 그 근로자의 연령이 60세에 도달한 이후에도 소비자물가변동률에 따라 평균임금이 증감된다.

1 보험급여의 산정기초가 되는 평균임금

「근로기준법」에서는 "평균임금이란 산정하여야 할 사유가 발생한 날 이전 3개월간에 그 근로자에게 지급된 임금의 총액을 그 기간의 총일수로 나눈 금액을 말한다(근기법 제2조제6호)."고 규정하고, "평균임금이 그 근로자의 통상임금보다 적으면 그 통상임금액을 평균임금으로 한다(근기법 제2조②)."고 규정하고 있다.

평균임금은 업무상 재해를 당한 근로자 또는 수급권자에게 지급되는 휴업급여, 유족급여, 장해급여, 상병보상연금 및 장의비 등 산업재해보상보험법상의 보험급여 산출을 위한 일급개념으로 산출되는 임금이다.

2 재요양시 평균임금 재산정

최초요양과 별도로 재요양을 받는 자에 대하여는 재요양을 평균임금 산정사유 발생일로 인정하여 재요양의 대상이 되는 부상 또는 질병에 대하여 재요양이 필요하다고 진단을 받은 날을 기준으로 이전 3개월간의 임금총액을 근거하여 평균임금을 산정한다(산재보험법 제56조①). 재요양 당시 1일당 휴업급여 지급액이 최저임금액 보다 적거나 평균임금 산정의 대상이 되는 임금이 없으면 최저임금액을 1일당 휴업급여 지급액으로 한다(산재보험법 제56조②).

재요양 이전 일용근로자로 근무하다 재요양을 실시한 경우 재요양 실시 이전 평균임금 단위기간인 3개월 동안에 신뢰할 수 있는 임금이 있으면 일당에 통상근로계수를 곱하여 산정한 금액을 평균임금으로 하며, 일용근로자가 재요양 실시 이전 평균임금 산정 단위기간 동안 2이상 사업장에서 근로한 사실이 확인된 경우에는 재요양 개시일 기준 가장 최근 사업장의 일당을 기준으로 한다.[1]

---

1) 「일용근로자의 재요양시 평균임금 산정에 관한 지침」(2009-42, 보상팀-4114)

3 일용근로자의 통상근로계수[2)]

가. 적용대상

산재보험급여(진폐보상연금 및 진폐유족연금은 제외)를 산정할 때 해당 근로자의 근로 형태가 특이하여 평균임금을 적용하는 것이 적당하지 아니하다고 인정되는 경우로서 1일 단위로 고용되거나 근로일에 따라 일당(미리 정하여진 1일 동안의 근로시간에 대하여 근로하는 대가로 지급되는 임금을 말함) 형식의 임금을 지급받는 근로자(이하 "일용근로자"라 한다)에 대해서는 통상근로계수(0.73)[3)]를 적용하여 평균임금을 산정한다(산재보험법 제36조⑤, 영제23조제1호, 제24조①). 이러한 일용근로자에 대하여 평균임금과 통상임금의 개념을 적용하는 경우 실제의 근로소득을 상회하여 보험급여가 과다하게 지급되는 문제가 발생하므로 일급에 통산근로계수를 곱한 금액을 평균임금으로 적용하고 있다.

실무예시

○ 채용일자: 2011.7.1(일용근로자)
○ 재해일자: 2011.7.6
○ 일당: 110,000(10시간 기준)

7.1일	7.2일	7.3일	7.4일	7.5일	실근로일수	지급된 임금
110,000원	55,000원	-	55,000원	70,000원	4일	290,000원

☞ 실제 근로로 인한 임금액에 상관없이 근로계약 당시 지급받기로 정한 금액인 110,000원에 통상근로계수 0.73을 곱한 80,300원이 평균임금이 됨.

---

2) 「근로복지공단, 2018년 상반기 사이버직무교육 실무과정(보상실무)」 참조
3) 통상근로계수란 일용근로자의 1월간 실제 근로일수 등을 고려하여 고용노동부장관이 고시하는 근로계수로서 일본 노재보험과 동일하게 일용근로자들의 월 평균 실 근로일수를 조사한 결과 22.3일 근무한 것으로 조사되어 통상근로계수를 73%(22.3 ÷ (365일/12월) ≒ 0.73)로 고시(고용노동부 고시 제2008-48호)

나. 적용제외

(1) 직권으로 통상근로계수를 적용 제외하는 경우

일용근로자에게 적용되는 통상근로계수는 ① 근로관계가 3개월 이상 계속되는 경우 ② 그 근로자 및 같은 사업에서 같은 직종에 종사하는 다른 일용근로자의 근로조건, 근로계약의 형식, 구체적인 고용 실태 등을 종합적으로 고려할 때 근로 형태가 상용근로자와 비슷하다고 인정되는 경우에 있어서는 직권으로 배제한다. 이 경우 「근로기준법」상의 평균임금을 산정하여야 하며, 산정한 평균임금이 통상임금보다 적을 경우에는 통상임금을 보완적으로 적용한다.

실무예시

2017.5.1 일용근로자로 채용되어 2017.8.5 업무상 재해를 당한 경우 2017.5.5~2017.8.4 (92일간)까지 일당 10만원으로 70일 근무하고 700만원의 임금을 지급받은 경우 평균임금산정

근로관계가 3개월 이상 계속되는 경우에 해당하므로 통상근로계수를 적용할 수 없고, 「근로기준법」상 평균임금을 산정하여야 함. 재해발생일 이전 3개월 동안의 지급받은 임금액 700만원을 산정기간 총일수 92일로 나눈 70,086원 96전이 근로자의 평균임금이 됨.

※ 「근로기준법」상 산정한 평균임금이 일당에 통상근로계수를 적용한 73,000원보다 적은 경우라 하더라도 반드시 평균임금을 산정하여야 하며 산정한 평균임금이 법정근로시간 8시간에 해당하는 통상임금보다 적은 경우에는 통상임금을 보완적으로 적용함.

(2) 수급권자의 신청에 따라 통상근로계수를 적용 제외하는 경우

평균임금 산정사유 발생일 당시 1개월 이상 근로한 일용근로자는 통상근로계수를 적용하여 산정한 평균임금을 적용하는 것이 실제의 임금 또는 근로일수에 비추어 적절하지 아니한 경우에는 적용 제외를 신청할 수 있다(산재보험법 영제24조②).[4]

---

4) 산재보험법 시행령 제24조는 (기존) '해당사업' 에서 1개월 이상 근로한 일용근로자에서 (변경) '해당사업' 을 삭제하여 1개월 이상 근로한 일용근로자로 변경하여 타사업 근로기간을 합산하여 1개월 이상 근로한 일용근로자로 일용근로자의 통상근로계수 적용제외 신청 대상자를 확대하였다. 적용시점은 개정 시행령 시행일(2018.1.1) 이후 평균임금산정 사유가 발생한 경

일용근로자는 고용의 연속성이 없이 일일 단위로 고용되기 때문에 재해발생일 전 1개월간의 실근로일수가 적어도 통상근로계수 0.73이 기초 근로일수인 22.3일을 초과하는 경우 근로기준법상 평균임금으로 산정한다.

실무예시

2017.8.1 채용되어 일당 10만원(8시간 근무)으로 건설현장에서 일을 하다가 2017.9.10 업무상 재해를 당한 경우 ※ 임금지급내역: 8월 260만원, 9.1~9.9, 60만원

1개월 이상 근로한 일용근로자가 통상근로계수를 적용한 평균임금이 낮아 적용제외를 신청한 경우로써 「근로기준법」상 평균임금을 산정하여 적용

① 통상근로계수 적용 평균임금: 10만원×73% = 73,000원

② 「근로기준법」상 평균임금: 320만원/40일 = 80,000원

⇒ 「근로기준법」상 80,000원과 통상임금(10만원)을 비교하여 통상임금이 근로자의 평균임금이 됨

⇒ 「근로기준법」상 평균임금(80,000)이 통상근로계수 적용 평균임금(73,000원)보다 높으므로 통상근로계수 적용제외 신청을 승인하되, 통상임금 10만원이 평균임금(8만원)보다 크므로 통상임금(10만원)을 평균임금으로 보아 적용

(3) 근무기간으로 통상근로계수 적용제외 여부 판단

하나의 사업주가 시공하는 각기 다른 공사현장에서 근로하였다 하더라도 사업주의 공사현장 이동 지시가 있는 등 동일 사업체와 사용종속관계가 유지되어 계속근로로 인정되는 경우에는 근무기간 합산되며,[5] 건설일용근로자가 동일한 사업주와 근로관계를 유지하면서 각각의 다른 보험가입 공사현장에서 근로하였을 경우에는 동일 사업주와 사용종속관계가 유지되어 있으므로 각각의 공사현장별 근로기간을 통산하여 통상근로계수 적용한다.[6]

우(2018.1.1이후 발생하는 재해)부터 적용된다.

5) 보상 6602-2170, 2001.9.18; 재보 01254-1453, 1991.10.9

6) 보상 6602-1148, 1999.11.24

관련사례

□ 건설현장이 다른 동일사업주 일용근로자의 통상근로계수 적용제외 여부(보상6602-2170, 2001.9.18)

건설일용근로자가 동일한 사업주와 근로관계를 유지하면서 각각의 다른 보험가입 공사현장에서 근로하였을 경우에는 동일 사업주와 사용종속관계가 유지되어 있으므로(재보01254-1453호 및 보상6602-712호, 보상6607-845) 공사현장별 근로기간을 통산하여 통상근로계수 적용 여부를 확인 처리하여야 할 것임.

□ 현장이 다른 하수급업체 일용근로자의 평균임금 산정(보상6602-1148, 1999.11.24)

특정하수급업체와 사용종속관계하에서 사업주의 지시에 따라 수시로 여러 건설현장에 걸쳐 근로를 제공하는 경우에는 하수급업체에서 근무한 기간 동안의 임금총액을 기초로 평균임금을 산정하는 것이 보다 합리적인 것으로 사료됨.

4 직업병에 걸린 자의 평균임금 산정특례

산재보험급여를 산정할 때 진폐 등의 직업병으로 보험급여를 받게 되는 근로자에게 그 평균임금을 적용하는 것이 근로자의 보호에 적당하지 아니하다고 인정되는 경우 평균임금의 산정은 ① 진폐의 경우에는 해당 직업병이 확인된 날을 기준으로 산업재해보상보험법 시행령 제26조제1항에 따른 전체 근로자의 임금 평균액을 고려하여 고용노동부장관이 매년 고시하는 금액 ② 진폐 이외의 직업병의 경우 「통계법」 제3조제2호에 따른 지정통계로서 고용노동부장관이 작성하는 사업체노동력조사(이하 "사업체노동력조사"라 한다)에 따른 근로자의 월평균 임금총액에 관한 조사내용 중 해당 직업병에 걸린 근로자와 성별·직종 및 소속한 사업의 업종·규모가 비슷한 근로자의 월평균 임금총액을 해당 근로자의 직업병이 확인된 날이 속하는 분기의 전전분기 말일 이전 1년 동안 합하여 산출한 금액을 그 기간의 총 일수로 나눈 금액으로 한다. 이 경우 성별·직종 및 소속한 사업의 업종·규모가 비슷한 근로자의 판단기준은 근로복지공단이 정한다(산재보험법 제36조

⑥, 영제25조②).

진폐 등 업무상 질병 이환자의 경우 직업병이 발견되는 시점에서 노동력이 떨어져 결근·작업능률 저하 등 평균임금의 감소가 우려되므로 이를 보전하기 위하여 특례규정을 두고 있다.

여기에서 "직업병이 확인된 날"은 그 직업병이 보험급여의 지급 대상이 된다고 확인될 당시에 발급된 진단서나 소견서의 발급일로 한다. 다만, 그 직업병의 검사·치료의 경과 등이 진단서나 소견서의 발급과 시간적·의학적 연속성이 있는 경우에는 그 요양을 시작한 날로 한다(산재보험법 영제25조③).

5 평균임금 증감

보험급여를 산정하는 경우 해당 근로자의 평균임금을 산정하여야 할 사유가 발생한 날부터 1년이 지난 이후에는 매년 전체 근로자의 임금 평균액의 증감률에 따라 평균임금을 증감하되, 그 근로자의 연령이 60세에 도달한 이후에는 소비자물가변동률에 따라 평균임금을 증감한다. 다만, 진폐에 걸린 근로자에 대해 산업재해보상보험법 제36조제6항의 규정에 따라 평균임금을 적용한 경우에는 제외한다(산재보험법 제36조③). 평균임금의 증감은 보험급여 수급권자의 신청을 받아 하거나 근로복지공단이 직권으로 할 수 있다(산재보험법 영제22조②).

제2절 산재보험급여의 종류와 내용

근로자의 사고 또는 질병이 업무상 재해로 인정되면 근로복지공단은 산재보험급여를 지급하게 되는데, 산재보험급여의 종류로는 요양급여, 휴업급여, 상병보상연금, 장해급여, 간병급여, 유족급여, 상병보상연금, 장의비, 직업재활급여가 있다.

요양급여는 재해자의 질병이 치유될 때까지 근로복지공단이 설치한 보험시설이나 의료기관에서 요양하게 하는 제도이며, 요양급여를 받은 자가 치유 후에도 상태가 재발하거나 악화된 경우 재요양을 받을 수 있다.

휴업급여는 업무상 재해로 인정된 근로자에게 요양으로 취업하지 못한 기간에 대하여 근로자와 그 가족의 생활보호를 위하여 지급하는 보험급여이며, 휴업급여의 1일당 지급액은 평균임금의 100분의 70에 상당하는 금액으로 지급한다.

장해급여는 업무상 재해를 당한 근로자가 요양 후 치유되었으나 정신적 또는 신체적 결손이 남게 되는 경우 그 장해로 인한 노동력 손실 전보를 위하여 지급되는 보험급여로서 장해등급에 따라 장해보상연금 또는 장해보상일시금으로 하되, 그 장해등급의 기준을 1급~14급으로 정하고 있다.

간병급여는 요양급여를 받은 자 중 치유 후 의학적으로 상시 또는 수시로 간병이 필요하여 실제로 간병을 받는 자에게 지급하는 보험급여로서 간병급여 지급은 장해상태에 따라 상시간병급여와 수시간병급여로 구분된다.

유족급여는 근로자가 업무상의 사유로 사망하거나 사망한 것으로 추정될 경우에 유족에게 지급하는 보험급여이다. 유족급여는 유족보상연금이나 유족보상일시금으로 하되, 유족보상일시금(평균임금의 1300일분)은 근로자가 사망할 당시 유족보상연금을 받을 수 있는 자격이 있는 자가 없는 경우에 지급한다. 또한 근로자의 장제실행을 위하여 평균임금의 120분의 장의비가 지급된다.

그 외에도 요양 후 2년이 지나도 치유되지 않는 재해자의 폐질정도가 1급~3급에 해당하는 경우 상병보상연금을 지급하며, 재해자의 요양종결 후 직업 또는 직무전환 훈련을 통해 직업복귀 촉진과 생계안정을 위하여 직업재활급여를 마련해 두고 있다.

1 요양급여

가. 요양급여 및 요양비 지급

요양급여는 근로자가 업무상의 사유로 부상을 당하거나 질병에 걸린 경우에 치유될 때까지 근로복지공단이 설치한 보험시설이나 의료기관에서 요양하게 하는 제도이다. 따라서 현물급여가 원칙이나 근로자가 비지정의료기관에서 요양을 받은 경우나 산재환자가 자비로 실시한 요양 등 부득이한 경우에는 산재 근로자에게 요양비를 직접 지급한다(산재보험법 제40조①,②).

나. 요양급여의 범위와 종류

요양급여의 범위는 ① 진찰 및 검사 ② 약제 또는 진료재료와 의지(義肢) 그 밖의 보조기의 지급 ③ 처치, 수술, 그 밖의 치료 ④ 재활치료 ⑤ 입원 ⑥ 간호 및 간병 ⑦ 이송 ⑧ 그 밖에 고용노동부령으로 정하는 사항 등이며(산재보험법 제40조④), 요양의 종류로는 최초요양, 요양연기, 전원요양으로 구분되고, 이러한 요양급여는 4일 이상의 요양이 필요한 경우에만 적용된다(산재보험법 제40조③).

다. 재요양

요양급여를 받은 자가 치유 후 요양의 대상이 되었던 업무상의 부상 또는 질병이 재발하거나 치유 당시보다 상태가 악화되어 이를 치유하기 위한 적극적인 치료가 필요하다는 의학적 소견이 있으면 재요양을 받을 수 있다(산재보험법 제51조①).

2 휴업급여

가. 휴업급여 지급의 원칙

휴업급여는 업무상 사유로 부상을 당하거나 질병에 걸린 근로자에게 요양으로 취업하지 못한 기간에 대하여 피재 근로자와 그 가족의 생활보호를 위하여 지급하는 보험급여이다. 휴업급여의 1일당 지급액은 평균임금의 100분의 70에 상당하는 금액으로 지급한다. 다만, 취업하지 못한 기간이 3일 이내이면 지급하지 아니한다(산재보험법 제52조).

나. 저소득 근로자의 휴업급여

휴업급여 지급액이 최저 보상기준 금액의 100분의 80보다 적거나 같으면 그 근로자에 대하여는 평균임금의 100분의 90에 상당하는 금액을 1일당 휴업급여 지급액으로 한다. 다만, 그 근로자의 평균임금의 100분의 90에 상당하는 금액이 최저보상기준 금액[7]의 100분의 80보다 많은 경우에는 최저보상기준 금액의 100분의 80에 상당하는 금액을 1일당 휴업급여 지급액으로 한다(산재보험법 제54조①).

그러나 이러한 방식으로 산정한 휴업급여 지급액이 최저임금액보다 적으면 그 최저임금액을 그 근로자의 1일당 휴업급여 지급액으로 한다(산재보험법 제54조②).

---

7) 2020년 최저보상기준금액: 68,720원, 최고보상기준금액: 222,244원

실무예시

평균임금의 90%가 1일 휴업급여 지급액이 되는 경우: 재해발생일 2019.4.5이고 평균임금 70,000원(최저임금액: 시간급 8,350원 일급 66,800원, 최저보상기준금액 66,800원)인 경우(최저보상기준금액의 80%: 53,440원, 평균임금의 70%: 49,000원)

평균임금의 70%인 49,000원이 최저보상기준금액의 80%보다 적으므로 평균임금의 90%는 63,000원이 되고, 동 금액은 최저보상기준금액의 80%인 53,440원을 을 1일 휴업급여 지급액이 되어야 할 것이나, 1일 최저임금 66,800원보다 적은 금액이므로 1일 휴업급여 지급액은 66,800원이 됨.

다. 부분 휴업급여

요양 또는 재요양을 받고 있는 근로자가 그 요양기간 중 일정기간 또는 단시간 취업을 하는 경우에는 그 취업한 날 또는 취업한 시간에 해당하는 그 근로자의 평균임금에서 그 취업한 날 또는 취업한 시간에 대한 임금을 뺀 금액의 100분의 90에 상당하는 금액을 지급하며, 미취업 시간에 대하여는 1일당 휴업급여 지급액에 8시간에 대한 미취업 시간의 비율을 곱한 금액을 지급한다(산재보험법 제53조 ①,②).

실무예시

평균임금 120,000원, 3시간 취업하여 30,000원 수령한 경우 부분휴업급여 산정

- 취업시간에 대한 부분휴업급여액(120,000원×3/8−30,000원)×90% = 13,500원
- 미취업시간에 대한 부분휴업급여액(120,000원×70%)×5/8 = 52,500원

지급하여야 할 부분휴업급여액은 47,600원이 됨. 따라서 재해근로자가 받은 일일 총금액은 취업으로 인한 13,500원과 부분휴업급여 52,500원을 합한 66,000원이 됨(부분 취업없이 요양만 하였을 경우 84,000원).

라. 고령자 휴업급여

고령자의 휴업급여는 61세부터 매년 4%p씩 감액하여 65세 이후에는 20%p를 감액하여 지급한다. 즉, 61세이 경우 4%p, 62세인 경우 8%p, 63세인 경우 12%p, 64세인 경우 16%p, 65세 이상인 경우 20%p 감액하여 지급한다. 다만, 61세 이후 취업 중 업무상 재해로 요양하거나 61세 전에 업무상 질병으로 장해급여를 지급 받은 자가 61세 이후 최초로 요양하는 경우에는 요양을 시작한 날로부터 2년간 감액을 유예한다(산재보험법 제55조).

실무예시

생년월일: 1956.9.5 재해발생일: 2017.7.3 인 경우 연령에 따라 감액지급 적용(저소득 근로자에 해당하지 않음)

재해발생일 현재 61세 미만이므로 61세에 도달하기 전인 2017.9.4까지는 휴업급여액 전액을 지급하고, 61세에 도달하는 2017.9.5부터 4/70을 감액하고, 2018.9.5부터 8/70 감액, 2019.9.5부터 12/70, 2020.9.5부터 16/70, 65세가 되는 2021.9.5부터는 20/70 감액 지급

3 장해급여

가. 장해급여 지급

(1) 장해급여 지급기준

장해급여는 업무상 재해를 당한 근로자가 요양 후 치유되었으나 정신적 또는 신체적 결손이 남게 되는 경우 그 장해로 인한 노동력 손실 전보를 위하여 지급되는 보험급여이다(산재보험법 제57조①). 장해급여는 장해등급에 따라 장해보상연금 또는 장해보상일시금으로 하되, 그 장해등급의 기준을 1급~14급으로 정하고 있다(산재보험법 제57조②).

장해보상연금 또는 장해보상일시금은 수급권자의 선택에 따라 지급한다. 다만, 노동력을 완전히 상실한 장해등급(1급~3급)의 근로자에게는 장해보상연금을 지급하고, 장해급여 청구사유 발생 당시 대한민국 국민이 아닌 자로서 외국에서 거주하고 있는 근로자에게는 장해보상일시금을 지급한다(산재보험법 제57조③).

장해보상연금은 수급권자가 신청하면 그 연금(1급~3급: 1년~4년분, 4급~7급: 1년~2년분)의 1/2에 상당하는 금액을 선급할 수 있다(산재보험법 제57조④).

장해보상연금 수급권자의 사망 등으로 수급권이 소멸한 경우에 이미 지급한 연금액을 지급 당시의 각각의 평균임금으로 나눈 일수(일수)의 합계가 장해보상일시금의 일수에 못 미치면 그 못 미치는 일수에 수급권 소멸 당시의 평균임금을 곱하여 산정한 금액을 유족 또는 그 근로자에게 일시금으로 지급한다(산재보험법 제57조⑤).

〈장해급여표〉

(평균임금기준)

장해등급	장해보상연금	장해보상일시금	비 고
제1급	329일분	1,474일분	
제2급	291일분	1,309일분	□ 지급방법
제3급	257일분	1,155일분	– 1~3급: 장해보상연금 지급
제4급	224일분	1,012일분	– 4~7급: 연금 또는 일시금 선택
제5급	193일분	869일분	– 8~14급: 일시금 지급
제6급	164일분	737일분	
제7급	138일분	616일분	□ 산출방식
제8급		495일분	– 일시금: 평균임금×장해보상일수
제9급		385일분	– 연금: (평균임금×장해보상일수)/12월
제10급		297일분	
제11급		220일분	□ 연금선급분
제12급		154일분	– 1~3급: 최초 1~4년분 1/2선급가능
제13급		99일분	– 4~7급: 1~2년분 1/2선급가능
제14급		55일분	

(2) 장해등급의 재판정

장해보상연금(또는 진폐보상연금) 수급권자 중 정신·신경장해, 척추 신경근장해 또는 관절의 기능장해, 진폐증 등이 포함되어 있는 경우에 장해등급 판정일로부터 2년이 지나고 1년 이내에 장해등급 재판정을 실시하고 재판정결과에 따라

변경된 장해등급에 따라 장해급여가 지급된다(산재보험법 제59조, 영제56조). 장해등급 판정시기가 도래하여 근로복지공단이 재판정을 받도록 요구하였는데도 정당한 이유없이 재판정을 받지 않은 경우에는 장해연금의 지급을 일시중지 될 수 있다.

(3) 재요양에 따른 장해급여

장해보상연금의 수급권자가 재요양을 받는 경우에도 그 연금의 지급을 정지하지 아니한다(산재보험법 제60조①). 재요양을 받고 치유된 후 장해상태가 종전에 비하여 호전되거나 악화된 경우에는 그 호전 또는 악화된 장해상태에 해당하는 장해등급에 따라 장해급여를 지급한다(산재보험법 제60조②).

나. 장해평가와 장해등급의 결정

(1) 장해등급의 판정시기

장해급여를 청구하기 위해서는 산재근로자의 요양이 종료되고 치유된 상태에 이르러야 한다. 여기에서 "치유"란 부상이나 질병에 대한 완치되거나 치료효과를 더 이상 기대할 수 없고 그 증상이 고정된 상태에 이르게 된 것을 말한다(산재보험법 제5조제4호).

따라서 장해등급의 판정은 요양이 끝난 때에 증상이 고정된 상태에서 한다. 다만, 요양이 끝난 때에 증상이 고정되지 않은 경우에는 ① 의학적으로 6개월 이내에 증상이 고정될 수 있다고 인정되는 경우에는 그 증상이 고정된 때에 판정하고(다만, 6개월 이내에 증상이 고정되지 않은 경우에는 6개월이 되는 날에 고정될 것으로 인정하는 증상에 대하여 판정) ② 의학적으로 6개월 이내에 증상이 고정될 수 없다고 인정되는 경우에는 요양이 끝난 때에 장차 고정될 것으로 인정하는 증상에 대하여 판정한다(산재보험법 규칙제46조⑩).

(2) 장해평가와 장해등급의 체계

장해평가방법에는 일반적으로 맥브라이드(McBride) 평가법과 A·M·A(미국의

학협회) 평가법이 있다. 산업재해보상보험법의 운동기능장해의 정도의 평가는 A·M·A(미국의학협회)식 측정방법 중 근로복지공단이 정하는 방법으로 측정한 해당 근로자의 신체 각 관절의 운동가능영역과 산업재해보상보험법 시행규칙 별표4의 평균 운동가능영역을 비교하여 산출하도록 하고 있다(산재보험법 규칙제47조②).

산업재해보상보험법상 장해등급의 체계는 장해를 14개의 등급으로 분류한 등급체계를 사용하고 있는데, 산업재해보상보험법 시행령 별표6에서 장해보상의 대상이 되는 장해의 정도에 대하여 장해등급의 기준을 정하고 있다.

(3) 장해등급 결정

일반적으로 장해등급을 결정하는 때에는 해당 산재근로자에게 근로복지공단에 출석하도록 하고, 자문의사에게 해당 근로자의 장해상태에 대하여 자문을 하여 그 자문 결과와 해당 산재근로자가 제출한 장해진단서 또는 방사선 검사 치료 등의 내용을 참작하여 장해등급을 결정한다.

산업재해보상보험법에서는 장해등급 결정을 위하여 장해부위와 장해계열, 장해서열로 구분하고 있다. 장해부위는 신체의 해부학적 관점에서 21개부위로 구분하며, 장해계열은 신체의 해부학적으로 구분된 장해부위를 다시 생리학적 관점에서 기질적 장해와 기능적 장해로 다시 26개로 구분하고, 장해서열은 부위별 164개 장해상태 및 유형을 노동능력 상실정도 등에 따라 제1급부터 제14급까지 14등급으로 분류하여 일정한 순위에 따라 배열하고 있다.

장해서열은 원칙적으로 같은 계열의 장해에 대해서만 적용하나, 동일한 재해로 인하여 장해계열이 다른 장해가 2이상 발생한 경우에는 조정을 통하여 장해등급을 결정하고(산재보험법 영제53조②),[8] 장해등급 기준에 정하지 아니한 장해가 있을 때 그 장해와 비슷한 장해에 해당하는 장해등급으로 결정(준용)하며(산재보험법 영제53조③), 이미 신체장해가 있었던 자가 업무상 재해로 인하여 같은 부위에 장해의 정도를 가중한 경우 가중한 한도에서 장해보상을 행한다(산재보험법 영제53조④).

8) 5급 이상 장해가 둘 이상인 경우 3개 등급 상향 조정, 8급 이상인 장해가 둘 이상인 경우 2개 등급 상향조정, 13급 이상인 장해가 둘 이상인 경우 1개 등급 상향 조정 함.

다. 장해특별급여

산업재해보상보험법에서는 보험가입자의 고의 또는 과실로 발생한 업무상의 재해로 근로자가 제1급~3급의 장해등급에 해당하는 장해를 입은 경우에 수급권자가 「민법」에 따른 손해배상청구를 갈음하여 장해특별급여를 청구하면 장해급여 외에 장해특별급여를 지급할 수 있다. 다만, 근로자와 보험가입자 사이에 장해특별급여에 관하여 합의가 이루어진 경우에 한한다(산재보험법 제78조①). 수급권자가 장해특별급여를 받으면 동일한 사유에 대하여 보험가입자에게 「민법」이나 그 밖의 법령에 따른 손해배상을 청구할 수 없으며(산재보험법 제78조②), 근로복지공단은 장해특별급여를 지급하면 그 급여액 모두를 보험가입자로부터 징수한다(산재보험법 제78조③).

4 간병급여

간병급여는 요양급여를 받은 자 중 치유 후 의학적으로 상시 또는 수시로 간병이 필요하여 실제로 간병을 받는 자에게 지급하는 보험급여이다(산재보험법 제61조①).

간병급여 지급은 장해상태에 따라 상시간병급여와 수시간병급여로 구분하며(산재보험법 영 제59조①), 상시간병대상자는 간병과 관련하여 고용노동부장관이 고시한 금액의 전액을 지급하고, 수시간병대상자는 상시간병급여의 2/3에 해당하는 금액을 지급한다(산재보험법 영제59조③).[9] 간병급여는 간병급여의 지급대상이 되는 사람이 실제로 간병을 받은 날에 대하여 지급한다(산재보험법 영제59조②).

---

9) 2020년 간병급여지급기준: 상시간병 41,170원, 수시간병 27,450원

〈간병급여 지급대상〉

구 분	지급 대상
상시 간병급여	1. 신경계통의 기능, 정신기능 또는 흉복부 장기의 기능에 장해등급 제1급에 해당하는 장해가 남아 일상생활에 필요한 동작을 하기 위하여 항상 다른 사람의 간병이 필요한 사람 2. 두 눈, 두 팔 또는 두 다리 중 어느 하나의 부위에 장해등급 제1급에 해당하는 장해가 남고, 다른 부위에 제7급 이상에 해당하는 장해가 남아 일상생활에 필요한 동작을 하기 위하여 항상 다른 사람의 간병이 필요한 사람
수시 간병급여	3. 신경계통의 기능, 정신기능 또는 흉복부 장기의 기능에 장해등급 제2급에 해당하는 장해가 남아 일상생활에 필요한 동작을 하기 위하여 수시로 다른 사람의 간병이 필요한 사람 4. 장해등급 제1급(제53조제2항에 따른 조정의 결과 제1급이 되는 경우를 포함한다)에 해당하는 장해가 남아 일상생활에 필요한 동작을 하기 위하여 수시로 다른 사람의 간병이 필요한 사람

5 유족급여

가. 유족급여의 지급기준

유족급여는 근로자가 업무상의 사유로 사망하거나 사망한 것으로 추정될 경우[10)]에 유족에게 지급하는 보험급여이다(산재보험법 제62조①). 여기에서 유족이란 사망한 자의 배우자(사실상 혼인관계에 있는 자를 포함한다)·자녀·부모·손자녀·조부모 또는 형제자매를 말한다(산재보험법 제5조제3호).

유족급여는 유족보상연금 유족보상연금이나 유족보상일시금으로 하되, 유족보

10) 사망의 추정【산재법 제39조①, 영제37조①②】① 선박이 침몰·멸실 또는 행방불명되거나 항공기의 추락·멸실 또는 행방불명되는 사고가 발생한 경우에 그 선박 또는 항공기에 타고 있던 근로자의 생사가 그 사고 발생일로부터 3개월간 밝혀지지 않은 경우, ② 항행 중인 선박 또는 항공기에 타고 있던 근로자가 행방불명되어 그 생사가 행방불명된 날부터 3개월간 밝혀지지 아니한 경우 ③ 천재지변, 화재, 구조물 등의 붕괴, 그 밖의 각종 사고의 현장에 있던 근로자의 생사가 사고 발생일부터 3개월간 밝혀지지 아니한 경우 등에 해당하여 사망으로 추정되는 사람은 그 사고가 발생한 날 또는 행방불명된 날에 사망한 것으로 추정한다.

상일시금은 근로자가 사망할 당시 유족보상연금을 받을 수 있는 자격이 있는 자가 없는 경우에 지급한다(산재보험법 제62조②). 유족보상연금을 받을 수 있는 자격이 있는 자가 원하면 유족보상일시금의 100분의 50에 상당하는 금액을 일시금으로 지급하고 유족보상연금은 100분의 50을 감액하여 지급한다(산재보험법 제62조③).

〈유족급여 지급기준〉

유족급여의 종류	유족급여의 금액
유족보상연금	= 기본금액 + 가산금액 = 급여기초연액 X 47/100 + 가산금액 = 평균임금 X 365 X 47/100 + 부양가족에 따른 가산액(급여기초연액의 5%~20%)
유족보상일시금	평균임금의 1300일분

나. 유족보상연금 수급자격

(1) 유족보상연금 수급자격자의 범위

유족 중 유족보상연금을 받을 수 있는 자격이 있는 자를 유족보상연금 수급자격자라 한다. 산업재해보상보험법에서는 유족보상연금 수급자격을 정하고 유족보상연금 지급체계상 유족의 범위 내에서 근로자가 사망할 당시 그 근로자와 생계를 같이 하고 있던 유족 중 배우자로서의 처를 제외하고 다른 유족에 대해서는 일정 연령이나 장애 등의 제한 요건을 두고 있다(산재보험법 제63조①). 근로자가 사망할 당시 태아(胎兒)였던 자녀가 출생한 경우에는 출생한 때부터 장래에 향하여 근로자가 사망할 당시 그 근로자와 생계를 같이 하고 있던 유족으로 본다(산재보험법 제63조②).

유족보상연금 수급자격은 유족이 ① 사망한 경우 ② 재혼한 때(사망한 근로자의 배우자에 한하며, 사실혼관계 포함) ③ 사망한 근로자와의 친족관계가 끝난 경우 ④ 자녀가 25세가 된 때 ⑤ 손자녀 또는 형제자매가 19세가 된 때 ⑥ 유족 중 장애인이었던 자로서 장애상태가 해소된 때 ⑦ 근로자가 사망할 당시 대한민국 국민이었던 유족보상연금 수급자격자가 국적을 상실하고 외국에서 거주하고 있거나 외국에서 거주하기 위하여 출국하는 경우 ⑧ 대한민국 국민이 아닌 유족보상연금 수급자격자가 외국에서 거주하기 위하여 출국하는 경우 등에 해당하면 그 자격을 잃는다(산재보험법 제64조①).

〈유족보상연금 수급자격자〉

구 분	공 통	제한요건
배우자인 처	사망당시 생계를 같이 하고 있던 유족	– 제한요건 불필요 – 사실혼관계에 있는 처 포함(중혼관계에 있는 자 제외)
남편·부모·조부모		– 60세 이상인 경우 – 장애인복지법에 따른 장애등급 제2급 이상(시각장애인의 경우 제3급 이상) – 모계혈족인 외조모나 외조부에 대하여도 인정
자녀, 손		– 25세 미만인 경우[11] – 장애인복지법에 따른 장애등급 제2급 이상(시각장애인의 경우 제3급 이상) – 19세 미만의 외손자 및 외손녀에 대하여도 인정
형제자매		– 19세 미만이거나 60세 이상인 경우 – 장애인복지법에 따른 장애등급 제2급 이상(시각장애인의 경우 제3급 이상)

(2) 유족보상연금 수급권자

유족보상연금 수급권자란 유족보상연금을 받을 권리를 가진 사람을 말하며, 유족보상연금 수급권자 중 가장 선순위에 해당하는 사람이 유족보상연금 수급권자가 된다. 그 순위는 배우자(사실혼 포함)·자녀·부모·손자녀·조부모 및 형제자매 순서로 한다(산재보험법 제65조①). 유족보상연금 수급권자가 2명 이상 있을 때에는 그 중 1명을 대표자로 선임하여 연금을 수령할 수 있다(산재보험법 영제60조①).

다. 유족보상연금 차액일시금 지급

유족보상연금을 받던 자가 그 수급자격을 잃은 경우 다른 수급자격자가 없고 이미 지급한 연금액을 지급 당시의 각각의 평균임금으로 나누어 산정한 일수의

11) 산재보험법 [법률 제15665호, 2018.6.12, 일부개정, 시행 2018.12.13] 제63조제1항의 개정에 의하여 자녀의 유족연금자격을 19세 미만에서 25세 미만으로 변경이 되었다. 이러한 개정규정은 법 시행 당시 유족보상연금을 수급하고 있는 자녀에 대해서도 적용된다.

합계가 1,300일에 못 미치면 그 못 미치는 일수에 수급자격 상실 당시의 평균임금을 곱하여 산정한 금액을 수급자격 상실 당시의 유족에게 일시금으로 지급한다(산재보험법 제62조④).

유족보상일시금은 근로자가 유언으로 보험급여를 받을 유족을 지정할 수 있다(산재보험법 제65조④).

라. 유족특별급여

보험가입자의 고의 또는 과실로 발생한 업무상의 재해로 근로자가 사망한 경우에 수급권자가 「민법」에 따른 손해배상청구를 갈음하여 유족특별급여를 청구하면 유족특별급여를 지급할 수 있다(산재보험법 제79조①). 수급권자가 유족특별급여를 받으면 동일한 사유에 대하여 보험가입자에게 「민법」이나 그 밖의 법령에 따른 손해배상을 청구할 수 없으며, 근로복지공단은 유족특별급여를 지급하면 그 급여액 모두를 보험가입자로부터 징수한다(산재보험법 제79조②).

6 상병보상연금

가. 상병보상연금 지급기준

상병보상연금은 요양급여를 받는 근로자가 요양을 시작한 지 2년이 지난 날 이후에도 그 부상이나 질병이 치유되지 아니한 상태이고, 그 부상이나 질병에 따른 폐질의 정도 1급~3급의 폐질등급 기준에 해당하며, 요양으로 인하여 취업하지 못하였을 때에는 해당 산재근로자와 그 가족의 생활안정을 도모하기 위하여 휴업급여 대신에 지급하는 보험급여이다(산재보험법 제66①). 상병보상연금은 휴업급여를 대신하여 지급하는 보험급여로 상병보상연금을 받게 되면 휴업급여 지급은 중단된다.

〈상병보상연금표〉

폐질등급	상병보상연금
제1급	평균임금의 329일분
제2급	평균임금의 291일분
제3급	평균임금의 257일분

나. 상병보상연금 최저기준 상향 및 감액지급

(1) 저소득 근로자의 상병보상연금

상병보상연금을 산정할 때 그 근로자의 평균임금이 최저임금액에 70분의 100을 곱한 금액보다 적을 때에는 최저임금액의 70분의 100에 해당하는 금액을 그 근로자의 평균임금으로 보아 산정한다(산재보험법 제67조①). 또한 저소득 근로자 휴업급여 상향과 관련하여 1일당 상병보상연금(평균임금×폐질등급일수/365일에 해당하는 금액)이 1일당 휴업급여 지급액(평균임금의 90%, 최저보상기준금액의 80%)보다 적으면 휴업급여 지급액을 1일당 상병보상연금액으로 한다(산재보험법 제67조②).

(2) 고령자의 상병보상연금

상병보상연금을 받는 근로자가 61세가 되면 그 이후의 상병보상연금은 매년 4%p씩 감액하여 폐질등급 일수를 365로 나누어 0.04~0.20을 뺀 값에 평균임금을 곱한 금액이 1일당 상병보상연금이 된다(산재보험법 제68조).

〈고령자의 1일당 상병보상연금 지급기준〉

폐질등급 / 연 령	제1급	제2급	제3급
61세	평균임금 × (329/365 – 0.04)	평균임금 × (291/365 – 0.04)	평균임금 × (257/365 – 0.04)
62세	평균임금 × (329/365 – 0.08)	평균임금 × (291/365 – 0.08)	평균임금 × (257/365 – 0.08)
63세	평균임금 × (329/365 – 0.12)	평균임금 × (291/365 – 0.12)	평균임금 × (257/365 – 0.12)
64세	평균임금 × (329/365 – 0.16)	평균임금 × (291/365 – 0.16)	평균임금 × (257/365 – 0.16)
65세 이후	평균임금 × (329/365 – 0.20)	평균임금 × (291/365 – 0.20)	평균임금 × (257/365 – 0.20)

7 장의비

장의비는 근로자가 업무상의 사유로 사망한 경우에 지급하되, 평균임금의 120일분에 상당하는 금액을 그 장제를 지낸 유족에게 지급하는 보험급여이다. 다만, 장제를 지낼 유족이 없거나 그 밖에 부득이한 사유로 유족이 아닌 자가 장제를 지낸 경우에는 평균임금의 120일분에 상당하는 금액의 범위에서 실제 드는 비용을 그 장제를 지낸 자에게 지급한다(산재보험법 제71조①).

장의비가 고용노동부장관이 고시하는 최고금액을 초과하거나 최저금액에 미달하면 그 최고금액 또는 최저금액을 각각 장의비로 한다(산재보험법 제71조①).[12)]

실무예시

유족이 1,500만원(보험가입자가 500만원의 장의비 부담)의 비용을 들여 장제를 지내고 장의비를 청구한 경우(평균임금 100,000원)

유족에게 지급하여야 할 장의비 금액 1,200만원(100,000×120일분) 중 보험가입자가 부담한 500만원에 대해서는 장의비에 해당하는 금품을 보험가입자가 미리 지급한 것으로 보아 그 부담금액 500만원은 보험가입자에게 대체지급하고 나머지 700만원만 장제를 지낸 유족에게 지급함. 만일 보험가입자가 1,300만원의 비용을 부담한 경우에는 장의비 금액 전체가 보험가입자의 부담액 범위내에 있으므로 보험가입자에게 장의비 전액을 지급하고, 유족에게 지급할 장의비는 없게 됨.

8 직업재활급여

직업재활급여는 요양종결 이후 직업 또는 직무전환훈련 등을 통해 산재근로자의 직업복귀 촉진과 생계안정을 위하여 마련된 보험급여 제도이다. 직업재활급

12) 2020년도 장의비 최저기준금액 11,438,960원, 최고기준금액 15,867,050원

여에는 요양종결이후 원직장에 복귀하지 못하고 훈련이 필요한 근로자에게 직업훈련비용, 직업훈련수당을 지급하고, 원직장에 복귀한 산재근로자를 고용한 사업주에게는 직장복귀지원금, 직장적응훈련·재활운동 비용을 지원한다(산재보험법 제72조①). 다만, 직업재활급여의 대상은 장해등급 12급에 적용한다(산재보험법 영 제68조①).

제3절 기타 산재보험급여와 관련된 사항

업무상 재해를 당한 근로자가 퇴직하였다 하더라도 산재보험급여청구권은 소멸·축소·변경되지 않고, 보험급여를 받을 권리도 양도 또는 압류하거나 담보로 제공 할 수 없다. 따라서 수급권자의 신청으로 지정된 보험급여수급계좌에 입금된 보험급여는 전액 보호를 받을 수 있다.

보험가입자(하수급인을 포함)는 보험급여의 지급 사유와 동일한 사유로 보험급여에 상당하는 금품을 수급권자에게 미리 지급한 경우에는 그 보험급여를 받을 권리를 대위할 수 있다.

근로복지공단은 보험급여를 받은 자가 거짓이나 그 밖의 부정한 방법으로 보험급여를 받은 경우에는 보험급여의 2배에 해당하는 금액을 징수하며, 제3자의 행위에 따른 재해로 보험급여를 지급한 경우에는 그 급여액의 한도 안에서 급여를 받은 자의 제3자에 대한 손해배상청구권을 대위행사하게 된다. 또한 근로복지공단은 사업주가 산재보험 가입신고를 게을리 한 기간 중(보험관계 성립일로부터 14일 도과)에 재해가 발생하거나 사업주가 보험료 납부를 게을리(미납율이 50% 이상인 경우 해당되며, 50% 이상 납부한 날 발생한 재해는 포함되지 않음)한 기간 중 재해가 발생한 경우에는 사업주로부터 보험급여의 일부를 징수한다.

산재보험급여를 받을 권리는 3년간 행사하지 아니하면 시효로 말미암아 소멸한다. 다만, 보험급여 중 장해급여, 유족급여, 장의비, 진폐보상연금 및 진폐유족연금을 받을 권리는 5년간 행사하지 아니하면 시효의 완성으로 소멸한다.

보험급여결정 등에 불복하는 자는 90일 이내에 심사청구와 재심사청구, 행정소송을 제기할 수 있다. 그러나 보험가입자는 심사 또는 재심사 청구를 할 수 없으며 감사원 청구 또는 행정소송을 제기할 수 있다.

1 수급권의 보호

근로자의 보험급여를 받을 권리는 퇴직하여도 소멸되지 아니한다(산재보험법 제88조①). 따라서 업무상 재해를 당한 근로자가 퇴직하였다 하더라도 보험급여청구권은 소멸·축소·변경되지 않는다. 또한 보험급여를 받을 권리는 양도 또는 압류하거나 담보로 제공 할 수 없다(산재보험법 제88조②). 따라서 수급권자의 신청으로 지정된 보험급여수급계좌에 입금된 보험급여는 전액 보호를 받을 수 있다(산재보험법 제88조③, 영제81조의2).

다만, 보험가입자가 보험급여에 상당하는 금품을 미리 지급하여 수급권 대위에 따라 대체지급을 청구하는 경우에는 근로자나 유족에 대한 수급권은 이미 보호되었다고 볼 수 있으므로 사업주의 채권으로 보아 압류 대상이 될 수 있다. 보험급여로서 지급된 금품에 대해서는 국가나 지방자치단체의 공과금을 부과하지 아니한다(산재보험법 제91조).

2 수급권의 대위

보험가입자(보험료징수법 제2조제5호에 따른 하수급인을 포함한다)가 보험급여의 지급 사유와 동일한 사유로 보험급여에 상당하는 금품을 수급권자에게 미리 지급한 경우에는 그 보험급여를 받을 권리를 대위할 수 있다(산재보험법 제89조).

근로복지공단은 보험가입자의 대위 청구시 그 보험급여 수급권자가 해당 보험급여에 상당하는 금품을 받았는지를 확인하여야 하여 대체지급 한다(산재보험법 영제82조②).

3 부당이득 징수

근로복지공단은 보험급여를 받은 자가 ① 거짓이나 그 밖의 부정한 방법으로 보험급여를 받은 경우 ② 수급권자 또는 수급권이 있었던 자가 신고의무를 이행하지 아니하여 부당하게 보험급여를 지급받은 경우 ③ 그 밖에 잘못 지급된 보험급여가 있는 경우 등에 해당하면 그 급여액에 해당하는 금액(제1호의 경우에는 그 급여액의 2배에 해당하는 금액)을 징수하여야 한다. 이 경우 근로복지공단이 국민건강보험공단 등에 청구하여 받은 금액은 징수할 금액에서 제외한다(산재보험법 제84조①).

거짓이나 그 밖의 부정한 방법으로 보험급여를 받은 경우 보험급여의 지급이 보험가입자·산재보험 의료기관 또는 직업훈련기관의 거짓된 신고, 진단 또는 증명으로 인한 것이면 그 보험가입자·산재보험 의료기관 또는 직업훈련기관도 연대하여 책임을 진다(산재보험법 제84조②).

관련사례

□ 재해발생장소 허위기재시 부당이득 여부(보상팀-6636, 2007.8.9)

부당이득이란 수령하지 않아야 할 보험급여를 부당하게 수령한 경우에 해당하는 것이므로 재해발생장소를 달리 기재하여 요양승인을 받았다 하더라도 업무상 재해에 해당하는 경우에는 부당이득 징수결정 대상으로 볼 수 없음.

4 제3자 구상권 행사

가. 구상권의 행사

근로복지공단은 제3자의 행위에 따른 재해로 보험급여를 지급한 경우에는 그 급여액의 한도 안에서 급여를 받은 자의 제3자에 대한 손해배상청구권을 대위행사하게 되는데 근로복지공단이 제3자에 대하여 가지는 권리가 구상권이다(산재보험법 제87조①).

여기에서 "제3자"란 고용노동부장관, 근로복지공단, 산업재해보상보험법의 적용을 받는 사업 또는 사업장의 사업주 및 그 소속 근로자 이외의 자를 말하며, "행위"란 직접행위 뿐만 아니라 결과적으로 수급권자에 대하여 손해배상 의무를 부담하는 경우도 포함하는 개념이다.

따라서 동료근로자는 사용자의 사무집행범위 내에서는 제3자에 해당하지 아니하며,[1] 소속 사업주나 동료근로자가 운전하여 차량에 탑승하여 업무상 재해를 당한 경우(동승자 재해) 직접적인 가해자인 사업주와 동료근로자는 제3자에 해당하지 아니한다 하더라도 「자동차손해보상보장법」에 따라 손해배상책임을 지는 책임보험사는 제3자에 해당한다.[2]

나. 구상권 행사의 예외

근로복지공단의 구상권은 보험가입자인 2 이상의 사업주가 같은 장소에서 하나의 사업을 분할하여 각각 행하다가 그 중 사업주를 달리하는 근로자의 행위로 재해가 발생한 경우에는 인정되지 않는다(산재보험법 제87조①단서).

여기에서 하나의 사업을 분할하여 행하는 경우란 주된 사업 자체를 분할하여 행하는 경우뿐만 아니라 주된 사업의 목적(건설공사의 경우 건축물, 제조업의 경우 제조물품)을 완성하기 위한 준비작업, 지원업무 등 부수적으로 필요한 사업을 행하는 경우를 포함한다 할 것이다.

제조업체에서 발주한 건설공사를 행하던 중 동일 위험권내에서 건설회사 소속 근로자와 제조업체의 협력업체 근로자 간 발생된 사고의 경우 해당 건설업체와 협력업체간 서로 관련이 없어 구상권 행사의 대상이 된다.[3] 그러나 건설공사에서 발주자인 보험가입자 A와 수급자인 보험가입자 B가 해당건설공사 목적물완성을 위한 각각의 업무를 수행하다 발생한 재해는 구상권이 행사되지 않는다.[4]

1) 급여기준팀-371, 2005.8.26
2) 대판 2006다60793, 2007.1.27
3) 보상팀-6067, 2006.9.18
4) 보상 6604-456, 1998.6.11

5 보험급여액의 징수

가. 보험가입신고를 게을리 한 기간 중의 재해

사업주가 산재보험 가입신고를 게을리 한 기간 중(보험관계 성립일로부터 14일 도과)에 발생한 재해의 경우 근로복지공단은 산재근로자에게 지급 결정한 보험급여 금액의 100분의 50에 해당하는 금액(사업주가 가입신고를 게을리한 기간 중에 납부하여야 하였던 산재보험료의 5배를 초과할 수 없다)에 대하여 사업주로부터 징수한다. 다만, 요양을 시작한 날(재해발생과 동시에 사망한 경우에는 그 재해발생일)부터 1년이 되는 날이 속하는 달의 말일까지의 기간 중에 급여청구사유가 발생한 보험급여로 한정한다(보험료징수법 제26조 ①제1호, 영제34조①). 지급 결정된 보험급여가 장해보상연금 또는 유족보상연금인 경우에는 일시금으로 환산하여 징수한다.

나. 산재보험료 납부를 게을리 한 기간 중에 재해

사업주가 보험료 납부를 게을리(미납율이 50% 이상인 경우 해당되며, 50% 이상 납부한 날 발생한 재해는 포함되지 않음)한 기간 중 발생한 재해의 경우 근로복지공단은 재해가 발생한 날부터 보험료를 낸 날의 전날까지의 기간 중에 급여청구사유가 발생한 보험급여 금액의 100분의 10에 해당하는 금액(사업주가 산재보험료의 납부를 게을리한 기간 중에 납부하여야 하였던 산재보험료의 5배를 초과할 수 없다)을 사업주로부터 징수한다(보험료징수법 제26조①제2호, 영제34조②).

6 소멸시효

산재보험급여를 받을 권리는 3년간 행사하지 아니하면 시효로 말미암아 소멸한다. 다만, 보험급여 중 장해급여, 유족급여, 장의비, 진폐보상연금 및 진폐유족연금을 받을 권리는 5년간 행사하지 아니하면 시효의 완성으로 소멸한다(산재보험법 제112조①제1호).[5)]

일반적으로 소멸시효는 권리를 행사할 수 있는 때부터 진행하므로 보험급여를 받을 권리의 소멸시효 기산점은 그 권리가 발생하여 행사할 수 있는 때로 보아야 한다. 즉, 요양급여청구권은 요양을 받은 날의 다음날, 휴업급여청구권은 휴업한 날의 다음날, 장해급여청구권은 치유된 날의 다음날, 유족급여청구권은 사망한 날의 다음날, 장의비청구권은 장제를 지낸 날의 다음날, 간병급여청구권은 실제 간병을 행한 날의 다음날로부터 진행된다.

소멸시효는 보험급여의 청구, 심사청구 및 재심사청구의 제기로 그 시효는 중단된다. 보험급여 청구의 시효중단 효력과 관련하여 업무상 재해 여부의 판단을 필요로 하는 최초의 청구의 경우에는 그 청구로 인한 시효중단의 효력은 다른 보험급여에도 미친다(산재보험법 제113조). 그 외 「민법」상의 시효중단사유로 재판상 청구 등, 압류 또는 가압류, 가처분, 승인 등이 있다.

7 보험급여 결정 등에 대한 이의제기

가. 산재근로자의 심사 및 재심사청구 제도

보험급여결정 등에 불복하는 자는 근로복지공단에 심사 청구를 제기할 수 있는데(산재보험법 제103조①), 심사청구는 보험급여 결정 등이 있음을 안 날부터 90일 이내에 하여야 한다(산재보험법 제103조②). 이러한 심사 청구 기간은 제척기간으로서 기간이 지나서 심사청구를 하는 경우에는 각하사유에 해당된다. 근로복지공단은 심사 청구서를 받은 날부터 60일 이내에 심사위원회의 심의를 거쳐 심사청구에 대한 결정을 한다(산재보험법 제105조①).

심사 청구에 대한 결정에 불복하는 자는 산업재해보상보험재심사위원회에 재

5) 산재보험법 개정[법률 제15665호, 2018.6.12, 일부개정, 2018.12.13]에 따라 유족급여, 장의비, 진폐보상연금, 진폐유족연금 등에 대한 소멸시효는 3년에서 5년으로 연장되었다.

심사 청구를 할 수 있다. 다만, 판정위원회의 심의를 거친 보험급여에 관한 결정에 불복하는 자는 심사 청구를 하지 아니하고 재심사 청구를 할 수 있다(산재보험법 제106조①). 재심사 청구는 심사 청구에 대한 결정이 있음을 안 날부터 90일 이내에 제기하여야 한다. 다만, 심사 청구를 거치지 아니하고 재심사 청구를 하는 경우에는 보험급여에 관한 결정이 있음을 안 날부터 90일 이내에 제기하여야 한다(산재보험법 제106조③).

나. 보험가입자의 이의제기

산업재해보상보험법상의 모든 보험급여는 급여의 종류별로 청구권자(수급권자)가 특정되어 있으며, 보험급여 결정 처분의 대상 또한 청구권자로서 사업주는 결정처분의 대상이 아니므로 산업재해보상보험법상의 심사 또는 재심사 청구를 제기할 수 없다. 다만, 사업주가 산업재해보상보험법 제89조에 따라 수급권자의 보험급여를 대위하는 경우에는 사업주도 산업재해보상보험법상 수급권자에 해당되어 심사청구를 할 수 있다.[6] 또한 사업주가 산재근로자의 요양승인 처분은 별론으로 하고 원처분기관의 보험가입자 결정처분에 대한 적정한지 여부를 다투는 경우에도 심사 또는 재심사 청구의 대상이 될 수 없다.[7]

다만, 「감사원법」에서는 "감사원의 감사를 받는 자의 직무에 관한 처분이나 그 밖의 행위에 관하여 이해관계가 있는 자는 감사원에 그 심사의 청구를 할 수 있다(감사원법 제43조①)."라고 규정하고 있으므로, 사업주는 산재근로자의 요양승인, 보험가입자 결정처분 등 근로복지공단 처분에 대한 이의제기는 감사원 심사청구를 제기하며, 감사원 심사청구는 원인이 되는 행위가 있음을 안 날부터 90일 이내에, 그 행위가 있은 날부터 180일 이내에 제기하여야 한다(감사원법 제44조①). 보험가입자가 제기하는 감사원 청구의 경우 '이해관계가 있는 자'에 해당하기 위해서는 산재보험료의 변동이 발생하여야 할 것인데 업무상 질병은 보험수지율에 영향을 미치지 못하므로 감사원 심사 청구는 각하가 될 수 있다.[8]

---

6) 2006심사결정 제1197호
7) 2005재결 제1756호
8) 심사1담당과-1165, 2019.11.2

관련사례

□ 업무상 질병에 대해 지급된 요양급여액은 보험수지율에 고려되지 않아 사업주가 부담하여야 할 산재보험료의 변동이 발생하는 것은 아니므로 심사청구를 제기할 수 있는 '이해관계가 있는자'에 해당된다고 보기 어렵다(심사1담당과-1165, 2019.11.2).

감사원 심사청구는 「감사원법」 제43조제1항에 따라 감사원의 감사를 받는 자의 직무에 관한 처분이나 그 밖의 행위에 관하여 이해관계가 있는 자가 제기할 수 있음. 이때 '이해관계가 있는 자' 는 '처분이나 그 밖의 행위의 취소나 변경 등을 구할 직접적이고 구체적인 법률상의 이익이 있는 자임. 그런데 이 사건 심사 청구는 사업주인 청구인이 처분청에 대해 피재근로자에게 한 산재 요양급여 승인 결정을 취소하여 달라는 내용으로 이 사건 요양급여 승인 결정은 업무상 질병(「산업재해보상보험법」 제37조제1항제2호)에 따른 것으로, 위 요양급여 승인 결정의 상대방은 피재근로자이고, 업무상 질병에 대해 지급된 요양급여액은 보험수지율 산정시 고려되지 않아 위 결정으로 인해 사업주가 부담해야 할 산재보험료의 변동이 발생하는 것이 아니므로, 사업주의 경우 요양급여 승인 결정 자체에 대하여 심사청구를 제기할 수 있는 '이해관계가 있는 자' 에 해당된다고 보기 어려움
따라서 이 사건 심사 청구는 「감사원 심사규칙」 제6조제1항제2호에 따라 '각하' 대상임.

참고문헌

정진우 산업안전보건법, 중앙경제, 2016

양성필 산업안전보건법 해설, 중앙경제, 2019

법무법인(유한)태평양 주석 국가계약법, 박영사, 2017

정유석 알기쉬운 산재보상, 아카랜드, 2003

전혜선 재해관리 및 보상실무, 크레듀, 2005

서울중앙지방법원 손해배상소송실무(교통·산재), 사법발전재단, 2017

고용노동부 산업안전보건법 전부개정법률 주요내용 설명자료, 2019

고용노동부 산업안전보건법 전부개정법률 브리핑 주요질의 응답자료, 2019

고용노동부 도급시 산업재해 예방 운영지침, 2020

고용노동부 발주자 안전보건관리 매뉴얼, 2019

고용노동부 산업안전보건법 개정안내(건설업), 2019

고용노동부 건설업 산업안전관리비 해설, 2019

고용노동부 산업안전보건법 업무편람, 2003

고용노동부 산업안전보건법 현장실무편람, 2006

고용노동부 산업안전보건법 해설, 2016

안전보건공단 2017년 안전보건 나침반(건설업), 2017

근로복지공단 건설기계조정사(근로자) 산재보험 보험료신고 관련 Q&A, 2019

근로복지공단 사이버직무교육 징수실무과정, 2018

근로복지공단 사이버직무교육 업무상재해판단, 2018

근로복지공단 사이버직무교육 보험급여산정기준, 2018

근로복지공단 사이버직무교육 산재보험보상실무, 2018

근로복지공단 사이버직무교육 산재보험요양실무, 2018

근로복지공단 사이버직무교육 장해급여지급, 2018

근로복지공단 사이버직무교육 다른 배상과의 조정 및 구상, 2018

저자소개

최 정 일

[약 력]

- 현) 노무법인 명률 대표노무사
- 13기 공인노무사
- 한양대 경영전문대학원 석사 졸업
- 한국노동연구원 노사관계고위지도자과정 수료

[자 문]

- 대림산업, 동부건설, 반도건설, SM건설, 이안알앤씨, 대한전문건설협회, 거흥산업, 영화엔지니어링, 유진건철, 은민S&D 등 종합건설기업 및 전문건설기업 80여개 건설사 인사노무자문

[컨설팅]

- 건설현장 단체교섭지원, 인사·노무관리 컨설팅 지원
- 대전서남부지역 건설노조, 안산지역 건설노조 등 다수의 건설현장 단체교섭지원
- 건설기업의 노무관리진단, 임금체계설계, 고용구조 및 고용개선 컨설팅 수행

[강 의]

- 건설기업 노무관리, 노사관계, 안전·재해보상 특화 강의
- 건설기술교육원 건설업 노무관리 실무 담당교수
- 전문건설협회 노무관리, 노사관계, 4대사회보험 전문강사

[저 서]

- 건설업 노무관리 실무